Springer Lehrbuch

Springer
Berlin
Heidelberg
New York
Hongkong
London
Mailand
Paris
Tokio

Gerhard Werner · Karlheinz Zimmer

Holzbau Teil 1

Grundlagen
DIN 1052 neu (Eurocode 5)
DIN 1052 (1988)

Neubearbeitet von Karlheinz Zimmer und Karin Lissner

Dritte, überarbeitete Auflage

Mit 235 Abbildungen

Prof. Dipl.-Ing. Gerhard Werner
Kohlpottweg 6
32545 Bad Oeynhausen

Prof. Dr. sc. techn. Karlheinz Zimmer
Bamberger Straße 34
01187 Dresden

Dr.-Ing. Karin Lißner
Forststraße 35
01099 Dresden

ISBN 3-540-20552-7 3. Aufl. Springer-Verlag Berlin Heidelberg New York

Bibliografische Information der Deutschen Bibliothek

Die Deutsche Bibliothek verzeichnet diese Publikation in der Deutschen Nationalbibliografie; detaillierte bibliografische Daten sind im Internet über <http://dnb.ddb.de> abrufbar.

Springer-Verlag ist ein Unternehmen von Springer Science+Business Media
springer.de

Einbandentwurf: Struve & Partner, Heidelberg
Satz: Fotosatz-Service Köhler GmbH, 97084 Würzburg

Gedruckt auf säurefreiem Papier 68/3020 – 5 4 3 2 1 0

Vorwort zur 3. Auflage

Ab Mitte 2004 darf die neue DIN 1052, die das auf der Methode der Grenzzustände beruhende Bemessungskonzept enthält und sich an die DIN V ENV 1995 (EC 5) „Entwurf, Berechnung und Bemessung von Holzbauwerken Teil 1", in unserer 2. Auflage enthalten, anlehnt sowie die neueren Erkenntnisse aus Forschung und Entwicklung im Ingenieurholzbau berücksichtigt, für die Berechnung und Bemessung von Holzkonstruktionen angewendet werden. Parallel zur neuen DIN 1052 ist die DIN 1052 Ausgabe 1988 (Änderungen 1996), die die Bemessung von Holzkonstruktionen nach zulässigen Spannungen gestattet, weiter im Holzbau gültig. Sie ist deshalb wie auch der auf dieser Methodik beruhende umfangreiche Erfahrungsschatz für die konstruktive Gestaltung weiterhin Bestandteil dieses Holzbaubuches. Die Bemessung von Holzkonstruktionen nach der neuen DIN 1052 wurde unter Einbeziehung der neuen DIN 1055-100 (2001) anhand von Beispielen ausführlich erläutert. Diese Beispiele wurden auch nach DIN 1052 (1088) berechnet und sind in der 3. Auflage ebenfalls enthalten. Ein Vergleich beider Bemessungsmethoden miteinander hinsichtlich Ausführung, Sicherheit und Wirtschaftlichkeit ist somit möglich.

In der Übergangszeit 2004 bis 2006 werden beide Fassungen gültig sein. Die in beiden Normen enthaltenen Regeln dürfen nicht vermischt werden. Die seit 2003 vorliegende neue englische Fassung des Eurocode 5 wird in den Jahren nach 2006 in deutsches Baurecht übernommen werden, so daß die jetzt vorliegende neue DIN 1052 als Grundlage für ein neues nationales Anwendungsdokument dienen wird.

Die Anwendung der neuen DIN 1052 im Holzbau bietet auf Grund allgemeiner gefaßten Bemessungsregeln – z.B. die Bemessung der stiftförmigen Verbindungsmittel – und der präziseren Sortierung der Hölzer mit der neuen DIN 4074 (2003) größere Wettbewerbschancen im Vergleich mit dem Stahl- und Stahlbetonbau.

Allen Beteiligten, die zum Gelingen der 3. Auflage beigetragen haben, sei an dieser Stelle herzlich gedankt. Besonderer Dank gilt dem Springer-Verlag für die weitere Herausgabe dieses Werkes und die verlegerische Betreuung.

Dresden, im März 2004

Karin Lißner
Karlheinz Zimmer

Vorwort zur 2. Auflage

Die für die 1. Auflage gewählte und von den Studenten, Dozenten, Bauingenieuren und Architekten angenommene Darstellung der Ergebnisse der Bemessung und Konstruktion von Holztragwerken nach DIN 1052 – auf der Grundlage zulässiger Spannungen und Verformungen – sowie nach Eurocode

5 – auf der Basis von Grenzzuständen (Teilsicherheitsbeiwerten) – wurde beibehalten. Sie ermöglicht eine strikte Trennung der Bemessung von Tragwerken nach DIN 1052 oder nach Eurocode 5 und einen Vergleich der Ergebnisse nach beiden Bemessungskonzepten.

Änderungen infolge neuer Richtlinien (z.B. DIN 1052-1/A1 und DIN 68800 Teil 2) sowie einer Auswertung neuer Forschungsergebnisse und bauaufsichtlicher Zulassungen im Holzbau wurden in den entsprechenden Abschnitten berücksichtigt.

Es ist uns eine angenehme Pflicht, Herrn Prof. Werner für die sehr erfolgreiche Zusammenarbeit, insbesondere während der Fertigstellung der 1. Auflage im Springer-Verlag, zu danken.

Dresden, im Januar 1999

Karin Lißner
Karlheinz Zimmer

Vorwort zur 1. Auflage

Der gegenwärtige Entwicklungsstand des ingenieurmäßigen Holzbaues ist gekennzeichnet durch bevorzugte Verwendung gerader und gekrümmter Brettschichtträger sowie vielfältiger Sonderbauarten von Fachwerk- und Vollwandträgern, deren Bauteile durch Leim oder mechanische Verbindungsmittel zusammengefügt werden.

Teil 1 behandelt die Grundlagen des Holzbaues. Die Einleitung gibt einen Überblick über Tragwerkssysteme und -konstruktionen, Holz- und Holzwerkstoffeigenschaften sowie über den Holzschutz. Es folgt eine ausführliche Beschreibung der gebräuchlichen Verbindungsmittel zur Herstellung von Anschlüssen, Stößen und mehrteiligen Stäben unter verschiedenen Beanspruchungsarten.

Bemessung und Ausführung von Trägern und Stützen mit einteiligen und zusammengesetzten Querschnitten werden umfassend behandelt und durch vollständige Beispiele zur statischen Berechnung und Konstruktion erläutert.

Konstruktive Details werden in verschiedenen Varianten dargestellt, die weder Anspruch auf Vollständigkeit noch auf optimale Gestaltung erheben. Sie sollen dem Lernenden kritische Vergleiche ermöglichen und seine Phantasie zur eigenen Entwurfsidee anregen.

Ziel des entwerfenden Ingenieurs sollte es stets sein, das Tragwerk so zu gestalten, daß die idealisierenden Annahmen der Berechnung weitestgehend durch die Konstruktion verwirklicht werden. Besondere Aufmerksamkeit verdienen die Anschlüsse. Verschiedenartige verzinkte Blechformteile und Nagelplatten finden dafür zunehmend Verwendung. Aber auch Zugbänder, Stützen und Kranbahnträger aus Stahl können vorteilhaft mit Holzbauteilen kombiniert werden.

Das vorliegende Werk gibt den derzeitigen Stand der Forschung, Entwicklung und Fertigungstechnik wieder. Die Aufnahme des neuen Bemessungskonzeptes nach Eurocode 5 – unter Beibehaltung der auf der Grundlage der DIN 1052 erzielten Ergebnisse, die für den Holzbau in den nächsten Jahren noch bestimmend sein werden – macht das Werk für Studenten, Bauingenieure und Architekten zu einer wertvollen Arbeitshilfe und Studienliteratur.

Die z. T. neuartigen und rechnerisch aufwendigen Bemessungsregeln sollten in der Baupraxis, den Hochschulen und Universitäten bei möglichst vielen zu entwerfenden Holztragwerken angewendet und erprobt werden, damit Unterschiede in den Ergebnissen der Bemessung im Vergleich mit DIN 1052 erkennbar werden und der Eurocode 5 ergänzt werden kann, um später Rechenprogramme und Bemessungsnomogramme entwickeln zu können. Mit der Herausgabe des Nationalen Anwendungsdokumentes (NAD) gilt der Eurocode 5 alternativ zur DIN 1052.

Im Eurocode 5 werden SI-Einheiten benutzt. Dementsprechend wurde für die Spannungen und Festigkeiten die Einheit N/mm^2 verwendet.

Neue Forschungsergebnisse sowie bauaufsichtliche Zulassungen wurden ausgewertet und z. T. eingearbeitet, so z. B. im 4. Abschnitt DIN 4102 T4 (3/94).

Das umfangreiche Literaturverzeichnis enthält u. a. Berichte der Holzbautagungen in Friedrichshafen/Bodensee (1992), Würzburg (1993), Garmisch-Partenkirchen (1993) und Nürnberg (1994).

Anregungen und Hinweise aus dem Leserkreis werden stets dankbar angenommen und bei Erweiterungen und Ergänzungen des Werkes beachtet. Allen Beteiligten, die zum guten Gelingen dieses Buches beigetragen haben, und im voraus denjenigen, die an der Fortführung dieses Werkes mitwirken werden, sei an dieser Stelle herzlich gedankt. Besonderer Dank gilt der Arbeitsgemeinschaft Holz e.V., der Entwicklungsgemeinschaft Holzbau sowie einigen Herstellerfirmen für die Bereitstellung ihres Informationsmaterials. Auch dem Springer-Verlag gilt ein besonderer Dank für die Herausgabe dieses Werkes und die verlegerische Betreuung.

Möge dieses Werk helfen, durch die schrittweise Überleitung von nationalen in europäische Normen den Lernenden im Studium, aber auch Praktikern, die Einführung in das neue Bemessungskonzept der Euronormen zu erleichtern.

Bad Oeynhausen
Dresden, im Juli 1995

Gerhard Werner
Karlheinz Zimmer

Inhalt

Bezeichnungen und Abkürzungen XIX

1 Einleitung 1
1.1 Tragwerke aus Vollholz 1
1.2 Tragwerke aus BSH und Sonderbauarten 2
1.3 Räumliche Tragwerke 4
1.4 Zimmermannsmäßige Verbindungen 5
1.5 Ingenieurmäßige Verbindungen 6

2 Holz als Baustoff 11
2.1 Holzarten 11
2.1.1 Nadelhölzer (NH) 11
2.1.2 Laubhölzer (LH) 11
2.2 Holzabmessungen 12
2.2.1 Baurundholz 12
2.2.2 Bauschnittholz oder Vollholz (VH) 12
2.2.3 Lagenholz 13
2.2.4 Mindestquerschnitte 14
2.3 Holzwerkstoffe 14
2.4 Sortierklassen des Bauholzes 15
2.5 Feuchtegehalt 17
2.5.1 Auswirkungen 17
2.5.2 Mittlerer Feuchtegehalt 17
2.5.3 Einbaufeuchte 17
2.5.4 Künstliche Holztrocknung 18
2.5.5 Schwind- und Quellmaße 18
2.5.6 Konstruktive Maßnahmen 19
2.6 Berechnungslast 20
2.7 Wärmeausdehnung 21
2.8 Elastizitäts-, Schub- und Torsionsmoduln nach DIN 1052 (1988) 21
2.9 Zulässige Spannungen nach DIN 1052 (1988) 21
2.10 Kriechverformungen nach DIN 1052 (1988) 24
2.11 Bemessungskonzept nach DIN 1052 neu (EC5) 25
2.11.1 Grenzzustände 25
2.11.2 Nachweis der Tragfähigkeit 26
2.11.3 Einwirkungen 26
2.11.4 Bemessungswerte der Baustoffeigenschaften und des Tragwiderstandes R_d 27

2.11.5 Modifikationsbeiwert k_{mod} 28
2.11.6 Charakteristische Festigkeits- und Steifigkeitskennwerte 29
2.11.7 Nachweis der Gebrauchstauglichkeit 30
2.11.8 Rechenwerte für Verformungsbeiwert k_{def} 31

3 Holzschutz im Hochbau 32
3.1 Schadeinflüsse 32
3.1.1 Pilze 32
3.1.2 Insekten 32
3.1.3 Meerwasserschädlinge 33
3.1.4 Feuer 33
3.2 Baulicher Holzschutz 33
3.3 Chemischer Holzschutz 35
3.3.1 Vorbeugende Maßnahmen 35
3.3.2 Bekämpfungsmaßnahmen 37

4 Brandverhalten von Bauteilen aus Holz 39
4.1 Allgemeines 39
4.2 Entzündungstemperatur T_E und Abbrandgeschwindigkeit v_A von NH 40
4.3 Festigkeit und E-Modul für NH bei 100 °C 40
4.4 Baustoffklassen von Holz und Holzwerkstoffen 41
4.5 Feuerwiderstandsdauer/Feuerwiderstandsklasse 41
4.5.1 Mindestabmessungen unbekleideter Balken aus NH . . 42
4.5.2 Mindestabmessungen unbekleideter Stützen aus NH . . 43
4.6 Mindestmaße unbekleideter Holz-Zugglieder 43
4.7 Stahl-Zugglieder 44
4.8 Feuerwiderstandsklassen von Holzverbindungen 44
4.8.1 Anwendungsbereich 44
4.8.2 Holzabmessungen 44
4.8.3 Dübelverbindungen 46
4.8.4 Stabdübel- und Paßbolzenverbindungen 46
4.8.5 Nagelverbindungen 48
4.9 Feuerwiderstandsklassen von Tafelelementen 48
4.10 Formänderungen im Brandfall 48

5 Stöße und Anschlüsse 49
5.1 Zugstöße und -anschlüsse ‖ Fa 49
5.2 Zuganschlüsse ⊥ Fa (Querzug) 51
5.2.1 Allgemeines 51
5.2.2 Allgemeine Hinweise zur Querzugbeanspruchung . . . 52
5.2.3 Bemessungsvorschlag nach DIN 1052 (1988) 53
5.2.4 Berechnungsbeispiele 54
5.2.5 Bemessung nach DIN 1052 neu (EC5) 55
5.2.6 Berechnungsbeispiel nach DIN 1052 neu (EC5) 56

5.3 Druckstöße $\parallel$ Fa 57
5.3.1 Kontaktstoß in Knotenpunktnähe (a_1, b_1) 57
5.3.2 Kontaktstoß im knickgefährdeten Bereich (a_2, b_1) . . . 58
5.3.3 Kontaktloser Stoß (b_2) 59
5.4 Druckanschlüsse $\perp$ Fa 59
5.5 Druckanschlüsse $\sphericalangle$ Fa nach DIN 1052 neu (EC5) 63
5.6 Der Versatz nach DIN 1052 neu (EC5) 64
5.6.1 Allgemeine Grundlagen und Berechnungsformeln . . . 64
5.6.2 Erläuterungen und Beispiele 68
5.7 Biegestöße und -anschlüsse 73
5.7.1 Allgemeines 73
5.7.2 Biegesteife VH-Trägerstöße 73
5.7.3 Biegesteife BSH-Trägerstöße 82

6 Verbindungsmittel 86
6.1 Kleber 86
6.1.1 Tragverhalten und Bauteilfertigung 86
6.1.2 Klebstoffe 87
6.1.3 Tragfähigkeit 88
6.1.4 Längsverbindungen 89
6.1.5 Eingeklebte Gewindestangen (GS) 90
6.2 Dübel 96
6.2.1 Allgemeines 96
6.2.2 Bestimmungen 98
6.2.3 Der Rechteckdübel nach DIN 1052 neu (EC5) 100
6.2.4 Dübel besonderer Bauart nach DIN 1052 (1988) 108
6.2.5 Dübel besonderer Bauart nach DIN 1052 neu (EC5) . . 115
6.2.6 Hirnholz-Dübelverbindungen bei BSH 117
6.2.7 Konstruktionsbeispiele 122
6.3 Bolzen (b) und Stabdübel (st) 126
6.3.1 Allgemeines 126
6.3.2 Anwendungsbereich 127
6.3.3 Tragfähigkeit nach DIN 1052 (1988) 127
6.3.4 Anzahl und Anordnung nach DIN 1052 (1988) 129
6.3.5 Beispiele 130
6.3.6 Tragfähigkeit nach DIN 1052 neu (EC5) 140
6.3.7 Anzahl und Anordnung nach DIN 1052 neu (EC5) . . . 143
6.3.8 Beispiel nach DIN 1052 neu (EC5) 143
6.4 Glattschaftige Nägel 145
6.4.1 Allgemeines 145
6.4.2 Beanspruchung rechtwinklig zur Nagelachse nach DIN 1052 (1988) 145
6.4.3 Beanspruchung auf Herausziehen nach DIN 1052 (1988) 148
6.4.4 Kombinierte Beanspruchung nach DIN 1052 (1988) . . 149
6.4.5 Mindestdicken nach DIN 1052 (1988) 149

6.4.6 Nagelanzahl und -anordnung nach DIN 1052 (1988) . . 151
6.4.7 Beispiele 155
6.4.8 Beanspruchung rechtwinklig zur Nagelachse nach DIN 1052 neu (EC5) 164
6.4.9 Beanspruchung auf Herausziehen nach DIN 1052 neu (EC5) 167
6.4.10 Kombinierte Beanspruchung nach DIN 1052 neu (EC5) 168
6.4.11 Beispiel nach DIN 1052 neu (EC5) 168

6.5 Sondernägel und Blechformteile nach DIN 1052 (1988) 169
6.5.1 Allgemeines 169
6.5.2 Schraubnägel (SNä) 170
6.5.3 Rillennägel (RNä) 171
6.5.4 Blechformteile 171

6.6 Nagelplatten 177
6.6.1 Allgemeines 177
6.6.2 Tragverhalten von Nagelplatten 179
6.6.3 Nachweis der Nagelbelastung F_n [N/mm²] nach DIN 1052 (1988) 180
6.6.4 Nachweis der Na-Pl-Belastung $F_{Z,D}$ bzw. F_S [N/mm] nach DIN 1052 (1988) 182
6.6.5 Traufpunkte von Dreieckbindern nach DIN 1052 (1988) 183
6.6.6 Querzugbeanspruchung des Holzes nach DIN 1052 (1988) 184
6.6.7 Durchbiegungsnachweis nach DIN 1052 (1988) 184
6.6.8 Beispiel nach [99] 184

6.7 Holzschrauben 189
6.7.1 Allgemeines nach DIN 1052 (1988) 189
6.7.2 Zulässige Belastung auf „Abscheren" im Lastfall H nach DIN 1052 (1988) 190
6.7.3 Zulässige Belastung auf Herausziehen im Lastfall H für trockenes Holz nach DIN 1052 (1988) 191
6.7.4 Kombinierte Beanspruchung 191
6.7.5 Bemessung nach DIN 1052 neu (EC5) 191

6.8 Klammern 192
6.8.1 Allgemeines nach DIN 1052 (1988) 192
6.8.2 Klammerabmessungen nach DIN 1052 (1988) 193
6.8.3 Beanspruchung auf „Abscheren" nach DIN 1052 (1988) 193
6.8.4 Beanspruchung auf Herausziehen nach DIN 1052 (1988) 194
6.8.5 Kombinierte Beanspruchung 195
6.8.6 Konstruktion und Herstellung der Verbindungen nach DIN 1052 (1988) 195
6.8.7 Bemessung nach DIN 1052 neu (EC5) 196

6.9 Bauklammern nach DIN 1052 (1988) 197
6.10 Zusammenwirken verschiedener Verbindungsmittel 198

7 Zugstäbe 202
7.1 Allgemeines 202
7.2 Bemessung nach DIN 1052 (1988) 202
7.3 Spannungsnachweis nach DIN 1052 (1988) 202
7.4 Bemessung nach DIN 1052 neu (EC5) 205

8 Einteilige Druckstäbe 206
8.1 Allgemeines 206
8.2 Bemessung von Druckstäben nach DIN 1052 (1988) 206
8.3 Knicknachweis ($A \triangleq$ ungeschwächter Querschnitt) nach DIN 1052 (1988) 207
8.4 Zulässiger Schlankheitsgrad nach DIN 1052 (1988) 208
8.5 Knicklänge 208
8.5.1 Knicklänge von Stützen 209
8.5.2 Knicklänge von Fachwerkstäben 210
8.5.3 Knicklänge des verschieblichen Kehlbalkendaches 210
8.5.4 $s_{ky} \parallel$ Bogenebene für Zwei- und Dreigelenkbogen 211
8.5.5 $s_{ky} \parallel$ Rahmenebene für Zwei- und Dreigelenkrahmen . . 211
8.5.6 $s_{ky} \parallel$ Rahmenebene für Rahmen mit Pendelstützen . . . 212
8.5.7 $s_{kz} \perp$ Rahmenebene für Vollwand- und Fachwerkrahmen 214
8.6 Beispiele 215
8.7 Bemessung von Druckstäben nach DIN 1052 neu (EC5) 216

9 Mehrteilige Druckstäbe 218
9.1 Allgemeines nach DIN 1052 (1988) 218
9.2 Knickung um die „starre“ Achse nach DIN 1052 (1988) 219
9.3 Knickung um die „nachgiebige“ Achse nach DIN 1052 (1988) . 219
9.3.1 Nicht gespreizte Druckstäbe 219
9.3.2 Gespreizte Druckstäbe 228
9.4 Bemessung mehrteiliger Druckstäbe nach DIN 1052 neu (EC5) 240
9.4.1 Allgemeines 240
9.4.2 Mehrteilige Druckstäbe ohne Spreizung 240
9.4.3 Mehrteilige Druckstäbe mit Spreizung 243

10 Gerade Biegeträger 249
10.1 Allgemeines 249
10.2 Einteiliger Rechteckquerschnitt nach DIN 1052 (1988) 250
10.2.1 Querschnittsabmessungen 250
10.2.2 Biegespannung (einachsig) 250
10.2.3 Schubspannung 251
10.2.4 Ausklinkungen 252
10.2.5 Auflagerpressung 256
10.2.6 Kippuntersuchung 257
10.2.7 Durchbiegung 258

10.2.8 Beispiele 260
10.2.9 Doppelbiegung 268
10.3 Nicht gespreizter mehrteiliger Querschnitt mit kontinuierlicher Leimverbindung nach DIN 1052 (1988) 270
10.3.1 Allgemeines 270
10.3.2 Hohlkastenträger aus Vollhölzern NH II 271
10.3.3 Hohlkastenträger mit BFU-Stegen nach Abb. 10.22 . . . 276
10.4 Nicht gespreizter mehrteiliger Querschnitt mit kontinuierlicher nachgiebiger Verbindung nach DIN 1052 (1988) 278
10.4.1 Biegung um die „starre“ Achse 278
10.4.2 Biegung um die „nachgiebige“ Achse 278
10.5 Gespreizter mehrteiliger Querschnitt nach DIN 1052 (1988) . . 288
10.5.1 Biegung um die „starre“ Achse 288
10.5.2 Biegung um die „nachgiebige“ Achse 288
10.6 Zusammengesetzte Stahl-Holz-Träger nach DIN 1052 (1988) . 290
10.7 Einteiliger Rechteckquerschnitt nach DIN 1052 neu (EC5) . . . 296
10.7.1 Biegespannung (einachsig) 296
10.7.2 Schubspannung 296
10.7.3 Ausklinkungen 296
10.7.4 Kippuntersuchung 298
10.7.5 Grenzwerte der Durchbiegung 299
10.7.6 Beispiel: Deckenbalken 300
10.7.7 Doppelbiegung 302
10.8 Nicht gespreizter mehrteiliger Querschnitt nach DIN 1052 neu (EC5) 303
10.8.1 Biegung um die „starre“ Achse 303
10.8.2 Biegung um die „nachgiebige“ Achse 303
10.9 Gespreizter mehrteiliger Querschnitt nach DIN 1052 neu (EC5) 307
10.9.1 Biegung um die „starre“ Achse 307
10.9.2 Biegung um die „nachgiebige“ Achse 307

11 Biegung mit Längskraft 309
11.1 Allgemeines nach DIN 1052 (1988) 309
11.2 Biegung mit Zug nach DIN 1052 (1988) 309
11.3 Biegung mit Druck nach DIN 1052 (1988) 309
11.3.1 Einteiliger Rechteckquerschnitt und mehrteiliger symmetrischer geleimter Querschnitt 309
11.3.2 Mehrteiliger, nachgiebig verbundener Querschnitt . . . 312
11.4 Biegung mit Zug nach DIN 1052 neu (EC5) 319
11.5 Biegung mit Druck nach DIN 1052 neu (EC5) 319

Anhang 323

Zulässige Belastung einteiliger Holzstützen aus S10/MS10, Lastfall H . . 323
Knickzahlen ω VH S7 bis MS17 323

Querschnittswerte und Eigenlasten für Rechteckquerschnitte, Kanthölzer 324
Dachlatten nach DIN 4070 T1 326
Verleimte Rechteckquerschnitte (BSH) 326
Konstruktionsvollholz (KVH) 327
DIN 1052 (1988)-1/A1 328
Normenverzeichnis 331
Literaturverzeichnis 335
Sachverzeichnis 341

Holzbau Teil II

Inhaltsübersicht

Dach- und Hallentragwerke nach DIN 1052 neu (EC5) und DIN 1052 (1988)

12 Grundformen der Dächer

13 Dachdeckungen für Haus- und Hallendächer

14 Lastannahmen für Dach- und Hallentragwerke

15 Tragwerke der Hausdächer

16 Tragwerke von Skelettbauten, Holzrahmenbau, Blockhausbau

17 Hallentragwerke

18 Sparrenpfetten

19 Brettschichtholzträger

20 Fachwerkträger

21 Wind- und Aussteifungsverbände

22 Verformungsberechnung von Holztragwerken

Bezeichnungen und Abkürzungen

Allgemeingültige und für eine Bemessung nach DIN 1052 (1988)

NH	Nadelholz
LH	Laubholz
VH	Vollholz
KVH	Konstruktionsvollholz
BSH	Brettschichtholz aus NH
BS-Holz	Brettschichtholz
BS 14	Brettschichtholz der Sortierklasse S 13
VH S 10	Vollholz der Sortierklasse S 10
BAH	Balkenschichtholz
FSH	Furnierschichtholz
BRH	Brettsperrholz
HW	Holzwerkstoffe
BFU	Bau-Furniersperrholz DIN 68705 T3, DIN EN 636
BFU-BU	Bau-Furniersperrholz aus Buche DIN 68705 T5
FP	Flachpreßplatte DIN EN 312
OSB	Flachpreßplatten
GKB	Gipskartonbauplatte
HFM	mittelharte Holzfaserplatten DIN EN 622 T3
HFH	harte Holzfaserplatten DIN EN 622 T2
Gkl I	Güteklasse I ≙ Sortierklasse S13
Gkl II	Güteklasse II ≙ Sortierklasse S10
Gkl III	Güteklasse III ≙ Sortierklasse S7
NH II	Nadelholz der Gkl II
$\parallel$ Fa	in Faserrichtung
$\perp$ Fa	rechtwinklig zur Faserrichtung
$\sphericalangle$Fa	schräg zur Faserrichtung
$\parallel$ Kr	in Kraftrichtung
$\perp$ Kr	rechtwinklig zur Kraftrichtung
$\parallel$ Pl	in Plattenebene
$\perp$ Pl	rechtwinklig zur Plattenebene
$E_{\parallel}$	Elastizitätsmodul $\parallel$ Fa
$E_{\perp}$	Elastizitätsmodul $\perp$ Fa
G	Schubmodul
G_{T}	Torsionsmodul
g	ständige Last

p	ruhende Verkehrslast
ef I	wirksames Flächenmoment 2. Grades
I_n	Netto-Flächenmoment 2. Grades
α_T	Wärmedehnzahl
ω	Feuchtegehalt
α	Schwind- und Quellmaß; Winkel zwischen Kraft- und Faserrichtung
VM	Verbindungsmittel
Dü	Dübel besonderer Bauart
SDü	Stabdübel
PB	Paßbolzen
Bo	Bolzen
GS	Gewindestangen
Nä	Nägel
RNa	Rillennagel
SNa	Schraubnagel
Schr	Schrauben
SoNä	Sondernägel

Für eine Bemessung nach DIN 1052 neu (EC5)

EC5	Eurocode 5
Fkl	Festigkeitsklasse
GL28	Brettschichtholz der Festigkeitsklasse GL28 (BS 14)
C24	Nadelholz der Festigkeitsklasse C24 (S 10/MS 10)
Nkl	Nutzungsklasse
LED	Lasteinwirkungsdauer
A_{tot}	Gesamtquerschnittsfläche
V	Volumen
t	Holz- oder Stahlblechdicke
t_{req}	erforderliche Mindestdicke
λ_{rel}	bezogener Schlankheitsgrad
S_d	Bemessungswert einer Schnittgröße
R_d	Bemessungswert der Tragfähigkeit (Beanspruchbarkeit)
V_d	Bemessungswert der Querkraft
γ_G, γ_Q	Teilsicherheitsbeiwert für Einwirkungen (Lastfaktoren)
γ_M	Teilsicherheitsbeiwert für Baustoffe (Materialfaktor)
k_{mod}	Modifikationsbeiwert
$\sigma_{t,0,d}$	Bemessungswert der Zugspannung $\parallel$ Fa
$f_{t,0,d}$	Bemessungswert der Zugfestigkeit $\parallel$ Fa
f_m	Biegefestigkeit
f_c	Druckfestigkeit
f_v	Schub- oder Torsionsfestigkeit
$E_{0,mean}$	Mittelwert des Elastizitätsmoduls $\parallel$ Fa

$E_{0,05}$	5% Quantil (Fraktil) des Elastizitätsmoduls ‖ Fa
K_{ser}	Anfangsverschiebungsmodul für Grenzzustand der Gebrauchstauglichkeit
$K_{u,mean} =$ 2/3 K_{ser}	Mittelwert des Verschiebungsmoduls
k_{def}	Verformungsbeiwert
w_0	Überhöhung
$w_{inst} = f_{inst}$	Anfangsdurchbiegung (elastische Durchbiegung)
$w_{fin} = f_{fin}$	Enddurchbiegung

Allgemeine Bezeichnungen, zum Beispiel:

[16]	Literaturhinweis Nr. 16
(5.3)	Gleichung 3 im Abschnitt 5
Abb. 6.4	Abbildung 4 im Abschnitt 6
Taf. 9.3	Tafel 3 im Abschnitt 9

Hinweise im Text auf DIN 1052 neu (EC5), DIN 1052 (1988) und Erläuterungen zu DIN 1052, zum Beispiel:

-*5.1.2* [1]-	DIN 1052 neu (EC5), Abschnitt 5.1.2
-*9.1.8*-	DIN 1052 (1988). Teil 1. Abschnitt 9.1.8
-*T2. 4.3*-	DIN 1052 (1988). Teil 2. Abschnitt 4.3
-*E36*-	Erläuterungen zu DIN 1052 (1988) [2]. Seite 36

Umrechnungsfaktoren

$1\ N/mm^2 \triangleq 1\ MN/m^2 \triangleq 10^{-1}\ kN/cm^2$
$1\ N/mm \triangleq 10^{-2}\ kN/cm$

Koordinatensystem

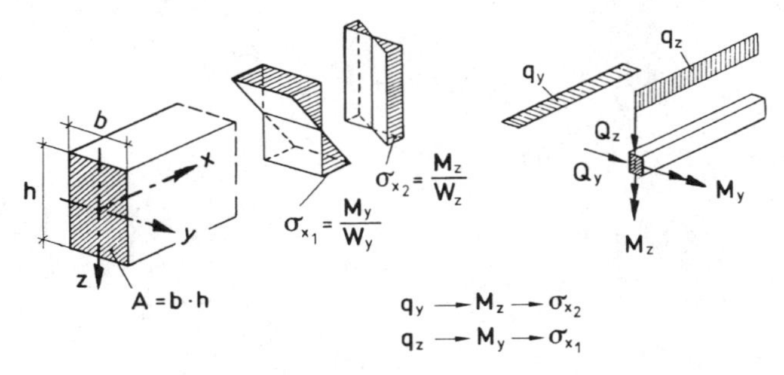

Bei einachsiger Biegung können die Indizes y und z entfallen. DIN 1052 neu (EC5) verwendet für die Querkraft den Buchstaben V.

1 Einleitung

1.1 Tragwerke aus Vollholz

Holz ist ein seit Jahrhunderten bewährter Baustoff. Es besitzt eine Reihe von günstigen Eigenschaften. Das Holz läßt sich u.a. leicht und mit einfachen Werkzeugen bearbeiten. Heute kommt hinzu, daß der Energieverbrauch bei der Produktion und der Verarbeitung des Rohstoffes Holz erheblich günstiger ist als bei anderen Baustoffen. Holz wächst unter Nutzung der Sonnenenergie. Es ist damit ein Roh- und ein Baustoff, der den Menschen auch weiterhin zur Verfügung stehen wird, wenn sie die Wälder erhalten [3].

Durch den Holzbau sind viele architektonisch wertvolle Bauwerke entstanden. Zu nennen sind die Fachwerkbauten des Mittelalters und der ihnen folgenden Jahrhunderte sowie die alten überdachten Holzbrücken, die sog. Hausbrücken.

Für Wohnhäuser und landwirtschaftliche Gebäude sowie für Gerüste und Schalungen war und ist *Vollholz* der bevorzugte Baustoff [4–5].

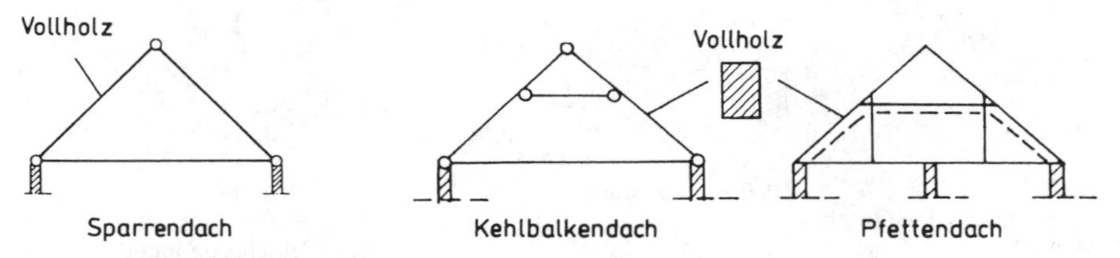

Abb. 1.1. Hausdächer aus einteiligen Vollhölzern [7]

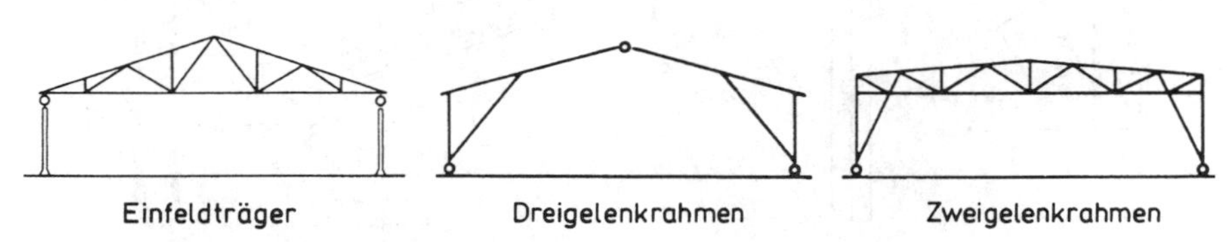

Abb. 1.2. Hallendächer aus ein- oder mehrteiligen Vollhölzern [7]

1.2 Tragwerke aus BSH und Sonderbauarten

Im neuzeitlichen Holzbau ist eine technologische Entwicklung zu beobachten von der direkten Verwendung des geschnittenen Rechteckquerschnittes über vielfältige Formen zusammengesetzter Vollwand-, Rahmen- und Fachwerkträger bis hin zu beliebig geformten geleimten Brettschichtträgern, mit denen Binderspannweiten über 100 m erreicht worden sind [5, 8–10].

Die Leistungsfähigkeit des Holzbaues ist der intensiven Forschungs- und Entwicklungsarbeit zu verdanken, die sich in der *DIN 1052 (4/88),* den Änderungen *(10/96),* den dazugehörenden Erläuterungen [2] und neuerdings in der *DIN 1052 (neu)* sowie in dem Eurocode 5 [31] niederschlägt. Sie hat dem Holzbau moderner Prägung ein weites Anwendungsfeld eröffnet auf dem Gebiet der Hallen- und Dachtragwerke für Industrie, Sportstätten, Versammlungsräume, Ausstellungen, Großmärkte, Kirchen, Schulen, Turmbauten sowie der Brücken [5, 11–14].

Der geleimte Holzbinder zeichnet sich aus durch *hohe Festigkeit* bei geringem Gewicht. Im Vergleich zu anderen Baustoffen, vor allem Stahl, besitzt Holz eine bemerkenswerte *Widerstandsfähigkeit gegen Säuren und Salze.* Deshalb finden Holztragwerke häufig Anwendung in der chemischen Industrie [18].

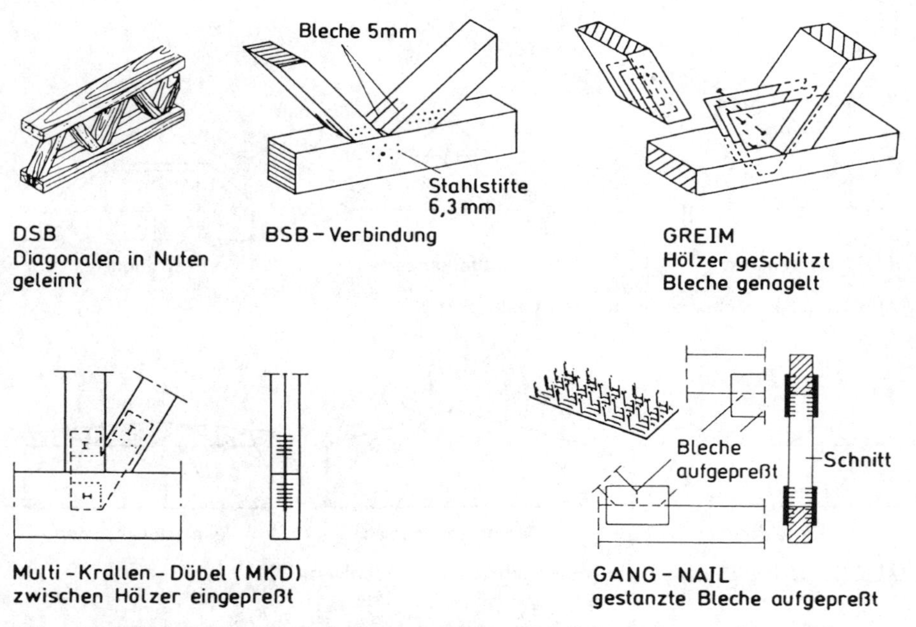

Abb. 1.3. Fachwerkträger-Sonderbauarten mit bauaufsichtlicher Zulassung [7, 15–17]

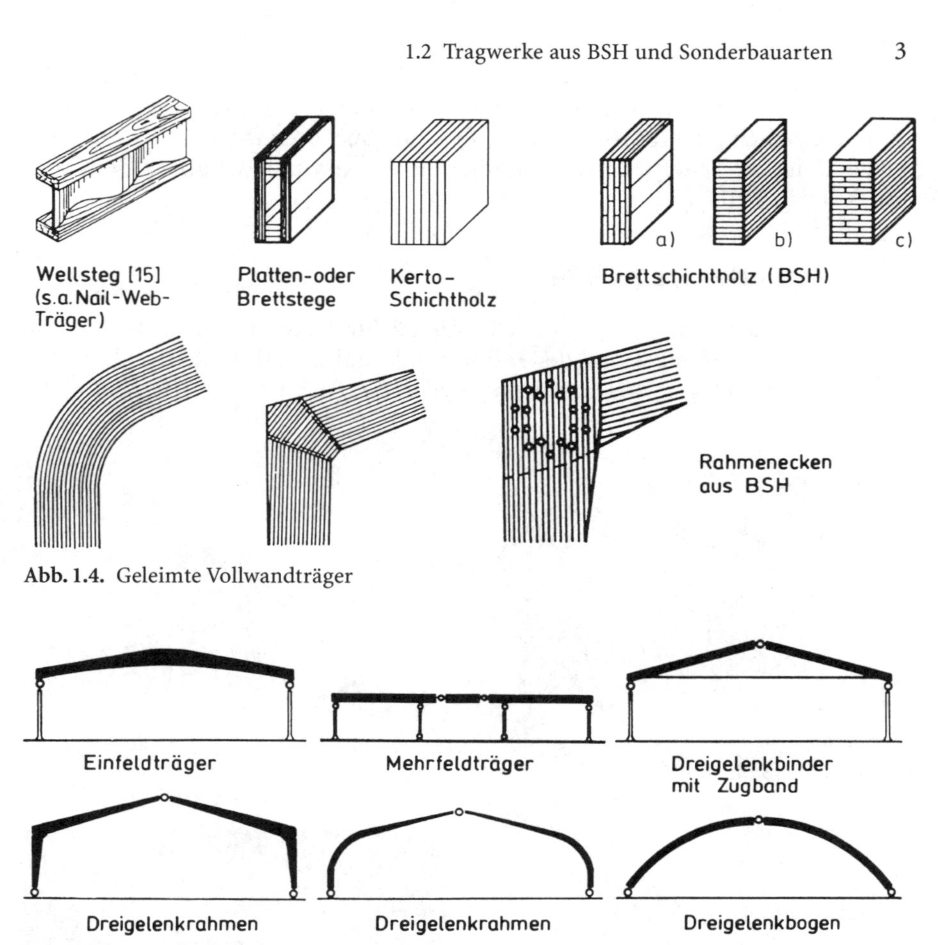

Abb. 1.4. Geleimte Vollwandträger

Rohkohle-Mischhalle in Leimbauweise [19]

Abb. 1.5. Tragwerke aus BSH

Besonders herausgestellt werden muß das für den Tragwerksplaner günstige Brandverhalten von BSH-Bauteilen. Obwohl aus brennbarem Material bestehend, ist ihr Feuerwiderstand größer als der von ungeschützten Stahlkonstruktionen [20].

1.3 Räumliche Tragwerke

Die große Elastizität der Brettlamelle, die leichte Bearbeitbarkeit des Holzes, der hohe Entwicklungsstand der Leimtechnik und die reiche Auswahl mechanischer Verbindungsmittel lassen eine Vielfalt der Formgebungen (Abb. 1.6) zu,

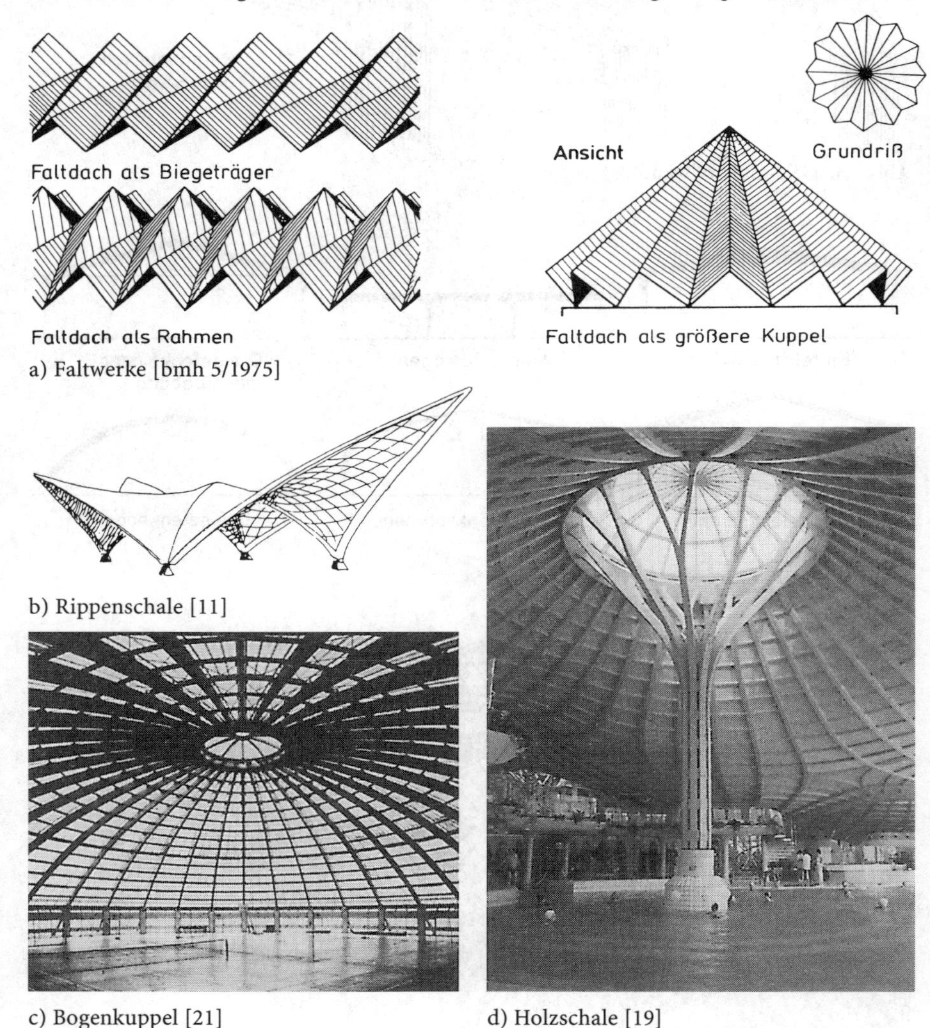

a) Faltwerke [bmh 5/1975]

b) Rippenschale [11]

c) Bogenkuppel [21]

d) Holzschale [19]

Abb. 1.6. Räumliche Tragwerke [7]

die der Phantasie des gestaltenden Architekten großen Spielraum lassen. So ist inzwischen eine Reihe eindrucksvoller räumlicher Holztragwerke entstanden [11, 12, 19, 21].

1.4 Zimmermannsmäßige Verbindungen

Die zimmermannsmäßige Verbindungstechnik (Abb. 1.7), deren Grundsatz der Verzicht auf fremde Baustoffe war, mit Ausnahme von Nägeln und Bolzen, hat eine erstaunliche Vielfalt form- und kraftschlüssiger Verbindungen für Stöße und Anschlüsse hervorgebracht, deren Formen und Abmessungen nach Erfahrungswerten bestimmt wurden. Nachteile dieser Bauweise sind jedoch hohe Herstellungskosten, die heute mit moderner Abbundanlagen-Technik gesenkt werden können [247], und erhebliche Querschnittsschwächungen (Abb. 1.8) [22–24].

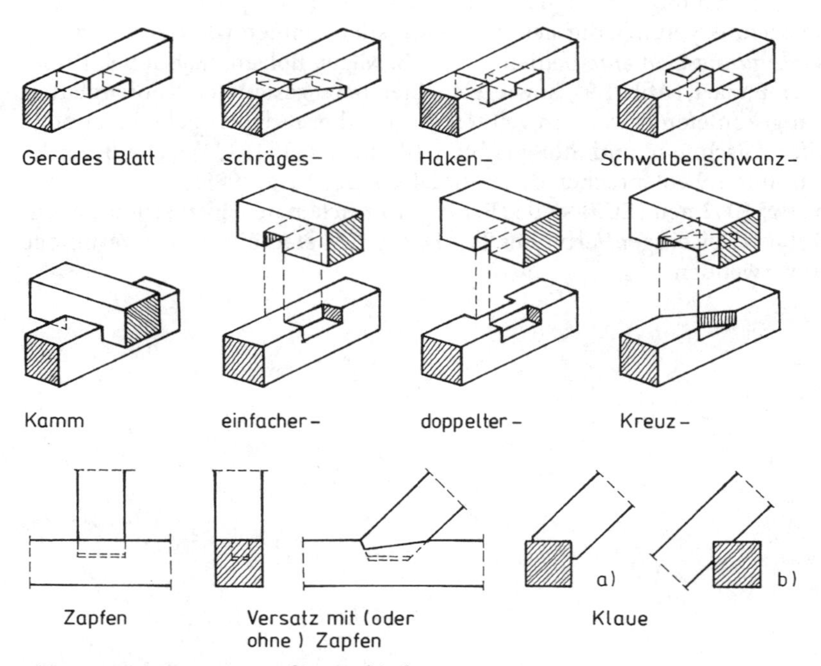

Abb. 1.7. Zimmermannsmäßige Verbindungen

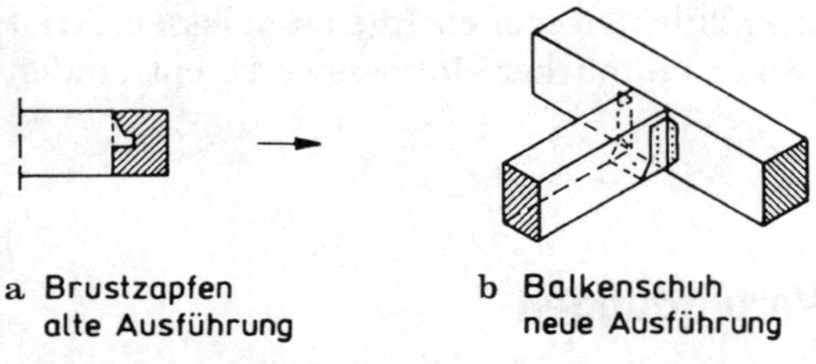

Abb. 1.8. Gegenüberstellung für Balkenanschluß

1.5 Ingenieurmäßige Verbindungen

Der *ingenieurmäßige Holzbau* ist gehalten, rationell zu arbeiten und vor allem verbindliche Aussagen über die Tragfähigkeit aller Verbindungen zu machen, d.h. nur *geprüfte* bzw. *genormte Verbindungselemente* zu verwenden, die einer statischen Berechnung zugänglich sind. Diese Forderung hat zu einer Konstruktionstechnik geführt, die sich neben Kunstharzleimen vorwiegend *metallischer Verbindungselemente* bedient, wie z.B. Nägel, Bolzen, Stabdübel, Dübel besonderer Bauart (Abb. 1.9), sowie gelochter bzw. gestanzter Knotenplatten und aus abgekanteten bzw. geschweißten Blechen hergestellter gelenkiger oder biegesteifer Anschlüsse und Stöße (Abb. 1.10 und 1.11) [16, 23][1]. Die Bezeichnungen in Abb. 1.9 entsprechen denen in DIN 1052, Ausg. 1988.

Nach DIN 1052 neu (EC5) sind z.B. t für Holzdicken bei Holzverbindungen, Typ C10 statt zweiseitiger Verbinder Typ D, Typ C11 statt einseitiger Verbinder Typ D zu verwenden.

[1] nach DIN 1052, Ausg. 1988.

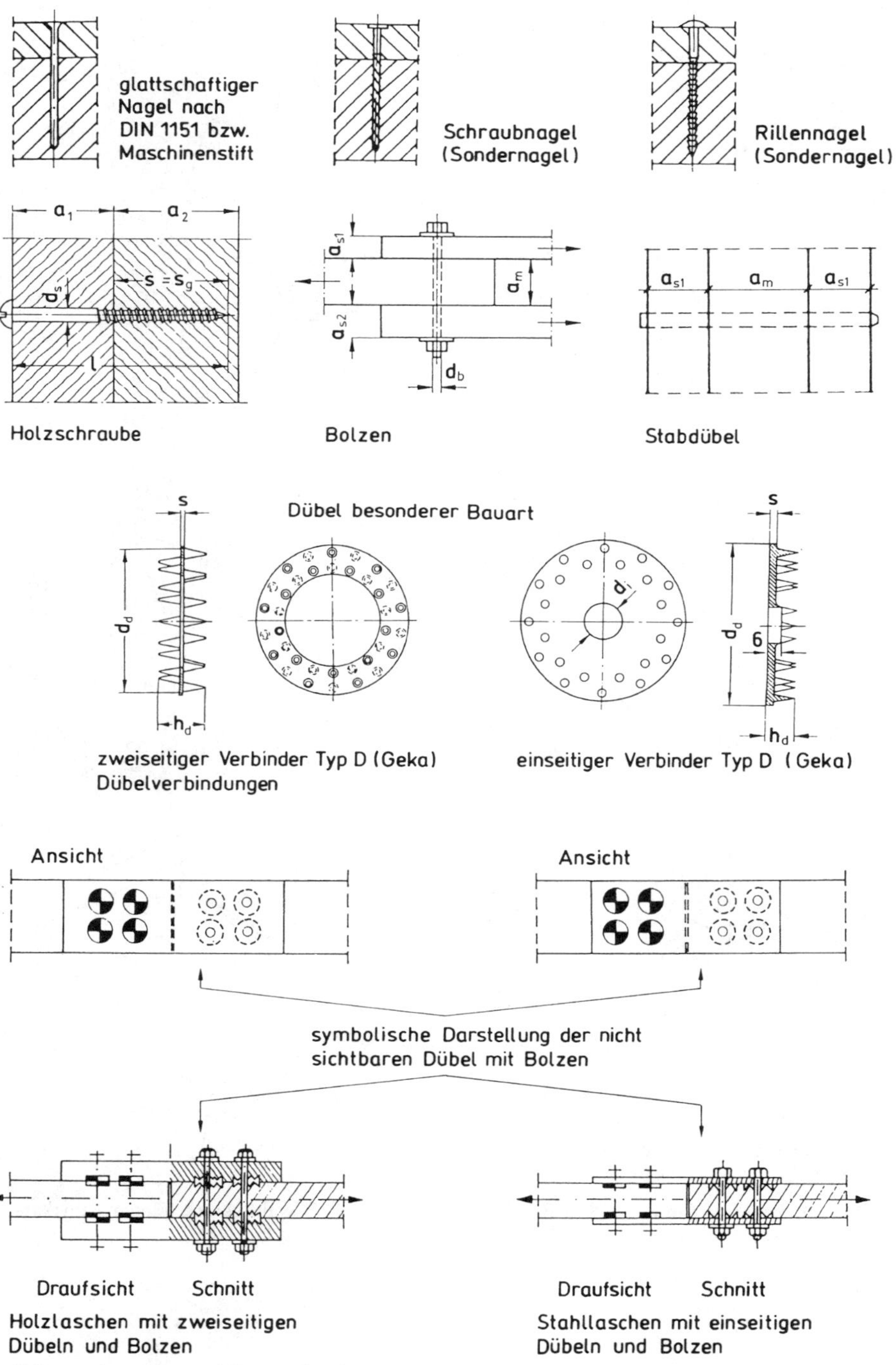

Abb. 1.9. Ingenieurmäßige Verbindungen mit mechanischen Verbindungsmitteln

a) Lochplatte
b) } Winkel-
c) } verbinder
d) Knagge
e) Balkenschuh
f) Universalverbinder
g) Sparrenpfettenanker
h) Gerberverbinder
j) Sparrenfuß
k) Trägeranker
l) Schienenanker

Abb. 1.10. Feuerverzinkte Blechformteile, $t \geqq 2$ mm. Eine Auswahl verschiedener Fabrikate, s. [15]. Befestigung durch Sondernägel nach DIN 1052

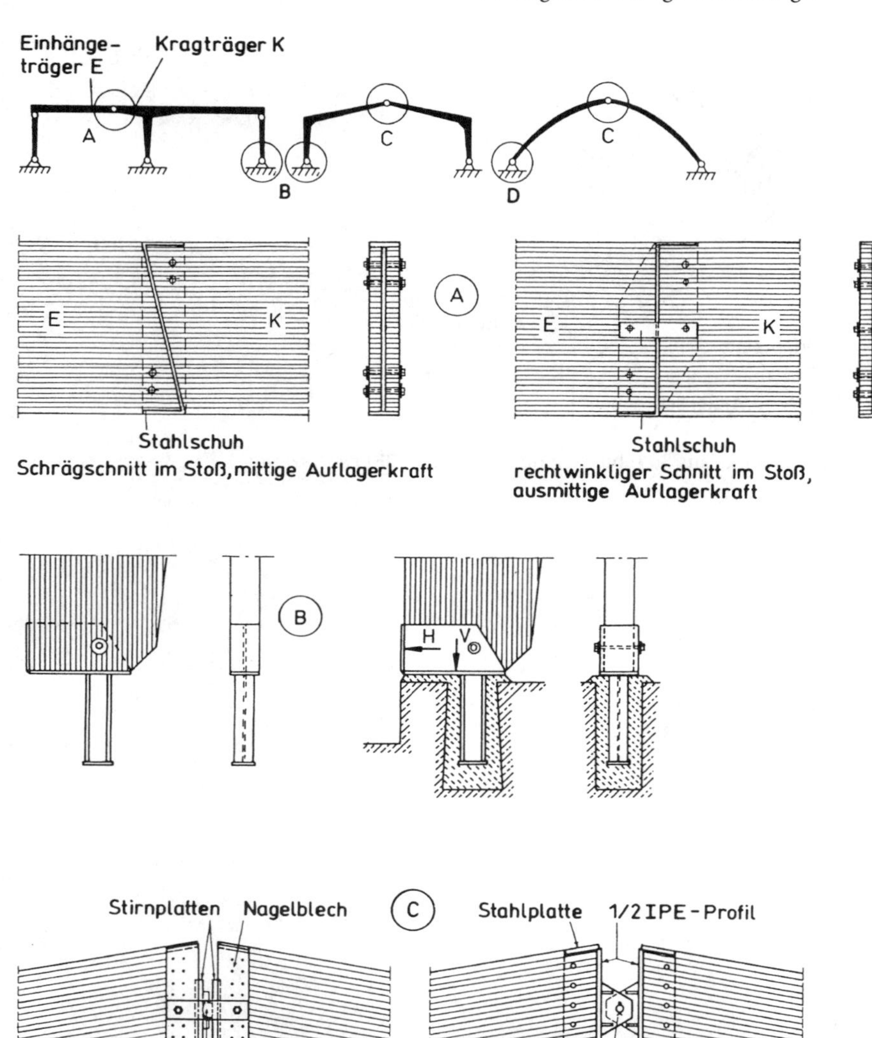

Abb. 1.11. Gelenke aus Stahlblechen oder -profilen [7, 25–27]

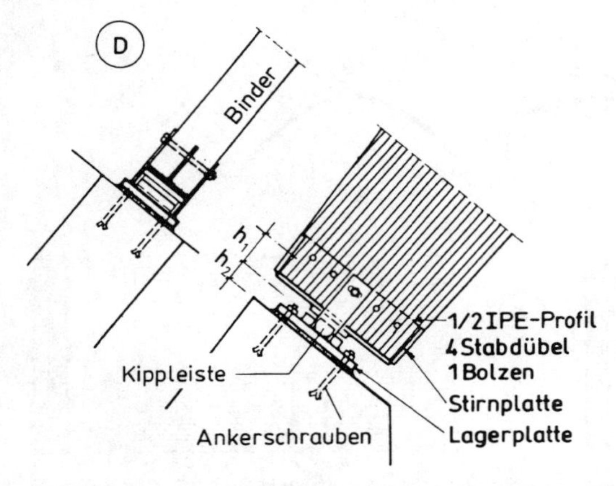

Abb. 1.11. Gelenke aus Stahlblechen oder -profilen [28] (Fortsetzung)

2 Holz als Baustoff

Holz ist ein organisch gewachsener, anisotroper, inhomogener Baustoff. Seine Eigenschaften sind nur zu verstehen aus der Sicht seiner Entstehung im lebenden Baum [29].

Die Vorzüge des Baustoffes Holz sind bereits in der Einleitung beschrieben worden. Seine naturbedingten Nachteile lassen sich in zwei Merkmalen zusammenfassen:

relativ großer Streubereich der mechanischen Eigenschaften
Empfindlichkeit gegen Feuchtigkeitseinflüsse

Durch sachkundige Planung, Konstruktion und chemische Behandlung sowie durch neuzeitliche Fertigungsverfahren kann den genannten Nachteilen wirkungsvoll begegnet werden. Die moderne holzverarbeitende Industrie ist z.B. in der Lage, durch definierte Zerlegung des gewachsenen Holzes in kleinere Elemente, deren Sortierung und anschließendes Zusammenfügen unter geregelten Klimabedingungen die Eigenschaften des Naturholzes zu vergleichmäßigen und damit zu vergüten (Brettschichtholz, Sperrholz, Flachpreßplatten u.a.m.), vgl. [29].

2.1 Holzarten

Als Bauhölzer werden vorwiegend genutzt:

2.1.1 Nadelhölzer (NH)

Fichte (FI), Kiefer (KI), Lärche (LA), Tanne (TA), Douglasie (DGA), Southern Pine (PIP), Western Hemlock (HEM)

2.1.2 Laubhölzer (LH)

Gruppe A: Eiche (EI), Buche (BU), Teak (TEK), Keruing (YAN)
Gruppe B: Afzelia (AFZ), Merbau (MEB), Angelique (Basralocus) (AGQ)
Gruppe C: Azobé (Bongossi) (AZO), Greenheart (GRE)

Die gebräuchlichsten Bauhölzer im Hochbau sind Kiefer und Fichte. Lärche ist das für Bauzwecke hochwertigere Nadelholz. Eiche und Buche benutzt man in der Regel nur für hoch beanspruchte Teile, wie Dübel, Unterlagshölzer, Druckverteilungsplatten u.ä. Die besonders widerstandsfähigen Hölzer Eiche und

Teak, Afzelia, Azobé und Greenheart sind außerdem für den Hafenbau geeignet. Neuerdings wird auch Buche als Brettschichtholz bei Tragwerken eingesetzt.

Ausführlichere Beschreibungen der Hölzer und ihrer Verwendungsmöglichkeiten sind in [3, 30] enthalten.

2.2 Holzabmessungen

2.2.1 Baurundholz

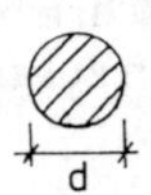

Gütebedingungen für NH DIN 4074 T2 (12/58).
Muß im eingebauten Zustand von Rinde und Bast befreit sein.

2.2.2 Bauschnittholz oder Vollholz (VH)

Sortiermerkmale und -klassen für NH DIN 4074 T1 (6/03); Maße nach Tab. 1 der DIN 4074 T1. **Konstruktionsvollholz** (KVH) s. Anhang.

Kantholz

$b > 40$ mm
$b/h = 1:1$ bis $1:3$

Balken

Kantholz mit $h \geqq 200$ mm

Brett und Bohle

	Brett: 6 mm $\leqq a \leqq$ 40 mm; $b \geqq$ 80 mm
	Bohle: $a >$ 40 mm; $b > 3 \cdot a$
ungehobelt:	DIN 4071 T1
gehobelt:	DIN 4073 T1
gespundete Bretter:	DIN 4072

Meßbezugsfeuchte für die Sortierkriterien: 20%.

Übliche Lagerlängen für VH: $l \leqq 6{,}5$ m

Größere Längen ergeben wegen Abholzigkeit des Stammes ungünstige Ausbeute; sie werfen bzw. verdrehen sich auch leicht.

Auf Bestellung lieferbar: max $l \leqq$ etwa 14 m

Latte

$b < 80$ mm; $A \leqq 32 \cdot 10^2$ mm^2 ($h \leqq 40$ mm)
Dachlatten:
h/b = 24/48, 24/60, 30/50, 40/60 mm

In DIN 4070 sind Querschnittsmaße und statische Werte für Kanthölzer, Balken und Dachlatten angegeben, bezogen auf den scharfkantigen Querschnitt zum Zeitpunkt des Einschnitts. Baumkanten und Maßänderungen durch Schwinden bleiben unberücksichtigt.

DIN 1052 neu (EC5)

Nach Eurocode 5 [31] wird das Bauholz auf der Grundlage von visuellen oder maschinellen Sortierregeln in Festigkeitsklassen (DIN EN 338) eingeteilt -*7.2.1* [1]-.

Querschnittsmaße für Bauholz und ihre zulässigen Abweichungen von den Sollmaßen enthält DIN EN 336.

2.2.3 Lagenholz

Durch Zusammenfügen gehobelter Bretter zu verleimten Verbundquerschnitten lassen sich vergütete Holzträger großer Abmessungen herstellen, z. B.:

Brettschichtholz (BSH oder BS-Holz) aus Brettern
$a \leqq$ 33 mm (42 mm), s. a. DIN EN 390
$b \leqq$ 220 mm (> 220 mm Längsnuten oder Längsfuge),
vgl. Abb. 2.3

Versetzte Keilzinkenverbindung der Einzelbretter nach Abb. 6.1. BSH-Trägerlängen begrenzt durch Betriebseinrichtungen, Transportwege und Montagebedingungen auf max $l \leqq$ etwa 40 m.

Auf der Grundlage einer BAZ [32] darf das Furnierschichtholz „Kerto-Schichtholz" als „Kerto-S" (ohne querverlaufende Fu-Lagen) oder „Kerto-Q" (mit querverlaufenden Fu-Lagen) im Holzbau anstelle von oder gemeinsam mit Brettschichtholz, für stabförmige Bauteile sowie ebene Flächentragwerke verwendet werden. Die europäischen FI- oder KI-Furniere von 3,2 mm Dicke sind mit Phenolharz zu Schichtholz mit den Abmessungen $B \times H$ verleimt.

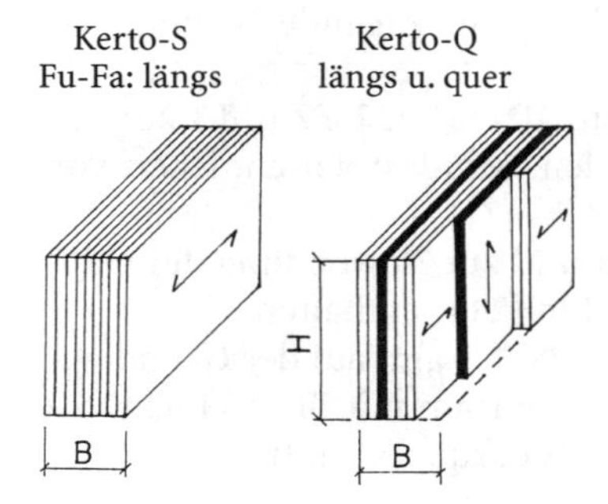

In beiden Abbildungen
je 9 Furnierlagen
Aufbausymbol für
Kerto-Q: II–III–II
max. 27 Furnierlagen
21 mm $\leqq B \leqq$ 81 mm
$H \leqq$ 900 mm bzw.
$H \leqq$ 1800 mm bei Platten
Lieferlängen $\leqq$ 23 m
Standardlängen $\leqq$ 12 m

Kreuzbalken, Duo-/Trio-Balken s. [30], mehrschichtige Massivholzplatten s. [244].

DIN 1052 neu (EC5)
Brettschichtholz ist nach DIN EN 386 herzustellen – *7.3* [1] –. Abmessungen und ihre zulässigen Abweichungen von den Sollmaßen sind in DIN EN 390 angegeben. Die Keilzinkenverbindung ist nach DIN EN 387 auszuführen.

2.2.4 Mindestquerschnitte

Tragende einteilige Einzelquerschnitte von Vollholzbauteilen nach – *6.3* –

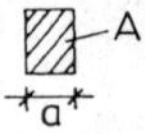

$a \geqq 24$ mm
$A \geqq 14 \cdot 10^2$ mm^2

Bei Lattungen $A \geqq 11 \cdot 10^2$ mm^2

Für *Rundholz* wird $d \geqq 70$ mm an der Zopfseite empfohlen.

Diese Mindestquerschnitte sind auch bei einer Bemessung nach DIN 1052 neu (EC5) einzuhalten – *7.2.3* [1] –.

2.3 Holzwerkstoffe

Zu ihnen zählen im Sinne der DIN 1052 Sperrholz, Flachpreß- und Holzfaserplatten. Unter Sperrholz werden alle Platten (Furnier- und Tischlerplatten) aus ≧3 aufeinandergeleimten Holzlagen verstanden, deren Faserrichtungen gegeneinander versetzt sind [244].

Als Bau-Furniersperrholz (BFU) bezeichnet man Sperrholz, bei dem alle Lagen aus Furnieren bestehen, die parallel zur Plattenebene kreuzweise aufeinandergeleimt sind, und das den Gütebedingungen in DIN 68 705 T 3 entspricht, s. a. DIN EN 636 u. DIN EN 13986.

BFU aus Buchenfurnieren (BFU-BU) nach DIN 68 705 T 5 hat z. T. günstigere Eigenschaften als BFU nach DIN 68 705 T 3 [33], s. a. DIN V 20000-1.

Flachpreßplatten (FP) müssen bei Verwendung für tragende Bauteile der DIN EN 312 entsprechen.

Harte und mittelharte Holzfaserplatten nach DIN EN 622 T2 u. T3 können für Holzhäuser in Tafelbauart verwendet werden. Mindestplattendicken von BFU und FP nach – *6.3.3* –, für Tafeln nach – *11.1.1* – [7].

Hinweise zum Aufbau, zu den Abmessungen und zur Anwendung der OSB-Flachpreßplatten (Oriented Strand Boards) sind in [244] enthalten.

Furnierstreifenholz (Handelsname „Parallam PSL") kann auf der Grundlage einer BAZ [34] im Holzbau anstelle von oder gemeinsam mit Brettschichtholz und für stabförmige Bauteile mit einteiligem Rechteckquerschnitt

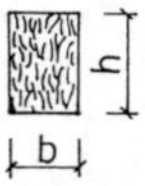

$40 \text{ mm} \leqq h \leqq 356 \text{ mm}$
$40 \text{ mm} \leqq b \leqq 280 \text{ mm}$

angewendet werden.

Die Furnierstreifen, die aus Douglas Fir oder Southern Yellow Pine bestehen und mit Phenolharz in einer Durchlaufpresse zum Furnierstreifenholz verleimt werden, müssen eine Dicke von 2,5 oder 3,2 mm, eine Breite von 16 mm und eine Länge von mindestens 0,45 m und höchstens 2,60 m haben.

PSL – Parallel Strand Lumber

DIN 1052 neu (EC5)
Die Verwendung von Baufurniersperrholz – *7.7.1* [1] – für ungeschützten, geschützten äußeren Einsatz und für den feuchten sowie trockenen Innenbereich regelt DIN 1052 neu in Verbindung mit DIN EN 13986 u. DIN EN 636.

Die Nutzung von Spanplatten nach DIN EN 13986 und DIN EN 312 für tragende Zwecke im Bauwesen erfolgt nach der in – *7.9.1* [1] – entsprechend den Nutzungsklassen vorgenommenen Einstufung der Spanplatten.

Der Einsatz von Holzfaserplatten nach DIN EN 13986 und DIN EN 622-2 und -3 ist in – *7.11.1* [1] – wieder mit Hilfe von Nutzungsklassen geregelt.

Für Baufurniersperrholz gilt außerdem DIN V 20000-1.

Nutzungsklassen bzgl. der Wetterbeständigkeit – *7.7.1* [1] –:

BFU „Außen“:	Anwendung in Nutzungsklasse 1, 2 oder 3, Feuchtegrenzwerte nach DIN 68800 Teil 2 beachten
BFU „Feucht“:	Anwendung nur in Nutzungsklasse 1 oder 2
BFU „Trocken“:	Anwendung nur in Nutzungsklasse 1, nur für Holztafeln und Deckenschalungen

Nutzungsklassen bzgl. der Feuchtebeständigkeit für Span- und Faserplatten s. DIN 1052 (neu) – *7.9.1* [1] – und – *7.11.1* [1] –.

2.4 Sortierklassen des Bauholzes

Die Sortierung des Baurundholzes (NH) erfolgt nach DIN 4074 T 2 (12/58). Das Nadelschnittholz kann nach DIN 4074 T 1 (6/03) visuell oder maschinell sortiert werden. Sortiermerkmale für die visuelle Sortierung durch erfahrenes Fachpersonal sind u. a.:

Baumkante, Äste, Jahrringbreite, Faserneigung, Risse, Krümmung.

Nach DIN 4074 T1 (9/89) bedeuteten die drei Sortierklassen S 7, S 10, S 13 (visuell) und die vier Sortierklassen MS 7, MS 10, MS 13, MS 17 (maschinell):

S 7, MS 7 (bisher Gkl III):	Bauschnittholz mit geringer Tragfähigkeit
S 10, MS 10 (bisher Gkl II):	Bauschnittholz mit normaler Tragfähigkeit

S13, MS13, MS17 (bisher Gkl I): Bauschnittholz mit überdurchschnittlicher Tragfähigkeit

Bauholz der Sortierklassen S13, MS7–MS17 ist dauerhaft zu kennzeichnen (z.B. mit einem Brennstempel). Von den Sortierklassen des Holzes hängen die Tragfähigkeit und die zulässigen Spannungen ab *–5.1–*.

Ein Ergänzungsblatt A1 zu DIN 1052 (s. Anhang) läßt für die neuen Sortierklassen MS13 und MS17 höhere zulässige Spannungen und Elastizitätsmoduln zu [35].

Als Bauholz wird in der Regel Nadelholz der Sortierklassen S10, MS10 verwendet. In der statischen Berechnung und auf den Zeichnungen sind die verwendeten Bauhölzer, z.B. die Nadelhölzer mit NH und der Sortierklasse, zu bezeichnen *– 3.4 –*.

Die zulässigen Spannungen der Bauschnitthölzer S13 dürfen bei Sparren, Pfetten und Deckenbalken aus Kantholz oder Bohlen in der Regel nicht angewendet werden, da bei diesen Bauteilen, die in größeren Mengen anfallen, eine zuverlässige Holzauswahl nicht gewährleistet ist *–5.1.3–*.

DIN 1052 neu (EC5)

Nach Eurocode 5 werden Festigkeitsklassen für Bauschnittholz (DIN EN 338) und Brettschichtholz (DIN EN 1194) eingeführt. Eurocode 5 gestattet, daß das Bauholz auch weiterhin nach nationalen Vorschriften sortiert werden kann. Es ist dann aber nach einheitlichen Regeln in eine der Festigkeitsklassen einzustufen.

Für Bauholz sind in DIN 1052 (neu) enthalten:

- 12 Festigkeitsklassen (C14–C50) für Nadelhölzer
- 6 Festigkeitsklassen (D30–D70) für Laubhölzer

Das nach DIN 4074-1 (2003) sortierte Nadelschnittholz und das nach DIN 4074-2 sortierte Rundholz sind nach DIN 1052 (neu) in folgende Festigkeitsklassen einzustufen *– Tab. F6* [1] –:

S7/C16M ≙ C16
S10/C24M ≙ C24
S13/C30 M ≙ C30
C35M ≙ C35
C40M ≙ C40

Für Brettschichtholz sind die Festigkeitsklassen GL 24-GL 36 vorgesehen.

Die Einstufung von Brettschichtholz in eine dieser Klassen erfolgt in Abhängigkeit von der Festigkeitsklasse der verwendeten Brettlamellen *– Tab. F.10* [1] –.

Die bisherigen Brettschichtholz-Güteklassen I und II nach DIN 1052 (1988) entsprechen näherungsweise folgenden Festigkeitsklassen:

Gkl I (BS14) ≙ GL28;
Gkl II (BS11) ≙ GL24

Die Festigkeitsklassen GL32 und GL36 sind nur mit höherwertigen Brettlamellen der Klassen C35M (MS13) und C40M (MS17)zu erreichen. Sie wurden bisher mit BS16 und BS18 bezeichnet.

2.5 Feuchtegehalt

2.5.1 Auswirkungen

Der Feuchtegehalt des Holzes ist in mehrfacher Hinsicht von Bedeutung:

- Zunahme der Holzfeuchte bewirkt Abnahme der Festigkeit.
- Hohe Holzfeuchte begünstigt Pilz- und Insektenbefall (Frischholzinsekten).
- Hohe Holzfeuchte beeinträchtigt die Güte der Leimverbindung.
- Wechsel der Holzfeuchte bewirkt Arbeiten des Holzes.

2.5.2 Mittlerer Feuchtegehalt

Einteilung der Bauhölzer nach dem mittleren Feuchtegehalt als Prozentsatz der Darrmasse gemäß DIN EN 13183-1:

Trockenes Bauholz: $\omega \leqq 20\%$
Halbtrockenes Bauholz: $\omega \leqq 30\%$ (s. 2.5.3)
$\omega \leqq 35\%$ für $A > 200 \cdot 10^2\ \text{mm}^2$
Frisches Bauholz: $\omega > 30\%$
$> 35\%$ für $A > 200 \cdot 10^2\ \text{mm}^2$

2.5.3 Einbaufeuchte

Holzbauteile sind möglichst mit dem Feuchtegehalt einzubauen, der als Mittelwert im fertigen Bauwerk zu erwarten ist.

Die Holzfeuchte darf beim Einbau höher als die zu erwartende Ausgleichsfeuchte sein, wenn das Holz nachtrocknen kann *–4.2.2–*. Weitere Bedingung ist

Tafel 2.1. Mittlere Gleichgewichtsfeuchte

Klimaeinfluß nach Bauwerksform	geschlossen		offen	der Witterung
	mit Heizung	ohne Heizung	überdeckt	ausgesetzt
Feuchtegehalt im fertigen Bauwerk	(9 ± 3)%	(12 ± 3)%	(15 ± 3)%	(18 ± 6)%
Künstliche Trocknung der Bretter für BSH auf	8–9%	10–12%	12–14%	12–14%

jedoch Unempfindlichkeit des Tragwerks gegenüber Schwindverformungen *-4.2.4-*.

Nach DIN 1052 neu (EC5) gilt *- Tab. F.3* [1] -, s. a. Tafel 2.8.

2.5.4 Künstliche Holztrocknung

Holz für Leimbauteile soll vor der Verleimung künstlich vorgetrocknet werden auf einen Wert (s. Tafel 2.1), der im unteren Toleranzbereich der zu erwartenden Ausgleichsfeuchte liegt, weil nachträgliches Quellen besser zu ertragen ist als nachträgliches Schwinden (Risse).

2.5.5 Schwind- und Quellmaße

Jede Änderung des Feuchtegehaltes im hygroskopischen Bereich ($\omega \leqq$ etwa 30%), also unterhalb des Fasersättigungsbereiches, erzeugt Schwind- oder Quellbewegungen. Die mittleren Schwind- und Quellmaße unterscheiden sich wegen der Inhomogenität in den drei Hauptrichtungen.

Tafel 2.2. Rechenwerte der Schwind- und Quellmaße in %

Holzart	α_t tangential zum Jahrring *-E11-*	α_r radial zum Jahrring	α ⊥ Fa nach *-4.2.3-*
NH, BSH, EI	0,32	0,16	0,24
BU, YAN, AGQ, GRE	0,40	0,20	0,30
TEK, AFZ, MEB	0,25	0,15	0,20
AZO	0,41	0,31	0,36

Tafelwerte gelten für Änderung der Holzfeuchte um 1% der Darrmasse unterhalb des Fasersättigungsbereiches (≈ 30%).

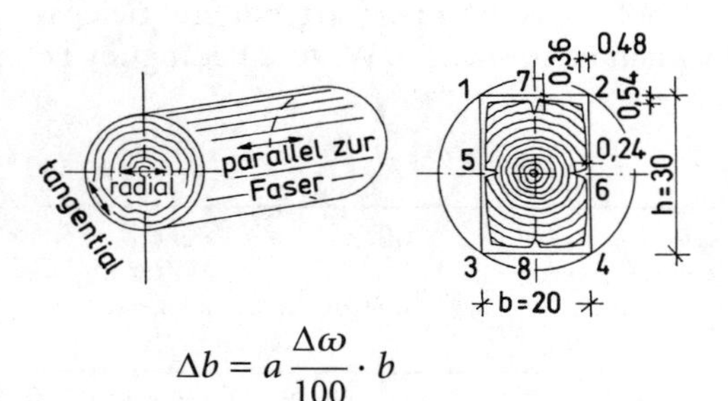

$$\Delta b = a \frac{\Delta \omega}{100} \cdot b$$

Abb. 2.1. Schwindmaße[1]

[1] Maße in cm.

Für eine Feuchteabnahme von 30 auf 15% können die Schwindmaße eines Balkens 20/30 aus NH wie folgt berechnet werden:

$$\Delta\omega = 30 - 15 = 15\,\%$$

Kante $\overline{1\ 2}$: $\Delta b \approx 0{,}32 \cdot \frac{15}{100} \cdot 200 = 9{,}6\ \text{mm}$

Mitte $\overline{5\ 6}$: $\Delta b = 0{,}16 \cdot \frac{15}{100} \cdot 200 = 4{,}8\ \text{mm}$

Kante $\overline{2\ 4}$: $\Delta h \approx 0{,}24 \cdot \frac{15}{100} \cdot 300 = 10{,}8\ \text{mm}$

Mitte $\overline{7\ 8}$: $\Delta h = 0{,}16 \cdot \frac{15}{100} \cdot 300 = 7{,}2\ \text{mm}$

Bei behinderter Quellung oder Schwindung dürfen die Werte in Tafel 2.2 und α_1 mit dem halben Betrag berücksichtigt werden.

Der Rechenwert für das Schwindmaß α_1 (∥ Fa) beträgt 0,01% *–4.2.4–*.

Nach DIN 1052 neu (EC5) gilt *–Tab. F.4* [1]–.

2.5.6 Konstruktive Maßnahmen

In den meisten Fällen des Hochbaues ist nach dem Einbau des Holzes mit einem Nachtrocknen zu rechnen. Das bedeutet, daß nicht nur beim Lagern des Holzes, sondern auch meistens im eingebauten Zustand mit Schwinden zu rechnen ist.

Die *Schwindmaße* sind tangential zu den Jahrringen größer als radial, im weitringigen Holz größer als im engringigen, im Splintholz größer als im Kernholz. Verformungsbehinderungen führen zu Spannungen und eventuell zu Schwindrissen.

Bei Treppenstufen und bei Fußbodenbrettern legt man trotz ungünstiger Schwindverformungen die Kernseite nach unten, um Schiefern der Trittseite zu vermeiden.

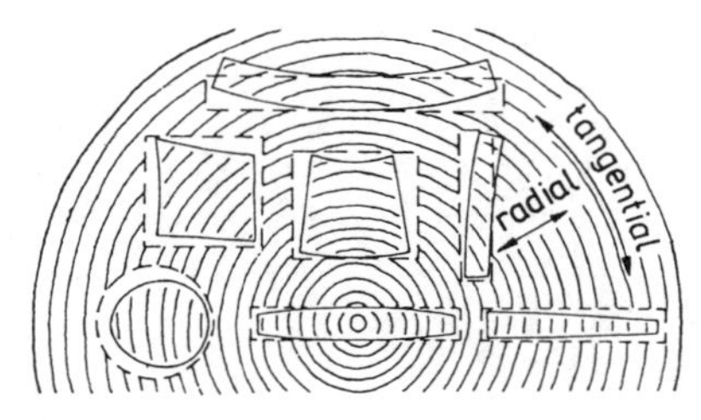

Abb. 2.2. Charakteristische Schwindverformungen des Schnittholzes entsprechend seiner Lage im Stamm. Beim Einbau von Vollhölzern und bei der Anordnung zusammengesetzter Querschnitte sollte auf die Lage der Jahrringe Rücksicht genommen werden

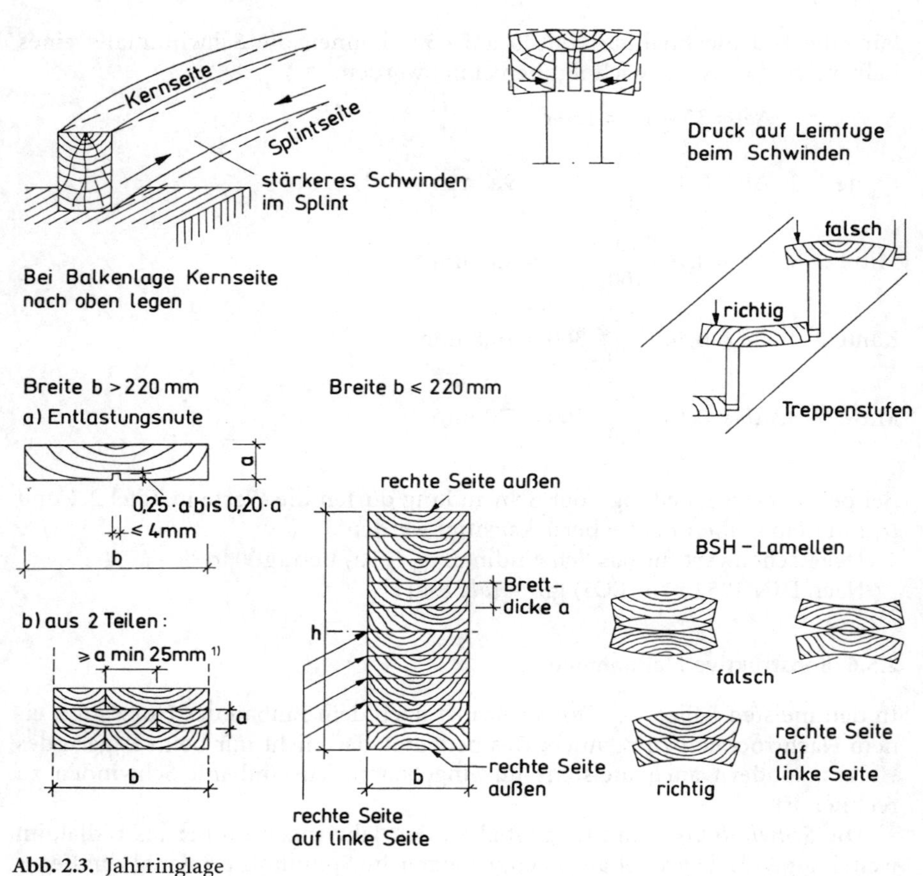

Abb. 2.3. Jahrringlage

2.6 Berechnungslast [36]

Untere/obere charakteristische Werte in kN/m³

VH (NH)	4/6	BSH (NH) 4/5
VH (LH)	6/8	für D30 (EI) bis 40 (BU)
BFU	6,0	(nach DIN 68705-3)
BFU-BU	8,0	(nach DIN 68705-5)
FP	6,0	(nach DIN EN 312)
HFM	7,0	(nach DIN EN 622-3)
HFH	10,0	(nach DIN EN 622-2)

[1] Bretter an den Schmalseiten nicht verleimt.

2.7 Wärmeausdehnung *–E13–*

Wärmedehnzahl || Fa: $\alpha_T = 3 \cdot 10^{-6}$ bis $6 \cdot 10^{-6}\,K^{-1}$

Da Wärmedehnzahl und Wärmeleitfähigkeit des Holzes relativ niedrig sind, darf der Temperatureinfluß in reinen Holzkonstruktionen meist vernachlässigt werden.

Bei kombinierten Tragwerken aus Holz und Metall, z. B. Holzbinder mit Stahlzugband, sollte der Temperatureinfluß überprüft werden.

2.8 Elastizitäts-, Schub- und Torsionsmoduln nach DIN 1052 (1988)

Tafel 2.3. Rechenwerte für Elastizitäts-, Schub- und Torsionsmoduln in MN/m^2 *–4.1.1–*

Vollholz, $\omega \leqq 20\%$ *–Tab. 1 und 4.1.1–*

Holzart	Sortierkl.	$E_{\parallel}$	$E_{\perp}$	G	G_T
VH (NH)	S7/MS7	8000	250	500	333
	S10/MS10	10000[1,2]	300	500	333
	S13	10500[1,2]	350	500	333
	MS13	11500[1]	350	550	367
	MS17	12500[1]	400	600	400

[1] Für Holz, das mit $\omega \leqq 15\%$ eingebaut wird, dürfen die Werte um 10% für Durchbiegungsberechnungen erhöht werden.
[2] Für Baurundholz: $E_{\parallel} = 12000\ MN/m^2$.

Rechenwerte für Lamellen (BSH), für LH und für Bauteile aus BSH s. Anhang (DIN 1052-1/A1).

Die Rechenwerte für Baufurniersperrholz nach DIN 68705 Teil 3 und Teil 5 sind in *–Tab. 2–* und für Flachpreßplatten nach DIN 68763 in *–Tab. 3–* enthalten.

Rechenwerte für E, G und G_T sind abzumindern auf
$^5/_6$ bei VH und BSH, das der Witterung allseitig ausgesetzt oder wenn vorübergehende Durchfeuchtung möglich ist
$^3/_4$ bei dauernder Durchfeuchtung, z.B. dauernd im Wasser befindlichen Bauteilen
bei BFU 100G mit $\omega > 18\%$ über mehrere Wochen
$^2/_3$ bei FP V 100G mit $\omega > 18\%$ über mehrere Wochen

2.9 Zulässige Spannungen nach DIN 1052 (1988)

Alle Tabellenwerte gelten grundsätzlich für Lastfall H. Für Lastfall HZ dürfen sie um 25% erhöht werden *–5.1.6–*. Bei Feuchtigkeitseinwirkung sind sie abzumindern auf:

5/6 bei Bauteilen – außer Gerüsten –, die der Feuchtigkeit ausgesetzt, aber zwischen Bearbeitung und Zusammenbau mit geprüftem Mittel geschützt sind.
3/4 bei BFU 100 G mit $\omega > 18\%$ über mehrere Wochen

2/3 a) wie oben, aber ungeschützt,
b) bei Bauteilen und Gerüsten, die dauernd im Wasser stehen, auch geschützt
c) bei Gerüsten aus Hölzern, die bis zur Belastung noch nicht halbtrocken sind
d) bei FP V 100 G mit $\omega > 18\,\%$ über mehrere Wochen

Spannungsermäßigung entfällt für Fliegende Bauten mit Schutzanstrich, der mindestens alle 2 Jahre erneuert wird.

Tafel 2.4. Zulässige Spannungen in MN/m^2 für VH im Lastfall H

	Beanspruchungsart		VH (NH)					VH (LH)		
			S7 MS7	S10 MS10	S13	MS13	MS17	A	B	C
								mittlere Güte[a]		
1	Biegung	zul σ_B	7	10	13	15	17	11	17	25
2	Zug	zul $\sigma_{Z\parallel}$	0[b]	7	9	10	12	10	10	15
3	Druck	zul $\sigma_{D\parallel}$	6	8,5	11	11	12	10	13	20
4	Druck	zul $\sigma_{D\perp}$	2 2,5[c]			2,5 3,0[c]		3 4[c]	4 –	8 –
5	Abscheren	zul τ_a								
6	Schub aus Querkraft	zul τ_Q	0,9			1		1	1,4	2
7	Schub aus Torsion[d]	zul τ_T	0	1,0		1,0		1,6	1,6	2
8	Querzug	zul $\sigma_{Z\perp}$	0[b]	0,05		0,05		0,05		

[a] Mindestens S10 bzw. Gkl II im Sinne von DIN 4074-2.
[b] Für MS7 gilt: zul $\sigma_{Z\parallel} = 4\ MN/m^2$, zul $\sigma_{Z\perp} = 0{,}05\ MN/m^2$.
[c] Größere Eindrückungen! Bei Anschlüssen mit verschiedenen VM sind diese Werte nicht zulässig.
[d] Für Kastenquerschnitte gelten zul τ_Q-Werte.

Die zulässigen Spannungen für BSH sind im Anhang enthalten.

Zulässige Erhöhungen der Spannungen nach Tafel 2.4 (Zeile)

(1) zul σ_B	um 10 %	bei Durchlaufträgern ohne Gelenke über Innenstützen, nicht bei Sparren von Kehlbalkenbindern (verschieblich)
(1) zul σ_B (3) zul $\sigma_{D\parallel}$	um 20 %	bei Rundhölzern mit ungeschwächter Randzone
(6) zul τ_Q	auf 1,2 N/mm^2	bei durchlaufenden Trägern oder Kragträgern $\geqq 1{,}5$ m vom Stirnende (NH, LH A)

(4) zul $\sigma_{D\perp}$ auf $k_{D\perp} \cdot$ zul $\sigma_{D\perp}$ mit $k_{D\perp} = \sqrt[4]{150/l}$; $1 \leqq k_{D\perp} \leqq 1{,}8$; $l < 150$ mm; l Länge der Druckfläche in mm (Abb. 2.4e) *–5.1.11–*

Abminderungen der Spannungen nach Tafel 2.4 (Zeile)

(2) zul $\sigma_{Z\|}$ um 20% bei symmetrisch beanspruchten Teilen genagelter Zugstöße oder -anschlüsse (Teil MH in Abb. 2.4 c)

(4) zul $\sigma_{D\perp}$ um 20% wenn Überstand *ü* der Schwellen (Schwellenhöhe *h*) über Druckfläche <100 mm (für *h*>60 mm) oder <75 mm (für *h* ≦60 mm)

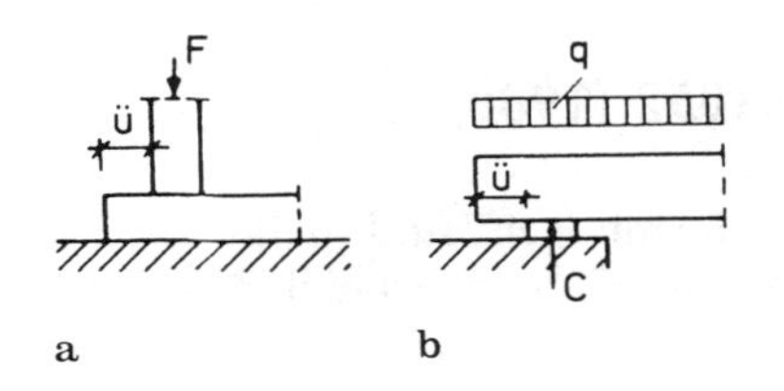

a b

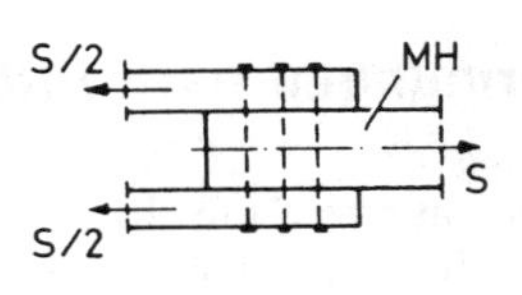

c Genagelter Zugstoß oder-anschluß

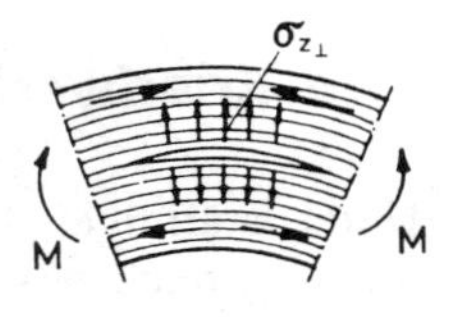

d Gekrümmter BSH-Träger

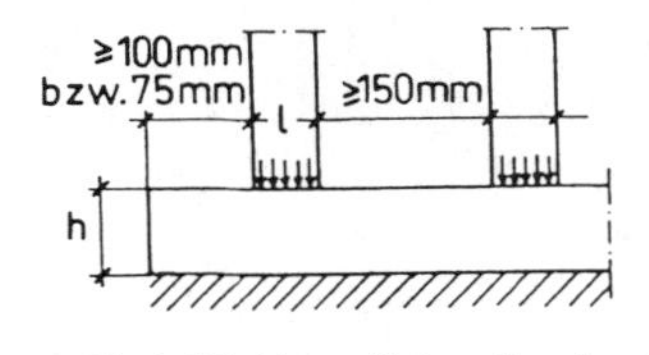

$ü \geqq 100$ mm bei $h > 60$ mm
$ü \geqq 75$ mm bei $h \leqq 60$ mm

e Kleinflächiger Schwellendruck

Abb. 2.4. Erläuterungsskizzen für zulässige Spannungen

Die zulässigen Druckspannungen bei Kraftangriff unter ∢ α zur Faserrichtung nach Abb. 2.5 werden nach *–5.1.5–* berechnet.

$$\text{zul } \sigma_{D\sphericalangle\alpha} = \text{zul } \sigma_{D\|} - (\text{zul } \sigma_{D\|} - \text{zul } \sigma_{D\perp}) \cdot \sin\alpha$$

$\alpha \triangleq$ ∢ zwischen Kraft- und Faserrichtung (Abb. 2.5)

Beispiel: NH S10, $\alpha = 30°$

Fuge	I	II	III
∢ α	60°	30°	0°
zul $\sigma_{D\sphericalangle\alpha}$ MN/m²	2,9	5,2	8,5

Abb. 2.5

Die zulässigen Spannungen für Baufurniersperrholz nach DIN 68705 Teil 3 und Teil 5 sowie für Flachpreßplatten nach DIN 68763 sind in *–Tab. 6–* enthalten.

Zulässige Spannungen für Stahlteile

- Falls Werkstoffgüte nachgewiesen ist, gilt DIN 18800; $\gamma_{F,m} = 1{,}45$ beachten, weil unterschiedliche Bemessungskonzepte [235].
- Ohne Gütenachweis gilt nach *–5.3.3–* allgemein:
  zul σ_B = zul $\sigma_Z = 110$ MN/m² für Lastfall H und HZ.
- Ohne Gütenachweis gilt nach *–5.3.3–* für Zugglieder:
  zul $\sigma_Z = 100$ MN/m² im Gewindekernquerschnitt.

2.10 Kriechverformungen nach DIN 1052 (1988)

Unter ständiger Last auftretende Kriechverformungen sind beim Durchbiegungsnachweis zu berücksichtigen, wenn die Gebrauchstauglichkeit des Bauteils es erfordert *–4.3–*.

Wenn $g > 0{,}5\,q$, ist die Gesamtdurchbiegung

$$f = \left(1 + \varphi \frac{g}{q}\right) f_q \quad \text{(Einfeldträger)}$$

mit Kriechzahl $\varphi = \frac{1}{\eta_k} - 1$

η_k für VH, BSH, BFU, FP[1]

Holzfeuchte im Gebrauchszustand ω	η_k
≦18%	$1{,}5 - g/q$
>18%	$1{,}67 - 1{,}33\, g/q$

[1] Für FP mit $\omega \geqq 15$ %: zweifache φ-Werte.

Abminderung von E und G nach *–4.1.2–* beachten.

Höhere Schneelasten als die Regelschneelast von $s_0 = 0{,}75$ kN/m² sind bei Dächern anteilmäßig nach *–4.3–* den ständigen Lasten zuzurechnen:

$$g_{ges} = g + 0{,}5\,(s_0 - 0{,}75)\,\frac{s}{s_0} \qquad g, s, s_0 \text{ in kN/m}^2$$

Bei Wohnhausdächern (Ausnahme: Flachdach) dürfen Kriechverformungen beim Durchbiegungsnachweis vernachlässigt werden.

Beispiel

BSH-Binder eines Hallendaches, NH, $\omega < 18\%$, Dachneigung $< 30°$

$$e = 4{,}5 \text{ m (Binderabstand)}$$
$$g = 5{,}0 \text{ kN/m}$$
$$s = s_0 = 0{,}9 \cdot 4{,}5 = 4{,}05 \text{ kN/m}$$
$$q = 9{,}05 \text{ kN/m}$$
$$g_{\text{ges}} = 5{,}0 + 0{,}5\,(0{,}9 - 0{,}75) \cdot 4{,}5 = 5{,}34 \text{ kN/m}$$
$$g_{\text{ges}}/q = 5{,}34/9{,}05 = 0{,}59$$
$$\eta_k = 1{,}5 - 0{,}59 = 0{,}91 \rightarrow \varphi = \frac{1}{0{,}91} - 1 = 0{,}10$$
$$f = (1 + 0{,}10 \cdot 0{,}59)\, f_q = 1{,}06\, f_q$$

2.11 Bemessungskonzept nach DIN 1052 neu (EC5)

2.11.1 Grenzzustände

Das Bemessungskonzept im EC5 und in DIN 1052 (neu) beruht auf dem Nachweis, daß die definierten Grenzzustände [37–39]
- Tragfähigkeit
- Gebrauchstauglichkeit

nicht überschritten werden.
Grenzzustände der Tragfähigkeit sind nachzuweisen u.a. für:
- Zug
- Druck
- Biegung
- Schub
- Torsion

Grenzzustände der Gebrauchstauglichkeit für:
- Verformungen (z. B. Durchbiegungen)
- Schwingungen.

Die im EC5 und in DIN 1052 (neu) verwendete Bemessung nach Grenzzuständen wird auch als Methode der Teilsicherheitsbeiwerte bezeichnet. Sie unterscheidet sich von dem herkömmlichen Verfahren unter Verwendung zulässiger Spannungen und Belastungen insoweit, daß sie die Sicherheitsbeiwerte sowohl für die Tragfähigkeit als auch für die Einwirkungen benutzt [40–43, 236].

Für die Anwendung der DIN 1052 (neu) gilt das in DIN 1055-100 festgelegte Sicherheitskonzept. Zur Dauerhaftigkeit von metallischen Bauteilen und Verbindungsmitteln s. –*6.3* [1]–.

2.11.2 Nachweis der Tragfähigkeit

Beim Grenzzustand der Tragfähigkeit ist nachzuweisen:

$$S_d \leqq R_d \qquad \text{oder} \qquad \frac{S_d}{R_d} \leqq 1; \text{ nach DIN 1055-100: } E_d \leqq R_d \tag{2.1}$$

Es bedeuten:

S_d Bemessungswert einer Schnittgröße (z.B. Biegemomente, Längskräfte, Querkräfte) oder Spannung (z.B. Zugspannung) infolge einer Einwirkung F_d nach Gl. (2.2)

R_d Bemessungswert des Tragwiderstandes nach Abschn. 2.11.4

2.11.3 Einwirkungen

Der Bemessungswert F_d einer Einwirkung berechnet sich nach DIN 1055-100 z.B. für ständige Einwirkungen G_k (z.B. Eigenlasten) und veränderliche Einwirkungen Q_k (z.B. Wind-, Schneelasten) zu:

$$F_d = \gamma_G \cdot G_k + \gamma_Q \left(Q_{k,1} + \sum_{i>1} \psi_{0,i} \cdot Q_{k,i} \right) \quad \text{(Grundkombination)} \tag{2.2}$$

k charakteristische Werte

γ_G, γ_Q Teilsicherheitsbeiwerte, s. DIN 1055 Tab. A.3

$\psi_{0,i}$ Kombinationsbeiwerte, welche die reduzierte Wahrscheinlichkeit des gleichzeitigen Auftretens mehrerer veränderlicher Einwirkungen mit ihrem vollen charakteristischen Wert berücksichtigen

Einwirkung	ψ_0 (Tab. A.2)
Windlasten	0,6
Schneelasten	
bis NN + 1000 m	0,5
über NN + 1000 m	0,7

Solange der EC1 für die Einwirkungen nicht in der für die europäischen Staaten verbindlichen Fassung vorliegt, gelten die Lasten nach DIN 1055 als charakteristische Werte.

Die Gl. (2.2) für die Einwirkung F_d vereinfacht sich für Hochbauten im Holzbau, wenn nur die ungünstigste veränderliche Einwirkung (z.B. Schnee) berücksichtigt wird zu

$$F_d = \gamma_G G_k + 1{,}5\, Q_{k,1} \tag{2.3}$$

oder zu

$$F_d = \gamma_G G_k + 1{,}35 \sum_{i \geq 1} Q_{k,i}\,, \tag{2.4}$$

wenn alle ungünstig wirkenden veränderlichen Einwirkungen berücksichtigt werden.

Sind mehr als eine veränderliche Einwirkung zu berücksichtigen, ist die Beziehung maßgebend, die die größeren Werte ergibt [36].

Die Teilsicherheitsbeiwerte γ_G sind aus DIN 1055 Tab. A.3 zu entnehmen. Sie betragen im Holzbau in der Regel

Tafel 2.5. Teilsicherheitsbeiwerte γ_G

ungünstige Auswirkungen	1,35
günstige Auswirkungen	1,0

Ständige Lasten wirken günstig, wenn sie die Auswirkungen der veränderlichen Lasten verringern.

2.11.4 Bemessungswerte der Baustoffeigenschaften und des Tragwiderstandes R_d

Die Bemessungswerte der Tragfähigkeit R_d erhält man aus den maßgebenden Bemessungswerten der Baustoffeigenschaften X_d (Festigkeits- und Steifigkeitskennwerte) und der geometrischen Größen a_d (i. d. R. $a_d = a_{nom}$):

$$R_d = R\,(X_d, a_d, \ldots.)$$

Bemessungswerte X_d einer Baustoffeigenschaft folgen im allgemeinen aus den charakteristischen Baustoffeigenschaften X_k (Festigkeits- und Steifigkeitskennwerte):

$$X_d = \frac{X_k \cdot k_{mod}}{\gamma_M} \quad \left(\text{z. B. } f_{t,0,d} = \frac{f_{t,0,k} \cdot k_{mod}}{1{,}3}\right) \tag{2.5}$$

Dabei sind:

γ_M Teilsicherheitsbeiwert für die Baustoffeigenschaft

k_{mod} modifizierender Faktor, der den Einfluß der Lasteinwirkungsdauer und des Feuchtegehaltes der Konstruktion auf die Baustoffeigenschaften berücksichtigt.

$f_{t,0,k}$ charakteristische Zugfestigkeit $\parallel$ Fa

Tafel 2.6. Teilsicherheitsbeiwerte γ_M für die Baustoffeigenschaften – *Tab. 1* [1] –

Baustoff	γ_M
– Grundkombination (ständige u. vorüberg. Bem.)	
Holz und Holzwerkstoffe	1,3
Stahl in Holzverbindungen	
– auf Biegung beanspr. stiftf. VM	1,1
– auf Zug oder Scheren beanspr. Teile (Nachweise Streckgrenze)	1,25
– Plattennachweis Nagelplatten	1,25
– außergewöhnliche Kombination	1,0

2.11.5 Modifikationsbeiwert k_{mod}

Rechenwerte für k_{mod} sind in Tafel 2.9 in Abhängigkeit von der Dauer der Lasteinwirkung und der Holzfeuchte angegeben. EC5 definiert hierzu fünf Klassen der Lasteinwirkungsdauer (Tafel 2.7) und drei Nutzungsklassen mit den in Tafel 2.8 enthaltenen mittleren Holzfeuchten.

Tafel 2.7. Klassen der Lasteinwirkungsdauer (LED) – *7.1.2* [1] –

Klasse	Dauer der charakteristischen Lasteinwirkung	Beispiele – *Tab. 4* [1] –
ständig	mehr als 10 Jahre	Eigenlast
lang	6 Monate–10 Jahre	Nutzlasten in Lagerhallen
mittel	1 Woche–6 Monate	Verkehrslasten
kurz	kürzer als 1 Woche	Schnee[a] und Wind
sehr kurz	kürzer als 1 Minute	außergewöhnliche Einwirkungen

[a] DIN 1055, Teil 5; Schnee- und Eislast
über NN $\leqq 1000$ m $\rightarrow$ kurz
über NN > 1000 m $\rightarrow$ mittel.

Tafel 2.8. Nutzungsklassen (Nkl)

Nutzungsklasse	ω in % – *Tab. F.3* [1] –
1	$\leqq 15$
2	$\leqq 20$
3	$\leqq 24$

Nur in Ausnahmefällen sind überdachte Tragwerke in die Nutzungsklasse 3 einzustufen.

Tafel 2.9. Rechenwerte für k_{mod} – *Tab. F.1* [1] –

Werkstoff und Klasse der Lasteinwirkungsdauer	Nutzungsklasse		
	1	2	3
Vollholz, BSH, BFU, Brettsperrholz Balken- u. Furnierschichtholz			
ständig	0,60	0,60	0,50
lang	0,70	0,70	0,55
mittel	0,80	0,80	0,65
kurz	0,90	0,90	0,70
sehr kurz	1,10	1,10	0,90

Für Spanplatten, Holzfaserplatten und OSB-Platten sind die Rechenwerte für den Modifikationsbeiwert k_{mod} aus – *Tab. F.1* [1] – zu entnehmen.

Besteht eine Lastkombination aus Einwirkungen, die zu verschiedenen Klassen der Lasteinwirkungsdauer gehören, so kann k_{mod} für die Einwirkung mit der kürzesten Dauer gewählt werden. Es können aber Lastanteile auftreten, die sehr klein sind (z.B. bei Hausdächern), so daß praktisch nur die ständige Last wirkt [43].

2.11.6 Charakteristische Festigkeits- und Steifigkeitskennwerte

Prinzipien:
- Die charakteristischen Festigkeitskennwerte sind als 5%-Quantilwerte der Grundgesamtheit definiert, und zwar bezogen auf eine Einwirkungsdauer von 300 s bei einer Temperatur von 20 °C und einer relativen Luftfeuchte von 65%.
- Die charakteristischen Steifigkeitskennwerte sind als 5%-Quantilwerte (benötigt für Grenzzustand der Tragfähigkeit) oder als Mittelwert (benötigt für Grenzzustand der Gebrauchstauglichkeit) unter Beachtung der obigen Testbedingungen definiert.
- Die charakteristischen Werte der Rohdichte sind als 5%-Quantilwerte definiert, und zwar bezogen auf eine Holzfeuchte bei einer Temperatur von 20 °C und einer relativen Luftfeuchte von 65%.

Tafel 2.10. Charakteristische Festigkeits- und Steifigkeitskennwerte für NH in N/mm², charakteristische Rohdichtewerte für NH in kg/m³ – *Tab. F.5* [1] – (Auszug)

		Festigkeitsklasse				
		C16	C24	C30	C35	C40
Biegung	$f_{m,k}$	16	24	30	35	40
Zug ‖ Fa	$f_{t,0,k}$	10	14	18	21	24
Zug ⊥ Fa	$f_{t,90,k}$	0,4	0,4	0,4	0,4	0,4
Druck ‖ Fa	$f_{c,0,k}$	17	21	23	25	26
Druck ⊥ Fa	$f_{c,90,k}$	2,2	2,5	2,7	2,8	2,9
Schub und Torsion	$f_{v,k}$	2,7	2,7	2,7	2,7	2,7
Rollschub	$f_{R,k}$ [1]	1,0	1,0	1,0	1,0	1,0
E-Modul ‖ Fa	$E_{0,mean}$	8000	11000	12000	13000	14000
	$E_{0,05}$	5333	7333	8000	8667	9333
E-Modul ⊥ Fa	$E_{90,mean}$	270	370	400	430	470
	$E_{90,05}$	180	247	267	287	313
Schubmodul	G_{mean}	500	690	750	810	880
	G_{05}	333	460	500	540	587
Rohdichte	ϱ_k	310	350	380	400	420

[1] Der zur Rollschubbeanspruchung gehörende Schubmodul ist $G_{R,mean} = 0{,}10 \cdot G_{mean}$.

Tafel 2.11. Charakteristische Festigkeits- und Steifigkeitskennwerte für BSH in N/mm^2, charakteristische Rohdichtewerte für BSH in kg/m^3 – *Tab. F.9* [1] –

		BSH-Festigkeitsklasse							
		GL24		GL28		GL32		GL36	
		c^a	h^b	c^a	h^b	c^a	h^b	c^a	h^b
Biegung	$f_{m,k}$	24		28		32		36	
Zug ‖ Fa	$f_{t,0,k}$	14	16,5	16,5	19,5	19,5	22,5	22,5	26
Zug ⊥ Fa	$f_{t,90,k}$	0,5		0,5		0,5		0,5	
Druck ‖ Fa	$f_{c,0,k}$	21	24	24	26,5	26,5	29	29	31
Druck ⊥ Fa	$f_{c,90,k}$	2,4	2,7	2,7	3,0	3,0	3,3	3,3	3,6
Schub und Torsion	$f_{v,k}$	3,5		3,5		3,5		3,5	
Rollschub	$f_{R,k}$	1,0		1,0		1,0		1,0	
E-Modul ‖ Fa	$E_{0,mean}$	11600		12600		13700		14700	
E-Modul ⊥ Fa	$E_{90,mean}$	320	390	390	420	420	460	460	490
Schubmodul	G_{mean}	590	720	720	780	780	850	850	910
Rohdichte	ϱ_k	350	380	380	410	410	430	430	450

[a] Kombiniertes BSH unter Verwendung von Lamellen aus zwei unterschiedlichen Sortier- bzw. Festigkeitsklassen.
[b] Homogenes BSH unter Verwendung von Lamellen einer Sortier- bzw. Festigkeitsklasse.
$E_{0,05} = 5/6 \cdot E_{0,mean}$; $E_{90,05} = 5/6 \cdot E_{90,mean}$; $G_{05} = 5/6 \cdot G_{mean}$; $G_{R,mean} = 0{,}10 \cdot G_{mean}$.

Weitere Einzelheiten zur Festlegung und Anwendung der in Tafel 2.10 und 2.11 enthaltenen charakteristischen Festigkeits- und Steifigkeitskennwerte s. – *Tab. F.5* [1] – und – *Tab. F.9* [1] –.

Die Einstufung des nach DIN 4074 sortierten Nadelschnittholzes und des Brettschichtholzes der Gkl I und II nach DIN 1052 (1988) in eine dieser Festigkeitsklassen erfolgt nach Abschn. 2.4.

Charakteristische Festigkeits- und Steifigkeitskennwerte für Bausperrholz, Span- und Holzfaserplatten sowie OSB-Platten entsprechend den Normen (s. Abschn. 2.3) sind in [1] enthalten.

2.11.7 Nachweis der Gebrauchstauglichkeit

In der Beziehung für die Einwirkung F_d sind die Teilsicherheitsbeiwerte $\gamma_G = \gamma_Q = 1$. Für die charakteristische (seltene) Kombination gilt:

$$F_d = G_k + Q_{k,1} + \sum_{i>1} \psi_{0,i} \cdot Q_{k,i} \tag{2.6a}$$

Einwirkung	ψ_2
Windlasten	0
Schneelasten	0,2 (über 1000 m)

ψ_2 Beiwert für quasi-ständige Werte veränderlicher Einwirkungen, s. Abschn. 14.7.

Für den Nachweis mit der quasi-ständigen Kombination gilt:

$$F_d = G_k + \sum_{i \geqq 1} \psi_{2,i} \cdot Q_{k,i} \quad - 9.1\ [1] - \qquad (2.6b)$$

Die Durchbiegung eines Bauteils infolge ständiger Einwirkungen berechnet sich zu:

$$f_{G,fin}{}^{1} = f_{G,inst}(1 + k_{def}) \qquad (2.7a)$$

mit

$f_{G,inst}$ elastische Anfangsdurchbiegung

$f_{G,fin}$ Enddurchbiegung

k_{def} Verformungsbeiwert, berücksichtigt den Einfluß des Kriechens und der Baustoffeuchte

Für charakteristische (seltene) Bemessungssituationen gilt:

$$f_{Q,1,fin} = f_{Q,1,inst} \cdot (1 + \psi_{2,1} \cdot k_{def}) \quad - 8.3\ [1] - \qquad (2.7b)$$

$$f_{Q,i,fin} = f_{Q,i,inst} \cdot (\psi_{0,i} + \psi_{2,i} \cdot k_{def}) \quad (i > 1) \qquad (2.7c)$$

Für die quasiständige Bemessungssituation – 9.1 [1] – gilt:

$$f_{Q,i,fin} = \psi_{2,i} \cdot f_{Q,i,inst} \cdot (1 + k_{def}) \quad (i \geqq 1) \qquad (2.7d)$$

2.11.8 Rechenwerte für Verformungsbeiwert k_{def}

Für Vollholz, das mit einer Holzfeuchte nahe dem Fasersättigungspunkt eingebaut wird und unter Last austrocknet, ist der Rechenwert für k_{def} um 1,0 zu erhöhen.

Tafel 2.12. k_{def} für Holzbaustoffe und ihre Verbindungen bei ständiger Lasteinwirkung

Baustoffe	Nutzungsklasse		
	1	2	3
VH, BSH, BAH, FSH (S), BRH	0,60	0,80	2,00
BFU, Furnierschichtholz (Q)	0,80	1,00	2,50

Für Spanplatten, Holzfaserplatten und OSB-Platten sind die Rechenwerte für den Beiwert k_{def} aus – *Tab. F.2* [1] – zu entnehmen.

Besteht eine Verbindung mit mechanischen Verbindungsmitteln aus Baugliedern mit unterschiedlichen Kriecheigenschaften $k_{def,1}$ und $k_{def,2}$, dann ist die Endverformung mit

$$w_{G,fin} = w_{G,inst} \cdot \left(1 + \frac{k_{def,1} + k_{def,2}}{2}\right) \quad \text{zu berechnen.} \qquad (2.8)$$

Ein Schwingungsnachweis bei Wohnungsdecken darf entfallen, wenn $w_{G,inst} + \psi_{2,i} \cdot w_{Q,i,inst} \leqq 6$ mm – 9.3 [1] –.

[1] In DIN 1052 (neu) wird anstelle *f* der Buchstabe *w* verwendet.

3 Holzschutz im Hochbau

3.1 Schadeinflüsse

Holz kann durch Fäulnispilze, Insektenfraß und Feuer zerstört werden [44, 45, 124].

3.1.1 Pilze

Pilze sind pflanzliche Holzschädlinge, die nur feuchtes Holz ($u > 20\,\%$) befallen. Ständig trockenes oder ständig wassergesättigtes Holz ist nicht gefährdet (Ausnahme: echter Hausschwamm). *Holzverfärbende Pilze* greifen die Zellwände nicht an, beeinträchtigen die Holzfestigkeit also nicht. Sie verfärben das Holz und rufen Anstrichschäden hervor. Die *Bläuepilze* als wichtigste Vertreter dieser Gruppe befallen ausschließlich den Splint von Nadel- und Laubhölzern.

Holzzerstörende Pilze verursachen mit dem Abbau der Zellwände eine „Fäulnis". Gefährlichster Vertreter ist der *echte Hausschwamm*. Ihm allein ist es möglich, nach anfänglicher Entwicklung auf feuchtem Holz später auf trockenem Holz weiterzuwachsen, indem er in seinen Strängen das zu seinem Wachstum notwendige Wasser weiterleiten kann [29].

Echter Hausschwamm, Keller- und *Porenschwamm* sowie *Blättlinge* rufen die *Braunfäule* hervor (würfelförmiger Bruch mit Braunfärbung).

Schimmelpilze verursachen z. B. die *Moderfäule* (Erweichung der Holzoberfläche, insbesondere im Erdreich).

3.1.2 Insekten

Tierische Holzschädlinge sind Insekten, die entweder nur frisches oder lufttrockenes Holz befallen. Ihr Angriff kann durch Vorarbeit der Pilze begünstigt werden [29].

Frischholzinsekten befallen frisch gefälltes Holz im Wald und auf dem Lagerplatz, jedoch kein abgetrocknetes Holz. *Borkenkäfer* legen im Splintholz Brutgänge an. *Holzwespen* zerstören das Holz durch Fraßgänge der Larven.

Trockenholzinsekten sind Bauholzschädlinge, d. h., sie befallen vorwiegend lufttrockenes Bauholz, dessen Standsicherheit durch die Bohrgänge gefährdet werden kann. Die Käferlarven fressen sich durch das Holz und hinterlassen in ihren Gängen lockeres Bohrmehl.

Der *Hausbock* befällt nur Nadelsplintholz. *Anobienlarven* leben in Nadel- und Laubhölzern, *Splintholzkäfer* nur im Splint von Laubhölzern, bevorzugt

Tropenhölzern. *Termiten* sind die bedeutendsten Holzschädlinge der Mittelmeerländer und der Tropen.

3.1.3 Meerwasserschädlinge

Sie befallen Holz unter der Wasseroberfläche. Zu ihnen gehören *Bohr- oder Wasserassel* und *Bohrmuschel* [46].

3.1.4 Feuer

Holz als organischer Baustoff ist *brennbar*, kann jedoch als Bauteil eine *Feuerwiderstandsdauer* von 30 Minuten und länger erreichen, vgl. Abschn. 4 und [20, 47].

3.2 Baulicher Holzschutz –*6.2 (2)* [1]–

DIN 68800 T2 gibt Hinweise für vorbeugende bauliche Maßnahmen. Unter baulichem Holzschutz versteht man die dauerhafte Bewahrung des eingebauten Holzes durch bauphysikalische und konstruktive Maßnahmen [45, 48, 237].

Gegen Pilzbefall sowie gegen übermäßige Schwind- bzw. Quellverformungen, die, wie beispielsweise Schwindrisse, die Brauchbarkeit der Konstruktion beeinträchtigen können, schützt man das Holz wirksam, indem man eine Veränderung des Feuchtegehaltes verhindert.

Ein *nachträgliches Schwinden* verhindert man, indem man durch künstliche Vortrocknung die Einbauholzfeuchte auf die im fertigen Bauwerk zu erwartende Holzfeuchte abstimmt.

Einen *Schutz gegen Feuchtezunahme* durch Niederschlags-, Spritz- oder Tauwasser bzw. Wasserdampf kann man erreichen durch:

- einwandfreie Dachentwässerung,
- ausreichend große Dachüberstände,
- hinter die Fassade zurückspringende Einbauten,
- Vermeidung von wasserspeichernden Flächen, Kehlen und Nuten,
- Abdeckung oder Schrägschnitt von Hirnholzoberflächen,
- Anordnung von Wassernasen,
- Abdichtung von Verbindungsstellen,
- Ausschaltung von Spritzwasser (Abstand UK Holz bis OK Erdreich $\geqq 300$ mm).
- Einlegen von Sperrpappe gegen aufsteigende Feuchtigkeit,
- Einbau von Dämmstoffen gegen Schwitzwasserbildung,
- Sicherstellung einer ausreichenden Luftzirkulation in Feuchträumen.

Beispiele vgl. Abb. 3.1.

Gegen Insektenbefall sind im allgemeinen keine konstruktiven Maßnahmen möglich, aber s. [126, 248].

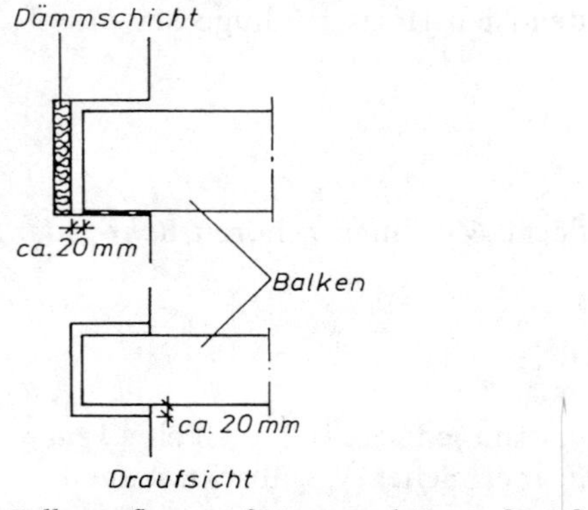

Balkenauflager auf Mauerwerk/Beton [7, 45]

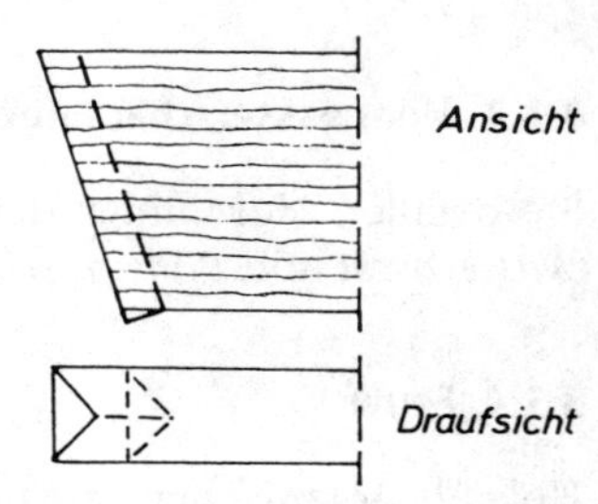

Dachbinder:
Abdeckung des Hirnholzes durch eingeleimte Dreikantleiste

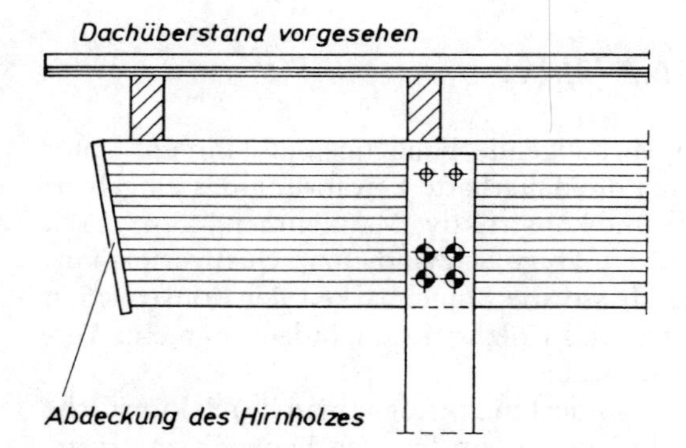

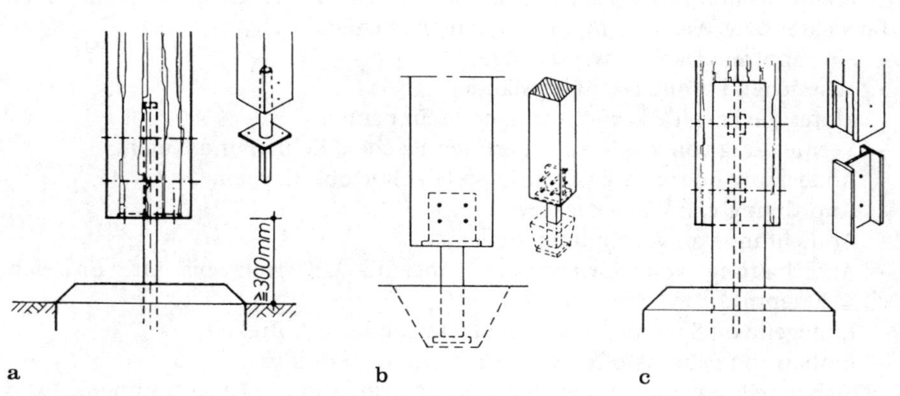

Frei stehende Stützen a [45], b [25], c: Das Hirnholz der Stütze ist luftumspült, Spritzwasser kann abtrocknen

Abb. 3.1. Baulicher Holzschutz [48]

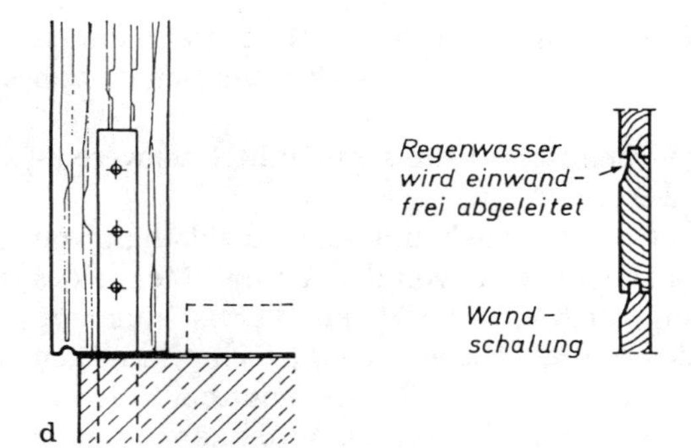

Wandstützen d:
Gegen aufsteigende Feuchtigkeit schützt eine Sperrschicht, Regenwasser kann an der Wassernase abtropfen [45].

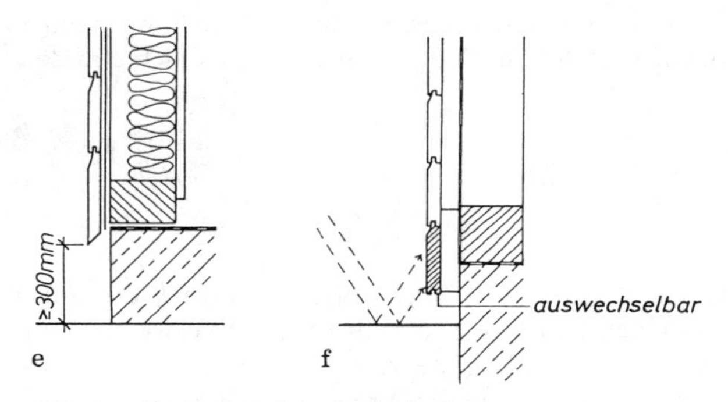

Außenwand – Fußpunkte e [45], f [49]

Abb. 3.1. Baulicher Holzschutz (Fortsetzung) [7]

Zur *Erhöhung des Feuerwiderstandes* von Holzbauteilen können geeignete Querschnittsformate oder Verkleidungen nach DIN 4102 eingesetzt werden (s. hierzu Abschnitt „Brandverhalten").

3.3 Chemischer Holzschutz –*6.2 (2)* [1]–

3.3.1 Vorbeugende Maßnahmen [249]

Chemische Holzschutzmaßnahmen sind nur dann vorzunehmen, wenn der bauliche Holzschutz die Gefahr von Bauschäden durch Pilze bzw. Insekten nicht verhindern kann. Holzschutzmittel, insbesondere in Wohnräumen, sind sparsam, sachgerecht und nur dort, wo sie wirklich erforderlich sind, anzuwenden [29]. DIN 68 800 T 3 regelt die vorbeugenden chemischen Maßnahmen zum Schutz des tragenden Holzes und enthält Hinweise für den Schutz von nichttragenden Holzbauteilen [48].

Außerdem kann Bauholz durch chemische Feuerschutzmittel schwerentflammbar nach DIN 4102 gemacht werden.

Erfolg und Wirkungsdauer einer Holzschutzbehandlung sind abhängig von der Art und dem Feuchtegehalt des Holzes sowie von der Art und Menge des Holzschutzmittels und dem Einbringverfahren. Die Tränkbarkeit ist abhängig von der anatomischen Struktur des Holzes. Kiefer ist gut, Fichte hingegen schwer imprägnierbar. Ölige Holzschutzmittel sind allgemein nur bei Holz mit Holzfeuchte $\leqq 20\%$ anwendbar, wasserlösliche Holzschutzmittel können auch bei höherer Feuchte eingesetzt werden [7]. Bei Nadelhölzern ist das Kernholz schwerer tränkbar als das Splintholz, dafür jedoch bei Kiefer dauerhafter als Splintholz, bei Fichte nicht.

Laubhölzer sind meist besser tränkbar als Nadelhölzer. Eine Verbesserung der Tränkbarkeit kann erreicht werden durch Perforation (radiale Bohrungen). Dieses Verfahren wird z. B. angewendet bei Telegrafenmasten aus Fichte in der Erd-Luft-Zone.

Perforation

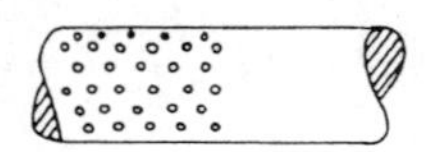

Im Hochbau werden wasserlösliche oder ölige Holzschutzmittel und Sonderpräparate sowie schaumschichtbildende Feuerschutzmittel verwendet. Im Holzbau sind nur Präparate zu verwenden, die vom Institut für Bautechnik (IfBt), Berlin, ein gültiges Prüfzeichen sowie die ihren Eigenschaften entsprechenden amtlichen Prüfprädikate erhalten haben. Ihre Bezeichnungen sind [29]:

P wirksam gegen Pilze
Iv gegen Insekten vorbeugend wirksam
W auch für Holz geeignet, das der Witterung ausgesetzt ist
E auch für Holz geeignet, das extremer Beanspruchung ausgesetzt ist (Erdkontakt und in ständigem Kontakt mit Wasser)

Regelmäßig veröffentlicht das Institut für Bautechnik ein „Holzschutzmittelverzeichnis" [50]. Auf Nebenwirkungen der Schutzmittel ist zu achten. Die meisten Schutzmittel sind für Menschen und Nutztiere giftig. Deshalb ist beim Umgang mit Holzschutzmitteln besondere Sorgfalt geboten.

Bei *Leimkonstruktionen* ist zu prüfen (amtliche Prüfung), ob Leimart und Schutzmitteltyp miteinander verträglich sind, damit die Leimbindefestigkeit erhalten bleibt. Im Zweifelsfalle empfiehlt sich eine Rückfrage bei dem Schutzmittelhersteller. Erwähnt sei, daß an Leimbindern bisher keine Insektenschäden bekannt geworden sind [126].

Die Korrosionswirkung wasserlöslicher Schutzmittel auf Metallteile, insbesondere bei Nagelbindern, ist erfahrungsgemäß gering. Auch hier empfiehlt sich jedoch eine Rückfrage beim Hersteller [50]. Eingebracht werden die Holzschutzmittel:

- im *handwerklichen Verfahren* durch Trogtränkung, Tauchen, Streichen oder Spritzen [51],
- im *großtechnischen Verfahren* durch Kesseldruck-, Vakuum- oder Diffusionstränkung sowie durch Saftverdrängung.

Die Imprägnierung erfolgt im allgemeinen *nach dem letzten Bearbeitungsgang*, d.h. nach dem Verleimen und Bearbeiten von Verbundquerschnitten bzw. nach dem Abbund von Bauhölzern. Die Eindringtiefe wird nach dem Grad der Gefährdung gewählt:

Randschutz <10 mm, Tiefschutz >10 mm

Tiefschutz erfordern z.B. Bauhölzer, die Niederschlägen unmittelbar ausgesetzt oder in Erdreich, Mauerwerk oder Beton eingebunden sind.

Für die Schutzbehandlung gegen Feuer können wasserlösliche Feuerschutzmittel im Kesseldruckverfahren bzw. schaumschichtbildende Feuerschutzmittel im Streich-, Spritz- oder Gießverfahren angewendet werden. Ist gleichzeitig ein Schutz gegen Pilze und Insekten erforderlich, muß dieser *vor der Feuerschutzbehandlung* ausgeführt werden. Mehrfachschutz (z.B. P, Iv) ist grundsätzlich möglich. Die Verträglichkeit der Holzschutzmittel untereinander ist nachzuweisen.

Feuerschutzmittel sind nicht witterungsbeständig. Ein vorbeugender chemischer Feuerschutz ist daher nur bei Holzbauteilen möglich, die vor Witterungseinflüssen und ähnlicher Feuchtigkeitsbeanspruchung geschützt sind.

3.3.2 Bekämpfungsmaßnahmen

DIN 68800 T4 regelt *Bekämpfungsmaßnahmen* gegen Pilz- und Insektenbefall. Sie müssen ergriffen werden, wenn die entstandenen Schäden die Standsicherheit von Holztragwerken gefährden.

Zunächst sind Schadensumfang und Ursache sehr sorgfältig zu untersuchen. Befallenes Material muß entfernt und vernichtet werden. Nach Erledigung der umfangreichen Vorarbeiten und baulichen Maßnahmen kann die Bekämpfung durch Behandlung mit einem Holzschutzmittel oder – bei Insektenbefall – auch durch Heißluft- oder Durchgasungsverfahren vorgenommen werden.

Für vorbeugende Holzschutzmaßnahmen ist Teil 3 zu beachten. Solche Bekämpfungsmaßnahmen sollten grundsätzlich einer Fachfirma übertragen werden, die über die notwendige Sachkenntnis und Erfahrung verfügt [29, 52].

Eurocode 5

Nach EC 5 wird die Wahrscheinlichkeit, wann Holz oder Holzwerkstoffe von holzzerstörenden Organismen angegriffen werden, mit Hilfe der in DIN EN 335

- Teil 1 Allgemeines
- Teil 2 Bauholz
- Teil 3 Holzwerkstoffplatten

angegebenen Gefährdungsklassen eingeschätzt.

Die Auswahl resistenter Holzarten erfolgt in Übereinstimmung mit der DIN EN 350-2.

Ein chemischer Holzschutz zum Erreichen einer angemessenen Dauerhaftigkeit der Hölzer ist unter Beachtung der DIN EN 351-1 bzw. DIN EN 460 vorzunehmen.

4 Brandverhalten von Bauteilen aus Holz

4.1 Allgemeines

Holzbauteile besitzen, obwohl sie aus brennbarem Material bestehen, eine bemerkenswert hohe Feuerwiderstandsfähigkeit, wenn ihre Querschnittsabmessungen genügend groß sind.

Ursache des günstigen Brandverhaltens ist die vorzügliche Eigenschaft des Holzes, durch Verkohlung der Außenzonen eine Schutzschicht zu bilden, die wegen ihrer geringen Wärmeleitfähigkeit den weiteren Abbrand erheblich verzögert.

Angaben über die Feuerwiderstandsdauer von Holzkonstruktionen - Einzelbauteilen, verschiedenartigen Verbindungsmitteln und Gesamtkonstruktionen - können dem Holz-Brandschutz-Handbuch [20] entnommen werden, in dem DIN 4102 T4 hinsichtlich Holzbauteile ausführlich erläutert wird [7].

Für den Holzbau darf DIN 4102-4 nur auf der Grundlage von DIN 1052 (1988) angewendet werden. DIN 1052 neu (EC5) hat zur Folge, daß Teile von DIN 4102-4 nicht anwendbar sind. Durch ein Anwendungsdokument, das als Teil 22 von DIN 4102 erscheinen wird, ist DIN 4102-4 für die neue DIN 1052 (EC5) nutzbar [57, 238].

Weitere Hinweise zum Entwerfen und Konstruieren unter Berücksichtigung des Brandschutzes im Holzbau sind in [47, 53–57, 250] enthalten.

Die Brandschutzbemessung von Holzbauteilen wird in Zukunft international nach EN 1995-1-2 in Verbindung mit EN 1995-1-1 durchgeführt [56].

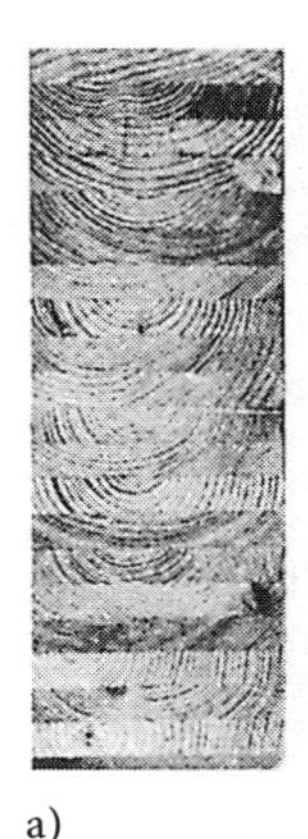
a)

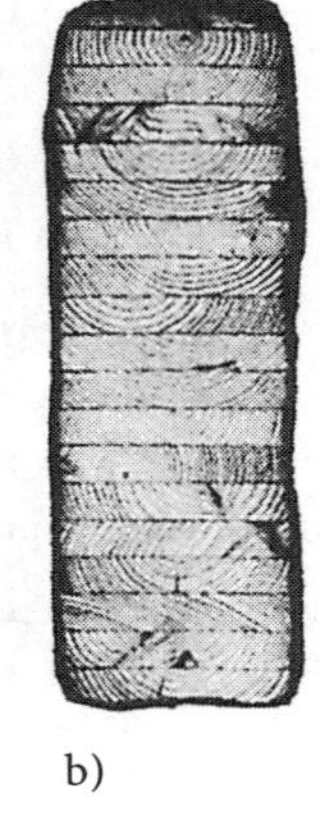
b)

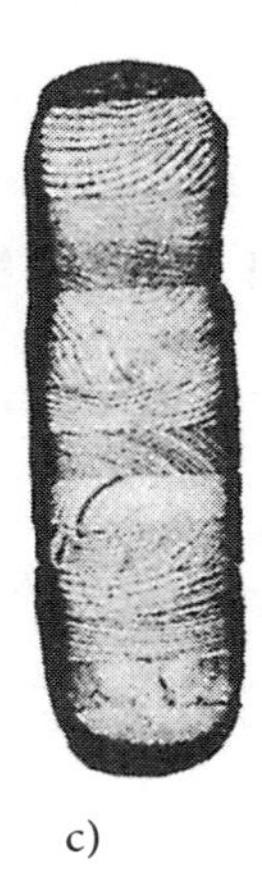
c)

Abb. 4.1. BSH-Querschnitt
a) vor dem Brandversuch
b) nach 30 min Branddauer
c) nach 60 min Branddauer

4.2 Entzündungstemperatur T_E und Abbrandgeschwindigkeit v_A von NH

Bei spontaner Entzündung kleiner Holzproben: $T_E \geqq 350\,°C$
Bei langanhaltender Erwärmung von Holzbauteilen: $T_E \geqq 120\,°C$

Die Abbrandgeschwindigkeit beträgt für Holz während 30 bis 90 Minuten Branddauer i.M. $v_A = 0{,}67$ mm/min. Das entspricht 20 mm Abbrand bei 30 min Branddauer.

In der Biegezugzone ist infolge stärkeren Ablösens der Kohleschichten ein schnellerer Abbrand zu beobachten (Tafel 4.1).

Tafel 4.1. Abbrandgeschwindigkeit von Holzbauteilen [7]

Art der Bauteile aus NH		v_A (in mm/min)
Stützen		0,7
Balken	Seiten und Oberseite Unterseite	0,8 1,1
Decken- und Dachschalungen	Unterseite Oberseite	1,1 0,65

Querschnittsteile innerhalb einer Abbrandzone von 20 mm (nach 30 min) oder von 40 mm (nach 60 min) werden i.M. nicht wesentlich über 100 °C erhitzt.

Die Zersetzungszone liegt bei etwa $\geqq 100\,°C$
Die Verkohlungszone liegt bei etwa $\geqq 200\,°C$

Die Brandschutzbemessung wird mit den folgenden Abbrandgeschwindigkeiten

$$v_{VH} = 0{,}8 \text{ mm/min}$$
$$v_{BSH} = 0{,}7 \text{ mm/min}$$

vorgenommen [47].

4.3 Festigkeit und *E*-Modul für NH bei 100 °C

Festigkeit und *E*-Modul des Holzes nehmen bei Temperaturerhöhung ab, vgl. Tafel 4.2.

Tafel 4.2. Festigkeit und *E*-Modul für NH bei 100 °C, bezogen auf entsprechende Werte bei Raumtemperatur [7]

Festigkeit bzw. *E*-Modul	$\beta_{Z\|\|}$	$\beta_{D\|\|}$	β_B	$E_{D,Z\|\|}$	$E_{B\|\|}$
Bezogene Werte bei 100 °C	90%	55%	75%	85%	85%

4.4 Baustoffklassen von Holz und Holzwerkstoffen

DIN 4102 T1 regelt brandschutztechnische Begriffe, Anforderungen, Prüfungen und Kennzeichnungen für Baustoffe [6].

Baustoffe der Klasse B1 bedürfen eines Prüfzeichens des IfBt. Ohne Prüfzeichen können Holz und Holzwerkstoffe gemäß DIN 4102 T4 in die Baustoffklasse B2 und B3 eingereiht werden.

B2: Holz und Holzwerkstoffe (≧ 400 kg/m³) mit Dicken > 2 mm;
weitere Bedingungen für Holzwerkstoffe s. [20]
Holz und Holzwerkstoffe (≧ 230 kg/m³) mit Dicken > 5 mm

Holz und Holzwerkstoffe mit chemischer Brandschutzausrüstung können auf der Grundlage besonderer Bestimmungen mit Prüfbescheid in B1, Spanplatten in Sonderfällen sogar in A2 eingestuft werden, vgl. [20].

Tafel 4.3. Baustoffklassen nach DIN 4102 T1

A	A1, A2	nichtbrennbare	Baustoffe
B		brennbare	Baustoffe
	B1	schwerentflammbare	Baustoffe
	B2	normalentflammbare	Baustoffe
	B3 [a]	leichtentflammbare	Baustoffe

[a] Im Bauwesen nicht zugelassen.

4.5 Feuerwiderstandsdauer/Feuerwiderstandsklasse

Die Feuerwiderstandsdauer ist die Zeit in Minuten, während der ein Bauteil seine Funktionen – Tragfähigkeit oder Raumabschluß – uneingeschränkt erfüllen muß. Sie kann durch geeignete Querschnittsformate oder Bekleidungen erhöht werden. Sie steigt z. B. mit wachsendem Verhältnis Volumen/Oberfläche und ist bei BSH höher als bei VH (Schwindrisse). Holzbauteile werden entsprechend ihrer Feuerwiderstandsdauer (30, 60, 90 min) in die Feuerwiderstandsklassen F30-B, F60-B, F90-B eingestuft.

Möglich ist auch eine Klassifizierung nach „wesentlichen" (z. B. tragenden) und „übrigen" Bestandteilen eines Bauteils, z. B.:

F30-AB: „wesentliche" Bestandteile aus nichtbrennbarem Baustoff
„übrige" Bestandteile aus brennbarem Baustoff

Anforderungen an die Feuerwiderstandsdauer in Abhängigkeit von Gebäudegröße, Geschoßzahl und Nutzung sind den Landesbauordnungen zu entnehmen und bei Sonderfällen möglichst frühzeitig mit den zuständigen Behörden zu klären [7].

Die für ein Tragwerk geforderte Feuerwiderstandsklasse wird nur erreicht, wenn gleichzeitig alle zugehörigen Einzelbauteile, Verbindungen, Auflager und

Aussteifungen die brandschutztechnischen Anforderungen erfüllen. Beispiele s. [20] und [47].

Als Auszug aus DIN 4102 T4 (3/94) werden hier in gekürzter Fassung einige Mindestabmessungen von Balken, Stützen, Zuggliedern und Verbindungen angegeben; DIN 4102-4/A1 und [238] beachten.

4.5.1 Mindestabmessungen unbekleideter Balken aus NH

Unbekleidete Balken mind. S10 oder MS10 müssen in Abhängigkeit von der Spannungsausnutzung bei 3- und 4seitiger Brandbeanspruchung die Mindestbreite b und -höhe h nach Tafel 4.4 bzw. 4.5 besitzen. Mindestauflagertiefe auf Beton oder Mauerwerk $\geqq 40$ mm (80 mm) für F30-B (F60-B).

Für Balken und Stützen, für die nach DIN 1052 (1988) Teil l die Schubbemessung maßgebend wird, enthält DIN 4102 Teil 4 eine Bedingungsgleichung, die einzuhalten ist.

3seitige Brandbeanspruchung liegt vor bei abgedeckter Oberseite mit Beton-, Holz- oder Holzwerkstoffbauteilen.

Die Tabellen in der DIN 4102 Teil 4 enthalten weitere Mindestbreiten für $s = 5{,}0$ und $6{,}0$ m sowie für $\sigma_{D\|}/\text{zul}\ \sigma_k = 0{,}8$ und $0{,}4$ und die entsprechenden $\sigma_B/\text{zul}\ \sigma_B^*$.

Entsprechende Angaben für $h/b = 1$ und 2 sowie für F60-B siehe DIN 4102 T4 und [20].

Für $h/b > 3$ muß die Kippaussteifung der Balken nach der geforderten Feuerwiderstandsklasse ausgeführt werden.

Die in den Tafeln 4.4–4.6 enthaltenen Zahlenwerte gelten auch für Buche. Bei LH (außer Buche) mit $\varrho > 600$ kg/m^3 dürfen alle Werte der Tafeln 4.4–4.6 mit 0,8 multipliziert werden.

Tafel 4.4. Mindestbreite b von Stützen und Balken aus VH (NH) sowie 4- bzw. 3seitiger Brandbeanspruchung für F30-B (Auszug aus DIN 4102 Teil 4)

Statische Beanspruchung		Mindestbreite b in mm bei einem h/b 1,0			2,0		
Druck	Biegung	und einem Abstützungsabstand s bzw. einer Knicklänge s_k in m					
$\frac{\sigma_{D\|}}{\text{zul}\ \sigma_k}$	$\frac{\sigma_B}{\text{zul}\ \sigma_B^*}$ [a]	2,0	3,0	4,0	2,0	3,0	4,0
1,0	0	187 (163)	204 (181)	219 (194)	161 (151)	179 (169)	193 (182)
0,6	0	143 (127)	155 (136)	161 (143)	126 (120)	137 (130)	142 (132)
	0,4	177 (148)	189 (160)	198 (168)	146 (135)	159 (147)	167 (154)
0,2	0	102 (91)	105 (93)	105 (93)	91 (87)	92 (88)	92 (88)
	0,8	166 (128)	171 (133)	174 (135)	127 (113)	132 (118)	134 (122)
0	0,2	86 (80)	86 (80)	86 (80)	80 (80)	80 (80)	80 (80)
	1,0	160 (114)	160 (114)	160 (114)	113 (96)	113 (103)	118 (109)

[a] $\text{zul}\ \sigma^* = 1{,}1 \cdot k_B \cdot \text{zul}\ \sigma_B$ mit $1{,}1 \cdot k_B \leqq 1$.
( )-Werte stehen für 3seitige Brandbeanspruchung.

Tafel 4.5. Mindestbreite b von Stützen und Balken aus BSH (NH) sowie 4- bzw. 3seitiger Brandbeanspruchung für F30-B (Auszug aus DIN 4102 Teil 4)

Statische Beanspruchung		Mindestbreite b in mm bei einem h/b					
		4,0			6,0		
Druck	Biegung	und einem Abstützungsabstand s bzw. einer Knicklänge s_k in m					
$\frac{\sigma_{D\parallel}}{\text{zul}\,\sigma_k}$	$\frac{\sigma_B}{\text{zul}\,\sigma_B^*}$ [a]	2,0	3,0	4,0	2,0	3,0	4,0
1,0	0	139 (135)	157 (153)	157 (153)	136 (134)	154 (151)	154 (151)
0,6	0	110 (107)	110 (107)	110 (107)	108 (106)	108 (106)	108 (106)
	0,4	123 (119)	133 (128)	133 (128)	123 (121)	135 (132)	137 (135)
0,2	0	80 (80)	80 (80)	80 (80)	80 (80)	80 (80)	80 (80)
	0,8	105 (102)	112 (109)	119 (116)	109 (107)	121 (119)	132 (130)
0	0,2	80 (80)	80 (80)	80 (80)	80 (80)	80 (80)	80 (80)
	1,0	95 (92)	105 (102)	114 (111)	103 (101)	117 (115)	130 (128)

[a] $\text{zul}\,\sigma^* = 1{,}1 \cdot k_B \cdot \text{zul}\,\sigma_B$ mit $1{,}1 \cdot k_B \leqq 1$.
( )-Werte stehen für 3seitige Brandbeanspruchung.

4.5.2 Mindestabmessungen unbekleideter Stützen aus NH

Für belastete Stützen mind. S 10 bzw. MS 10 sind die Mindestmaße in Abhängigkeit von der Spannungsausnutzung festgelegt, s. Tafel 4.4 und 4.5.

4.6 Mindestmaße unbekleideter Holz-Zugglieder

Tafel 4.6. Mindestbreite b unbekleideter Zugglieder

Statische Beanspruchung		NH							
Zug	Biegung	VH F 30-B				BSH F 30-B			
$\frac{\sigma_{Z\parallel}}{\text{zul}\,\sigma_{Z\parallel}}$	$\frac{\sigma_B}{\text{zul}\,\sigma_B^*}$ [a]	Mindestbreite b in mm Brandbeanspruchung							
		3seitig		4seitig		3seitig		4seitig	
		h/b 1,0	2,0	1,0	2,0	h/b 1,0	2,0	1,0	2,0
1,0	0	89	80	110	88	80	80	96	80
0,6	0	80	80	89	80	80	80	80	80
	0,4	102	105	133	112	89	92	117	98
0,2	0	80	80	80	80	80	80	80	80
	0,8	110	116	151	124	96	101	132	108
0	0,2	80	81	87	84	80	80	80	80
	1,0	114	120	160	128	100	105	140	112

[a] $\text{zul}\,\sigma^* = 1{,}1 \cdot k_B \cdot \text{zul}\,\sigma_B$ mit $1{,}1 \cdot k_B \leqq 1$.

Unbekleidete Holz-Zugglieder – auch Fachwerkstäbe – mind. S10 bzw. MS10 müssen in Abhängigkeit von der Spannungsausnutzung die in Tafel 4.6 enthaltenen Mindestquerschnitte besitzen.

Entsprechende Angaben für $\sigma_{Z\|}$/zul $\sigma_{Z\|}$ = 0,8 und 0,4, die entsprechenden σ_B/zul σ_B^* sowie für F60-B s. DIN 4102 T4.

4.7 Stahl-Zugglieder

Die Eignung von Stahl-Zuggliedern einschl. Anschlüssen ist stets nach DIN 4102 T2 und T4 Abschnitt 6 zu prüfen. Eine Einstufung unbekleideter Stahl-Zugglieder in F30 ist möglich [47].

4.8 Feuerwiderstandsklassen von Holzverbindungen

4.8.1 Anwendungsbereich

Verbindungselemente bestehen meistens aus Stahl, bei Dübeln auch aus Alu-Legierungen. Ungeschützte Verbindungen aus Metall besitzen i. d. R. nur eine Feuerwiderstandsdauer von 15–25 min [20]. Die Angaben in DIN 4102 T4 zu

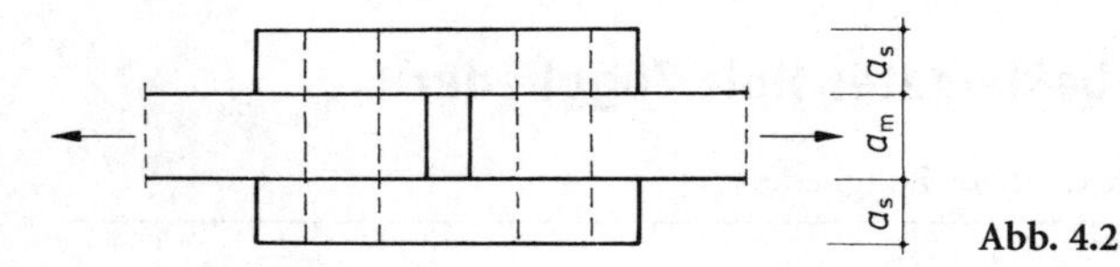

Abb. 4.2

den Feuerwiderstandsklassen von Verbindungen gelten für auf Druck, Zug oder Abscheren beanspruchte und senkrecht zur Kraftrichtung symmetrisch ausgeführte Verbindungen (s. Abb. 4.2).

Im folgenden werden die Mindestabmessungen einiger geprüfter Verbindungen gemäß DIN 4102 T4 auszugsweise mitgeteilt, vgl. auch [20].

4.8.2 Holzabmessungen

Für tragende Verbindungen und Verbindungen zur Lagesicherung sind folgende Holzabmessungen einzuhalten.

Randabstände der VM:

$$\min e_{r,f} = e_r + c_f \tag{4.1}$$

Es bedeuten:

e_r Randabstand ($\|$ oder $\perp$ *Kr* nach DIN 1052 (1988) T2)

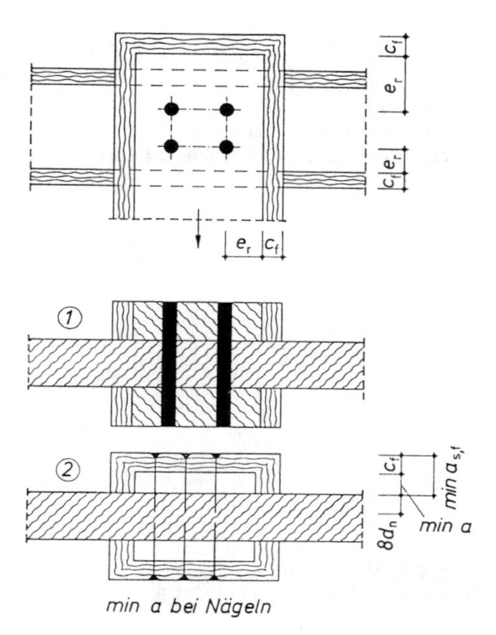

Abb. 4.3. Randabstände und Seitenholzdicken

	F30-B	F60-B
c_f (mm)	10	30
Für SDü u. Bo mit Schaft-∅ ≧ 20 mm:		
min $e_{r,f}$	e_r	e_r + 20 mm

Seitenholzdicke (hinsichtlich der Brandbeanspruchung):

$$\min a_{s,f} = 50 \text{ mm für F30}$$

$$\min a_{s,f} = 100 \text{ mm für F60}$$

VM können durch eingeleimte Holzscheiben, Pfropfen oder Decklaschen
- Dicke mind. c_f
- Einschlagtiefe der Nägel mind. 6 d_n
- je 150 cm^2 Decklasche ein Befestigungsmittel

geschützt werden (s. DIN 4102 T4). Bei Einhaltung der Randabstände der VM nach Gl. (4.1) und von min $a_{s,f}$ ist dann keine Lastabminderung erforderlich.

4.8.3 Dübelverbindung

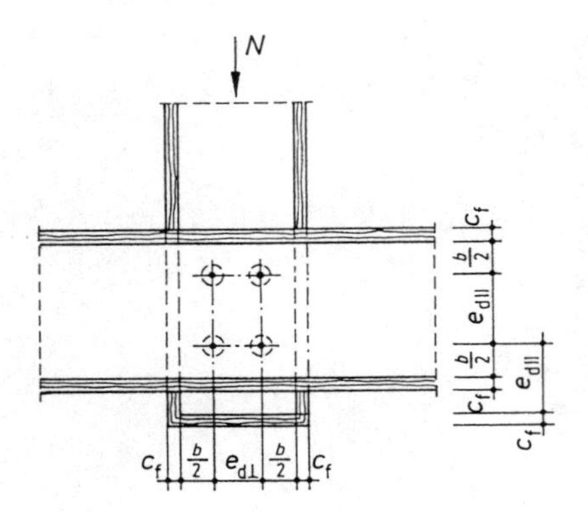

$c_f = 10$ mm
$e_{d\perp}$, $e_{d||}$, b, min a und zul N
nach DIN 1052 (1988) T 2, Tab. 4, 6 und 7

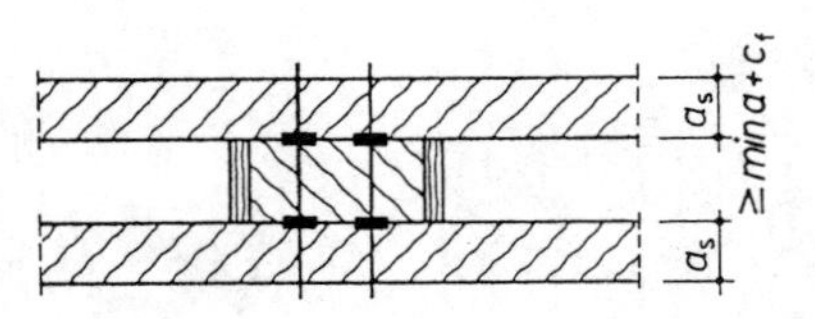

Abb. 4.4. Mindestabmessungen für Dübelverbindungen bei F30-B

Bei Dübeln mit ungeschützten Schraubenbolzen (s. Abb. 4.4) und ohne zusätzliche Sondernägel ist für F30-B nachzuweisen, daß

$$\begin{aligned} N &\leqq = 0{,}25 \cdot \text{zul } N \cdot a_s/(\min a + c_f) \\ &\leqq 0{,}5 \cdot \text{zul } N \qquad \text{ist.} \end{aligned} \tag{4.2}$$

min a – Mindestholzdicken für Verbindungen nach DIN 1052 (1988)
zul N – zulässige Belastung je Dübel

Bei Anordnung von Klemmbolzen *– 4.1.3 –* darf grundsätzlich

$$N = 0{,}5 \text{ zul } N$$

gesetzt werden.

Sondernägel sind als Brandschutzmaßnahme besonders geeignet [47].

4.8.4 Stabdübel- und Paßbolzenverbindungen

Für ungeschützte Stabdübel (s. Abb. 4.5) bei F30-B mit innenliegenden Stahlblechen ist je Stabdübel nachzuweisen, daß

$$N \leqq 1{,}25 \cdot \text{zul } \sigma_1 \, (a_s - 30 \cdot v) \cdot d_{st} \cdot 1{,}25 \cdot \eta \cdot \left(1 - \frac{\alpha}{360}\right) \tag{4.3}$$

ist.

$$\eta = \frac{\mathrm{d}_{st}/a_s}{\min (d_{st}/a_s)} \leqq 1 \tag{4.4}$$

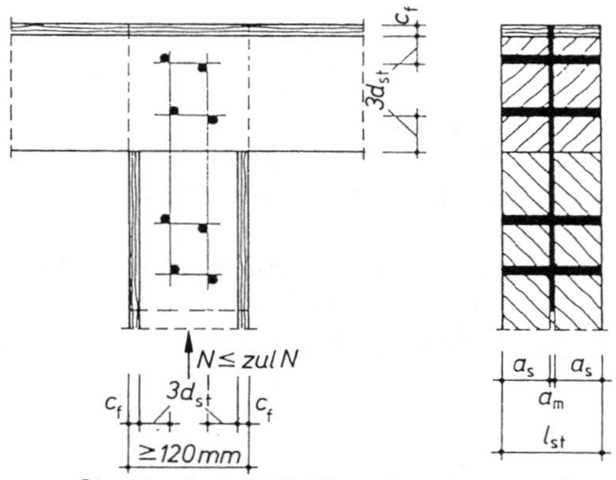

Blechbreite bei bündiger Anordnung nach Bild 55a), DIN 4102

$a_s \geqq 50$ mm; $c_f \geqq 10$ mm
$a_m \geqq 2$ mm; $l_{st} \geqq 120$ m
d_{st} nach folgender Zusammenstellung:

a_s mm	SDü-∅ mm
60 und 80	8
100	10
120 und 140	12
160 und 180	16
200 und 220	20

a_s und zugehörige SDü-∅ d_{st} unter Berücksichtigung von Vorzugsmaßen für $N \leqq$ zul N

Abb. 4.5. Mindestabmessungen für Stabdübelverbindungen mit innenliegenden Stahlblechen bei F30-B

Es ist keine weitere Lastabminderung erforderlich sofern die folgenden Bedingungen eingehalten werden:

$$l_{st} = 2 \cdot a_s + a_m \geqq 120 \text{ mm} \qquad \text{(SDü ohne Überstand)}$$

$$l_{st} = 2 \cdot a_s + a_m + 2 \cdot ü \geqq 200 \text{ mm} \qquad \text{(SDü mit Überstand)}$$

$$ü \leqq 20 \text{ mm}$$

Ein Überstand bis 5 mm kann vernachlässigt werden.

$$\mathrm{d}_{st}/a_s \geqq \min\,(d_{st}/a_s)$$

mit

$$\min\,(d_{st}/a_s) = 0{,}08\left(1 + \left[\frac{110}{l'_{st}}\right]^4\right)\left(1 - \frac{\alpha}{360}\right)$$

$l'_{st} = l_{st}$ (SDü ohne ü) bzw. 0,6 l_{st} (SDü mit ü)

Bei bündig innenliegenden Stahlblechen dürfen bestimmte Blechmaße D nicht unterschritten werden. Wenn z. B. zwei gegenüberliegende Ränder ungeschützt sind, muß für

F30-B: $D = 120$ mm ($= h$ z. B. für Zugstoß) s. a. Abb. 4.5

eingehalten werden [47].

Werden die Blechmaße D nicht eingehalten, sind die Blechränder zu schützen (s. DIN 4102 T4) [47].

4.8.5 Nagelverbindungen

Eine Verbindung mit ungeschützten Nägeln und innenliegenden Stahlblechen bei Anschlüssen F30-B ist nach Abb. 4.6 auszuführen.

Weitere Einzelheiten zu den oben genannten Verbindungen (z. B. zu F60-B) und Angaben zu Stahl- und Balkenschuhen, Stirnversätzen sowie Firstgelenken sind aus DIN 4102 Teil 4 zu entnehmen [47].

Für First-, Gerber- und Fußgelenke liegen noch keine ausreichenden Versuchsergebnisse vor. In derartigen Fällen hat sich eine Ummantelung mit nichtbrennbarer Mineralwolle ($\varrho \geqq 30$ kg/m^3) als brauchbarer Brandschutz erwiesen.

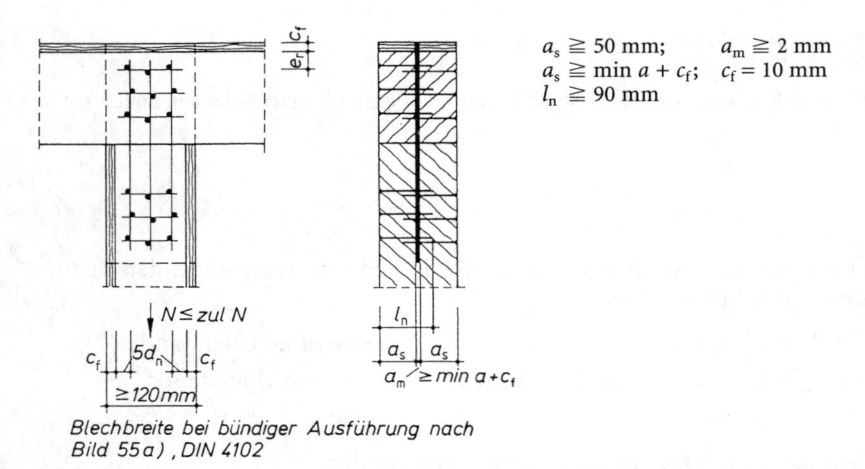

Abb. 4.6. Mindestabmessungen für Nagelverbindungen mit innenliegenden Stahlblechen bei F30-B

4.9 Feuerwiderstandsklassen von Tafelelementen

Ausführliche Angaben s. DIN 4102 T4, [20] und [47].

4.10 Formänderungen im Brandfall

Holzleimbinder erleiden bei Feuereinwirkung keine nennenswerte Längenänderung, da die Verlängerung infolge Temperaturerhöhung und das gleichzeitige Schwinden infolge Feuchteabnahme sich weitgehend ausgleichen. Holzleimbinder üben daher im Brandfalle keine nach außen gerichtete Kraft auf die Umfassungswände aus wie z. B. Stahlbinder [20].

5 Stöße und Anschlüsse

5.1 Zugstöße und -anschlüsse || Fa

Die Deckungsteile sind symmetrisch zur Stabachse anzuordnen (Abb. 5.2).

Einseitig beanspruchte Holzlaschen oder -stabteile nach Abb. 5.1 und 5.2 sind wegen der außermittigen Kraftwirkung nach DIN 1052 (1988) für die *1,5fache* anteilige Zugkraft zu bemessen *–7.3–*, die Verbindungsmittel nur für die *einfache.* Bei einseitigen *Stahllaschen* darf die Außermittigkeit vernachlässigt werden *–E34–*.

Bei *genagelten* Zugstößen und -anschlüssen ist zul $\sigma_{Z\parallel}$ in mittig beanspruchten Holzbauteilen nach DIN 1052 (1988) um 20% abzumindern *–5.1.10–*.

Nach DIN 1052 neu (EC 5) wird der Nachweis der Querschnittstragfähigkeit für Zugbeanspruchung mit dem Bemessungswert der Zugspannung || Fa ($\sigma_{t,0,d}$) geführt *– 10.1 (1)* [1] –. Die charakteristische Festigkeit nach EC 5 für Zugbeanspruchung hat – unter Beachtung der Teilsicherheitsbeiwerte – im Vergleich mit der zulässigen Spannung i. d. R. einen größeren Holzquerschnitt zur Folge [60].

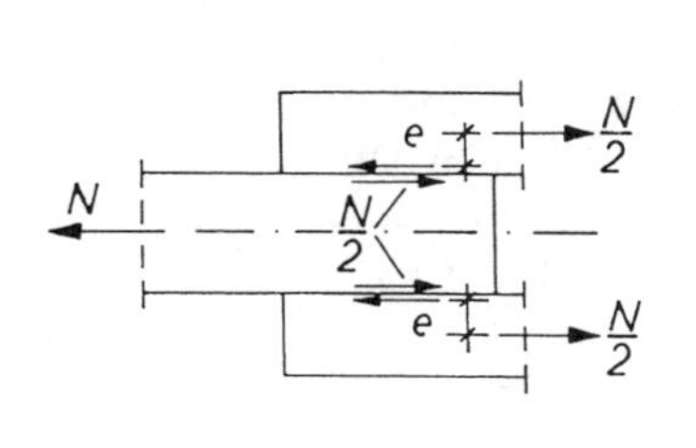

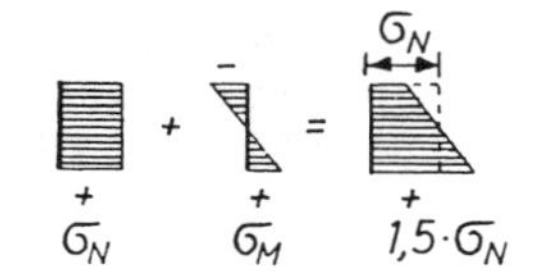

Ausmittigkeit „e" ist abhängig von der Tiefenwirkung des Verbindungsmittels

Abb. 5.1

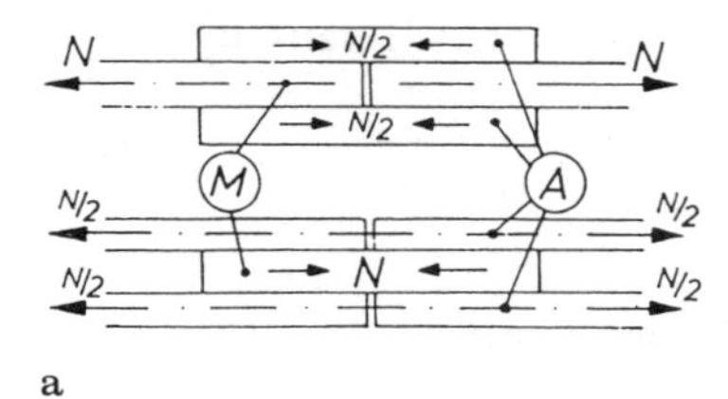

a

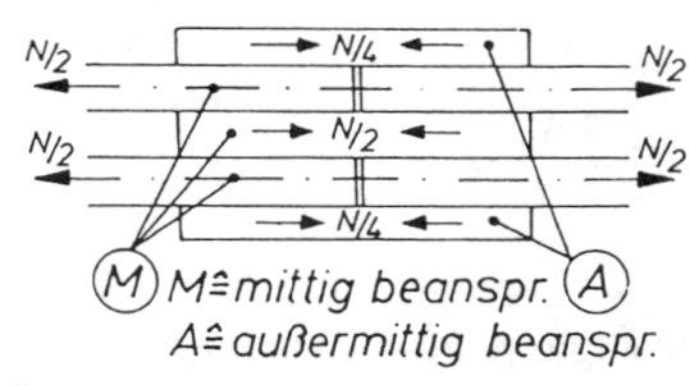

b

Abb. 5.2

Bemessung nach DIN 1052 (1988)
zu a)

Teile M: $$\frac{\frac{N}{A_n}}{\text{zul }\sigma_{Z\|}} \leqq 1 \quad \text{(Dübel, Bolzen, Stabdübel)} \qquad (5.1)$$

$$\frac{\frac{N}{A_n}}{0{,}8\cdot\text{zul }\sigma_{Z\|}} \leqq 1 \quad \text{(Nägel)}$$ *–5.1.10–*

Teile A: $$\frac{1{,}5\cdot\frac{N}{2A_n}}{\text{zul }\sigma_{Z\|}} \leqq 1 \quad \text{(alle VM außer Leim)} \qquad (5.2)$$

zu b):

$\frac{N}{2}$ statt N in (5.1) und (5.2) einsetzen.

Bemessung nach DIN 1052 neu (EC 5)
Folgende Bedingung muß erfüllt sein:

$$\sigma_{t,0,d} \leqq f_{t,0,d} \text{ (mittig)}; \quad \sigma_{t,0,d} \leqq \frac{2}{3} f_{t,0,d} \text{ (ausmittig)}$$

zu a):

Teile M: $$\frac{\frac{N_d}{A_n}}{f_{t,0,d}} \leqq 1 \qquad (5.3)$$

Teile A: $$\frac{1{,}5^{1}\cdot\frac{N_d}{2A_n}}{f_{t,0,d}} \leqq 1 \qquad (5.4)$$

Zugtragfähigkeit nach Abminderung bei ausmittiger Kraftwirkung	
Schr, BO, PB, Nä [a]	Nä [b], SDü, Dü
$(2/3)\cdot f_{t,0,d}$	$(2/3)^{c}\cdot f_{t,0,d}$
	$(2/5)^{d}\cdot f_{t,0,d}$

[a] nicht vorgebohrt; [b] vorgebohrt
[c] mit Maßnahmen *– 11.1.2 (2)* [1] –
[d] ohne Maßnahmen zur Verhinderung der Verkrümmung.
Zur Bemessung der VM auf Herausziehen s. *– 11.1.2 (3)* [1] –.

zu b):

Teile M: $$\frac{\frac{N_d}{2A_n}}{f_{t,0,d}} \leqq 1 \qquad (5.5)$$

Teile A: $$\frac{1{,}5\cdot\frac{N_d}{4A_n}}{f_{t,0,d}} \leqq 1 \qquad (5.6)$$

---

[1] Näherung, abhängig von der Tiefenwirkung der Verbindungsmittel

genauer: $\frac{N_d/(2A_n)}{f_{t,0,d}} + \frac{M_d/W_n}{f_{m,d}} \leqq 1$.

mit

N_d Bemessungswert der Stabkraft

$f_{t,0,d}$ Bemessungswert der Zugfestigkeit $\left(= \frac{k_{mod}}{\gamma_M} \cdot f_{t,0,k}\right)$

A_n nutzbare Querschnittsfläche

Querschnittsschwächungen sind zu berücksichtigen *–7.2.4 (2)* [1]– mit Ausnahme von

- Nägeln mit Durchmessern bis zu 6 mm, ohne Vorbohrung
- Holzschrauben mit Durchmessern bis zu 8 mm, ohne Vorbohrung
- Löchern und Aussparungen in der Druckzone von Holzbauteilen, wenn die Schwächungen mit einem Material ausgefüllt sind, dessen Steifigkeit ≧ der des Holzes oder Holzwerkstoffes ist
- Baumkanten, die nicht breiter sind als in DIN 4074-1 zugelassen.

Geleimte Zugstöße werden nicht mit Laschen ausgeführt, da die Scherspannungen in der Fuge nicht konstant sind und zusätzlich Querzugspannungen infolge der Außermittigkeit entstehen. Statt dessen wird der *Keilzinkenstoß* verwendet, s. Abb. 5.3.

DIN:

$$\frac{\frac{N}{A_n}}{\text{zul } \sigma_{Z\|}} \leqq 1$$

DIN 1052 neu (EC 5):

$$\frac{\frac{N_d}{A_n}}{f_{t,0,d}} \leqq 1$$

Nach Moers [61] und Möhler/Hemmer [62] können Zugstöße und -anschlüsse auch mit eingeleimten Gewindestangen ausgeführt werden, s. Abb. 5.4 und Abschn. 6.1.5.

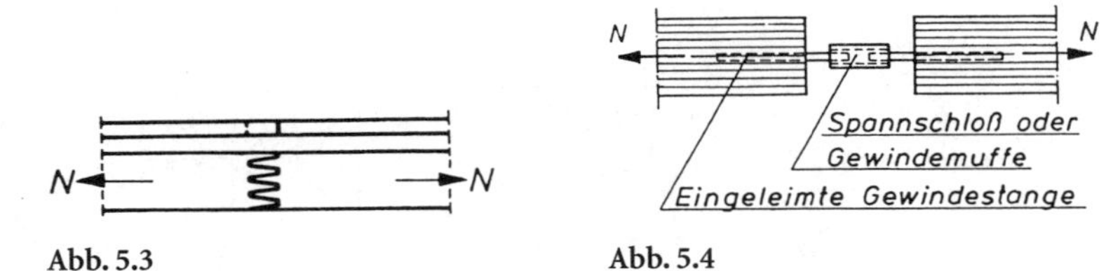

Abb. 5.3 Abb. 5.4

5.2 Zuganschlüsse ⊥ Fa (Querzug)

5.2.1 Allgemeines

VH- und BSH-Träger werden durch angehängte Lasten nach Abb. 5.5 nicht nur auf Lochleibung, sondern auch auf Querzug beansprucht. Möhler/Siebert

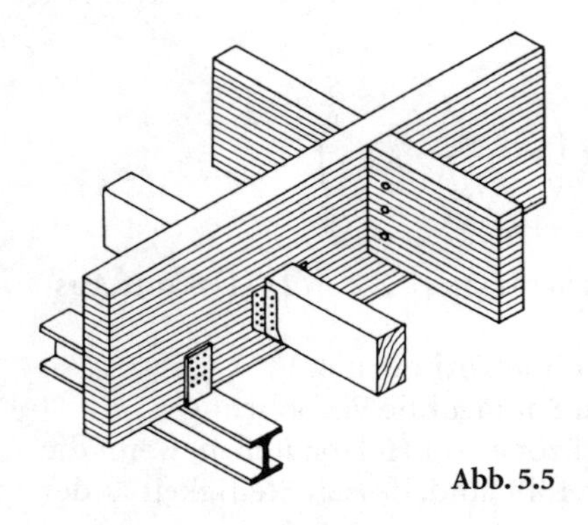

Abb. 5.5

[63] geben für Queranschlüsse mit Dübeln Typ A bzw. D, Stabdübeln und Nägeln Konstruktions- und Bemessungsvorschläge an, die im folgenden mitgeteilt werden. Eine Empfehlung zum einheitlichen, genaueren Querzugnachweis *–T2, 3.5–* für Anschlüsse mit mechanischen Verbindungsmitteln ist in [64] enthalten.

In [38, Abschn. 5.2] ist ein ähnlich formulierter Querzugnachweis für eine Bemessung nach EC 5 angegeben.

5.2.2 Allgemeine Hinweise zur Querzugbeanspruchung

a) Bei vollflächigen, über die ganze Trägerhöhe H verteilten Anschlüssen besteht i. d. R. keine Querzugrißgefahr.
b) Die aufnehmbare Querzuglast ist um so größer, je größer der Abstand a vom belasteten Trägerrand (Unterkante) und die Anschlußbreite W_0 ist, s. Abb. 5.6.

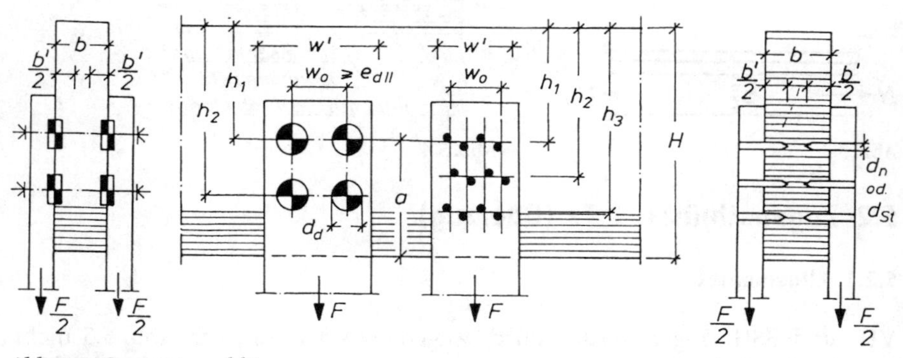

Abb. 5.6. Querzuganschlüsse

5.2.3 Bemessungsvorschlag nach DIN 1052 (1988)

Die zulässige Querzuglast zul F_Q^R kann mit den Bezeichnungen nach Abb. 5.6 für Brettschichtträger mit $H \geqq 300$ mm nach Gl. (5.7) berechnet werden.

$$\text{zul } F_Q^R = \frac{f'(a, \mathrm{H})}{75{,}4} \cdot \frac{b' \cdot W'}{s \cdot (b' \cdot W' \cdot h_1)^{0,2}} \quad \text{(in kN)} \tag{5.7}$$

Erläuterungen und Bedingungen zur Anwendung der Gl. (5.7) werden im folgenden beschrieben:

Tafel 5.1. Wirksame Querschnittsbreite b' (in mm)

$b' \leqq b$ (in mm)	Art der Verbindungsmittel
$\leqq 100$ mm	Dübel Typ A oder D (beidseitig)
$\leqq 6 \cdot d_{st}$	Stabdübel
$\leqq 2 \cdot 12 \cdot d_n$	einschnittige Nägel (beidseitig)
$\leqq 12 \cdot d_n$	zweischnittige Nägel
$\leqq 100$ mm	in beiden o. g. Fällen

Tafel 5.2. Wirksame Anschlußbreite W' (in mm)

W' (in mm) nach Abb. 5.6	Art der Verbindungsmittel
$W_0 + 2{,}15 \cdot d_d \leqq m \cdot 2{,}15 \cdot d_d$	Dübel Typ A oder D
$W_0 + 5{,}00 \cdot d_{st} \leqq m \cdot 5{,}00 \cdot d_{st}$	Stabdübel
$W_0 + 5{,}00 \cdot d_n \leqq m \cdot 5{,}00 \cdot d_n$	Nägel

W_0 = Achsabstand der äußeren Verbindungsmittel in oberster Reihe
m = Anzahl der Verbindungsmittel in oberster Reihe
$m \geqq 2 \rightarrow$ Gl. (5.7) liefert zutreffende Werte
$m = 1 \rightarrow$ Gl. (5.7) liefert Werte, die sehr auf der sicheren Seite liegen

$$s = \frac{1}{n} \cdot \sum_{i=1}^{n} (h_1/h_i)^2 \qquad \text{mit } n \geqq 2 \tag{5.8}$$

n = Anzahl der $\parallel$ Kraft übereinanderliegenden Verbindungsmittelreihen

$$f'(a, H) = 0{,}68 + \frac{1{,}37 \cdot H}{1000} + \frac{0{,}2 \cdot a}{H} + \frac{0{,}4 \cdot a}{1000} \tag{5.9}$$

$a \geqq 0{,}2 \cdot H$ muß erfüllt sein
$H > 1500$ mm $\rightarrow H = 1500$ mm ist einzusetzen

Folgende Beschränkungen sind zu beachten:

Dübel Typ A: $d_d \leqq 126$ mm
Dübel Typ D: $d_d \leqq 115$ mm

Stabdübel: $d_{st} \leqq 24$ mm
Nägel: bei $d_n \geqq 4{,}2$ mm → Nagellöcher vorbohren

Bei Trägerhöhen $H < 300$ mm:

Bemessung nach Gl. (5.7) ist nur erforderlich, wenn der Anschlußschwerpunkt unterhalb der Trägerachse liegt.

Neben zul F_Q^R darf natürlich zul F der Verbindungsmittel nicht überschritten werden.

5.2.4 Berechnungsbeispiele

Querzuglast $F = 28$ kN (Abb. 5.7)
Gewählt: 2 × 4 Dübel ∅ 50 mm – D

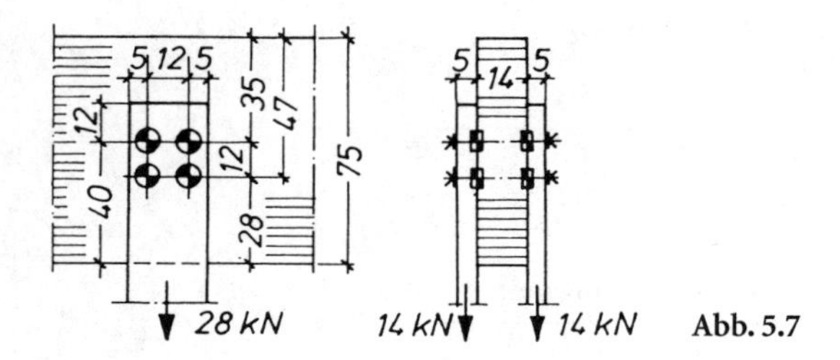

Abb. 5.7

a) **zul $F_{d\perp}$ für Verbindungsmittel**
nach *–T2, Tab. 7, Spalte 15–*:

$$\text{zul } F_{d\perp} = 2 \cdot 4 \cdot 7 = 56 \text{ kN} > 28 \text{ kN}$$

b) **zul F_Q^R auf Querzug:**

$m = 2$ Dübel in oberster Reihe
$n = 2$ Dübelreihen übereinander
$d_d = 50$ mm < 115 mm (Typ D)
$a = 400$ mm $> 0{,}2 \cdot 750 = 150$ mm

Nachweis auf Querzug:

Tafel 5.1: $b' = 100 \text{ mm} < 140 \text{ mm} = b$
Tafel 5.2: $W' = 120 + 2{,}15 \cdot 50 = 227{,}5$ mm
$\leqq 2 \cdot 2{,}15 \cdot 50 =$ **215,0 mm** **maßgebend**

Gl. (5.8): $$s = \frac{1}{2} \cdot \left[\left(\frac{350}{350}\right)^2 + \left(\frac{350}{470}\right)^2\right] = 0{,}777$$

Gl. (5.9): $$f'(a, H) = 0{,}68 + \frac{1{,}37 \cdot 750}{1000} + \frac{0{,}2 \cdot 400}{750} + \frac{0{,}4 \cdot 400}{1000} = 1{,}97$$

Tafel 5.3. Vergleich der zulässigen Querzugbelastung

a/H	zul F_Q^R (kN) (Möhler/Siebert)	zul $F_{Z\perp}$ (kN) nach Gl. (1) [64]
0,36	44,5	42,2
0,48	50,5	52,0
0,60	58,8	68,7
0,72	72,5	101,8

Gl. (5.7): $$\text{zul } F_Q^R = \frac{1{,}97}{75{,}4} \cdot \frac{100 \cdot 215}{0{,}777 \cdot (100 \cdot 215 \cdot 350)^{0,2}} = 30{,}5 \text{ kN} > 28{,}0 \text{ kN}$$

$$F/\text{zul } F_Q^R = 28 : 30{,}5 = 0{,}918$$

zul $F_Q^R = 30{,}5$ kN kann auch dem Diagramm in [58] entnommen werden. In [16] sind Hilfstabellen, die auf der Grundlage von [64] erstellt worden sind, für den Querzugnachweis enthalten.

Tafel 5.3 enthält die aus [64] entnommenen zulässigen Querzugbelastungen. Bei architektonisch anspruchsvollen BSH-Konstruktionen lassen sich Querzugrisse mit dem Nachweis nach Möhler/Siebert [63] weitgehendst vermeiden.

5.2.5 Bemessung nach DIN 1052 neu (EC 5)

Für Queranschlüsse mit $a/h > 0{,}7$ ist kein Nachweis der Querzugbelastung erforderlich. Queranschlüsse mit $a/h < 2$ dürfen nur durch kurze Lasteinwirkungen (z. B. Windsogkräfte) beansprucht werden – *11.1.5 (1)* [1]–.

Für Queranschlüsse mit $a/h \leqq 0{,}7$ ist folgende Bedingung einzuhalten:

$$\frac{F_{90,d}}{R_{90,d}} \leqq 1 \tag{5.10}$$

mit

$$R_{90,d} = k_s \cdot k_r \left(6{,}5 + \frac{18 \cdot a^2}{h^2}\right) \cdot (t_{ef} \cdot h)^{0,8} \cdot f_{t,90,d}\,,$$

$$k_s = \max\left\{1;\, 0{,}7 + \frac{1{,}4 \cdot a_r}{h}\right\},\quad k_r = \frac{n}{\sum\limits_{i=1}^{n} \left(\frac{h_1}{h_i}\right)^2}\,.$$

Queranschlüsse mit $a_r/h > 1$ und $F_{90,d} > 0{,}5 \cdot R_{90,d}$ sind zu verstärken, s. – *11.4* [1]–. Der Abstand der VM untereinander ‖ Fa des querzuggefährdeten Holzes darf $0{,}5 \cdot h$ nicht überschreiten.

Abb. 5.8. entfällt

Es bedeuten:

$F_{90,d}$ Bemessungswert der Querzuglast in N,

$R_{90,d}$ Bemessungswert der aufnehmbaren Querzuglast (Tragfähigkeit des Bauteils) in N

k_s Beiwert zur Berücksichtigung mehrerer nebeneinander angeordneter VM

k_r Beiwert zur Berücksichtigung mehrerer übereinander angeordneter VM (für eingeklebte Stahlstäbe s. – *14.3* [1] –),

t_{ef} wirksame Anschlußtiefe in mm

$a, a_r \triangleq W_0, h$ in mm $\triangleq H, n, h_i$ s. Abb. 5.6

Bei beidseitigem oder mittigem Queranschluß gilt – *11.1.5 (3)* [1] –:

$t_{ef} = \min\{b; 2t; 24 \cdot d\}$ für Holz-Holz- oder Holzwerkstoff-Holz-Verbindungen mit Nägeln oder Holzschrauben

$t_{ef} = \min\{b; 100 \text{ mm}\}$ für Verbindungen mit Dübeln besonderer Bauart

t_{ef} für Stabdübelverbindungen usw. sowie Hinweise zur Anordnung mehrerer Verbindungsmittelgruppen nebeneinander s. – *11.1.5* [1] –.

5.2.6 Berechnungsbeispiel nach DIN 1052 neu (EC 5)

Konstruktionsdetails s. Abb. 5.7

$$F_k = 28 \text{ kN}; \quad F_G = 0{,}4\, F_k, \quad F_Q = 0{,}6\, F_k$$

GL 28 h (s. Tafel 2.11), mittlere LED (s. Tafel 2.7), Nkl 1 oder 2 (s. Tafel 2.8).

Bemessungswert $F_{90,d}$:

Gl. (2.3): $F_{90,d} = \gamma_G \cdot G_k + 1{,}5\, Q_k$; Tafel 2.5: $\gamma_G = 1{,}35$

Gl. (2.3): $\gamma_Q = 1{,}5$

$$F_{90,d} = 1{,}35 \cdot 0{,}4 \cdot F_k + 1{,}5 \cdot 0{,}6 \cdot F_k = 1{,}44 \cdot F_k$$

$$F_{90,d} = 1{,}44 \cdot 28 = 40{,}3 \text{ kN}$$

Bemessungswert $R_{90,d}$ auf Querzug:

Gewählt: 2 × 4 Dübel ∅ 50 mm–C10 (Abb. 5.7)

$$a/h = 40/750 = 0{,}53;\ 0{,}2 < 0{,}53 < 0{,}7$$

$$a_r/h = 120/750 = 0{,}16 < 1;\ 120 \text{ mm} < 0{,}5 \cdot h = 375 \text{ mm}$$

$$k_s = \max\left\{1;\ 0{,}7 + \frac{1{,}4 \cdot 120}{750} = 0{,}924\right\} = 1$$

$$k_r = \frac{2}{(350/350)^2 + (350/470)^2} = 1{,}287$$

$$t_{ef} = \min\{140 \text{ mm}; 100 \text{ mm}\} = 100 \text{ mm}$$

Gl. (2.5): $f_{t,90,d} = \dfrac{k_{mod}}{\gamma_M} \cdot f_{t,90,k}$; Tafel 2.6: $\gamma_M = 1{,}3$

Tafel 2.9: $k_{mod} = 0{,}8$; Tafel 2.11: $f_{t,90,k} = 0{,}5 \text{ N/mm}^2$

Tafel 5.4. $R_{90,d}$ in Abhängigkeit von a

a (in mm)	400	410	420	450
$R_{90,d}$ (in kN)	36,6	38,2	39,8	45,1

$$f_{t,90,d} = \frac{0,8}{1,3} \cdot 0,5 = 0,308 \text{ N/mm}^2$$

$$R_{90,d} = 1 \cdot 1,287 \left(6,5 + \frac{18 \cdot 400^2}{750^2}\right) \cdot (100 \cdot 750)^{0,8} \cdot 0,308 = 36592 \text{ N}$$

$$R_{90,d} = 36,6 \text{ kN}$$

Nachweis auf Querzug:

Gl. (5.10): 40,3/36,6 = 1,10 > 1! nicht erfüllt!

Der Nachweis auf Querzug läßt sich am einfachsten durch eine Vergrößerung von a erfüllen, z. B. für a = 420 mm folgt $R_{90,d} \approx 40$ kN, s. Tafel 5.4

Neben dem Bemessungswert $R_{90,d}$ darf auch der Bemessungswert $R_{j,\alpha,d}$ der Verbindungsmittel (Dübel besonderer Bauart) nicht überschritten werden (Abschnitt 6).

5.3 Druckstöße || Fa

Stöße von Druckstäben werden unterschieden
- a) hinsichtlich ihrer Lage
- a_1) in den äußeren Viertelteilen der Knicklänge
- a_2) im knickgefährdeten Bereich (seitliches Ausweichen möglich)
- b) hinsichtlich ihrer Ausführung
- b_1) als Kontaktstoß (einwandfreie Herstellung ist möglich, z. B. durch Eintreiben eines 4 mm dicken verzinkten Bleches in einen durch Sägeschnitt hergestellten 3 mm breiten Spalt)
- b_2) als kontaktloser Stoß (Luft)

5.3.1 Kontaktstoß in Knotenpunktnähe (a_1, b_1)

Lagesicherung der verbundenen Teile durch Laschen.

Bei reinem Kontaktstoß (Abb. 5.9 b) sind $\geqq 4$ Nägel je Lasche und Anschluß erforderlich.

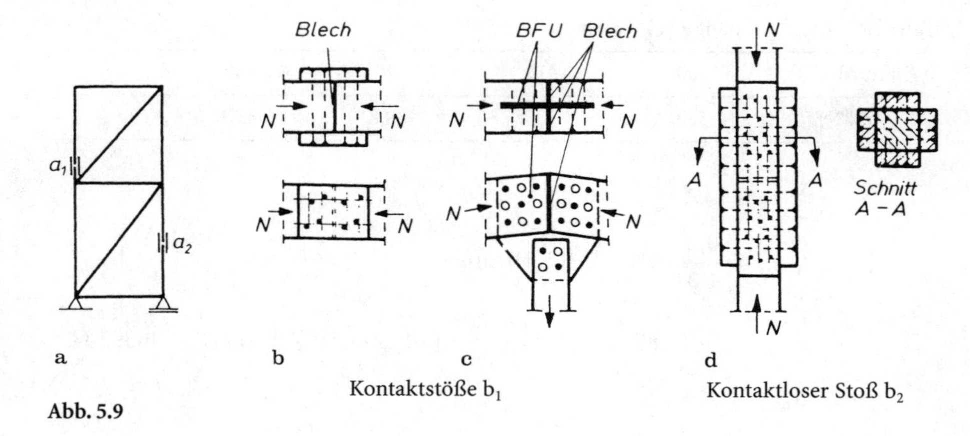

Abb. 5.9

5.3.2 Kontaktstoß im knickgefährdeten Bereich (a_2, b_1)

Berechnung der gesamten VM-Anzahl für $\frac{N}{2}$:

DIN 1052 (1988):

$$\text{erf}\; n = \frac{N}{2 \cdot \text{zul}\; N_{\text{VM}}}$$

DIN 1052 neu (EC 5):

$$\text{erf}\; n = \frac{N_{\text{d}}}{2 \cdot R_{\text{d,VM}}} \quad -\mathit{11.1.3\ (2)}\ [1]-$$

Volle Stoßdeckung für beide Hauptachsen durch Laschen.

$$I_{\text{y Laschen}} \geqq I_{\text{y Stab}} \text{ und } I_{\text{z Laschen}} \geqq I_{\text{z Stab}}$$

Diese Bedingungen sind erfüllt, wenn:
bei 4 Laschen: $a \geqq 0{,}425\, h$ (Abb. 5.10 a)

$$I_{\text{yL}} = I_{\text{zL}} = 2 \cdot a \cdot \frac{h^3}{12} + 2 \cdot h \cdot \frac{a^3}{12} = \frac{2 \cdot h^4}{12}\left(\frac{a}{h} + \frac{a^3}{h^3}\right)$$

$$= \frac{h^4}{12} \cdot 2\,(0{,}425 + 0{,}425^3) = 1{,}004\,\frac{h^4}{12} \approx \frac{h^4}{12}$$

bei 2 Laschen auf $h > b$: $a \geqq 0{,}8\, b$ (Abb. 5.10 b)

$$I_{\text{yL}} = \frac{2\,ha^3}{12} = \frac{2\,h\,(0{,}8\, b)^3}{12} = 1{,}024\,\frac{hb^3}{12} \approx \frac{hb^3}{12}$$

$$I_{\text{zL}} = \frac{2\,ah^3}{12} = \frac{2\,(0{,}8\, b)\, h^3}{12} = 1{,}6\,\frac{bh^3}{12} > \frac{bh^3}{12}$$

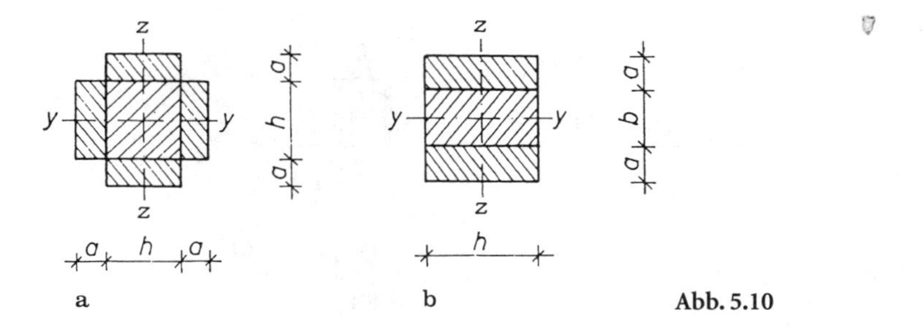

Abb. 5.10

Eine genauere Bemessung des Druckstoßes im knickgefährdeten Bereich sollte mit ef I und entsprechender Querkraft erfolgen (s. mehrteiliger Druckstab).

5.3.3 Kontaktloser Stoß (b_2)

Berechnung der gesamten VM-Anzahl für N im nicht knickgefährdeten Bereich.

DIN 1052 (1988):

$$\text{erf}\, n = \frac{N}{\text{zul}\, N_{\text{VM}}}$$

DIN 1052 neu (EC 5):

$$\text{erf}\, n = \frac{N_{\text{d}}}{R_{\text{d, VM}}}$$

Volle Stoßdeckung wie Variante a_2, b_1

5.4 Druckanschlüsse ⊥ Fa

Zapfen sind wegen großer Querschnittsschwächung möglichst zu vermeiden (keine Passung im Zapfengrund).

Berechnung der Anschlüsse nach Abb. 5.11
Für alle Beispiele gewählt: Pfosten 14/16
Schwelle 14/14 NH Gkl II ≙ S10/MS10

DIN 1052 (1988):
(nur Beispiel e)

e) Aufgeleimte Beihölzer sollen bei Kontaktdruckanschlüssen nach *–E206–* mit Rücksicht auf das Arbeiten des Holzes nicht dicker als 40 mm sein.

Die Ausmittigkeit erfordert bei Außerachtlassung von Reibungskräften in der Auflagerfuge die Beiholzlänge:

$$\text{erf}\, l = a_1 \sqrt{\frac{3 \cdot \text{zul}\, \sigma_{\text{D}\perp}}{\text{zul}\, \sigma_{\text{Z}\perp}}} \qquad a_1 \triangleq \text{Beiholzdicke} \tag{5.11}$$

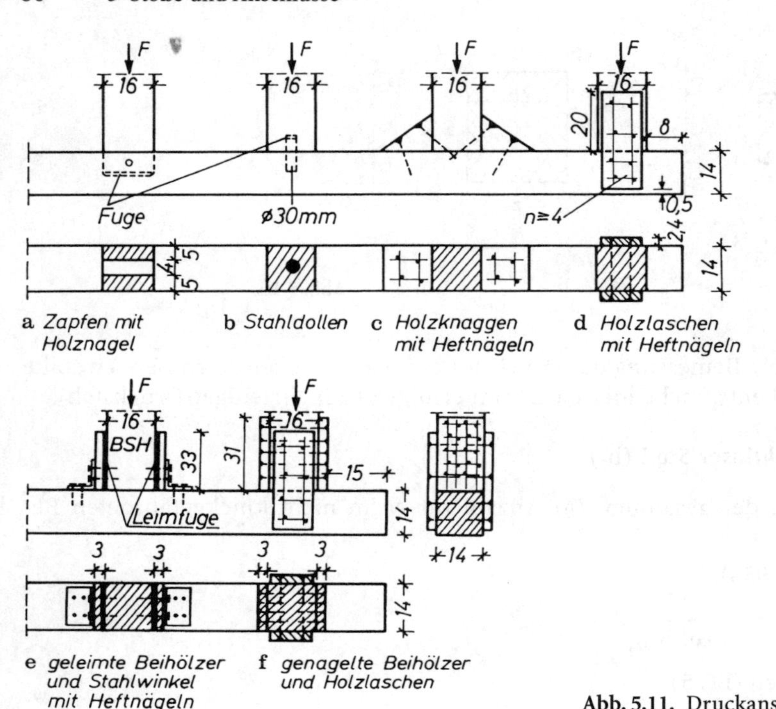

Abb. 5.11. Druckanschlüsse ⊥ Fa

Mit zul $\sigma_{D\perp} = 2{,}0\ \text{MN/m}^2$ und zul $\sigma_{Z\perp} = 0{,}05\ \text{MN/m}^2$ wird

$$\text{erf } l \approx 11 \cdot a_1 \tag{5.12}$$

$$\text{zul } F = 2{,}0 \cdot (160 + 2 \cdot 30) \cdot 140 = 61\,600\ \text{N} = 61{,}6\ \text{kN}$$

$$l = 11 \cdot 30 = 330\ \text{mm}$$

f) Genagelte Beihölzer müssen nach *–T2, 14–* für die 1,5fache anteilige Kraft angeschlossen werden.

DIN 1052 neu (EC 5):
Folgende Bedingung muß erfüllt sein:

$$\sigma_{c,90,d} \leqq k_{c,90} \cdot f_{c,90,d} \quad \text{mit } \sigma_{c,90,d} = \frac{F_{c,90,d}}{A_{ef}} \tag{5.13}$$

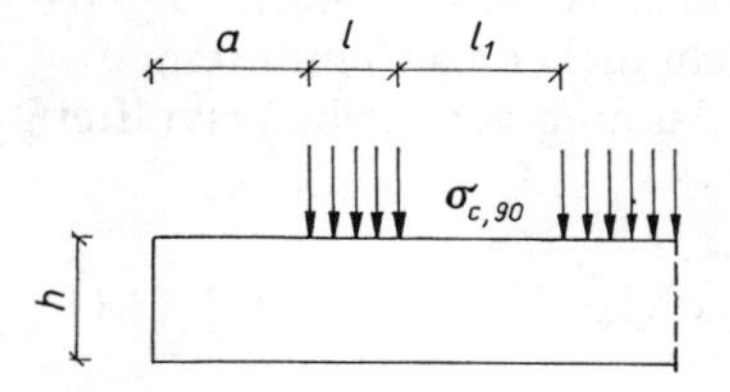

Abb. 5.12. Druck rechtwinklig zur Faserrichtung

Tafel 5.5. Beiwert $k_{c,90}$ (s. Abb. 5.12) – *10.2.4* [1] –

	$l_1 < 2$ h	$l_1 \geqq 2$ h
LH	1,0	1,0
NH, BSH	1,0	
NH bei Schwellendruck		1,25
BSH bei Schwellendruck		1,5
NH ($l \leqq 400$ mm) bei Auflagerdruck		1,5
BSH ($l \leqq 400$ mm) bei Auflagerdruck		1,75

$$l_{ef}\text{ (in mm)} = \begin{cases} l + (2 \cdot 30) & \text{für } a \geqq 30 \text{ mm und } 30 \text{ mm} \leqq l \\ l + (30 + a) & \text{für } a < 30 \text{ mm} \end{cases}$$

Für alle Beispiele sind außerdem vorgegeben:

NH C24; mittlere LED, Nkl 1 oder 2

a) $A_{ef} = 2 \cdot 50 \cdot (160 + 2 \cdot 30) = 220 \cdot 10^2 \text{ mm}^2$

$F_d = F_{c,90,d} = A_{ef} \cdot k_{c,90} \cdot f_{c,90,d}$

Mit

$l_1 \geqq 2 \text{ h} = 2 \cdot 140 = 280 \text{ mm}$

$a \geqq 30 \text{ mm}$

folgt aus Tafel 5.5: $k_{c,90} = 1{,}25$

$$f_{c,90,d} = \frac{k_{mod}}{\gamma_M} \cdot f_{c,90,k} \qquad \text{(Gl. (2.5))}$$

$\gamma_M = 1{,}3$ (Tafel 2.6); $\quad k_{mod} = 0{,}8$ (Tafel 2.9)

$f_{c,90,k} = 2{,}5 \text{ N/mm}^2$ (Tafel 2.10)

$$f_{c,90,d} = \frac{0{,}8 \cdot 2{,}5}{1{,}3} = 1{,}54 \text{ N/mm}^2$$

$$F_d = 220 \cdot 10^2 \cdot 1{,}25 \cdot 1{,}54 = 42\,350 \text{ N} = 42{,}4 \text{ kN}$$

Vergleich mit DIN 1052 (1988):

Mit

$F_G = 0{,}4$ F, $\quad F_Q = 0{,}6$ F

folgt zum Beispiel:

$$F_d = (1{,}35 \cdot 0{,}4 + 1{,}5 \cdot 0{,}6) \text{ F} = 1{,}44 \text{ F}$$

$$F = \frac{42{,}4}{1{,}44} = 29{,}4 \text{ kN}$$

Es kann in diesem Falle eine etwas kleinere Last als nach DIN 1052 (1988) (32 kN) aufgenommen werden. Die nach DIN 1052 neu (EC 5) aufnehmbare Last ist von der Lasteinwirkungsdauer, der Nutzungsklasse und dem Verhältnis F_Q/F_G abhängig.

b) $A_{ef} = 140 \cdot (160 + 2 \cdot 30) - \frac{\pi \cdot 30^2}{4} = 301 \cdot 10^2 \text{ mm}^2$

$$F_d = F_{c,90,d} = 301 \cdot 10^2 \cdot 1{,}25 \cdot 1{,}54 = 57\,942 = 57{,}9 \text{ kN}$$

c) $F_d = 140 \cdot (160 + 2 \cdot 30) \cdot 1{,}25 \cdot 1{,}54 = 59\,290 = 59{,}3 \text{ kN}$

d) F_d wie im Fall c)
$a = 80 \text{ mm} > 30 \text{ mm}$ hat nach DIN 1052 neu (EC 5) keine Abminderung zur Folge.

DIN 1052 neu (EC 5) kennt keine Erhöhung der charakteristischen Festigkeiten $f_{c,90,k}$, wenn größere Eindrückungen unbedenklich sind.

e) Analog Gl. (5.11) folgt für die Beiholzlänge *l:*

$$\text{erf } l = t_{ef} \cdot \sqrt{3 \cdot k_{c,90} \frac{f_{c,90,k}}{f_{t,90,k}}} \tag{5.14}$$

$$\text{erf } l = t_{ef} \sqrt{\frac{3 \cdot 1{,}25 \cdot 2{,}5}{0{,}4}} = 4{,}84 \cdot t_{ef} \tag{5.15}$$

Gleichung (5.15) hat kleinere Beiholzlängen zur Folge als Gl. (5.12).

$$F_d = 1{,}25\,(2 \cdot 30 + 160 + 2 \cdot 30) \cdot 140 \cdot 1{,}54 = 75\,460 \text{ N} = 75{,}5 \text{ kN}$$

$$l = 4{,}84 \cdot t_{ef} = 4{,}84 \cdot \left(30 + \frac{2 \cdot 30}{220} \cdot 30\right) = 185 \text{ mm} \rightarrow 330 \text{ mm [7]}$$

f) Genagelte Beihölzer, auf die der rechnerisch kleinere Teil der zu übertragenden Kraft entfällt, sind für die 1,5fache anteilige Kraft anzuschließen.

$$F_d = (2 \cdot 30 + 160 + 2 \cdot 30) \cdot 140 \cdot 1{,}25 \cdot 1{,}54 = 75\,460 = 75{,}5 \text{ kN}$$

$$F_{d,1} = \frac{30}{220} \cdot 75{,}5 = 10{,}3 \text{ kN je Beiholz}$$

$F_{d,1} \leqq n \cdot 2/3 \cdot R_{d,VM}$ für den Nagelanschluß – *11.1.4 (2)* [1] –

$$\text{erf } n = \frac{1{,}5 \cdot F_{d,1}}{R_{d,VM}} = \frac{1{,}5 \cdot 10{,}3}{0{,}761} = 20{,}3\,; \quad t/t_{req} = 0{,}794$$

gewählt: 20 Nä 42 × 110, vorgebohrt

$R_{d,VM}$ Bemessungswert der Tragfähigkeit eines Nagels 42 × 110 (Berechnung s. Abschn. 6).

Vergleich mit DIN 1052 (1988):

$$F_G = 0{,}4\ F; \qquad F_Q = 0{,}6\ F$$

$$F_1 = \frac{1{,}5 \cdot 10{,}3}{1{,}44} = 10{,}7\ \text{kN} < 12{,}6\ \text{kN in [239]}$$

5.5 Druckanschlüsse ∢ Fa nach DIN 1052 neu (EC 5)

Die aufnehmbare Druckspannung in der Fuge muß für den Winkel zwischen der Kraftrichtung auf die Fuge und der Faserrichtung des Holzes berechnet werden, s. Abb. 2.5.

Komponenten V und H des Druckstabes D (Abb. 5.13) werden durch Kontakt in den Fugen übertragen. Lagesicherung durch seitliche Laschen mit je vier Heftnägeln je Anschluß.

Horizontalkomponente H wird durch genagelte Knagge aufgenommen.

Gegeben: NH C 24

$$k_{\text{mod}} = 0{,}9; \qquad \gamma_M = 1{,}3$$

$$D_d = 34\ \text{kN}$$

$$V_d = 34 \cdot \sin 60° = 29{,}4\ \text{kN}$$

$$H_d = 34 \cdot \cos 60° = 17\ \text{kN}$$

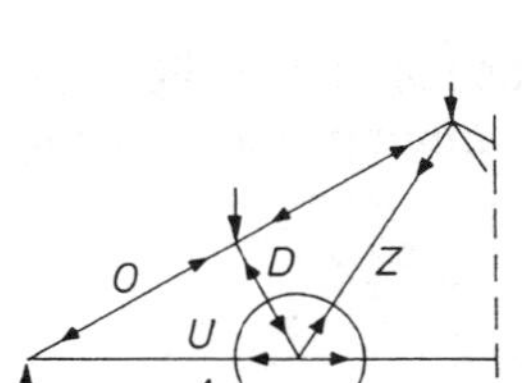

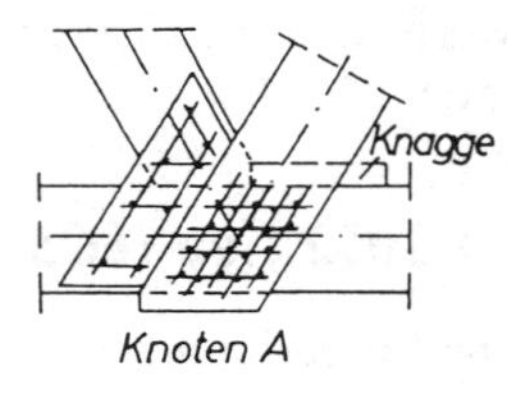

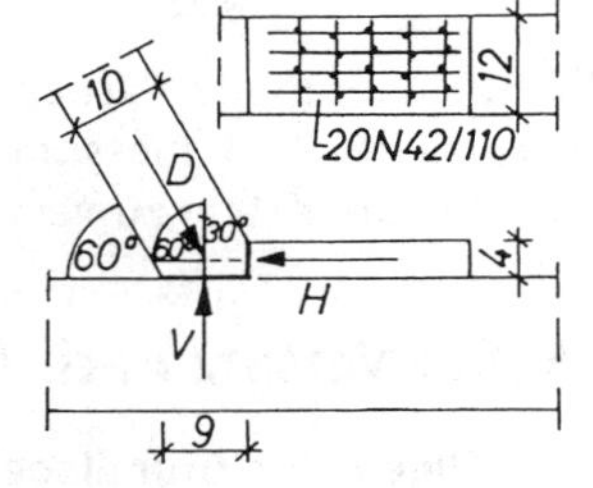

Abb. 5.13.
Einteilige Stäbe: O, U, D
zweiteilige Stäbe: Z

Die aufnehmbaren Spannungen $\sigma_{c,\alpha,d}$ in den beiden Fugen sind abhängig vom jeweiligen Winkel zwischen Kraft- und Faserrichtung – *10.2.5* [1] –:

$$\sigma_{c,\alpha,d} \leqq k_{c,\alpha} \cdot f_{c,\alpha,d} = \frac{[1 + (k_{c,90} - 1) \cdot \sin\alpha] \cdot f_{c,0,d}}{\sqrt{\left(\dfrac{f_{c,0,d}}{f_{c,90,d}} \sin^2\alpha\right)^2 + \left(\dfrac{f_{c,0,d}}{1{,}5 \cdot f_{v,d}} \sin\alpha \cdot \cos\alpha\right)^2 + \cos^4\alpha}} \tag{5.16}$$

mit

$$f_{c,0,d} = \frac{k_{mod}}{\gamma_M} \cdot f_{c,0,k} = \frac{0,9}{1,3} \cdot 21 = 14,5 \text{ N/mm}^2$$

$$f_{c,90,d} = \frac{k_{mod}}{\gamma_M} \cdot f_{c,90,k} = \frac{0,9}{1,3} \cdot 2,5 = 1,73 \text{ N/mm}^2$$

Lotrechte Fuge:
Knagge $\alpha = 0° \rightarrow f_{c,0,d} = 14,5$ N/mm²; $k_{c,\alpha} = 1 + (k_{c,90} - 1) \cdot \sin\alpha$
Diagonale $\alpha = 60° \rightarrow f_{c,\alpha,d} = 2,17$ N/mm² $k_{c,\alpha} = 1,22$

Horizontale Fuge:
Untergurt $\alpha = 90° \rightarrow f_{c,90,d} = 1,73$ N/mm² $k_{c,90} = 1,25$
Diagonale $\alpha = 30° \rightarrow f_{c,\alpha,d} = 4,59$ N/mm² $k_{c,\alpha} = 1,13$

Maßgebende Spannungsnachweise in den beiden Fugen:

$$\sigma_{c,\alpha,d} = \frac{17000}{79,2 \cdot 10^2} = 2,15 \text{ N/mm}^2 < 2,65 \text{ N/mm}^2;$$

$$A_{ef} = (40 + 30 \cdot \sin 60°) \cdot 120 \text{ mm}^2$$ – *Bild 20b* [1] –

$$\sigma_{c,90,d} = \frac{29400}{180 \cdot 10^2} = 1,63 \text{ N/mm}^2 < 2,16 \text{ N/mm}^2;$$

$$A_{ef} = (90 + 2 \cdot 30) \cdot 120 \text{ mm}^2$$

Bemessung des Knaggenanschlusses (Kl): Nägel 42 × 110, nicht vorgebohrt, Gl. (6.12a): $R_d = 0,9 \cdot 1,085/1,1 = 0,888$ kN; $f_{u,k} = 600$ N/mm²

$$\text{erf } n = \frac{17}{0,888} = 19,1 \rightarrow 20 \text{ Nä } 42 \times 110$$

Die Berechnung der Druckanschlüsse ∢ Fa nach DIN 1052 (1988) erfolgt analog. Anstelle der Bemessungswerte sind die zulässigen Spannungen und Normwerte für die Kräfte zu verwenden [239].

5.6 Der Versatz nach DIN 1052 neu (EC 5)

5.6.1 Allgemeine Grundlagen und Berechnungsformeln – *15.1* [1] –

Der Versatz ist ein Anschluß zur Übertragung von Druckkräften bei geneigter Stabachse (Abb. 5.14).

Die Druckkraft wird durch Kontakt übertragen. Die Lagesicherung durch Bolzen oder genagelte Laschen hergestellt (Abb. 5.14).

Anwendungsbeispiele für Stabanschlüsse mit Versatz zeigen die Knotenpunkte der Abb. 5.14.

Die üblichen Versatzformen sind (Abb. 5.15):

der Stirnversatz
der Fersenversatz } der doppelte Versatz

Die zulässige Versatztiefe t_v beträgt für einseitigen Einschnitt s. Tafel 5.6, für zweiseitigen Einschnitt stets $t_v \leqq h/6$ (Abb. 5.14, Knotenpunkt *E*).

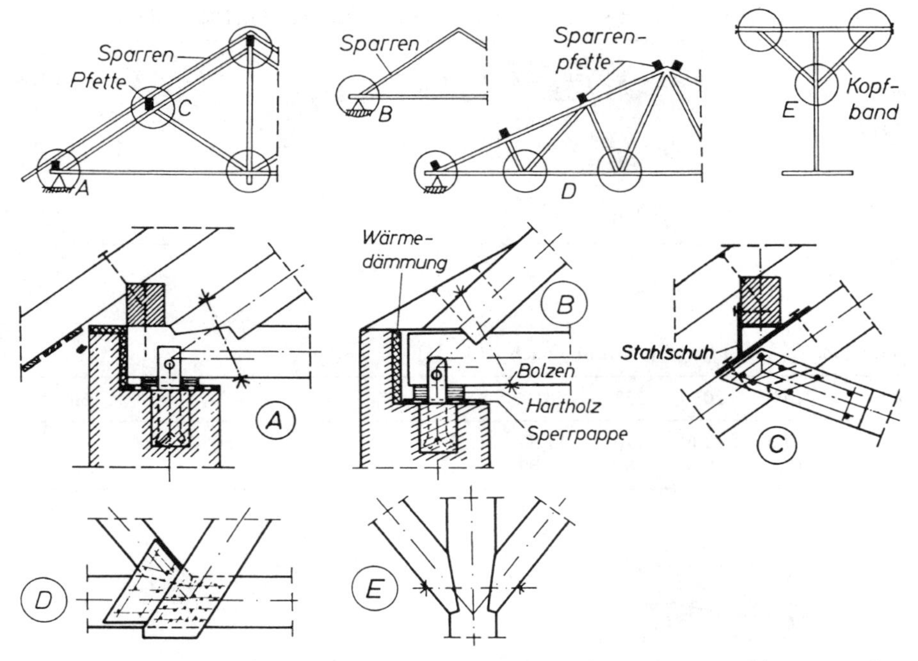

Abb. 5.14. Knotenpunkte ○, in denen der Druckstab durch Versatz angeschlossen werden kann

a) Stirnversatz	b) Fersenversatz	c) Doppelter Versatz
Stirnneigung $\beta/2$ maßgebend $f_{c,\alpha/2,d}$	Fersenneigung 90° maßgebend $f_{c,\alpha,d}$	Neigungen wie a, b $t_{v1} = 0{,}8\ t_{v2}$ $\leqq t_{v2} - 10$ mm
$\beta/2 = 90° - \alpha/2$	$S = N$	$\beta/2 = 90° - \alpha/2$

Abb. 5.15. Versatzformen

Tafel 5.6

α	$\leqq 50°$	50° bis 60°	> 60°
t_v	$\leqq h/4$	$h/4$ bis $h/6$	$\leqq h/6$

Tafel 5.7. Aufnehmbare Kraft S_d (in N) des Versatzes, C24, kurze LED, Nkl 1 oder 2

Stirnversatz $S_{1,d}$	$b \cdot t_{v1} \cdot \dfrac{f_{c,\alpha/2,d}}{\cos^2(\alpha/2)} = b \cdot t_{v1} \cdot f_{c,1,d}$	(5.17)
Fersenversatz $S_{2,d}$	$b \cdot t_{v2} \cdot \dfrac{f_{c,\alpha,d}}{\cos\alpha} = b \cdot t_{v2} \cdot f_{c,2,d}$	(5.18)
Doppelter Versatz S_d	$S_{1,d} + S_{2,d}$	(5.19)

b, t_{v1}, t_{v2} (in mm)

Tafel 5.8. $f_{c,1,d}$ und $f_{c,2,d}$ (in N/mm²) nach *– 15.1* [1] –

α	15°	20°	25°	30°	35°	40°	45°	50°	55°	60°
$f_{c,1,d}$	13,3	12,6	11,9	11,3	10,7	10,2	9,81	9,50	9,26	9,11
$f_{c,2,d}$	10,9	9,6	8,61	7,89	7,42	7,14	7,06	7,16	7,49	8,10

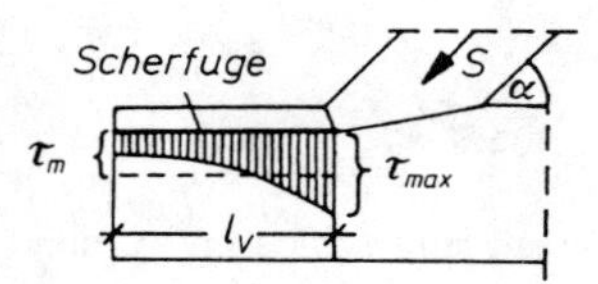

Abb. 5.16

Die waagerechte Komponente H der Stabkraft S wird von dem Vorholz aufgenommen.

$$H_d = S_d \cdot \cos\alpha \leqq b \cdot l_V \cdot f_{v,d} \tag{5.20}$$

Aus Gl. (5.20) folgt die Vorholzlänge l_V (Abb. 5.16) zu

$$\text{erf } l_v = \frac{S_d \cdot \cos\alpha}{b \cdot f_{v,d}} \tag{5.21}$$

Empfehlung [22]: 200 mm $\leqq l_v \leqq 8 \cdot t_v$ *– 15.1* [1] –

Untere Grenze wegen möglicher Schwächung durch vorhandene Schwindrisse. Obere Grenze wegen ungleichmäßiger Scherspannungsverteilung (Abb. 5.16).

Für den doppelten Versatz (Abb. 5.15 c) gilt

$$\text{erf } l_{v1} = \frac{S_{1,d} \cdot \cos\alpha}{b \cdot f_{v,d}} \tag{5.22}$$

$$\text{erf } l_v = \frac{S_d \cdot \cos\alpha}{b \cdot f_{v,d}} \tag{5.23}$$

Voraussetzung:

$$t_{v1} = 0{,}8\ t_{v2} \leqq t_{v2} - 10\ \text{mm}$$

Bei einer Bemessung des Versatzes nach DIN 1052 (1988) sind anstelle der Bemessungswerte für die Festigkeiten die zulässigen Spannungen in die Gl. (5.17) bis (5.21) einzusetzen [78].

Ausmittigkeit des Anschlusses

Im Druckstab erzeugt die Ausmittigkeit des Anschlusses Biegemomente gemäß Abb. 5.17.

Fall a) Berechnung für mittige Druckkraft
Gegenläufige Stabendmomente setzen die Knicklast gegenüber mittigem Kraftangriff nicht herab. Deshalb darf mit $M = 0$ gerechnet werden *–E31–*.

Fall b) Berechnung für Druckkraft mit Biegung
Das über die Stablänge konstante Biegemoment $M_d = S_d \cdot e$ muß bei der Bemessung berücksichtigt werden *–E31–*.

Im Bereich der Knotenpunkte *A, B* nach Abb. 5.14 entsteht durch den einseitigen Versatzeinschnitt im Untergurt eine Ausmittigkeit der Zugkraft *Z*. Durch Anordnung der Auflagermitte nach Abb. 5.14 und 5.18 kann das Biegemoment dem Bruttoquerschnitt zugewiesen werden zugunsten einer axialen Beanspruchung des Nettoquerschnitts.

Der Spannungsnachweis für den Nettoquerschnitt lautet dann

$$\sigma_{t,0,d} = Z_d / A_n \leqq f_{t,0,d} \qquad (5.24)$$

Bei Bolzensicherung ist der Nettoquerschnitt nach Sonderregel gemäß Tafel 7.1

$$A_n = b\,(h - t_v) - (d_b + 1\ \text{mm})\,(h - t_v) \qquad (5.25)$$

Der Bruttoquerschnitt ist in diesem Fall für Längskraft mit Biegung nach Gl. (11.12) zu bemessen.

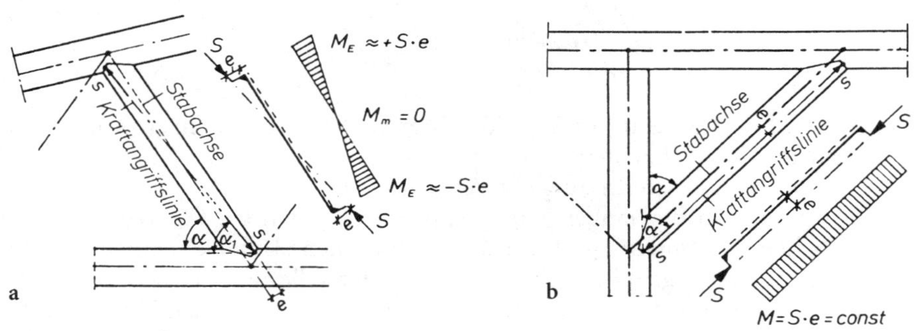

Abb. 5.17. $e = \frac{h}{2} - \frac{t_v}{2} \triangleq$ Ausmittigkeit nach Abb. 5.19b und c

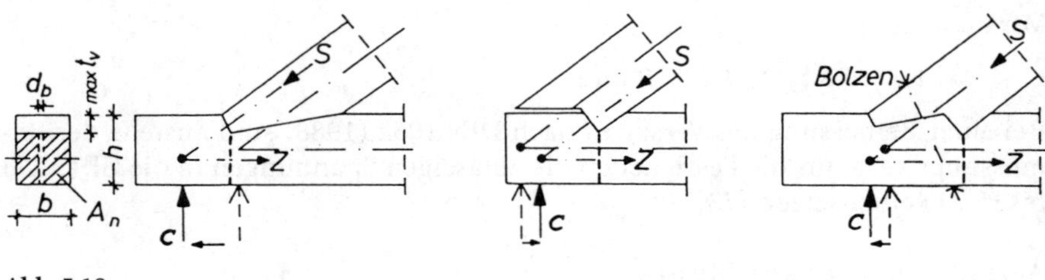

Abb. 5.18

5.6.2 Erläuterungen und Beispiele

Die Tragfähigkeit des Versatzes wird durch die Neigungswinkel der Druckflächen bestimmt.

Der Stirnversatz

Der Berechnung des Stirnversatzes legt man die idealisierte Versatzform $\gamma = 90°$ gemäß Abb. 5.19a zugrunde.

Mit der Stirnneigung $\beta/2$ erzielt man optimale Tragfähigkeit, da dann der Winkel zwischen Kraftrichtung N und Faserrichtung für Gurt und Strebe gleich groß ($\alpha/2$) ist, vgl. Abb. 5.19d.

$$\alpha + \beta = 180° \rightarrow \alpha/2 + \beta/2 = 90° \rightarrow \alpha/2 = 90° - \beta/2$$

Mit

$$N_\text{d} = S_\text{d} \cdot \cos(\alpha/2) \qquad \text{und} \qquad t_\text{s} = \frac{t_\text{v}}{\cos(\alpha/2)}$$

wird

$$\sigma_{\text{c, d}} = \frac{N_\text{d}}{b \cdot t_\text{s}} = \frac{S_\text{d} \cdot \cos^2(\alpha/2)}{b \cdot t_\text{v}} \leqq f_{\text{c}, \alpha/2, \text{d}}$$

und somit

$$\boxed{S_\text{d} = b \cdot t_\text{v} \cdot \frac{f_{\text{c}, \alpha/2, \text{d}}}{\cos^2(\alpha/2)}} \tag{5.17}$$

Folgende Abweichungen von der idealisierten Versatzform nach Abb. 5.19a sind meistens zu beobachten:

a) $\gamma > 90°$ wegen Beschränkung der Versatztiefe t_v (Tafel 5.6)
b) Die Passung in der langen Fuge (Abb. 5.19a, b) trifft i.d.R. wegen nachträglichen Schwindens [65] und handwerklichen „Unterschneidens" nicht zu (geöffnete Fuge nach Abb. 5.19c, d). Herstellung des Gleichgewichts dann im wesentlichen durch Reibungskraft R in der kurzen Versatzfläche und/oder durch Druckkraft D im vorderen Teil der langen Versatzfläche [22, 240].

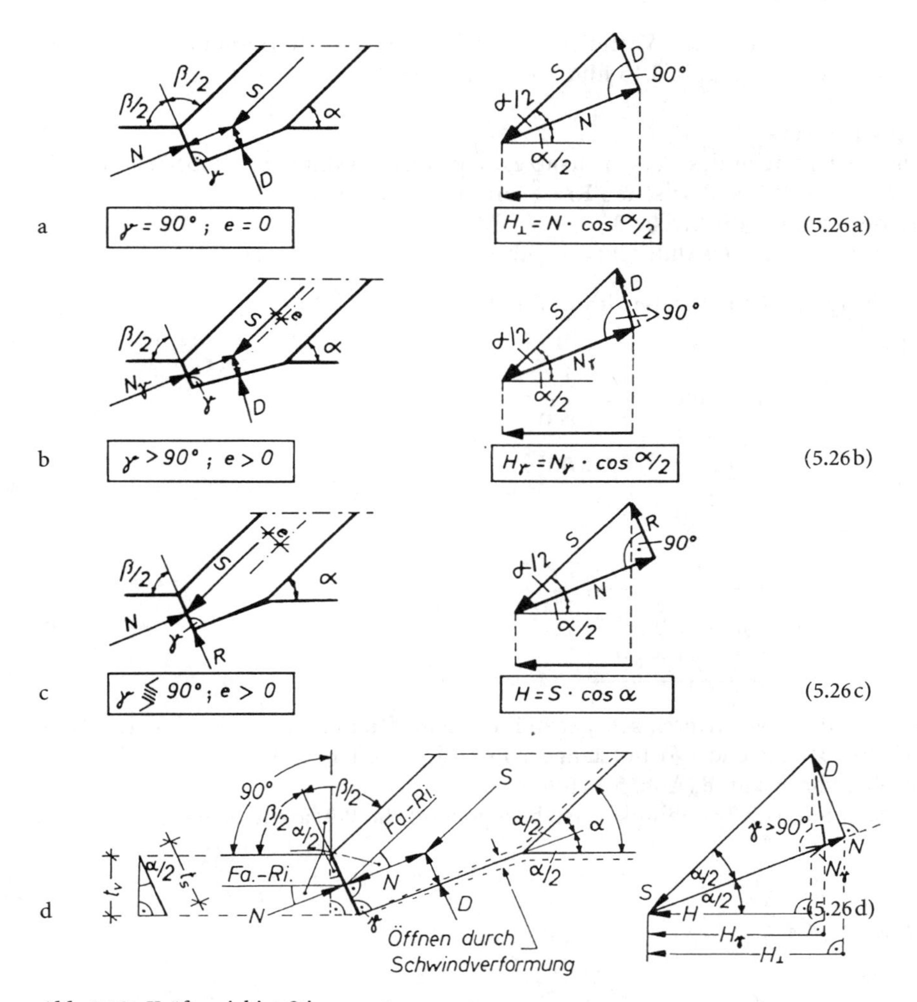

Abb. 5.19. Kräftespiel im Stirnversatz

In beiden Fällen wird eine Ausmittigkeit e der Stabkraft S erzwungen, vgl. auch Abb. 5.17.

Ein Vergleich der Kräfte N in Abb. 5.19 a, b und c zeigt, daß Gl. (5.17) auf der sicheren Seite liegt, denn

$$N^a = N^c > N_\gamma^b$$

Beanspruchung des Vorholzes

Die auf das Vorholz wirkende Horizontalkraft ist abhängig von dem im Stirnversatz angenommenen Kräftespiel. Nach dem in b) Gesagten dürfte Gl. (5.26 c) der Wirklichkeit am nächsten kommen, vgl. Abb. 5.19 c.

Die Berechnung der Vorholzlänge nach (5.21) hat sich deshalb in der Praxis durchgesetzt, vgl. Abb. 5.15 und 5.16 sowie [36, 44, 66].

Fersenversatz
Die Druckfläche des Fersenversatzes liegt rechtwinklig zur Stabachse. Damit beträgt der Winkel zwischen Kraft- und Faserrichtung
a) bezogen auf die Strebe 0°
b) bezogen auf den Untergurt α° (Abb. 5.20)

Die Tragfähigkeit wird bestimmt durch $f_{c,\alpha,d}$.

Mit

$$N_d = S_d \quad \text{und} \quad t_s = \frac{t_v}{\cos\alpha}$$

wird $$\sigma_{c,d} = \frac{N_d}{b \cdot t_s} = \frac{S_d \cdot \cos\alpha}{b \cdot t_v} \leqq f_{c,\alpha,d}$$

und somit

$$\boxed{S_d = b \cdot t_v \cdot \frac{f_{c,\alpha,d}}{\cos\alpha}} \tag{5.18}$$

Vorteil des Fersenversatzes gegenüber dem Stirnversatz: Die Konstruktion erlaubt bei gleicher Vorholzlänge einen kleineren Balkenüberstand über die Strebenvorderkante (Abb. 5.14B und 5.18).

Nachteil: Die Tragfähigkeit ist, bezogen auf die Versatztiefe, geringer.

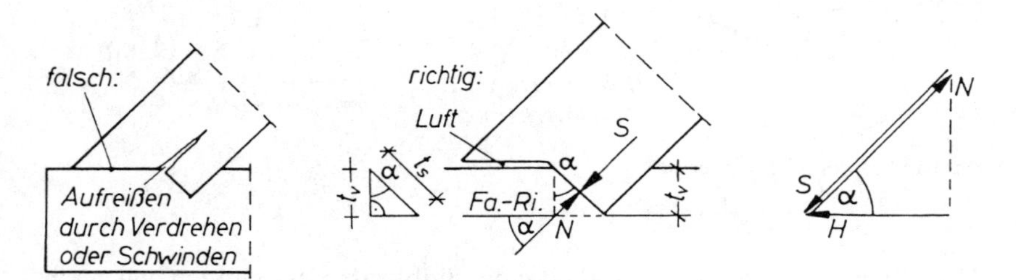

Abb. 5.20

Doppelter Versatz
Der doppelte Versatz sollte nur angewendet werden, wenn der einfache Versatz bei voller Ausnutzung der zulässigen Versatztiefe nicht ausreicht. Die gleichzeitige Passung beider Versatzflächen ist schwer herzustellen. Zweckmäßig für die Fertigung ist, den Fersenversatz anzupassen und den absichtlich mit Fuge geschnittenen Stirnversatz auf der Baustelle zu futtern (verzinktes Blech), vgl. Abb. 5.21.

Scherfläche I: l_{v1}, zu berechnen für $S_{1,d} \cdot \cos\alpha$

Scherfläche II: l_v, zu berechnen für $S_d \cdot \cos\alpha$

Tragfähigkeit $S_d = S_{1,d} + S_{2,d}$

Berechnung unter der Annahme $t_{v1} = 0{,}8\ t_{v2}$

$$S_d = (0{,}8 \cdot f_{c,1,d} + f_{c,2,d}) \cdot b \cdot t_{v2} \tag{5.19}$$

Für die Bemessung:

$$\text{erf}\ t_{v2} = \frac{S_d}{(0{,}8 \cdot f_{c,1,d} + f_{c,2,d}) \cdot b} \leq \frac{h}{4}$$

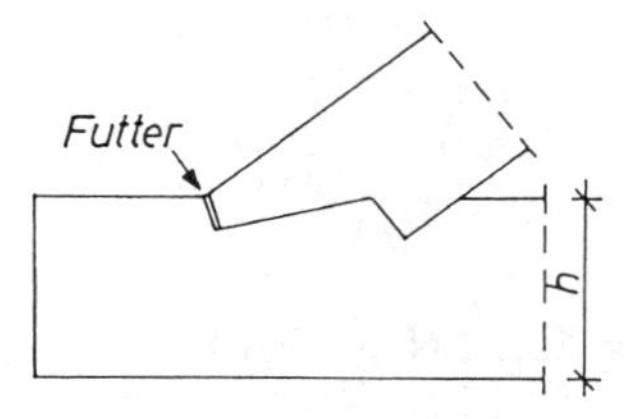

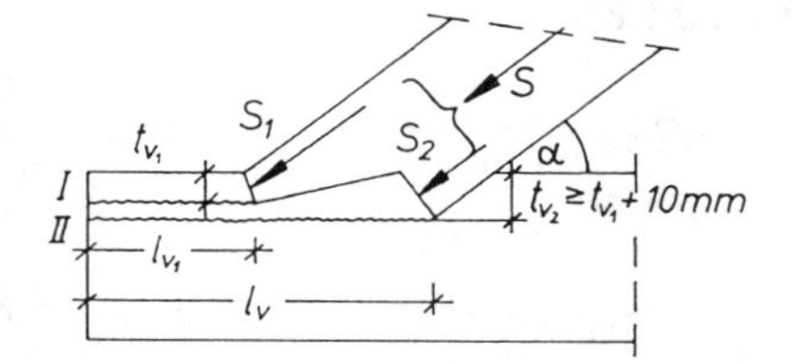

Abb. 5.21

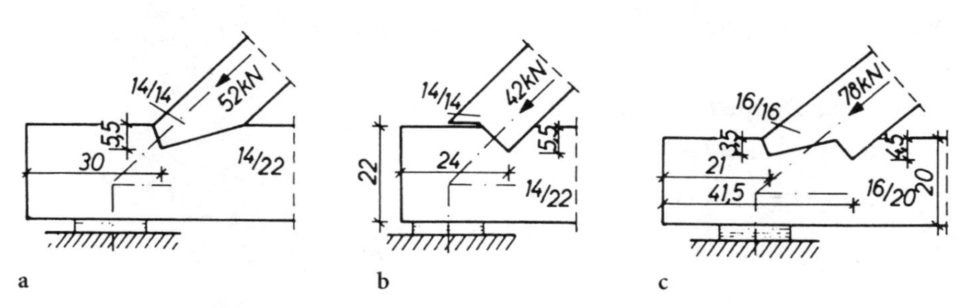

a b c

Abb. 5.22. Versatz-Konstruktionen nach DIN 1052 (1988)

1. Beispiel: Stirnversatz (Abb. 5.22)
Berechnungsannahmen für die Beispiele 1 bis 3:

C24, kurze LED, Nkl 1 oder 2

$S_{G,k} = 0{,}45\ S_k$, $S_{Q,k} = 0{,}55\ S_k$

eine veränderliche Einwirkung

$S_k = 52$ kN $\alpha = 45°$ $\cos\alpha = 0{,}707$

$S_d = (1{,}35 \cdot 0{,}45 + 1{,}5 \cdot 0{,}55) \cdot 52 = 1{,}43$[1] $\cdot 52 = 74{,}4$ kN

$$\text{erf}\ t_v = \frac{74{,}4 \cdot 10^3}{9{,}81 \cdot 140} = 54{,}2\ \text{mm} < \frac{220}{4} = 55\ \text{mm}$$ s. Tafel 5.8 u. 5.6

[1] Summarischer Sicherheitsbeiwert für die Einwirkungen.

Gewählt: $t_v = 55$ mm

$$S_d = 9{,}81 \cdot 140 \cdot 55 = 75{,}5 \cdot 10^3 \text{ N} = 75{,}5 \text{ kN} > 74{,}4 \text{ kN}$$

Vorholzlänge: $$\text{erf } l_v = \frac{74{,}4 \cdot 10^3 \cdot 0{,}707}{140 \cdot 1{,}87} = 201 \text{ mm} \rightarrow 300 \text{ mm} \begin{array}{l} > 200 \text{ mm} \\ < 8 \cdot 55 \\ = 440 \text{ mm} \end{array}$$

mit

$$f_{v,d} = \frac{k_{mod}}{\gamma_M} f_{v,k} = \frac{0{,}9}{1{,}3} \cdot 2{,}7 = 1{,}87 \text{ N/mm}^2$$

2. Beispiel: Fersenversatz (Abb. 5.22)

$S_k = 42$ kN $\quad \alpha = 45°$ $\quad \cos \alpha = 0{,}707$

$S_d = 1{,}43 \cdot 42 = 60{,}1$ kN; b = 160 mm!

$$\text{erf } t_v = \frac{60{,}1 \cdot 10^3}{7{,}06 \cdot 160} = 53{,}2 \text{ mm} < \frac{220}{4} = 55 \text{ mm}$$

Gewählt: $t_v = 55$ mm

$$S_d = 7{,}06 \cdot 160 \cdot 55 = 62{,}1 \cdot 10^3 \text{ N} = 62{,}1 \text{ kN} > \text{vorh } S_d = 60{,}1 \text{ kN}$$

Vorholzlänge: $$\text{erf } l_v = \frac{60{,}1 \cdot 10^3 \cdot 0{,}707}{160 \cdot 1{,}87} = 142 \text{ mm} \rightarrow 240 \text{ mm} \begin{array}{l} > 200 \text{ mm} \\ < 440 \text{ mm} \end{array}$$

3. Beispiel: Doppelter Versatz (Abb. 5.22)

$S_k = 78$ kN $\quad \alpha = 40°$ $\quad \cos 40° = 0{,}766$

$S_d = 1{,}43 \cdot 78 = 111$ kN

Einfacher Versatz: $$\text{erf } t_v = \frac{111 \cdot 10^3}{10{,}2 \cdot 160} = 68{,}0 \text{ mm} > \frac{200}{4} = 50 \text{ mm}$$

Doppelter Versatz: $$\text{erf } t_v = \frac{111 \cdot 10^3}{(0{,}8 \cdot 10{,}2 + 7{,}14) \cdot 160} = 45{,}3 \text{ mm} < 50 \text{ mm}$$

Gewählt: $t_{v2} = 50$ mm, $\quad t_{v1} = 40$ mm

$$\begin{aligned} S_d &= 10{,}2 \cdot 40 \cdot 160 + 7{,}14 \cdot 50 \cdot 160 \\ &= (65{,}3 + 57{,}1)\, 10^3 = 122{,}4 \cdot 10^3 \text{ N} = 122 \text{ kN} \\ &> 111 \text{ kN} \end{aligned}$$

Vorholzlängen: $$\text{erf } l_{v1} = \frac{111}{122} \cdot \frac{65{,}3 \cdot 10^3 \cdot 0{,}766}{160 \cdot 1{,}87} = 152 \text{ mm} \rightarrow 210 \text{ mm}$$

$$\text{erf } l_v = \frac{111 \cdot 10^3 \cdot 0{,}766}{160 \cdot 1{,}87} = 284 \text{ mm} \rightarrow 415 \text{ mm}$$

Jede der beiden statisch erforderlichen Vorholzlängen l_{v1} und l_v gilt als Mindestwert für die Konstruktion. Die maßstäbliche Zeichnung – hier Abb. 5.22c –

gibt Auskunft darüber, welches der beiden Maße zwangsläufig größer als erforderlich wird.

Zur Lagesicherung der Streben können Bolzen oder genagelte Laschen gemäß Abb. 5.14 oder Sondernägel nach 6.5 verwendet werden.

Die in Abb. 5.22 angegebenen Einschnittiefen und Vorholzlängen ergeben sich nach DIN 1052 (1988) [78]; nach DIN 1052 neu (EC 5) folgen größere Werte für die Einschnittiefen und kleinere für die Vorholzlängen.

5.7 Biegestöße und -anschlüsse

5.7.1 Allgemeines

In der Praxis müssen biegesteife Verbindungen neben Biegemomenten i.d.R. Querkräfte, bisweilen auch Längskräfte übertragen.

Je nach Art, Form und Größe der Bauteile können biegesteife Stöße verschieden ausgebildet werden [59]. Eine Auswahl praktischer Ausführungsformen soll hier gezeigt werden.

5.7.2 Biegesteife VH-Trägerstöße

5.7.2.1 Allgemeines

Biegesteife Verbindungen von VH-Trägern kommen häufig vor über den Auflagern durchlaufender Sparrenpfetten. Sie werden i.d.R. als Überkopplungsstöße nach Abb. 5.23a hergestellt. Sparrenpfetten mit beidseitigen Laschen nach Abb. 5.23b und Abb. 18.3 (Teil 2) werden seltener ausgeführt.

VH-Trägerstöße im Feld können mit genagelten Laschen ausgeführt werden, s. Abb. 5.23c. Wegen der Querzugrißgefahr des Holzes durch ⊥ Fa gerich-

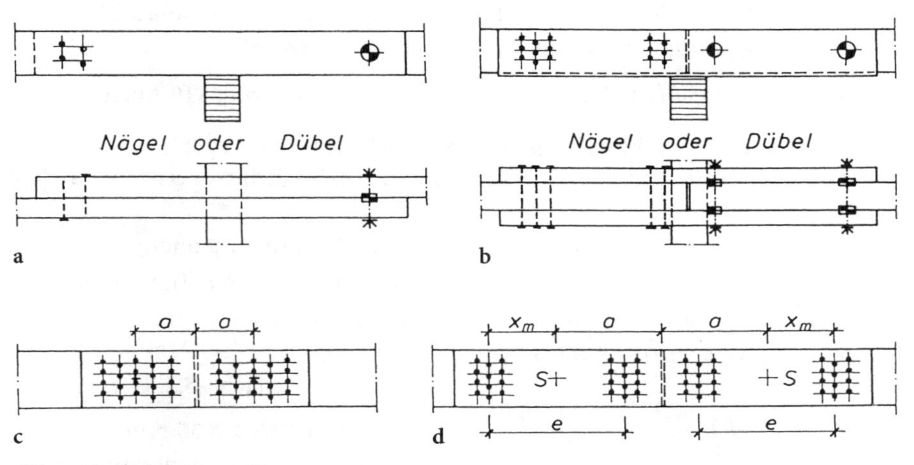

Abb. 5.23. VH-Trägerstöße

tete Nagelkraftkomponenten und wegen erhöhter Schubspannungen infolge M_A im Anschlußbereich wird die Lösung d mit Nagelgruppen bevorzugt, da sie dank größerer Nagelabstände geringere Beanspruchung als Lösung c erzeugt.

5.7.2.2 Überkopplungsstöße nach Abb. 5.23 a

Tabellarische Ermittlung der maßgebenden Biegemomente, Überkopplungslängen, Kopplungskräfte, Durchbiegungen und konstruktive Details sind Teil 2, Abschn. 18.5 „Koppelpfetten" zu entnehmen.

5.7.2.3 Laschenstöße über den Auflagern nach Abb. 5.23 b, 5.24

Die Anschlüsse an den Laschenenden werden zweckmäßig in Anlehnung an die Ausführungsregeln für Koppelpfetten angeordnet. Das bedeutet, daß die Sparrenpfetten nach den Feldmomenten bemessen werden (Teil 2, Abb. 18.17). Überkopplungslänge s. Tafel 18.6.

Beachte: Die Anschlußkräfte müssen – abweichend von den Kopplungskräften nach Tafel 18.6 – besonders berechnet werden.

Empfehlung: Direkte Einleitung der Auflagerkräfte in die Laschen durch Überstand an der Unterkante nach Abb. 5.23, 5.24.

Berechnung und Konstruktion werden am Beispiel des Zweifeldträgers mit dem vereinfachten System nach Abb. 5.24 a beschrieben.

Lagerreaktionen und Schnittgrößen:

$$A = C = 0{,}375 \cdot 2{,}0 \cdot 6 = 4{,}5 \text{ kN [36]}$$
$$B = 1{,}25 \cdot 2{,}0 \cdot 6 = 15{,}0 \text{ kN}$$
$$M_{St} = -0{,}125 \cdot 2{,}0 \cdot 6^2 = -9{,}0 \text{ kNm s. Tafel 18.4}$$
$$M_F = 0{,}0703 \cdot 2{,}0 \cdot 6^2 = 5{,}06 \text{ kNm}$$
$$K_1 = (2{,}0 \cdot 6{,}0 \cdot 2{,}87 - 4{,}5 \cdot 5{,}87)/0{,}47 = 17{,}1 \text{ kN s. Abb. 5.24c}$$
$$K_2 = (2{,}0 \cdot 6{,}0 \cdot 2{,}40 - 4{,}5 \cdot 5{,}40)/0{,}47 = 9{,}6 \text{ kN}$$

Gewählt: Sparrenpfette 8/20, Laschen 2 × 6/22, OK bündig, S10/MS10.

Spannungs- und Durchbiegungsnachweis nach DIN 1052 (1988):
Querschnittsschwächung durch Nägel im Biegezugbereich ist vernachlässigbar klein.

8/20: $W_y = 533 \cdot 10^3 \text{ mm}^3$; $I_y = 5333 \cdot 10^4 \text{ mm}^4$ s. Anhang

$\sigma_B = 5060/533 = 9{,}5 \text{ N/mm}^2 < 10 \text{ N/mm}^2$ NH II, Lastfall H

2 × 6/22: $W_y = 968 \cdot 10^3 \text{ mm}^3$; $I_y = 10648 \cdot 10^4 \text{ mm}^4$

$\sigma_B = 9000/968 = 9{,}3 \text{ N/mm}^2 < 11 \text{ N/mm}^2$

nach *-5.1.8-* vgl. 18.5.2

$$f = \frac{5{,}21 \cdot 10 \cdot 2{,}0 \cdot 6{,}0^4}{5333} = 25{,}3 \text{ mm} < 6000/200 = 30 \text{ mm}$$

nach Tafel 18.7 (T2)

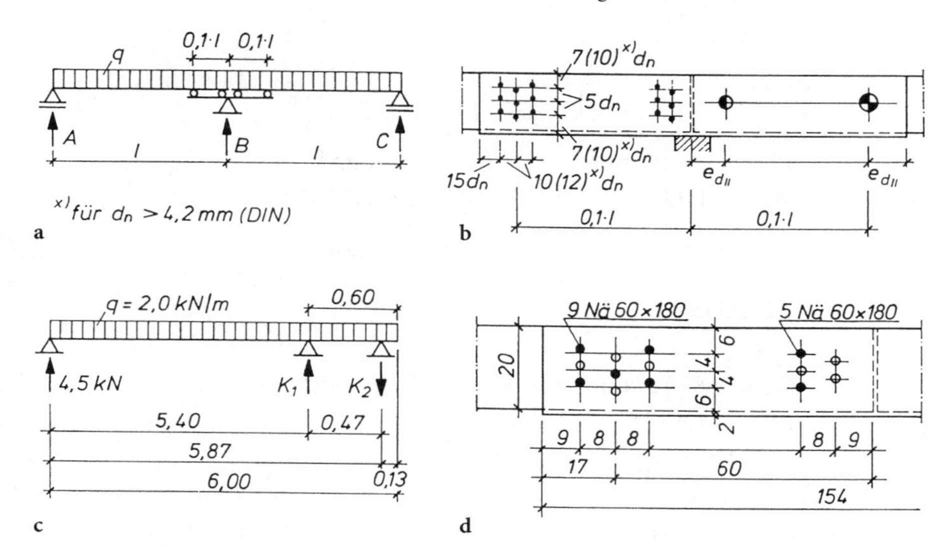

Abb. 5.24. Beidseitiger VH-Laschenstoß

Anschlüsse mit Nägeln bzw. Dübeln Typ D nach DIN 1052 (1988):

a) Nägel 60 × 180 nach Abb. 5.24 b, linke Seite

2schnittig: vorh $s = 180 - 60 - 80 = 40$ mm

erf $s = 8 \cdot 6 = 48$ mm

zul $N_1 = 1{,}12\ (1 + 40/48) = 2{,}05$ kN

erf $n_1 = 17{,}1/2{,}05 = 8{,}34 \rightarrow$ 9 Nä 60 × 180

erf $n_2 = 9{,}6/2{,}05 = 4{,}68 \rightarrow$ 5 Nä 60 × 180

Nagelabstände: $5 \cdot d_n = 5 \cdot 6 = 30 \rightarrow 40$ mm

$10 \cdot d_n = 10 \cdot 6 = 60 \rightarrow 60$ mm

$12 \cdot d_n = 12 \cdot 6 = 72 \rightarrow 80$ mm

$15 \cdot d_n = 15 \cdot 6 = 90 \rightarrow 90$ mm

b) 2 Dü ∅ 65-D; 2 Dü ∅ 50-D, Abb. 5.24 b, rechte Seite

2 ∅ 65: zul $K_1 = 2 \cdot 10{,}0 = 20$ kN > 17,1; $e_{d||} = 140$ mm

2 ∅ 50: zul $K_2 = 2 \cdot 7{,}0 = 14$ kN > 9,6; $e_{d||} = 120$ mm

Spannungs- und Durchbiegungsnachweise nach DIN 1052 neu (EC 5):

NH C24

kurze LED, Nkl 2, s. Abschn. 2.11

$$q\,,\quad q_G = 0{,}45\,q\,,\quad q_Q = 0{,}55\,q;\quad q = q_k$$

eine veränderliche Einwirkung.

Spannungsnachweis:

$$\frac{\sigma_{m,y,d}}{f_{m,y,d}} \leqq 1 \quad -10.2.6\ [1]- \tag{5.27}$$

8/20: $W_y = 533 \cdot 10^3\ \text{mm}^3$; $I_y = 5333 \cdot 10^4\ \text{mm}^4$

Gl. (2.3): $M_{F,d} = (1{,}35 \cdot 0{,}45 + 1{,}5 \cdot 0{,}55)\ M_{F,k} = 7{,}25\ \text{kNm}$

$$f_{m,y,d} = \frac{k_{mod}}{\gamma_M} f_{m,y,k} = \frac{0{,}9}{1{,}3} \cdot 24 = 16{,}6\ \text{N/mm}^2$$

$$\frac{7250/533}{16{,}6} = 0{,}819 < 1$$

2 × 6/22: $W_y = 968 \cdot 10^3\ \text{mm}^3$; $I_y = 10648 \cdot 10^4\ \text{mm}^4$

$M_{St,d} = 1{,}43\ M_{St,k} = -12{,}9\ \text{kNm}$

$$\frac{12900/968}{16{,}6} = 0{,}803 < 1$$

Durchbiegungsnachweise:

$f_{g,fin} = w_{G,fin} = f_{g,inst}\ (1 + k_{def})$ mit $k_{def} = 0{,}8$ (Tafel 2.12)
$f_{p,fin} = w_{Q,fin} = f_{p,inst}\ (1 + \psi_2 \cdot k_{def})$ mit $\psi_2 = 0$ (Dächer)

Für den Nachweis mit der charkteristischen Kombination gilt:

Gl. (2.6 a): $F_d = G_k + Q_{k,1}$

Die Durchbiegung unter der Verkehrslast beträgt:

$$f_{p,inst} = 5{,}21 \cdot 10^5 \cdot \frac{10000}{11000} \frac{pl^4}{I} = 47{,}4 \frac{0{,}55 \cdot 2{,}0 \cdot 6^4}{5333} = 12{,}7\ \text{mm} < \frac{6000}{300} = 20\ \text{mm}$$

nach Tafel 18.7 (T2); Grenzwerte s. Abschn. 10.7.5

Die Durchbiegung unter Gesamtlast beträgt unter Berücksichtigung von k_{def}:

$$f_{q,fin} = 47{,}4 \frac{2{,}0 \cdot 6^4}{5333} [0{,}55\ (1 + 0) + 0{,}45\ (1 + 0{,}8)] = 31{,}3\ \text{mm}$$

$f_{g,inst} = (0{,}45/0{,}55) \cdot f_{p,inst} = (0{,}45/0{,}55) \cdot 12{,}7 = 10{,}4\ \text{mm}$
$f_{q,fin} - f_{g,inst} = 31{,}3 - 10{,}4 = 20{,}9\ \text{mm} < 6000/200 = 30\ \text{mm}$

Für den Nachweis mit der quasi-ständigen Kombination gilt:

Gl. (2.6 b): $F_d = G_k + \psi_2 \cdot Q_{k,1}$ mit $\psi_2 = 0$

$f_{q,fin} - w_0 \leqq l/200$. Mit $w_0 = 0$ (Überhöhung) folgt:
$f_{q,fin} = f_{g,fin} = 10{,}4\ (1 + 0{,}8) = 18{,}7\ \text{mm} < l/200 = 30\ \text{mm}$

Anschlüsse mit Nägeln bzw. Dübeln Typ C10 – *13.3.3* [1] –

a) Nägel 60 × 180 nach Abb. 5.24 b, linke Seite

2schnittig: vorh $t_1 = 180 - (60 + 80) = 40\ \text{mm} < t_{1,req}$ (Eindringtiefe)

Charakteristischer Wert der Tragfähigkeit pro Scherfuge, s. Abschn. 6:

$R_k = \sqrt{2M_{y,k} \cdot f_{h,1,k} \cdot d} = \sqrt{2 \cdot 18987 \cdot 16{,}77 \cdot 6} = 1955\ \text{N}$

$M_{y,k} = 180 \cdot d^{2,6} = 180 \cdot 6^{2,6} = 18987$ Nmm

$f_{h,1,k} = 0{,}082 \cdot \varrho_k \cdot d^{-0,3} = 0{,}082 \cdot 350 \cdot 6^{-0,3} = 16{,}77$ N/mm² nicht vorgebohrt

$R_d = k_{mod} \cdot R_k/\gamma_M = 0{,}9 \cdot 1955/1{,}1 = 1600$ N = 1,60 kN

$t_{i,req} = 9 \cdot d = 9 \cdot 6 = 54$ mm $< t_2$, aber > vorh t_1

Mindestdicke, um Spalten des Holzes zu vermeiden: $t = 42$ mm $< t_1, t_2$

$K_{1,d} = 1{,}43$[1] $K_1 = 24{,}4$ kN s. Abb. 5.24

$K_{2,d} = 1{,}43\ K_2 = 13{,}7$ kN

$$\text{erf}\, n_1 = \frac{24{,}4}{(1 + 40/54) \cdot 1{,}60} = 8{,}8 \rightarrow 9 \text{ Nä } 60 \times 180$$

$$\text{erf}\, n_2 = \frac{13{,}7}{(1 + 40/54) \cdot 1{,}60} = 4{,}9 \rightarrow 5 \text{ Nä } 60 \times 180$$

Nagelabstände ($\varrho_k \leqq 420$ kg/m³):
(s. Abb. 5.24)

$a_2 = 5\text{ d} = 5 \cdot 6 = 30 \rightarrow 40$ mm

$a_{2,t} = 10\text{ d} = 10 \cdot 6 = 60 \rightarrow 60$ mm

$d \geqq 5$ mm: $a_1 = 12\text{ d} = 12 \cdot 6 = 72 \rightarrow 80$ mm

$a_{1,t} = 15\text{ d} = 15 \cdot 6 = 90 \rightarrow 90$ mm

b) 2 Dü ∅ 65-C10; 2 Dü ∅ 50-C10, Abb. 5.24b, rechte Seite

Charakteristischer Wert der Tragfähigkeit einer Verbindungseinheit mit Scheibendübeln mit Zähnen – *13.3.3* [1] –:

$R_{j,\alpha,k} = R_{c,k} + R_{b,\alpha,k}$

$R_{c,k} = 25 \cdot d_c^{1,5} = 25 \cdot 65^{1,5} = 13101$ N = 13,1 kN

$k_\varrho = \varrho_k/350 = 350/350 = 1;\quad k_t = 1$

Bemessungswert der Tragfähigkeit: $R_{c,d} = \dfrac{0{,}9 \cdot 13{,}1}{1{,}3} = 9{,}07$ kN

Charakteristischer Wert der Tragfähigkeit pro Scherfuge eines Bolzens, s. Abschn. 6.3.6:

$$R_{b,\alpha,k} = \sqrt{\frac{2\beta}{1+\beta}} \cdot \sqrt{2M_{y,k} \cdot f_{h,\alpha,k} \cdot d_b} \quad \text{mit } \beta = 1 \text{ u. } \alpha = 90°$$

$$R_{b,\alpha,k} = \sqrt{\frac{2}{2}} \cdot \sqrt{2 \cdot 57559 \cdot 16{,}51 \cdot 12} = 4776 \text{ N} = 4{,}78 \text{ kN}$$

$t_1/t_{1,req} = 60/62{,}0 = 0{,}968$ mit $f_{u,k} = 300$ N/mm²

$R_{b,\alpha,k} \cdot (t_1/t_{1,req}) = 4{,}78 \cdot 0{,}968 = 4{,}63$ kN

[1] Summarischer Sicherheitsbeiwert für die Einwirkungen.

Bemessungswert der Tragfähigkeit: $R_{b,\alpha,d} = \dfrac{0{,}9 \cdot 4{,}63}{1{,}1} = 3{,}79$ kN

$$R_{j,\alpha,d} = R_{c,d} + R_{b,\alpha,d} = 9{,}07 + 3{,}79 = 12{,}9 \text{ kN}$$

2 ∅ 65: $2R_{j,\alpha,d} = 2 \cdot 12{,}9 = 25{,}8 \text{ kN} > K_{1,d} = 24{,}4$ kN

2∅50: $R_{c,d} = \dfrac{0{,}9}{1{,}3}\, 8{,}84 = 6{,}12$ kN

$R_{j,\alpha,d} = 6{,}12 + 3{,}79 = 9{,}91$ kN mit $d_b = 12$ mm

$2\,R_{j,\alpha,d} = 2 \cdot 9{,}91 = 19{,}8 \text{ kN} > K_{2,d} = 13{,}7$ kN

5.7.2.4 *Laschenstöße im Feld nach Abb. 5.23c, d*

Die Nägel eines Anschlusses nach Abb. 5.25 (rechte Seite ist maßgebend) werden berechnet für die Übertragung der Querkraft V und des Anschlußmomentes $M_A = M + V \cdot a$.

Die Berechnung der Nagelkräfte solcher Anschlüsse ist ausführlich beschrieben in Teil 2, Abb. 15.53 mit Gln. (15.8–15.12). Danach gilt bei beidseitiger Nagelung mit n = Anzahl der Nagelpaare je Anschluß:

$$N_{1V}^{V} = \frac{V}{2 \cdot n} \qquad \text{infolge } V \text{ nach (15.8)}$$

$$N_{1V}^{M} = \frac{M_A \cdot x_1}{2 \cdot \sum_{i=1}^{n} (x_i^2 + z_i^2)} \qquad \text{infolge } M_A \text{ nach (15.10)}$$

$$N_{1H}^{M} = \frac{M_A \cdot z_1}{2 \cdot \sum_{i=1}^{n} (x_i^2 + z_i^2)} \qquad \text{infolge } M_A \text{ nach (15.11)}$$

$$\max N_1 = \sqrt{(N_{1V}^{V} + N_{1V}^{M})^2 + (N_{1H}^{M})^2} \qquad \text{(nach 15.12)}$$

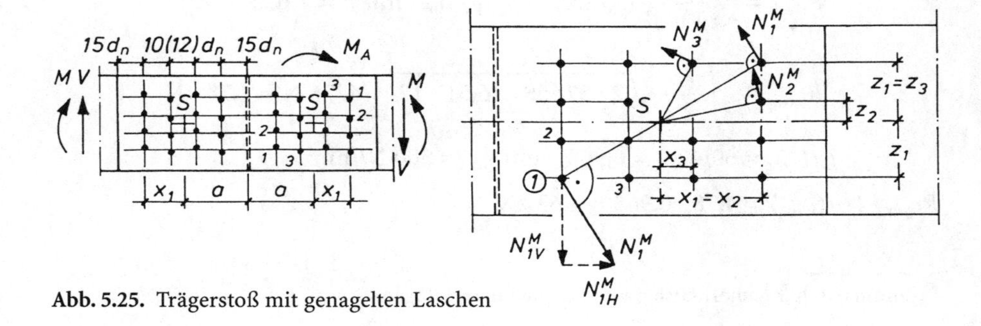

Abb. 5.25. Trägerstoß mit genagelten Laschen

Bei langen Anschlüssen, z.B. mit Nagelgruppen nach Abb. 5.23b, d ($x_1 \gg z_1$), kann vereinfacht unter Vernachlässigung von N_{1H}^{M} nach (5.28) gerechnet werden:

$$\max N_1 \approx N_{1V} = \frac{1}{2} \cdot \frac{M_A \cdot x_1}{\sum_{i=1}^{n} x_i^2} + \frac{V}{2 \cdot n} \tag{5.28}$$

Als grobe Näherung kann das Moment M_A als Kräftepaar auf die Nagelgruppen (n Nägel je Gruppe) verteilt werden nach (5.29):

$$N_{1m} \approx \frac{M_A}{e \cdot n} + \frac{V}{2 \cdot n} \tag{5.29}$$

Dröge/Stoy [65] geben für verschiedene Nagelgruppensysteme Berechnungsgleichungen von Möhler an.

Die vertikalen Komponenten der Nagelkräfte infolge M_A erzeugen im Anschlußbereich erhöhte Querkräfte, vgl. Teil 2, Abschn. 19.8.4.4. In Anlehnung an Gl. (19.50c und 19.50d) ist V_A im Anschlußbereich:

$$|V_A| = \frac{|M_A|}{2} \cdot \frac{\sum_{i=1}^{n} x_i}{\sum_{i=1}^{n} (x_i^2 + z_i^2)} - \frac{|V|}{2} \tag{5.30}$$

Bei langen Anschlüssen mit Nagelgruppen nach Abb. 5.26 ($x_1 \gg z_1$) folgt daraus mit $n/2$ Nagelpaaren je Gruppe und $z_1 \approx 0$ die vereinfachte Gl. (5.31):

$$|V_A| \approx \frac{|M_A|}{e} - \frac{|V|}{2} \tag{5.31}$$

Berechnungsbeispiel nach Abb. 5.26 (DIN 1052 neu):

Gegeben: $M_k = 6$ kNm im Stoß
$V_k = 4$ kN im Stoß

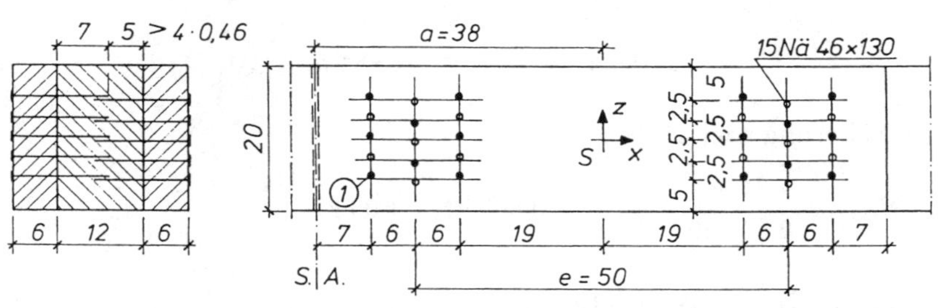

Abb. 5.26. Biegesteifer Trägerstoß mit Laschen und Nagelgruppen

$M_{A,k} = 6 + 4 \cdot 0{,}38 = 7{,}52$ kNm

kurze LED, Nkl 2, s. Abschn. 2.11

$q\,,\quad g = 0{,}45\,q\,,\quad p = 0{,}55\,q$

eine veränderliche Einwirkung.

Gewählt: Träger 12/20 mit Laschen 2 × 6/20 NH C24

Bemessungswerte nach DIN 1052 neu (EC 5):

Gl. (2.3): $M_d = (1{,}35 \cdot 0{,}45 + 1{,}5 \cdot 0{,}55)\, M_k = 1{,}43\, M_k = 8{,}58$ kNm

$V_d = 1{,}43\, V_k = 5{,}72$ kN

$M_{A,d} = 1{,}43\, M_{A,k} = 10{,}7$ kNm

Berechnung der Nagelkräfte (Nä 46 × 130):

einschnittig: $t_1 = 60$ mm; vorh $t_2 = 130 - 60 = 70$ mm

Überlappung $t_2 - l = 120 - 70 = 50 \text{ mm} > 4\text{ d} = 18{,}4$ mm

Mindestholzdicken oder Eindringtiefen (nicht vorgebohrt):

$t_{i,req} = 9 \cdot d = 9 \cdot 4{,}6 = 41{,}4 \text{ mm} < t_1, \text{vorh}t_2$

$R_k = \sqrt{2M_{y,k} \cdot f_{h,1,k} \cdot d} = \sqrt{2 \cdot 9516 \cdot 18{,}16 \cdot 4{,}6} = 1261$ N

$R_d = k_{mod} \cdot R_k/\gamma_m = 0{,}9 \cdot 1{,}26/1{,}1 = 1{,}03$ kN

$n = 2 \cdot 15 = 30$ Nagelpaare je Anschluß

$x_1 = 0{,}31$ m

$z_1 = 0{,}05$ m

$\sum x_i = 10 \cdot (0{,}19 + 0{,}25 + 0{,}31) = 7{,}50$ m

$\sum x_i^2 = 10 \cdot (0{,}19^2 + 0{,}25^2 + 0{,}31^2) = 1{,}947 \text{ m}^2$

$$\sum (x_i^2 + z_i^2) = 10 \cdot (0{,}19^2 + 0{,}25^2 + 0{,}31^2) + 12\,(0{,}025^2 + 0{,}050^2) = 1{,}984 \text{ m}^2$$

a) Grobe Näherung nach (5.29):

$$N_{1\,m,d} \approx \frac{10{,}7}{0{,}50 \cdot 30} + \frac{5{,}72}{2 \cdot 30} = 0{,}809 \text{ kN} < 1{,}03 \text{ kN}$$

b) Vereinfachter Nachweis nach (5.28):

$$\max N_{1,d} \approx \frac{10{,}7 \cdot 0{,}31}{2 \cdot 1{,}947} + \frac{5{,}72}{2 \cdot 30} = 0{,}947 \text{ kN} < 1{,}03 \text{ kN}$$

c) Genauer Nachweis nach (15.8–15.12):

$$N^{V}_{1V,d} = \frac{5,72}{2 \cdot 30} \qquad = 0,095 \text{ kN}$$

$$N^{M}_{1V,d} = \frac{10,7 \cdot 0,31}{2 \cdot 1,984} \qquad = 0,836 \text{ kN}$$

$$0,931 \text{ kN}$$

$$N^{M}_{1H,d} = \frac{10,7 \cdot 0,05}{2 \cdot 1,984} \qquad = 0,135 \text{ kN}$$

$$\max N_{1,d} = \sqrt{0,931^2 + 0,135^2} = 0,941 \text{ kN} < 1,03 \text{ kN}$$

$$\approx 0,947 \text{ kN nach b}$$

Spannungsnachweis
Beim σ_m-Nachweis werden Schwächungen im Zugbereich abgezogen.

$$I_n = 120 \cdot 200^3/12 - 120 \cdot 4,6 \cdot (50^2 + 25^2) = 7827 \cdot 10^4 \text{ mm}^4$$

$$W_n = 7827 \cdot 10^4/100 = 783 \cdot 10^3 \text{ mm}^3$$

$$\sigma_{m,d} = 8580/783 = 11,0 \text{ N/mm}^2 < 16,6 \text{ N/mm}^2$$

Gl. (2.5): $f_{m,d} = \frac{0,9}{1,3} 24 = 16,6 \text{ N/mm}^2$

max τ darf nach Teil 2, Abschn. 19.8.4.4 vereinfacht mit dem Bruttoquerschnitt berechnet werden.

Berechnung der Anschlußquerkraft

a) Vereinfachter Nachweis nach (5.31):

$$V_{A,d} = \frac{10,7}{0,50} - \frac{5,72}{2} = 18,5 \text{ kN}$$

b) Genauer Nachweis nach (5.30):

$$V_{A,d} = \frac{10,7 \cdot 7,5}{2 \cdot 1,984} - \frac{5,72}{2} = 17,3 \text{ kN} < 18,5$$

$$\max \tau_d = 1,5 \cdot \frac{17\,300}{120 \cdot 200} = 1,08 \text{ N/mm}^2$$

$$f_{v,d} = \frac{0,9}{1,3} 2,7 = 1,87 \text{ N/mm}^2 \quad \text{Tafel 2.10}$$

$$\frac{1,08}{1,87} = 0,578 < 1$$

Die Bemessung der Biegestöße nach DIN 1052 (1988) erfolgt analog. Anstelle der Bemessungswerte sind die zulässigen Spannungen und Normwerte (charakteristischen Werte) für die Kräfte zu verwenden [78].

5.7.3 Biegesteife BSH-Trägerstöße

5.7.3.1 Biegesteife Stöße gerader Träger (DIN 1052 neu)

Über mehrere Felder durchlaufende BSH-Träger werden meistens als Gelenkträger nach Abb. 1.5 und 1.11 gebaut, weil Herstellung und Montage gelenkiger Anschlüsse (Abb. 1.11) im Hinblick auf die Paßgenauigkeit einfacher sind als bei biegesteifen Stößen. Möglichkeiten konstruktiver Gestaltung sind in Abb. 5.27 aufgezeigt, vgl. Milbrandt [58].

Der Keilzinkenvollstoß a kann mit red A nach (19.1) und mit red W_y nach (19.3) bemessen werden, vgl. Abb. 19.3b (Teil 2). Bei den Stößen nach Abb. 5.27b und c werden Biegemoment (als Kräftepaar) und Längskraft durch die Stahllaschen übertragen. Im Biegedruckbereich ist auch Kraftfluß durch Kontakt ||Fa möglich. Die Querkraft wird durch die in der Stoßfuge angeordneten Dübel aufgenommen. Hirnholzdübel nach c sind Rechteckdübeln nach b – Ausklinkung! – vorzuziehen wegen geringerer Querzugbeanspruchung des Holzes.

Bei der Hirnholz-Dübelverbindung nach Abb. 5.27c ist die Verwendung von Klemmbolzen nach Abb. 6.20 und 6.21 nicht möglich. Die durch das Kippmoment der Dübel nach Abb. 6.4a hervorgerufenen Spreizkräfte (Klemmkräfte) müssen statt dessen durch die Stahllaschen aufgenommen werden. Nach entsprechenden Versuchen erzeugt ein mit R_d nach Tafel 6.4A beanspruchter Hirnholzdübel bzw. bei symmetrischen Anschlüssen ein Hirnholz-Dübelpaar:

$$\text{eine Spreizkraft von} \leqq 1{,}43^{1} \cdot 3{,}5 = 5{,}0\ \text{kN} \qquad [7] \quad (\text{EC 5})$$

Die Spreizkräfte – vereinfacht in Dübelachse angenommen (Abb. 6.4 a) – werden nach den Regeln der Statik anteilig der Zug- und der Drucklasche bzw. dem Druckflächenschwerpunkt zugewiesen. Dabei wird die Entlastung der

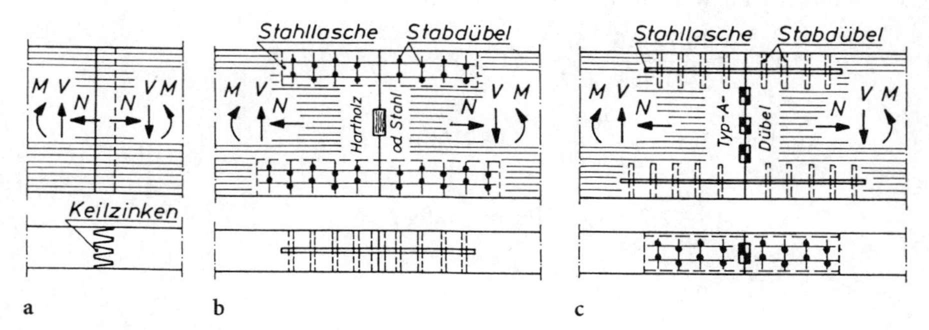

Abb. 5.27. Biegesteife BSH-Trägerstöße

[1] Summarischer Sicherheitsbeiwert für die Einwirkungen.

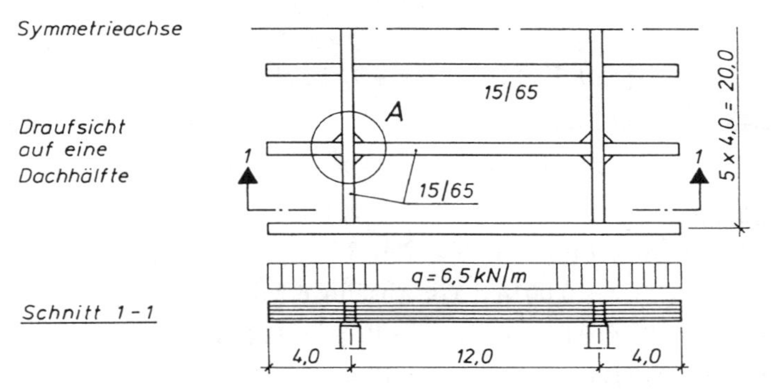

Abb. 5.28. BSH-Dachtragwerk aus [58]

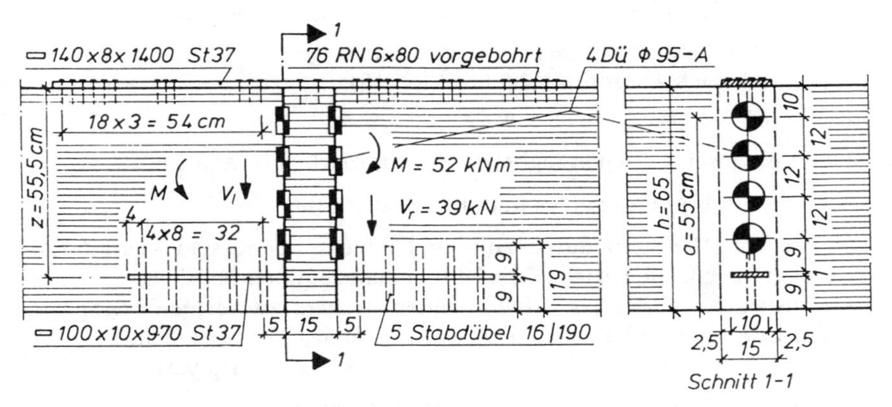

Abb. 5.29. Trägerstoß im Punkt *A* nach [58]

Druckkraft vernachlässigt, da untere Grenzwerte der Spreizkräfte nicht vorliegen.

An dem Dachtragwerk nach Abb. 5.28 aus [58] werden Berechnung und Konstruktion des Brettschichtträger-Kreuzungspunktes *A* mit bündiger Oberkante gezeigt.

Schnittgrößen des gestoßenen Trägers im Punkt *A* (Abb. 5.29):

$$V_{A,l,k} = -6{,}5 \cdot 4{,}0 = -26 \text{ kN}$$

$$V_{A,r,k} = 6{,}5 \cdot 12/2 = 39 \text{ kN}$$

$$M_{A,k} = -6{,}5 \cdot 4{,}0^2/2 = -52 \text{ kNm}$$

Bemessungswerte nach DIN 1052 neu (EC 5)

Berechnungsannahmen:

kurze LED, Nkl 1, GL 28 h, s. Abschn. 2.11

$q, \quad g = 0{,}45\, q, \quad p = 0{,}55\, q$

eine veränderliche Einwirkung.

Bemessungswerte:

Gl. (2.3): $V_{A,1,d} = -(1{,}35 \cdot 0{,}45 + 1{,}5 \cdot 0{,}55) \cdot 26 = -37{,}2$ kN

$V_{A,r,d} = 1{,}43 \cdot 39 = 55{,}8$ kN

$M_{A,d} = -1{,}43 \cdot 52 = -74{,}4$ kNm

Anschluß der Querkräfte:

a) Hirnholz-Dübelverbindung mit 2 × 4 Dü∅95-A1

$R_{c,H,k} = k_H \cdot R_{c,0,k}/(1{,}3 + 0{,}001 \cdot d_c)$ s. Abschn. 6.2.6

$R_{c,0,k} = \min\{35 \cdot 95^{1,5}; 31{,}5 \cdot 95 \cdot 15\} \rightarrow R_{c,0,k} = 32\,408$ N

$R_{c,H,k} = 0{,}8 \cdot 32\,408/(1{,}3 + 0{,}001 \cdot 95) = 18\,585$ N

$R_{c,H,d} = 4 \cdot 0{,}9 \cdot 18{,}6/1{,}3 = 51{,}5$ kN (4 Dübel)

$R_{c,H,d} = 51{,}5$ kN $< V_{A,r,d} = 55{,}8$ kN Nachweis ist nicht erfüllt!

b) Querzuganschluß für den lastaufnehmenden Träger:
Berechnung nach Abschnitt 5.2.5 mit Gl.(5.10):

$a/h = 550/650 = 0{,}85 > 0{,}7$

Es ist kein Nachweis der Querzugbelastung erforderlich (s. Abschn. 5.2.5).

c) Anschluß des Biegemomentes und der Spreizkräfte:

Das Kräftepaar M/z wird durch zug- und druckfest angeschlossene Stahllaschen übertragen. Die Drucklasche ist hier statisch unentbehrlich, um Querdruckbeanspruchung des lastaufnehmenden Trägers zu vermeiden. Spreizkräfte der oberen 2 Dübelpaare belasten die Zuglasche zusätzlich. Die Entlastung der Drucklasche durch die unteren 2 Dübelpaare wird vernachlässigt.

Zuglasche mit je 76 Rillennägeln 6 × 80 mm (vorgebohrt):

vorh $Z_d = 74{,}4/0{,}555 + 2 \cdot 5{,}0 = 144$ kN

einschnittig und dicke Bleche mit $t_s = 8$ mm $> d = 6$ mm

$R_k = 1{,}4 \cdot \sqrt{2 \cdot M_{y,k} \cdot f_{h,k} \cdot d}$ s. Abschn. 6.4.8

$t_{req} = 10 \cdot d = 10 \cdot 6 = 60$ mm

$\Delta R_k = \min\{0{,}5 \cdot R_k; 0{,}25 \cdot R_{ax,k}\}$ (RNa Tragfähigkeitskl. 3)

$R_{ax,k} = \{f_{1,k} \cdot d \cdot l_{ef}\}$ (Stahlblech-Holz) s. Abschn. 6.4.9

$0{,}7 \cdot R_{ax,k} = 0{,}7 \cdot f_{1,k} \cdot d \cdot l_{ef} = 0{,}7 \cdot 50 \cdot 10^{-6} \cdot 410^2 \cdot 6 \cdot 70$
$= 2471$ N $= 2{,}47$ kN (vorgebohrt, $d_L \le d_k$)

$R_k = 1{,}4 \cdot \sqrt{2 \cdot 18\,987 \cdot 31{,}60 \cdot 6} = 3757$ N $= 3{,}76$ kN;
$f_{u,k} = 600$ N/mm²

$R_k = 3{,}76 + (\Delta R_k = 0{,}62) = 4{,}38$ kN – *12.5.4 (3)* [1] –

$R_d = 0{,}9 \cdot 4{,}38/1{,}1 = 3{,}58$ kN je Nagel

In DIN 1052 neu (EC 5) ist auf Grund neuerer Untersuchungen [67] für hintereinander angeordnete Nägel eine Abminderung (ef n) von R_d erst für $d > 6$ mm festgelegt worden.

Die Festlegung in der DIN 1052 (1988), daß mehr als 30 Nägel hintereinander nicht in Rechnung gestellt werden dürfen, sollte aber beibehalten werden.

$$R_d = 76 \cdot 3{,}58 = 272 \text{ kN} > \text{vorh } Z_d = 144 \text{ kN}$$

$$\text{erf } n = 144/3{,}58 = 40{,}2;\ \ 40{,}2/4 = 10 \text{ RNä/Reihe}$$

ohne ΔR_k: erf $n = 144/3{,}08 = 46{,}8$; $46{,}8/4 \approx 12$ RNä/Reihe

Drucklasche mit je 5 Stabdübeln ∅16 mm:

$$\text{vorh } D = 74{,}4/0{,}555 = 134 \text{ kN}$$

Für zweischnittige Verbindungsmittel bei einem Mittelteil aus Stahlblech gilt:

$$R_k = \sqrt{2} \cdot \sqrt{2 \cdot M_{y,k} \cdot f_{h,k} \cdot d} \quad \text{s. Abschn. 6.3.6}$$

Stahlsorte S235 $\rightarrow f_{u,k} = 360$ N/mm² – *Tab. G.9* [1|–

$$R_k = \sqrt{2} \cdot \sqrt{2 \cdot 145927 \cdot 28{,}24 \cdot 16} = 16240 \text{ N}$$

$$t/t_{req} = 90/82{,}7 > 1$$

Gl. (2.5): $R_d = 0{,}9 \cdot 16{,}2/1{,}1 = 13{,}3$ kN je SDü u. Scherfuge

$$R_d = 5 \cdot 2 \cdot 13{,}3 = 133 \text{ kN} \approx \text{vor D} = 134 \text{ kN}$$

5.7.3.2 Biegesteife Eckverbindungen

Biegesteife Ecken können als geleimte Keilzinkenvollstöße (B1) oder als Dübel- bzw. Stabdübelverbindungen (A, B2, C) hergestellt werden, s. Abb. 5.30.

Berechnung und Konstruktion solcher Eckverbindungen sind ausführlich in Teil 2, Abschn. 19.8 beschrieben. Sonderformen von Montagestößen geknickter Brettschichtträger zeigt Milbrandt [16, 58].

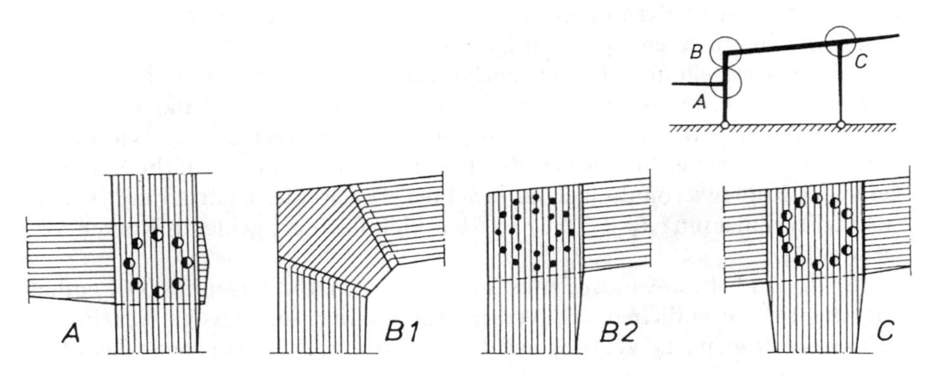

Abb. 5.30. Biegesteife Eckverbindungen

6 Verbindungsmittel

Für die zulässigen Belastungen aller Verbindungsmittel gelten im allgemeinen nach DIN 1052 (1988) folgende Erhöhungen *-T2, 3.2-*:
a) um 25% im Lastfall HZ
b) um 100% bei waagerechten Stoßlasten und Erdbebenlasten
c) um 25% für Transport- und Montagezustände.

Bei Feuchteeinwirkungen sind die zulässigen Belastungen im allgemeinen auf 5/6 bzw. 2/3 zu ermäßigen *-T2, 3.1-* [7].

Nach DIN 1052 neu (EC 5) werden Erhöhungen oder Abminderungen der Bemessungswerte der Tragfähigkeiten der Verbindungsmittel über die charakteristischen Werte der Festigkeiten und die Klassen der Lasteinwirkungsdauer sowie der Nutzung mit dem Faktor k_{mod} (Tafel 2.9) geregelt.

6.1 Kleber

6.1.1 Tragverhalten und Bauteilfertigung

Der Kleber nimmt unter den Verbindungsmitteln insofern eine Sonderstellung ein, als die Klebverbindung als starr anzusehen ist, während alle mechanischen Holzverbindungen mehr oder weniger nachgiebig sind.

Klebverbindungen wirken flächenhaft. Sie eignen sich besonders gut zur Herstellung von Vollwandträgern und zur Längsverklebung von Bauholz mit Keilzinken bis zu einem Querschnitt von 120 × 300 mm^2 [68].

Bei der Herstellung geklebter Fachwerkträger ist Vorsicht geboten, da die starre Klebverbindung die theoretische Voraussetzung gelenkiger Knoten nicht erfüllt und deshalb mit Nebenspannungen zu rechnen ist. Wie in [69] gezeigt, sind darüber hinaus verschiedene Einflußparameter auf die Festigkeit geklebter Knotenverbindungen zu beachten. Für Sonderbauarten mit bauaufsichtlicher Zulassung (z. B. DSB) werden kleinflächige, geklebte Knoten verwendet [7].

In [70] sind Hinweise zur Sanierung von Rissen und Fugen im BSH enthalten, die im wesentlichen auf Verarbeitungsfehler, unzulässige Feuchteaufnahme bei Transport, Lagerung auf der Baustelle und Einbau sowie das Überschreiten der aufnehmbaren Querzugspannung zurückzuführen sind.

Anforderungen an Klebverbindungen
a) sorgfältige Festigkeitssortierung des zu verklebenden Holzes
b) künstliche Vortrocknung auf $\omega \leqq 15\%$

c) Hobeln bzw. Fräsen der zu verklebenden Flächen
d) gleichmäßiger Klebstoffauftrag
e) richtige Jahrringlage der Brettlamellen zueinander
f) gleichmäßiger Preßdruck bei Normalklima (20 °C Raumtemperatur, 65 % relative Luftfeuchte) über bestimmte Preßdauer

Herstellen geklebter Bauteile
Das Herstellen geklebter, tragender Holzbauteile erfordert geeignete Werkstätten und geschultes Fachpersonal. Die Arbeitsräume müssen klimatisierbar sein.

Eine Eignung zum Herstellen geklebter, tragender Holzbauteile muß nachgewiesen werden -*Anhang A* [1] *oder DIN EN386*-. Die Bescheinigung wird von Prüfstellen (siehe Verzeichnis des DIBt) erteilt, und zwar für folgende drei Gruppen -*Tab. A.1* [1]-:

Bescheinigung A: geeignet zum Kleben tragender Holzbauteile aller Art
Bescheinigung B: geeignet zum Kleben *einfacher* geklebter Holzbauteile (z. B. Balken und Träger ≦18 m Stützweite, Dreigelenkbinder ≦15 m Spannweite, einhüftige Binder ≦12 m Abwicklungslänge)
Eignung für Sonderbauarten *kann* enthalten sein (z. B. DSB)
Bescheinigung C: geeignet u. a. zum Kleben von Holztafeln für Holzhäuser in Tafelbauart

Die Bescheinigungen A, B und C können Zusatzqualifikationen ohne (z. B. eingeklebte Stahlstäbe) und mit gesondertem Nachweis (z. B. Universalkeilzinkenverbindungen) enthalten. Ein Firmenverzeichnis mit Eignungsnachweis erscheint jährlich in „Bauen mit Holz".

6.1.2 Klebstoffe

Kleber für tragende Bauteile müssen die Prüfungen nach DIN 68141 bestanden haben. Nach DIN 1052 neu (EC5) müssen Klebefugen für tragende Bauteile den Bestimmungen der DIN EN 302 entsprechen. Kleber sollen fugenfüllend sein, rasch abbinden und vor allem eine ausreichende Widerstandsfähigkeit gegen klimatische Einflüsse besitzen. Für Holzklebekonstruktionen dürfen in der Rangfolge ihrer Eignung verwendet werden [7]:

a) Resorzinharzleime: Kondensationsprodukte aus Resorzin und Formaldehyd
Handelsnamen: Aerodux RL185, RL188, 500; Bakelite HL283, HL284; Cascophen RS-240; Casco/Synteko 1710, 1711, 1712, 1760, 1773, 1774; Dynosol S-199, S-202; Enocol RLF 185 und 187; Kauresin 440 und 460; Kleiberit Supracin 875.1; Penacolite, Priha RF 30; Strucol RF 9-A-

b) Phenol-Melamin-Harzleime:	Kondensationsprodukte aus Phenol, Melamin und Formaldehyd
Handelsname:	Kauramin 545
Eignung a, b:	für Bauteile, die der Witterung ausgesetzt sind oder Gleichgewichtsfeuchte von 20% überschreiten oder langfristig oder häufig wiederkehrend Bauteiltemperatur von 50 °C überschreiten
c) Harnstoffharzleime:	Kondensationsprodukte aus synthetischem Harnstoff und Formaldehyd
Handelsname:	Aerolite FFD und KL; Casco/Synteko 1206 und 1209; Dynorit HLB, L 103 und L 530 N; Kaurit 220, 234 und 270; W-Leim 62
Eignung:	für Bauteile, die kurzzeitig, jedoch nicht wiederholt der Feuchtigkeit ausgesetzt sind
d) Kaseinleime:	aus Milchsäurekasein und gelöschtem Kalk
Eignung:	nur für Bauteile, deren Leimfugen ständig gegen Eindringen freien Wassers geschützt sind

Obwohl Kaseinleime eine sehr gute Trockenbindefestigkeit besitzen, werden sie wegen ihrer Empfindlichkeit gegen Feuchtigkeit für die Herstellung von Brettschichtholz in der Bundesrepublik Deutschland nicht mehr verwendet [71].

Nach Untersuchungen von Radovic/Goth [79] können die von ihnen geprüften Einkomponenten-Polyurethan-Klebstoffe unter Beachtung der in den Bearbeitungsrichtlinien festgelegten Bedingungen zum Kleben tragender Holzbauteile verwendet werden. Die Einhaltung dünner Fugen (max. 0,3 mm) ist zu beachten.

6.1.3 Tragfähigkeit

Die Klebfuge wird auf Abscheren beansprucht. Ihre Scherfestigkeit ist höher als die des Holzes. Zulässige Spannungen für verklebtes Brettschichtholz sind im Anhang enthalten. Nach DIN 1052 neu (EC5) sind die Bemessungswerte der Festigkeiten zu verwenden. Sie werden mit Hilfe der charakteristischen Festigkeitswerte (Tafel 2.11) unter Berücksichtigung des Faktors k_{mod} (Tafel 2.9) bestimmt.

Unvermeidbare Querzugspannungen in geklebten Zugstößen, die durch Schäftung mit einer Klebflächenneigung $\leqq 1/10$ oder durch Keilzinkung nach DIN 68140, DIN EN 385 oder DIN EN 387 hergestellt sind, brauchen nicht besonders nachgewiesen zu werden. (Sie sollen etwa 0,1 N/mm^2 (DIN) oder 0,15 N/mm^2 (EC5) nicht überschreiten.)

Weitere Hinweise zur Tragfähigkeit und zur Optimierung von Keilzinkenverbindungen sind in [72–74] enthalten.

6.1.4 Längsverbindungen

Als geleimte Längsverbindungen werden Keilzinkung und Schäftung verwendet: Keilzinkung vorwiegend für Bretter und Kanthölzer, Schäftung vorwiegend für dünne Bauteile und Holzwerkstoffe (Furniersperrholz und Spanplatten).

Der Verschwächungsgrad (Zugbeanspruchung) ist $v = \frac{b}{t}$.

Tafel 6.1. Zinkenprofile (Vorzugsprofile)

l (in mm)	t (in mm)	b (in mm)	v
10	3,8	0,6	0,16
15	3,8	0,42	0,11
20	5,0	0,5	0,10
20[a]	6,2	1	0,16
30	6,2	0,6	0,10
50[b]	12	2	0,17

[a] Üblich für Einzelbrettstöße.
[b] Für Träger-Vollstöße (Rahmenecken).

Tafel 6.1 A. Flankenwinkel und Verschwächungsgrad

v	l (in mm)	α
≦018	≦10	≦7,5° (1:7,6)
	>10	≦7,1° (1:8)

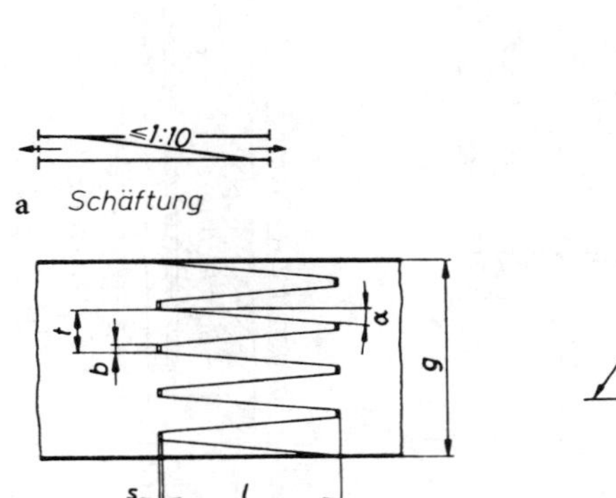

a *Schäftung*

b *Keilzinkenverbindung nach DIN 68140*

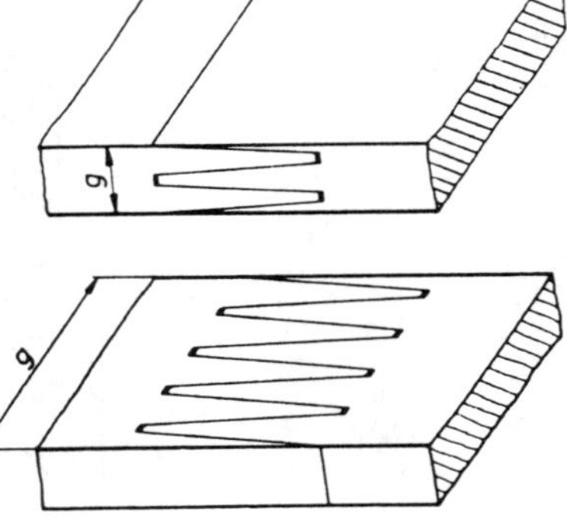

Abb. 6.1

Die einzelnen Größen müssen in folgendem Verhältnis zueinander stehen:

bei Zinkenlänge $l \leqq 10$ mm: min $l = 3{,}6\,t \cdot (1-2\,v)$

bei Zinkenlänge $l > 10$ mm: min $l = 4\,t \cdot (1-2\,v)$

Nach DIN 1052 neu (EC5) sind Keilzinkenverbindungen für Vollholz und Balkenschichtholz in Übereinstimmung mit DIN EN 385 und für BSH mit DIN EN 387 herzustellen (s. auch Abschnitt 2.2.3).

6.1.5 Eingeklebte Gewindestangen (GS)

Nach Untersuchungen von Möhler/Hemmer [62] können ‖Fa oder ⊥Fa in BSH eingeklebte Gewindestangen aus St 37 und St 52 Kräfte axial und quer zur Schaftrichtung nach Abb. 6.1A übertragen. Jede Gewindestange erhält eine durchgehende rechteckige Längsnut nach Abb. 6.1Ae, durch die der überschüssige Kleber an die Holzoberfläche gelangen kann. Sie erfüllt diese Aufgabe nur dann, wenn sie nicht nur die Gewindegänge durchschneidet, sondern auch geringfügig in den Kern eingefräst wird. Nach – *14.3* [1] – können Stahlstäbe auch in VH, Balken- und Furnierschichtholz eingeklebt werden.

Erläuterungen zu Abb. 6.1A

a) Gekrümmter Träger (Querzug)
b) Ausgeklinkter Träger (Querzug)
c) Begrenzte Auflagerfläche (Querdruck); Kraftübertragung von Stahlplatte in Schraubenkopf durch Kontakt, Weiterleitung vom Schraubenschaft in BSH durch Haftung
d) Eingespannte Stütze (kombinierte Beanspruchung)
e) Ausführungsdetail einer eingeleimten GS

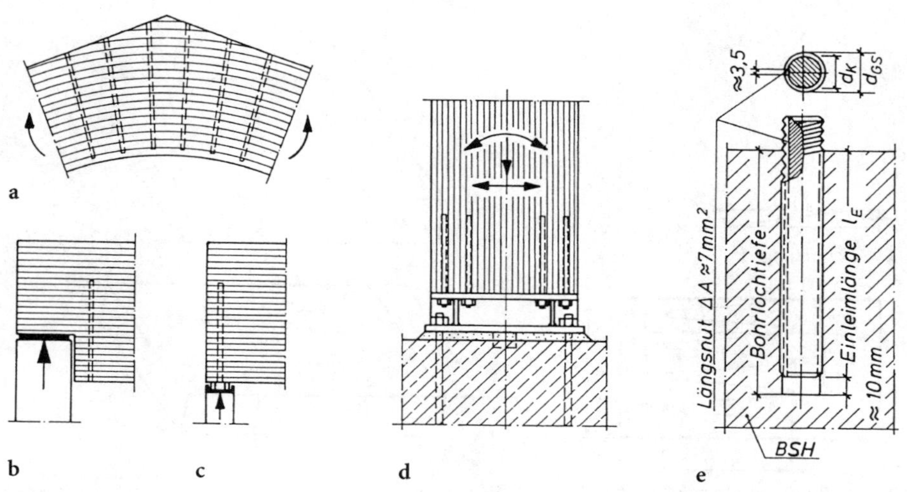

Abb. 6.1A. Anwendungsbeispiele und Einbaudetail für GS

Kurzgefaßte Anwendungsregeln nach Möhler/Hemmer [62]:

- Mindestanzahl je Verbindung: $n \geqq 1$ GS
- Mindestnenndurchmesser der GS: $d_{GS} \geqq 8$ mm; nach [1] $\geqq 6$ mm
- Mindestabstände s. Abb. 6.1B/E, bei Querbelastung nach *–T2, 5.7–* oder Tafel 6.6a [31]
- Mindesteinleimlänge $l_E \geqq 10\, d_{GS}$; $l_E > 20\, d_{GS}$ darf nicht in Rechnung gestellt werden
- Holz-Bohrlochdurchmesser $d_B = 0{,}5 \cdot (d_{GS} + d_k)$; d_k = Kern-∅ [36]
- Bohrloch mit Druckluft ausblasen, zur Hälfte mit Resorzinharzleim füllen, dann gereinigte, entfettete GS eindrehen
- volle Beanspruchung der Verbindung frühestens 7 Tage nach Herstellung

Nach Ehlbeck/Siebert [75] kann bei Verwendung von Gewindestangen nach DIN 975 mit metrischem Gewinde auf die Längsnut in den Gewindestangen verzichtet werden, wenn die Bohrung im Holz mit dem Gewindeaußendurchmesser ausgeführt wird.

In [76] sind weitere Empfehlungen für Einleimmethoden u.a. für eingeleimte Betonrippenstähle und Hinweise zur Reduzierung von Querzugrissen bei geleimten Satteldachbindern aus BSH sowie Verfahren zur Dimensionierung der Verstärkungsmaßnahmen enthalten (s.a. [77]).

Die von Möhler/Hemmer vorgeschlagenen Bemessungsgleichungen für eingeleimte Gewindestangen haben sich für die Praxis als geeignet erwiesen.

1. Fall:
GS axial beansprucht, ‖ Fa eingeklebt

d_{GS} = Außen-∅ = Nenn-∅ der GS nach DIN 975 bzw. DIN 976
A_n = Gewindestab-Nettoquerschnitt

Nach DIN 1052 (1988):
Zulässige Spannungen

d_{GS} (in mm)	$\leqq 24$	27	30
zul $\tau_{\parallel}$ (in N/mm²)	1,2	1,0	0,8

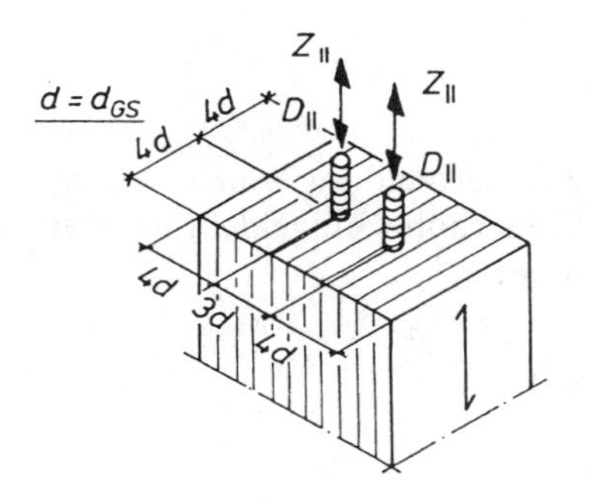

nach DIN 1052 neu:
$a_2 = 5\, d$
$a_{2,c} = 2{,}5\, d$ s. Abb. 6.40A
oder *–Bild 52* [1]–

Abb. 6.1B

zul $\sigma_{Z,D} = 100$ MN/m^2 nach *–5.3.3–*; bei Werkstoffgüte nach DIN EN 10025 s. DIN 18800 T1

$$\text{zul}\, Z_{\|}, D_{\|} = \pi \cdot d_{GS} \cdot l_E \cdot \text{zul}\, \tau_{\|} \quad (6.0\text{a})$$

$$\leqq A_n \cdot \text{zul}\, \sigma_{Z,D}, \quad \text{s. [7, 58]} \quad (6.0\text{b})$$

Nach DIN 1052 neu (EC5):
Charakteristische Werte der Klebfugenfestigkeit $f_{k1,k}$ in N/mm^2 – *Tab. F. 23* [1] –

l_{ad}	$\leqq 250$ mm	250 mm < l_{ad} $\leqq 500$ mm	500 mm < l_{ad} $\leqq 1000$ mm
$f_{k1,k}$	4,0	5,25 – 0,005 l_{ad}	3,5 – 0,0015 l_{ad}

$$Z_{\|,d}, D_{\|,d} \leqq R_{ax,d} = \pi \cdot d_{GS} \cdot l_{ad} \cdot f_{k1,d} \quad (6.0\text{c})$$

$$\leqq A_{ef} \cdot f_{y,d}, \quad (6.0\text{d})$$

mit min $l_{ad} = \max\,[0{,}5\, d_{GSi}^2 \cdot 10\, d_{GS}]$

l_{ad} wirksame Einkleblänge des Stahlstabes

A_{ef} Spannungsquerschnitt des Stahlstabes

$f_{y,d}$ Bemessungeswert der Streckgrenze des Stahlstabes

$f_{k1,d} = k_{mod} \cdot f_{k1,k}/1{,}3$; $f_{y,d} = f_{y,k}/1{,}25$

Nachweis des Holzbauteils – *14.3.3 (7)* [1] –:

$Z_{\|,d} \leqq A_w \cdot f_{t,0,d}$

mit

A_w wirksame Querschnittsfläche des Holzes am Ende des Stahlstabes
$25 \cdot d_{GS}^2 \leqq A_w \leqq 36 \cdot d_{GS}^2$

Dieser Nachweis ist mit min $A_w = 25 \cdot d_{GS}^2$ meistens erfüllt – außer für NH < C24 –, ansonsten vorh a_2, $a_{2,c}$ für die Berechnung von A_w verwenden.

2. Fall:
GS axial beansprucht, ⊥ Fa eingeklebt

Nach DIN 1052 (1988):
zul $D_\perp$ = zul $D_{\|}$ s. Gl. (6.0a) und (6.0b)

Bei Zugbeanspruchung ⊥ Fa müssen die GS zur Vermeidung von Querzugrissen im Holz mindestens bis zur halben Trägerhöhe eingeklebt werden ($l_E > 20 \cdot d_{GS}$ darf nicht in Rechnung gestellt werden!).

zul $\tau_{\|}$ und zul σ_Z wie beim 1. Fall.

$$\text{zul}\, Z_\perp = 0{,}5 \cdot \pi \cdot d_{GS} \cdot l_E \cdot \text{zul}\, \tau_{\|} \quad (6.0\text{e})$$

$$\leqq A_n \cdot \text{zul}\, \sigma_Z \quad \text{wie (6.0b)}$$

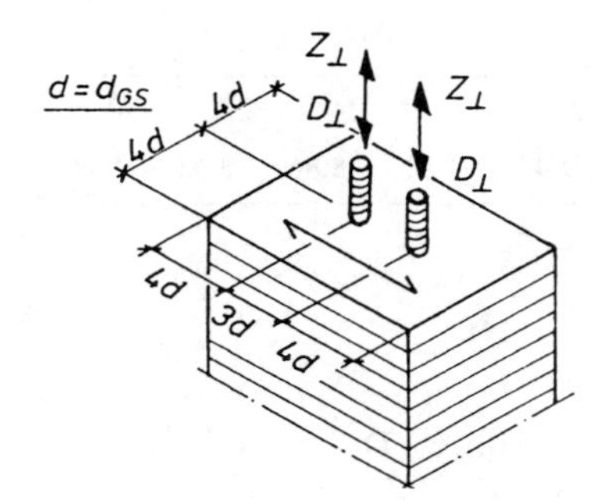

nach DIN 1052 neu:
$a_1 = 4d$
$a_2 = 4d$
$a_{1,t} = 4d$
$a_{2,c} = 2{,}5d$

Abb. 6.1 C

Nach DIN 1052 neu (EC5):

$$Z_{\perp,d}, D_{\perp,d} \leqq R_{ax,d} = \pi \cdot d_{GS} \cdot l_{ad} \cdot f_{k1,d} \qquad (6.0f)$$

$$\leqq A_{ef} \cdot f_{y,d} \qquad \text{wie (6.0 d)}$$

Nachweis auf Querzug – *14.3.3 (8)* [1]–:

$$Z_{\perp,d}/R_{90,d} \leqq 1 \quad \text{s. Abschn. 5.2.5}$$

mit $k_r = h/h_1$, $h_1 = h - l_{ad}$, $a = l_{ad}$
$Z_{\parallel,d}$, $D_{\parallel,d}$, $D_{\perp,d}$, $Z_{\perp,d}$ s. Tafel 6.2 A, $f_{y,d} = 320/1{,}25 = 256$ N/mm² (Festigkeitsklasse 4.8)

Entsprechende Tafeln für die zulässigen Werte nach DIN 1052 (1988) sind in [239] oder [58] enthalten.

Ein Berechnungsbeispiel für ausgeklinkte Träger mit Verstärkung durch eingeklebte Gewindestangen ist Abschn. 10.2.4.3 mit Abb. 10.5 A zu entnehmen.

Tafel 6.2 A. Aufnehmbare Axialbelastung (Bemessungswerte) eingeklebter GS (zugeh. l_{ad} (in mm)), kurze LED, Nkl 1 oder 2 (GL 24–GL 36)

1	2	3	4	5	6	7	8
			$Z_{\parallel,d}$ [a], $D_{\parallel,d}$, $D_{\perp,d}$ nach Gl. (6.0c) bzw. (6.0d) für			$Z_{\perp,d}$ [b] (l_{ad}/h > 0,7) nach Gl. (6.0 f) für	
d_{GS}	A_{ef}	$l_{ad} = 10 d_{GS}$	$l_{ad} = 10 d_{GS}$	$l_{ad} = 20 d_{GS}$	$f_{y,d} = 256$ N/mm²	$l_{ad} = 20 d_{GS}$	
(mm)	(mm²)	(mm)	(kN)	(kN)	(kN)	(kN)	(mm)
M 12	84,3	120	12,5	25,1	21,6	25,1	(240)
M 16	157	160	22,3	40,6	40,2	40,6	(320)
M 20	245	200	34,8	56,5	62,7	56,5	(400)
M 22	303	220	42,1	64,2	77,6	64,2	(440)
M 24	353	240	50,1	71,4	90,4	71,4	(480)
M 27	459	270	61,8	85,3	117	85,3	(540)
M 30	561	300	73,4	102	144	102	(600)

[a] Nachweis des Holzbauteils beachten.
[b] Für $Z_{\perp,d}$ ist stets der Nachweis auf Querzug zu führen.

Tafel 6.2 B. Faktor $B_{\parallel}$ für Gl. (6.0 g)

d_{GS} (in mm)	8	10	12	16	20	22	24	27	30
$B_{\parallel}$ (in MN/m^2)	10			10	9,43	9,14	8,86	8,43	8,00

3. Fall:
GS quer beansprucht, $\parallel$ Fa eingeklebt

s. Abb. 6.1 D

Bei einer Mindesteinkleblänge von $10 d_{GS}$ und Lastangriff in $\leqq 10$ mm Abstand von der Hirnholzoberfläche kann zul $F_{\parallel}$ einer GS – in Anlehnung an Gl. (6.5) – nach Gl. (6.0 g) berechnet werden mit dem Faktor $B_{\parallel}$ nach Tafel 6.2 B.

Nach DIN 1052 (1988):

$$\text{zul}\, F_{\parallel} = B_{\parallel} \cdot d_{GS}^2 \cdot 10^{-3} \text{ (in kN)} \qquad (6.0\text{g})$$

Nach DIN 1052 neu (EC5):

$\min l_{ad} = \max \{0{,}5 \cdot d_{GS}^2; 10 \cdot d_{GS}\}$

$$F_{\parallel,d} \leqq R_d = k_{mod} \cdot R_k / 1{,}1 \qquad (6.0\text{h})$$

mit

$R_k = \sqrt{2 \cdot M_{y,k} \cdot f_{h,1,k} \cdot d_{GS}}$ s. Abschn. 6.3.6

$f_{h,1,k} = 0{,}125 \cdot 0{,}082 \cdot (1 - 0{,}01 \cdot d_{GS}) \cdot \varrho_k$ N/mm^2 – *14.3.2 (5)* [1] –

4. Fall:
GS quer beansprucht, $\perp$ Fa eingeklebt

Im 4. Fall ist die zulässige Belastung wie bei Stabdübeln – Gln. (6.5–6.7) – abhängig vom Kraft-Faser-Winkel (Abb. 6.1 E).

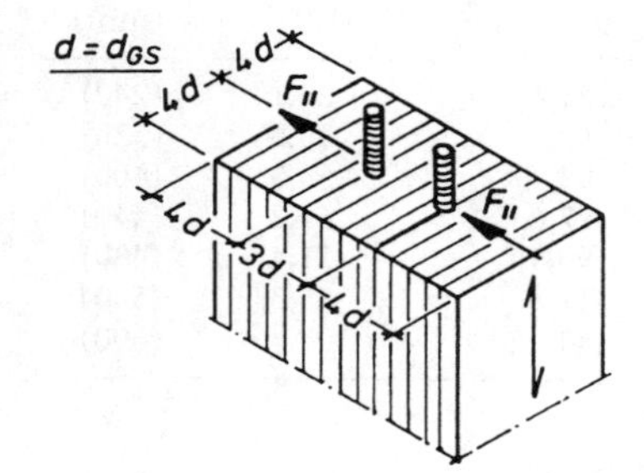

nach DIN 1052 neu:
$a_2 = 5\,d$
$a_{2,c} = 2{,}5\,d$
$a_{2,t} = 4\,d$

Abb. 6.1 D

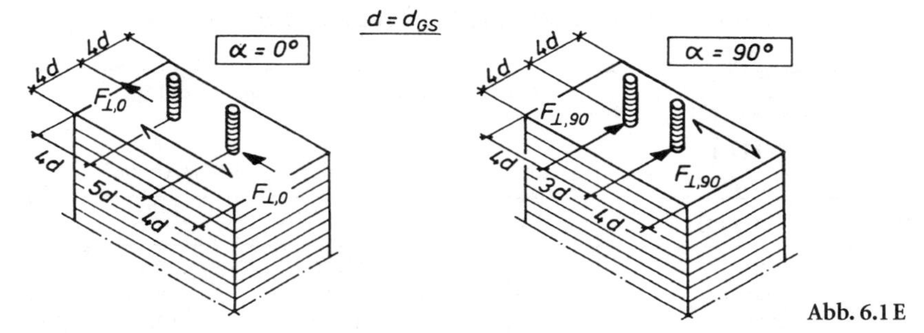

Abb. 6.1 E

Mindestabstände nach DIN 1052 neu s. Tafel 6.7A (SDü)

Bei einer Mindesteinkleblänge von $10\,d_{GS}$ und Lastangriff in $\leqq 10$ mm Abstand von der Holzoberfläche ist zul $F_{\perp}$ einer GS nach Abb. 6.1E:

Nach DIN 1052 (1988):

$$\alpha = 0°: \text{ zul} F_{\perp\,0°} = B_{\perp} \cdot d_{GS}^2 \cdot 10^{-3} \quad \text{(in kN)} \qquad (6.0\text{i})$$

$$\alpha = 90°: \text{ zul} F_{\perp\,90°} = 0{,}75 \cdot \text{zul} F_{\perp\,0°} \quad \text{(in kN)} \qquad (6.0\text{j})$$

$$0° < \alpha < 90°: \text{ zul} F_{\perp\,\alpha} = \left(1 - \frac{\alpha°}{360}\right) \cdot \text{zul} F_{\perp\,0°} \quad \text{(in kN)} \qquad (6.0\text{k})$$

Darin ist $B_{\perp} = 14$ MN/m² für $d_{GS} \leqq 30$ mm.

Nach DIN 1052 neu (EC 5):

$$\alpha = 0°: \; F_{\perp,0,\mathrm{d}} \leqq R_{\mathrm{d}} = k_{\mathrm{mod}} \cdot R_{\mathrm{k}}/1{,}1 \qquad (6.0\text{l})$$

mit $f_{h,1,k} = 1{,}25 \cdot 0{,}082\,(1 - 0{,}01 \cdot d_{GS})\,\varrho_k$ – *14.3.2 (4)* [1] –

$$\alpha = 90°: \; F_{\perp,90,\mathrm{d}} \leqq R_{\mathrm{d}} = k_{\mathrm{mod}} \cdot R_{\mathrm{k}}/1{,}1 \qquad (6.0\text{m})$$

mit $f_{h,90,k} = f_{h,1,k}/(1{,}35 + 0{,}015 \cdot d_{GS})$ für NH

$F_{\parallel,d}$, $F_{\perp,0,d}$ und $F_{\perp,90,d}$ sind in Tafel 6.2C zusammengestellt.

Die aufnehmbaren Belastungen $F_{\parallel}$ und $F_{\perp}$ des 3. und 4. Falles sind nach DIN 1052 (1988) um 20% abzumindern, wenn der Abstand zwischen Lastangriffsebene und Holzoberfläche >10 mm ist oder wenn 2 Hölzer durch eingeleimte GS miteinander verbunden werden. Nach DIN 1052 neu (EC 5) gilt – *14.3.2 (7)* [1] –.

Kombinierte Beanspruchung

Bei gleichzeitiger Beanspruchung von eingeleimten Gewindestangen durch Axial- und Querlasten ist folgender Nachweis zu führen:

Nach DIN 1052 (1988):

$$\left(\frac{\text{vorh}\, Z, D}{\text{zul}\, Z, D}\right)^2 + \left(\frac{\text{vorh}\, F_{\parallel,\perp}}{\text{zul}\, F_{\parallel,\perp}}\right)^2 \leqq 1 \qquad (6.0\text{n})$$

Tafel 6.2 C. Aufnehmbare Querbelastungen $F_{\|,d}$ und $F_{\perp,d}$ eingeklebter GS (Festigkeitskl. 4.8), GL 24 h

d_{GS}	min l_{ad}	Aufnehmbare Querbelastung; kurze LED, Nkl 1 oder 2 $F_{\|,d}$	$F_{\perp,d}$ $\alpha = 0°$	$\alpha = 90°$
(in mm)	(in mm)	(in kN)	(in kN)	(in kN)
M 12	120	2,05	6,50	5,25
M 16	160	3,37	10,6	8,45
M 20	200	4,92	15,5	12,1
M 22	242	5,76	18,2	14,1
M 24	288	6,65	21,0	16,1
M 27	365	8,06	25,4	19,2
M 30	450	9,54	30,2	22,5

Nach DIN 1052 neu (EC 5):

$$\left(\frac{F_{ax,d}}{R_{ax,d}}\right)^2 + \left(\frac{F_{la,d}}{R_{la,d}}\right)^2 \leqq 1 \qquad (6.0\,o)$$

F_{ax}, R_{ax} sind die Kräfte und die Trägfähigkeiten in Schaftrichtung (Herausziehen)

F_{la}, R_{la} sind die Kräfte und die Tragfähigkeiten rechtwinklig zur Schaftrichtung (Abscheren)

z. B.: $F_{ax,d} = \text{vorh}\,Z_{\perp,d}$; $R_{ax,d} = Z_{\perp,d}$ (Tafel 6.2 A)

$F_{la,d} = \text{vorh}\,F_{\perp,0,d}$; $R_{la,d} = F_{\perp,0,d}$ (Tafel 6.2 C)

6.2 Dübel

6.2.1 Allgemeines

Dübel sind Verbindungsmittel, die überwiegend auf Druck und Abscheren beansprucht werden (Abb. 6.2). Man unterscheidet Rechteckdübel und Dübel besonderer Bauart. Stabdübel sind zylindrische Stifte gemäß Abschn. 6.3.

Rechteckdübel
Zu ihnen gehören rechteckige Dübel aus trockenem Hartholz oder aus Metall und ⊢-förmige Stahldübel, die in das Holz eingelegt werden. Ihre zulässige Belastung wird rechnerisch ermittelt.

Dübel besonderer Bauart
Zu ihnen gehören Sonderformen meist runder scheiben-, ring- oder tellerförmiger Dübel aus Hartholz oder Metall, die in das Holz eingelegt und/oder eingepreßt werden.

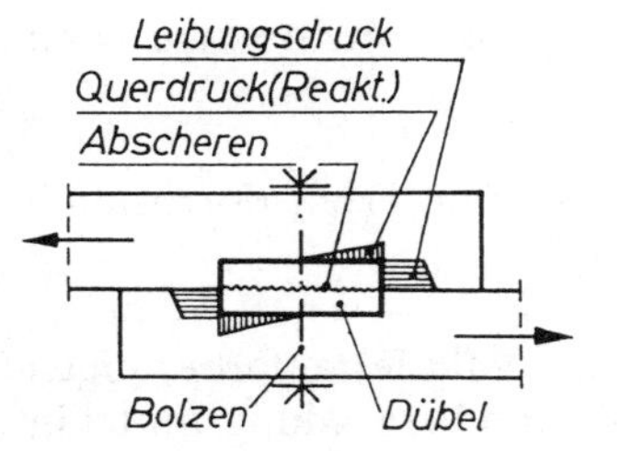

Abb. 6.2

Ihre zulässige Beanspruchung ist nach Tragfähigkeits- und Verformungsuntersuchungen in DIN 1052T2 (1988) festgelegt worden.

Dieses Normblatt enthält auch Abbildungen der Dübel sowie alle für die Berechnung und Konstruktion notwendigen technischen Daten.

DIN 1052 T2 (1988) enthält folgende Dübelbauarten (Abb. 6.3):

Einlaßdübel:	Sie werden in passend vorbereitete Vertiefungen eingelegt
Typ:	A (früher: Appel); B (früher: Kübler)
Einpreßdübel:	Ihre Zähne werden durch Pressen in das Holz eingedrückt
Typ:	C (früher: Bulldog); D (früher: Geka)
Einlaß- Einpreßdübel:	Sie werden teils eingelassen (Ring- oder Grundplatte) und teils eingepreßt (Zähne oder Krallen)
Typ:	E (früher: Siemens-Bauunion)

DIN 1052 neu (EC 5):
Ringdübel (Typ A), Scheibendübel (Typ B) und Scheibendübel mit Zähnen oder Dornen (Typ C) sind in DIN EN 912 genormt *-13.3.1* [1]-. Die Bemessungswerte der Tragfähigkeiten der Dübel besonderer Bauart werden nach *-13.3.* [1]- berechnet, s.a. Abschn. 6.2.5.

6.2.2 Bestimmungen

a) Holzart, -güte, -vorbereitung

Dübel dürfen nicht in Holz der Gkl III oder der Festigkeitsklasse S7/MS7, Einpreßdübel nur in NH verwendet werden, s.a. *-13.3.1 (7)* [1]-.

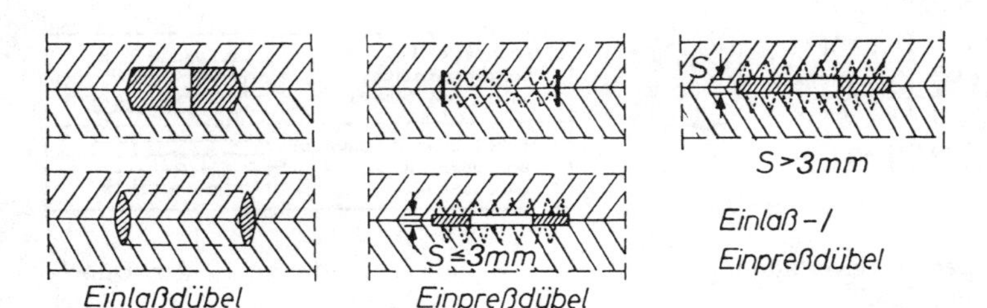

Abb. 6.3

Grundplatten von Einpreßdübeln mit $s > 2$ mm müssen nicht eingelassen werden.

b) **Korrosionsschutz**
Dübel aus Metall müssen den nach *–T2, Tab. 1–* geforderten Korrosionsschutz aufweisen.

In DIN 1052 neu (EC 5), Tab. 2 sind entsprechende Mindestanforderungen an den Korrosionsschutz für metallische Bauteile und Verbindungsmittel in Abhängigkeit von den Nutzungsklassen enthalten.

Nach DIN 1052 neu (EC5) benötigen z.B. Stahlbleche bis 5 mm Dicke für alle drei Nutzungsklassen in Abhängigkeit von der Korrosionsbelastung einen entsprechenden Korrosionsschutz (s. Tab. 2).

c) **Dübelsicherung durch nachspannbare Schraubenholzen**
Die ausmittig auf einen Dübel wirkenden Druckkräfte erzeugen ein Kräftepaar, das zum Kippen des Dübels und damit zum Öffnen der Fuge führt (Abb. 6.4 a).

Alle Dübelverbindungen müssen deshalb durch je einen Bolzen je Dübelachse zusammengehalten werden (Abb. 6.4b). Die Bolzen sind beim Einbau so anzuziehen, daß die Scheiben ≦1 mm in das Holz eingedrückt werden. Sie sind nach dem Schwinden des Holzes wiederholt nachzuziehen und müssen solange zugänglich bleiben.

Zusätzliche Klemmbolzen sind an den Enden der Außenhölzer oder Außenlaschen anzuordnen, wenn Dübeldurchmesser oder -seitenlänge ≧130 mm ist. Sie sollen ein Abheben der Laschenenden infolge des ausmittigen Kraftangriffs verhindern (Abb. 6.5).

d) **Dübelsicherung durch Holzschrauben oder Schraubnägel**
Nach Untersuchungen von Möhler/Herröder [107] dürfen die zur Sicherung der Klemmkraft nach c) vorgesehenen Schraubenbolzen durch Holzschrauben oder Sondernägel ersetzt werden. Praktische Bedeutung erlangt diese Konstruktion z.B. beim Anschluß einer zum Aussteifungsverband gehörenden Pfette an der Schmalseite eines hohen Brettschichtträgers nach Abb. 6.5A.

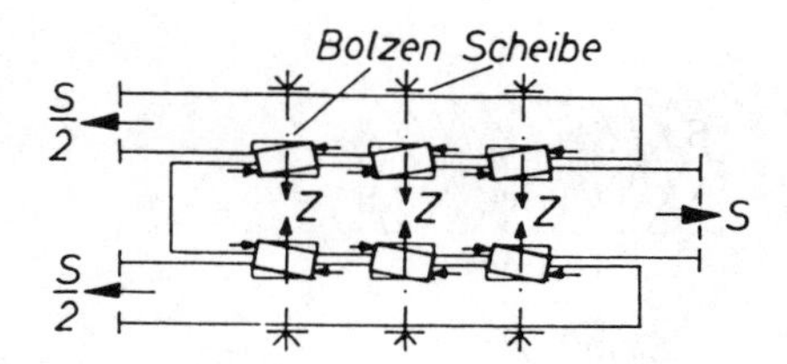

a) Kraftfluß in der Dübelverbindung und Verformungsfigur

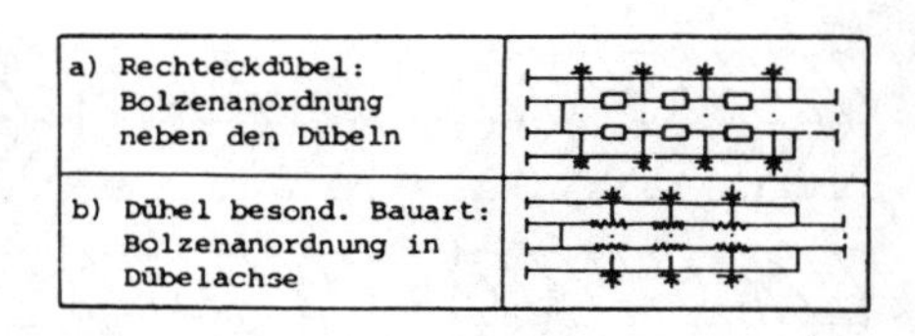

b) Bolzenanordnung in der Dübelverbindung

Abb. 6.4

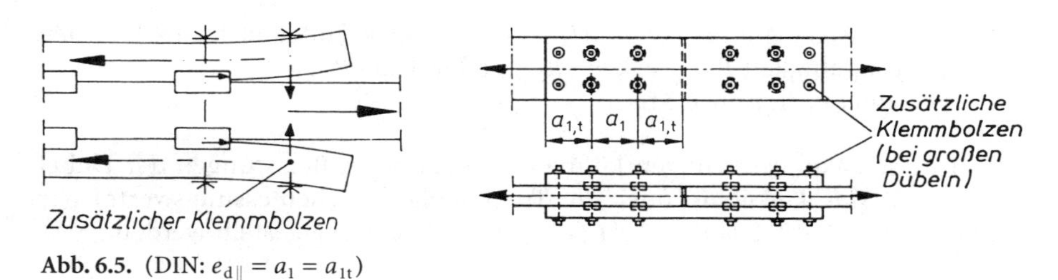

Abb. 6.5. (DIN: $e_{d\|} = a_1 = a_{1t}$)

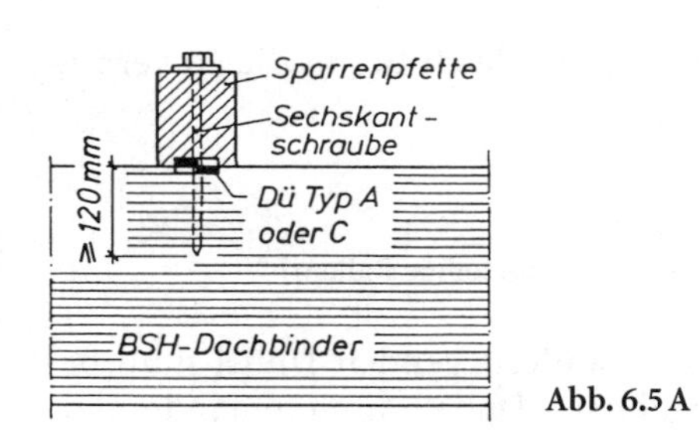

Abb. 6.5 A

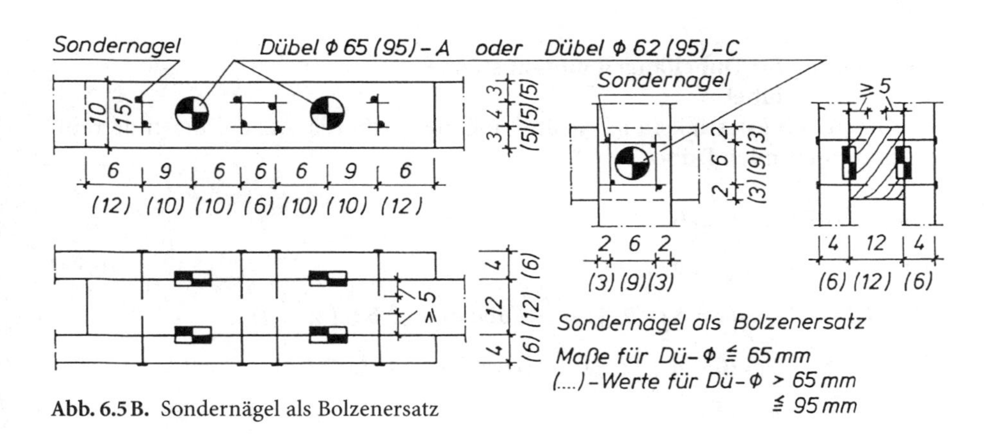

Abb. 6.5 B. Sondernägel als Bolzenersatz

Bei Anschlüssen von VH-, Balken- oder Furnierschichtholz- und BSH-Querschnitten an BSH-Träger mit zweiseitigen Dübeln Typ A und C mit Außendurchmessern $d_c \leqq 95$ mm dürfen die Bolzen M12 bzw. M16 (Abb. 6.4 a) ersetzt werden durch:

- Sechskant-Holzschrauben gleichen Durchmessers nach DIN 571 in Dübelachse mit einer Einschraublänge $l \geqq 120$ mm (Abb. 6.5 A)
- oder mindestens 4 Sondernägel der Tragfähigkeitsklasse II oder III mit $d_n \geqq 5$ mm,
  einer wirksamen Einschlagtiefe $s \geqq 50$ mm, (EC 5: t_{ef}),

einer zulässigen Ausziehlast zul $N_Z \geqq 4 \cdot 0{,}75 = 3{,}0$ kN oder nach DIN 1052 neu einer Tragfähigkeit $R_{ax,k} \geqq 0{,}25 \cdot R_{c,\alpha,k}$ oder $0{,}25 \cdot R_{c,k}$, angeordnet nach Abb. 6.5 B.

Unter diesen Voraussetzungen können die zulässigen Belastungen der Dübel nach *–T2, Tab. 4 bzw. 6–* oder die Tragfähigkeiten (Bemessungswerte) der Dübel nach DIN 1052 neu *–13.3.1 (11)* [1] – in Rechnung gestellt werden.

6.2.3 Der Rechteckdübel nach DIN 1052 neu (EC 5)

Der Rechteckdübel wird in der ganzen Holzbreite gleich tief in die zu verbindenden Hölzer eingelassen.

Einlaßtiefe: $t_d = 1/8\,h$ bis $1/10\,h$
Faserrichtung des Dübels = Faserrichtung des Holzes
Dübelanzahl hintereinander: $n \leqq 4$ (ausgenommen mehrteilige Balken)

Die Anzahl der in einem Anschluß hintereinanderliegenden Dübel muß begrenzt werden, weil mit zunehmender Anzahl von Dübeln hintereinander eine annähernd gleichmäßige Verteilung der Kraft auf die Dübel nicht mehr gewährleistet ist.

Empfehlung für Dübellängen und -abstände

a) **Laubholzdübel**
Die Leibungsfestigkeiten $f_{l,d}$ sind abhängig von der Anzahl der hintereinanderliegenden Dübel.

Dübelabstände (Abb. 6.6):

aus $b \cdot a_1 \cdot f_{v,d} = b \cdot t_d \cdot f_{l,d}$ (6.1 a)

NH (C24): $a_1 = 8\,t_d\ (7\,t_d)$ (DIN: $e_{d\parallel} = 9{,}5\,t_d\ (8{,}5\,t_d)$)

LH (D30): $a_1 = 8\,t_d\ (7\,t_d)$ (DIN: $e_{d\parallel} = 10\,t_d\ (9\,t_d)$)

$a_{1t} = a_1 \quad (2 < n \leqq 4)$

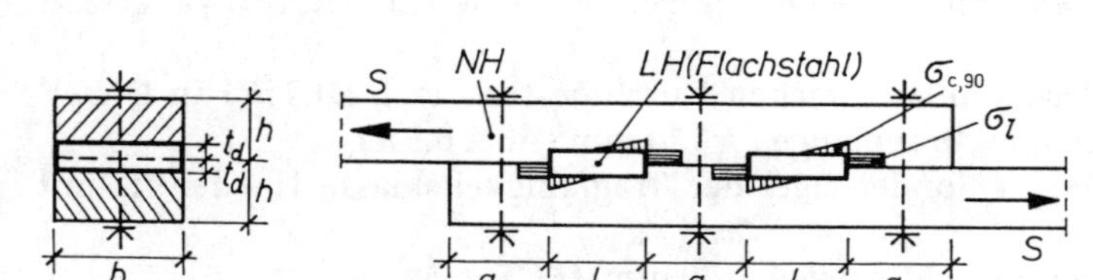

Abb. 6.6

Tafel 6.2 F. Bemesungswerte der Leibungsfestigkeiten $f_{l,d}$ in N/mm² parallel zur Faser (Empfehlung), mittlere LED, Nkl 1 oder 2

	Verhältnis der Dübellänge l_d zur Einschnittiefe t_d	Anzahl der in Kraftrichtung hintereinanderliegenden Dübel			
		1 und 2 und in verdübelten Balken		3 und 4	
		NH (C24)	LH (D 30)	NH (C24)	LH (D 30)
1	$l_d/t_d \geqq 5$	12,9	14,1	11,4	12,7
2	$3 \leqq l_d/t_d < 5$	6,0	7,0	5,3	6,3

C24: $f_{v,d} = 1{,}66$ N/mm²
D 30: $f_{v,d} = 1{,}85$ N/mm²

Dübellängen l_d (Abb. 6.6):

aus $\quad b \cdot l_d \cdot f_{v,\text{Dü},d} = b \cdot t_d \cdot f_{l,d}$ (6.1b)

NH (C24): $\quad l_d = 7\,t_d\ (6\,t_d) \quad$ (DIN: $l_d = 8{,}5\,t_d\ (7{,}5\,t_d)$)

LH (D 30): $\quad l_d = 8\,t_d\ (7\,t_d) \quad$ (DIN: $l_d = 10\,t_d\ (9\,t_d)$)

b) Flachstahldübel

Nach Abb. 6.7 folgt aus der Gleichgewichtsbedingung $\Sigma M = 0$:

$$\frac{b \cdot l_d^2}{6} \cdot f_{c,90,d} = b \cdot t_d^2 \cdot f_{l,d}$$

$$\text{NH (C24):} \quad l_d = t_d \cdot \sqrt{6 \cdot \frac{12{,}9}{1{,}54}} = 7{,}1 \cdot t_d \qquad (6.1\text{c})$$

Formeln (6.1b) und (6.1c) erfüllen die Bedingung der Tafel 6.2 F, Zeile 1:

$$l_d/t_d \geqq 5$$

d.h., es darf mit $f_{l,d} = 12{,}9\ (11{,}4)$ MN/m² gerechnet werden.

Bei Verwendung von Flachstahldübeln, die mit Rücksicht auf eine ebene Stirnfläche nur mit Flankenkehlnähten an Blechlaschen mit $t \geqq 10$ mm oder an [-Profile angeschweißt sind, darf in Rechnung gestellt werden:

$f_{l,d} = 12{,}9\ (11{,}4)$ MN/m², auch wenn $3 \leqq l_d/t_d < 5$
(kein Kippen der Dübel möglich)

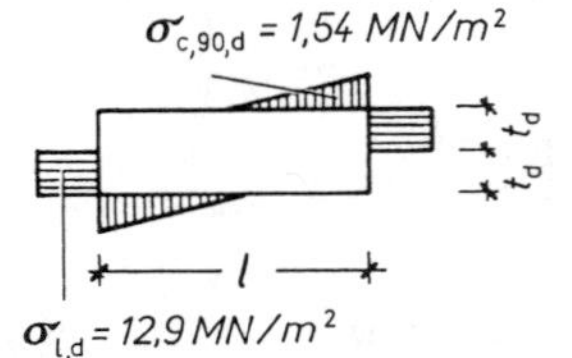

Abb. 6.7

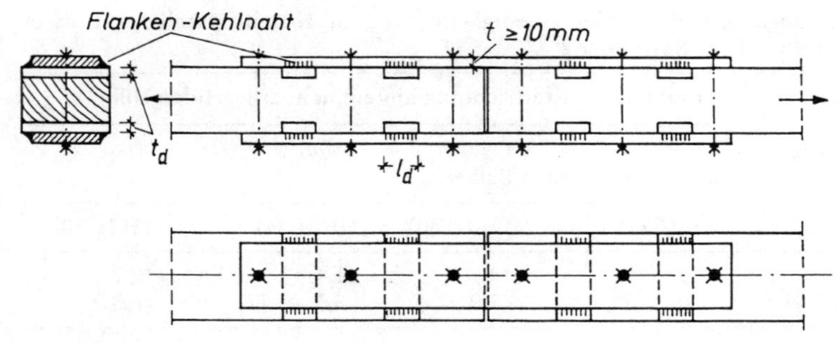

Abb. 6.8

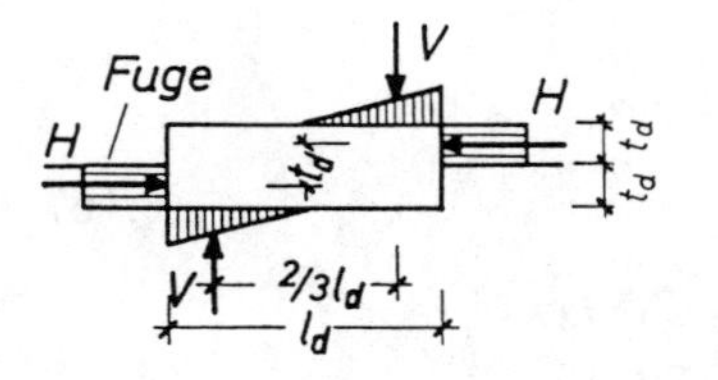

Abb. 6.9

Bolzenanordnung einreihig, wenn Dübelbreite ≦180 mm (s. Abb. 6.8)
Bolzenanordnung zweireihig, wenn Dübelbreite >180 mm

Zugkraft in den Schraubenbolzen (vgl. Abb. 6.4 a)
Setzt man vereinfachend voraus, daß jede Schraube die Spreizkraft eines Dübels (Dübelpaares) aufzunehmen hat, dann läßt sich die Zugkraft wie folgt bestimmen:

Mit dem Bemessungswert der Stabkraft S_d und Dübelanzahl n wird

$$H_d = \frac{S_d}{n}$$

$$H_d \cdot t_d = \frac{S_d}{n} \cdot t_d = V_d \cdot \frac{2}{3} \cdot l_d \quad \text{(s. Abb. 6.9)}$$

$$V_d = \frac{3}{2} \cdot \frac{t_d}{l_d} \cdot \frac{S_d}{n}$$

Bemessungswert der Zugkraft je Bolzen: $Z_d = 1{,}5 \cdot \frac{t_d}{l_d} \cdot \frac{S_d}{n}$ (6.1d)

1. Beispiel: Zugstoß mit LH-Rechteckdübeln

Stabkraft $S_k = 90$ kN, kurze LED, Nkl 1 oder 2

Stabquerschnitt 10/18 NH C24

Bemessungswert der Stabkraft: $S_d = 1{,}43 \cdot S_k = 129$ kN s. 2. Bsp.

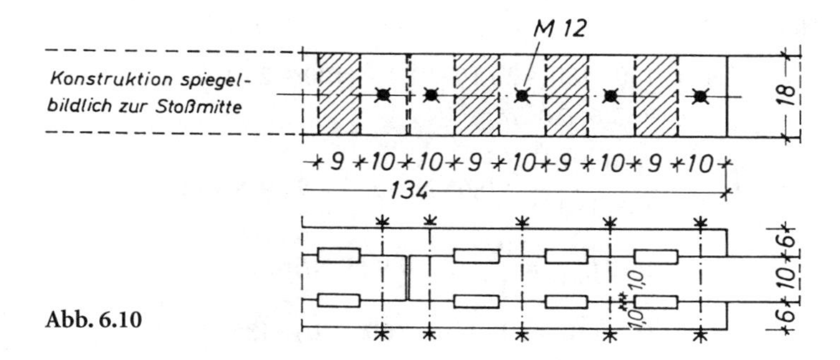

Abb. 6.10

Erforderliche Leibungsfläche A_L für 3 Dübel hintereinander (geschätzt) mit

$$f_{l,d} = \frac{0{,}9}{0{,}8} \cdot 11{,}4 = 12{,}8 \text{ N/mm}^2 \quad \text{(Tafel 2.9)}$$

$$\text{erf} A_L = \frac{129 \cdot 10^3}{12{,}8} = 101 \cdot 10^2 \text{ mm}^2$$

$$\text{erf} \Sigma t_d = \frac{101 \cdot 10^2}{180} = 56{,}1 \text{ mm}$$

$$\text{zul}\, t_d \approx \frac{1}{8} \cdot 100 = 12{,}5 \text{ mm}$$

$$\text{erf}\, n = \frac{56{,}1}{12{,}5} = 4{,}49 \rightarrow 6 \text{ Dübel}$$

Gewählt: $t_d = \frac{56{,}1}{6} = 9{,}35 \rightarrow t_d = 10$ mm

Dübellänge (6.1b): $l_d = 6 \cdot 9{,}35 = 56{,}1 \rightarrow l_d = 90$ mm

Dübelabstand (6.1a): $a_1 = 7 \cdot 9{,}35 = 65{,}5 \rightarrow a_1 = 100$ mm

Bolzenzugkraft (6.1d): $Z_d = 1{,}5 \cdot \frac{10}{90} \cdot \frac{129}{6} = 3{,}58 \text{ kN} < 22{,}1 \text{ kN}$

M12, St37-2, $d \leqq 40$ [36]:

Grenzzugkraft: $N_{R,d} = 0{,}843 \cdot 10^2 \cdot \frac{360}{1{,}25 \cdot 1{,}1} = 22071 \text{ N} = 22{,}1 \text{ kN}$

Unterlegscheibe: $A_n = 50 \cdot 50 - \frac{\pi \cdot 13^2}{4} = 23{,}7 \cdot 10^2 \text{ mm}^2$

$$\sigma_{c,90,d} = \frac{3{,}58 \cdot 10^3}{23{,}7 \cdot 10^2} = 1{,}51 \text{ N/mm}^2 < 1{,}8\, f_{c,90,d}$$
$$= 3{,}11 \text{ N/mm}^2 \quad \text{(s. Abschnitt 6.3.6)}$$

Spannungen im Holz

Mittelholz: $A_n = 100 \cdot 180 - 2 \cdot 10 \cdot 180 - (100 - 2 \cdot 10) \cdot 13 = 133{,}6 \cdot 10^2\ \text{mm}^2$

(mittige Zugkraft): $\sigma_{t,0,d} = \dfrac{129 \cdot 10^3}{133{,}6 \cdot 10^2} = 9{,}66\ \text{N/mm}^2 < 9{,}69\ \text{N/mm}^2$

$$\text{mit } f_{t,0,d} = \frac{0{,}9}{1{,}3} \cdot 14 = 9{,}69\ \text{N/mm}^2$$

Seitenholz: $A_n = 60 \cdot 180 - 10 \cdot 180 - (60 - 10) \cdot 13 = 83{,}5 \cdot 10^2\ \text{mm}^2$

(ausmittige Zugkraft): $I_n = \dfrac{180\,(60 - 10)^3}{12} - \dfrac{13\,(60 - 10)^3}{12} = 174{,}0 \cdot 10^4\ \text{mm}^4$

$$W_n = \frac{174{,}0 \cdot 10^4}{50} \cdot 2 = 69{,}6 \cdot 10^3\ \text{mm}^3$$

$$\frac{\sigma_{t,0,d}}{f_{t,0,d}} + \frac{\sigma_{m,d}}{f_{m,d}} \leqq 1 \quad \text{oder: } \sigma_{t,0,d} \leqq \frac{2}{3} \cdot f_{t,0,d}$$

mit $f_{m,d} = \dfrac{0{,}9}{1{,}3} \cdot 24 = 16{,}6\ \text{N/mm}^2$

$$\frac{S_d/2A_n}{f_{t,0,d}} + \frac{0{,}5 \cdot S_d(h - t_d)/(12\,W_n)}{f_{m,d}} \leqq 1$$

mit $M_d = 0{,}5 \cdot \dfrac{S_d}{2 \cdot 3} \cdot \dfrac{h - t_d}{2}$ (analog Abb. 6.11)

$$\frac{129 \cdot 10^3}{2 \cdot 83{,}5 \cdot 10^2 \cdot 9{,}69} + \frac{0{,}5 \cdot 129 \cdot 10^3 \cdot (60 - 10)}{12 \cdot 69{,}6 \cdot 10^3 \cdot 16{,}6} \leqq 1$$

$$0{,}797 + 0{,}233 = 1{,}03 \approx 1$$

2. Beispiel: Zugstoß mit geschweißten Flachstahldübeln
(s.a. –*E148*–)

Stabkraft $S_k = 96$ kN

Stabquerschnitt *14/16* NH C24

mittlere LED, Nkl 1 oder 2

$S_G = 0{,}45\ S_k$, $S_Q = 0{,}55\ S_k$; eine veränderliche Einwirkung.

Bemessungswert der Stabkraft:

Gl. (2.3): $S_d = (1{,}35 \cdot 0{,}45 + 1{,}5 \cdot 0{,}55) \cdot S_k = 1{,}43$[1] $\cdot S_k$

$S_d = 1{,}43 \cdot 96 = 137$ kN

[1] Summarischer Sicherheitsbeiwert für die Einwirkungen.

Geschätzt: 2 Dübel hintereinander $\rightarrow f_{l,d} = 12{,}9\ \text{N/mm}^2$

$$\text{erf}\,A_L = \frac{137 \cdot 10^3}{12{,}9} = 106 \cdot 10^2\ \text{mm}^2$$

$$\text{erf}\,\Sigma\, t_d = \frac{106 \cdot 10^2}{160} = 66{,}3\ \text{mm}$$

$$\text{zul}\,t_d \approx \frac{1}{8} \cdot 140 = 17{,}5\ \text{mm}$$

$$\text{erf}\,n = \frac{66{,}3}{17{,}5} = 3{,}8 \rightarrow 4\ \text{Dübel}$$

Gewählt: $t_d = \frac{66{,}3}{4} = 16{,}6 \rightarrow t_d = 17\ \text{mm}$

Dübelabstand (6.1a): $a_1 = 8 \cdot 16{,}6 = 133\ \text{mm} \rightarrow a_1 = 170\ \text{mm}$

Dübellänge: angeschweißte Flachstahldübel mit $t \geqq 10$ mm

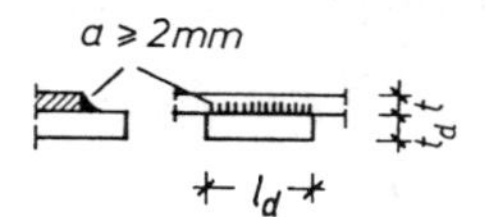

$2 \leqq a \leqq 8{,}4$ mm
$a \geqq 3{,}6$ mm
$a = 4$ mm

DIN 18800 T1: $\left.\begin{array}{l} 30 < l_d \geqq 6 \cdot a = 24\ \text{mm} \\ l_d \leqq 15 \cdot a = 60\ \text{mm} \end{array}\right\} \rightarrow l_d = 60\ \text{mm}$

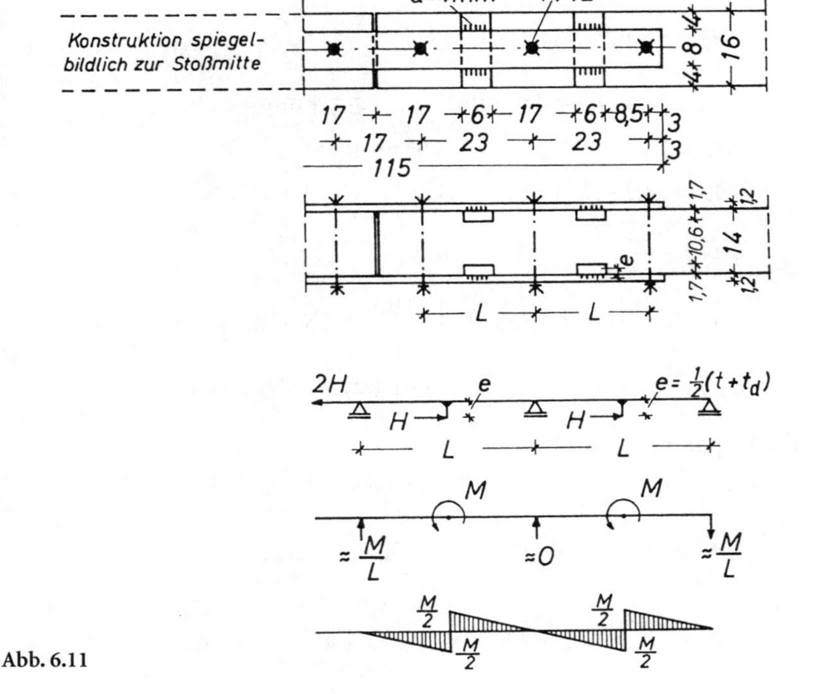

Abb. 6.11

Idealisiertes statisches System für die obere Lasche:

Aus H-Kraft am Dübel

$$M_d = H_d \cdot e = H_d \cdot \frac{t + t_d}{2} \quad \text{vgl. Abb. 6.11}$$

Biegemomente in der Lasche

$$\max M_d \approx \frac{M_d}{2} = \frac{1}{2} \cdot H_d \cdot e$$

Größte Bolzenkraft

$$Z_d \approx \frac{M_d}{L}$$

Die Lasche kann näherungsweise im Bruttoquerschnitt bemessen werden für

Längskraft $N_d = 2\,H_d$

Biegemoment $M_d = \frac{1}{2} \cdot H_d \cdot e$

Im Nettoquerschnitt ist

$$M_d = 0$$

Je Dübel: $H_d = \frac{1}{4} \cdot 137 = 34{,}2$ kN

Schweißnaht: $A_w = 2 \cdot 4 \cdot 60 = 480\ \text{mm}^2$ $\quad a = 4$ mm

DIN 18800 T1: $W_w = 2 \cdot 4 \cdot (60^2/6) = 4{,}8 \cdot 10^3\ \text{mm}^3$

$$M_w = 34{,}2 \cdot 10^3\ (17/2) = 291 \cdot 10^3\ \text{Nmm} = 291\ \text{Nm}$$

$$\tau_{\|} = \frac{34{,}2 \cdot 10^3}{480} = 71{,}3\ \text{N/mm}^2$$

$$\sigma_{\perp} = \frac{291}{4{,}8} = 60{,}6\ \text{N/mm}^2 \quad \left(1\,\frac{\text{Nm}}{\text{cm}^3} = 1\ \text{N/mm}^2\right)$$

$$\sigma_{w,v} = \sqrt{71{,}3^2 + 60{,}6^2} = 93{,}6\ \text{N/mm}^2 < 207\ \text{N/mm}^2$$

Grenzschweißnahtspannung (St 37-2) [36]:

$$\sigma_{w,R,d} = 0{,}95 \cdot 240/1{,}1 = 207\ \text{N/mm}^2$$

Bolzen: $M_d \approx 34{,}2 \cdot 10^3 \cdot \frac{1}{2}\,(12 + 17) = 496 \cdot 10^3\ \text{Nmm}$, $t = 12$ mm, $t_d = 17$ mm

$$Z_d \approx \frac{0{,}496}{0{,}23} = 2{,}16\ \text{kN} < N_{R\,d} = 22{,}1\ \text{kN} \quad \text{(s. 1. Bsp.)}$$

Stahllasche: St 37-2

$$A = 12 \cdot 80 = 9{,}6 \cdot 10^2\ \text{mm}^2$$

$$W_y = 80 \cdot 12^2/6 = 1{,}92 \cdot 10^3\ \text{mm}^3$$

$$\sigma_d = \frac{2 \cdot 34{,}2 \cdot 10^3}{9{,}6 \cdot 10^2} + \frac{1}{2} \cdot \frac{496 \cdot 10^3}{1{,}92 \cdot 10^3}$$

$$= 200\ \text{N/mm}^2 < f_{y,d} = 240/1{,}1 = 218\ \text{N/mm}^2$$

Holzstab:

$$A_n = (140 - 2 \cdot 17) \cdot (160 - 13) = 156 \cdot 10^2\ \text{mm}^2\ [36]$$

$$\sigma_{t,0,d} = \frac{137 \cdot 10^3}{156 \cdot 10^2} = 8{,}78\ \text{N/mm}^2$$

$$\frac{8{,}78}{8{,}61} = 1{,}02 \approx 1 \qquad \text{s. Gl. (2.5)}$$

3. Beispiel: Zugstoß mit Flachstahldübeln und Stahllaschen

Stabkraft und -querschnitt wie 2. Beispiel

Gewählt: 4 Dübel $t_d = 17$ mm wie 2. Beispiel
$a_1 = 170$ mm wie 2. Beispiel

Bolzen: Wird hier auf Abscheren und Lochleibung beansprucht, nicht auf Zug!

Je Dübel: $H_d = 34{,}2$ kN

M 20, St 37-2

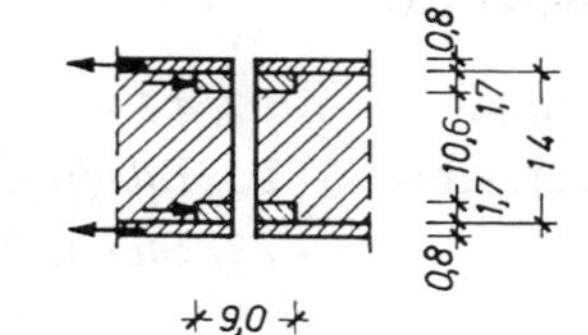

Grenzabscherkraft [36]:

$$V_{a,R,d} = 2{,}45 \cdot 10^2 \cdot 0{,}6 \cdot 360/1{,}1 = 48109\ \text{N} = 48\ \text{kN} > 34{,}2\ \text{kN}$$

(Gewindeteil des Schaftes in der Scherfuge)

Grenzlochleibungskraft [36]:

$$V_{l,R,d} = 8 \cdot 20 \cdot 2{,}84 \cdot 240/1{,}1 = 99142\ \text{N} = 99{,}1\ \text{kN} > 34{,}2\ \text{kN}$$

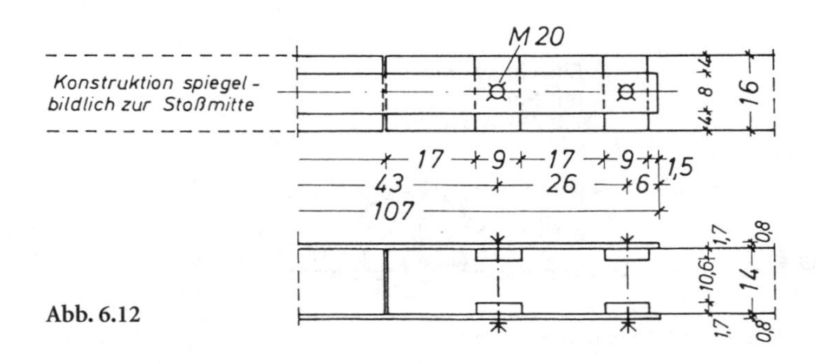

Abb. 6.12

Dübellänge: für beanspruchten Rand nach DIN 18800 T 1
Randabstand $2 \cdot d_L$

$$l \geqq 2 \cdot 2 \cdot (20 + 1) = 84 \text{ mm} \rightarrow l = 90 \text{ mm}$$

Lasche: $A_n = (80 - 21) \cdot 8 = 4{,}72 \cdot 10^2 \text{ mm}^2$
St 37-2

$$\sigma_d = \frac{2 \cdot 34{,}2 \cdot 10^3}{4{,}72 \cdot 10^2} = 145 \text{ N/mm}^2 < f_{y,d} = 218 \text{ N/mm}^2$$

(s. 2. Bsp.)

Holzstab: $A_n = (140 - 2 \cdot 17) \cdot (160 - 21) = 147 \cdot 10^2 \text{ mm}^2$

NH C24: $\sigma_{t,0,d} = \dfrac{137 \cdot 10^3}{147 \cdot 10^2} = 9{,}32 \text{ N/mm}^2 > 8{,}61 \text{ N/mm}^2!$

NH C30: $\dfrac{9{,}32}{11{,}1} = 0{,}840 < 1$

mit $f_{t,0,d} = \dfrac{0{,}8}{1{,}3} \cdot 18 = 11{,}1 \text{ N/mm}^2$ s. Gl. (2.5)

Höhere Festigkeitsklasse (z. B.C30) erforderlich oder neu dimensionieren!

Für den Fall einer kurzen LED ist der gewählte Querschnitt 14/16 für die Festigkeitsklasse C24 ausreichend.

6.2.4 Dübel besonderer Bauart nach DIN 1052 (1988)

Allgemeine Bestimmungen *– T 2, 4.1–*
Konstruktion, Berechnung *– T 2, Tabelle 4/6/7, Bild 3, 4, 6 bis 8–*
Anordnung der Dübel *– T 2, Tabelle 8, Bild 9, 10–*

a) Dübelformen
Verbindung Holz–Holz mit zweiseitigen Dübeln.
Anwendbar sind alle Typen bei NH, bei LH nur Einlaßdübel (Typ A, B).

Verbindung Holz–Metallaschen mit einseitigen Dübeln.
Anwendbar sind die Dübel Typ A, C, D und E.

Prinzipskizze s. Abb. 1.9

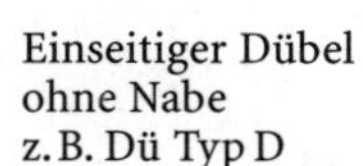

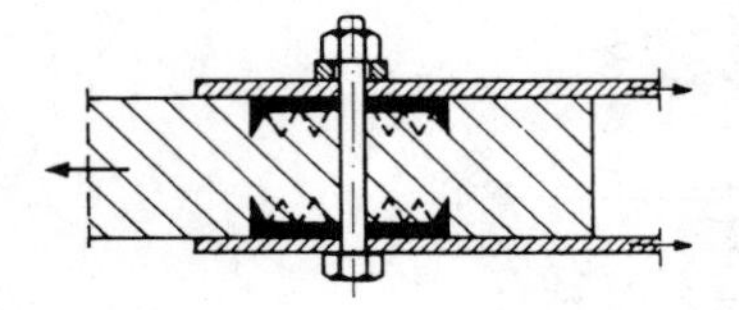

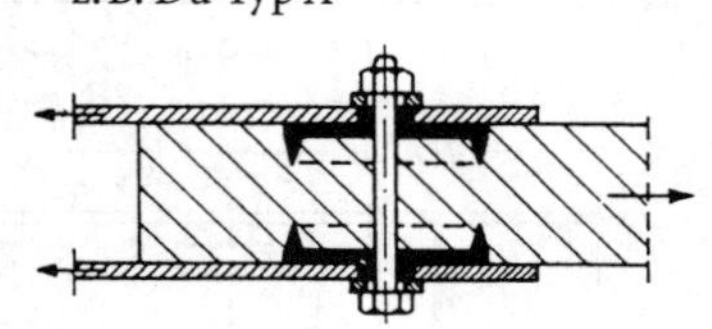

Abb. 6.13. Vergleichende Betrachtung beider Systeme

	Beanspruchung des Bolzens	Montage	Dübeltyp
mit Nabe	Klemmkraft	zwischen feste Bleche nicht einschiebbar	A E
ohne Nabe	Abscheren, Lochleibung, Klemmkraft	zwischen feste Bleche einschiebbar	B C D

b) Querschnittsschwächung bei Zugstäben (Abb. 6.14)

Abzuziehen ist

im Seitenholz: $\Delta A + a_s \cdot (d_b + 0{,}1)$ (in cm^2)

im Mittelholz: $2\Delta A + a_m \cdot (d_b + 0{,}1)$ (in cm^2)

ΔA (in cm^2) s. *–T2, Tab. 4, 6, Spalte 8 und Tab. 7, Spalte 5 und 8–*
d_b (in cm) s. *–T2, Tab. 4, 6, 7, Spalte 9–*

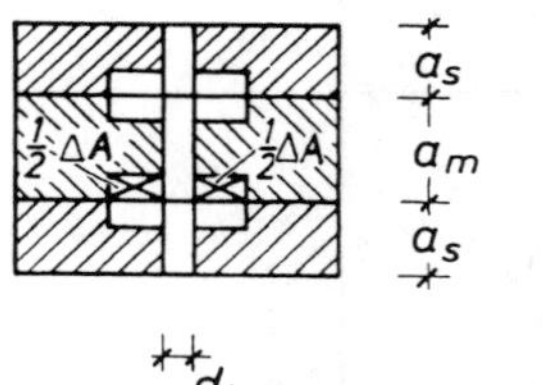

Abb. 6.14

c) Mindestabstände der Dübel (Tafel 6.3)

$e_{d\parallel}$ ≙ Mindestdübelabstand und -vorholzlänge ‖Fa *–T2, Tab. 4.6.7, Spalte 12–*

$e_{d1\parallel}$ ≙ Mindestdübelabstand ‖Fa (versetzt) (Tafel 6.3, Spalte 3)

$e_{d\perp}$ ≙ Mindestabstand benachbarter Dübelreihen ⊥Fa (Tafel 6.3, Spalte 2)

$\frac{b}{2}$ ≙ Mindestrandabstand ⊥Fa *–T2, Tab. 4, 6, 7, Spalte 10 und 11–*

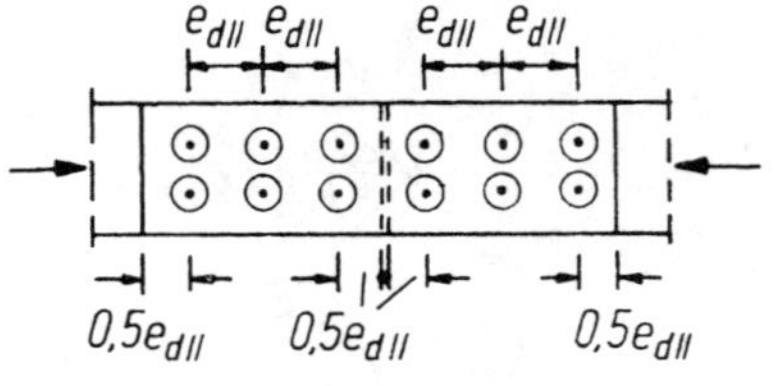

Bei Druckkraft darf Abstand vom unbeanspruchten Rand auf $0{,}5 \cdot e_{d\parallel}$ reduziert werden

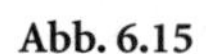

Abb. 6.15

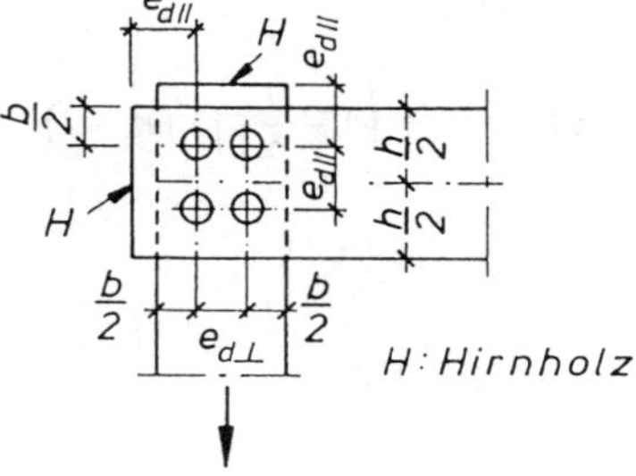

Abb. 6.16

Tafel 6.3. Mindestabstände der Dübel nach DIN

	1	2	3	4
1	Zugbeanspruchung	$e_{d\perp}$	$e_{d1\parallel}$	Randabstand $\perp$Fa
2	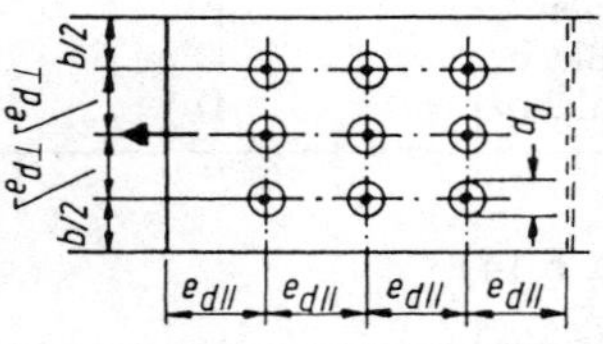	$d_d + t_d$	$e_{d\parallel}$	$b/2$ $b \triangleq$ Mindestbreite des Holzes
3	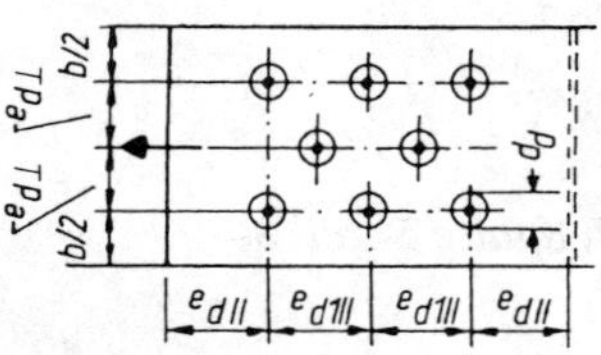	$d_d + t_d$	$e_{d\parallel}$	
		d_d	$1{,}1 \cdot e_{d\parallel}$	
		Zwischenwerte interpolieren		
		$0{,}5\ (d_d + t_d)$	$1{,}8 \cdot e_{d\parallel}$	
		Teil 2, Tabelle 4, 6, 7:		Spalte
4	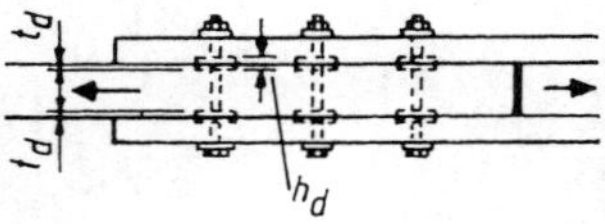	d_d		1
		$t_d = h_d/2$ (Typ A und B)		2
		$t_d = 0{,}5\ (h_d - s)$	(Typ C)	2, 3
		$t_d = 0{,}5\ (h_d - s)$	(Typ D)	3, 4
		$t_d = 0{,}5\ (h_d - 2s)$	(Typ E)	3, 4
		(zweiseitige Dübel)		
		$e_{d\parallel}$		12

d) Zulässige Belastung eines Dübels im Lastfall H

Die zulässigen Belastungen eines Dübels sind *–T2, Tab. 4, 6, 7, Spalte 13 bis 15–* zu entnehmen. Sie sind abhängig von der Anzahl der $\parallel$Kraft hintereinanderliegenden Dübel und vom $\sphericalangle\ \alpha$ zwischen Kraft- und Faserrichtung.

Bei mehr als zwei in Kraftrichtung hintereinanderliegenden Dübeln ist die wirksame Anzahl

$$\mathrm{ef}\,n = 2 + \left(1 - \frac{n}{20}\right) \cdot (n - 2) \qquad n > 2$$

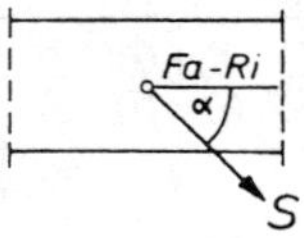

Fa-Ri
α
S

Zulässige Belastung im Lastfall HZ bzw. bei Feuchtigkeitseinwirkung nach *–T2, 3.1 und 3.2–*.

e) Anzahl hintereinanderliegender Dübel
Mehr als 10 Dübel hintereinander dürfen nicht in Rechnung gestellt werden *–T2, 4.3.5–*.

f) Verbolzung ohne Berechnung
nach *–T2, Tab. 4, 6, 7, Spalte 9 und Tab. 3–*

1. Beispiel: Zugstoß mit Einlaßdübeln Typ A (Abb. 6.17)

Stabkraft $S = 125$ kN Lastfall HZ

Stabquerschnitt 10/22 S10/MS10

Gewählt: Dübel ∅ 80–A (Symbol nach [23])

Je Dübel: $\text{zul}\, N = 1{,}25 \cdot 14 = 17{,}5$ kN (HZ, $n_1 = 2$)

$$\text{erf}\, n = \frac{125}{17{,}5} = 7{,}14 \rightarrow 8 \text{ Dübel}$$

Dübelabstände: $e_{\mathrm{d}\parallel} \geqq 180 \text{ mm} \rightarrow 180 \text{ mm}$

$$e_{\mathrm{d}\perp} \geqq 80 + \frac{1}{2} \cdot 30 = 95 \text{ mm} \rightarrow 100 \text{ mm}$$

$$\frac{b}{2} \geqq \frac{1}{2} \cdot 110 = 55 \text{ mm} \rightarrow 60 \text{ mm}$$

Spannungsnachweise:

MH: $A_\mathrm{n} = 100 \cdot 220 - 2 \cdot 2 \cdot 10{,}1 \cdot 10^2 - 2 \cdot 100 \cdot (12 + 1) = 153{,}6 \cdot 10^2 \text{ mm}^2$

$$\sigma_{\mathrm{Z}\parallel} = \frac{125 \cdot 10^3}{153{,}6 \cdot 10^2} = 8{,}14 \text{ N/mm}^2$$

$$\frac{8{,}14}{1{,}25 \cdot 7} = 0{,}93 < 1$$

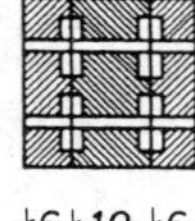
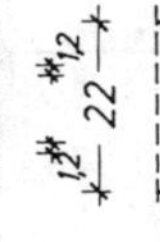
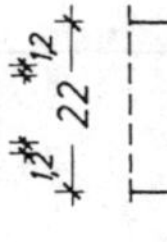
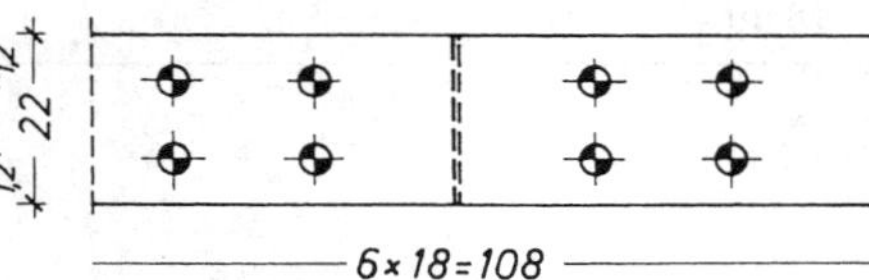

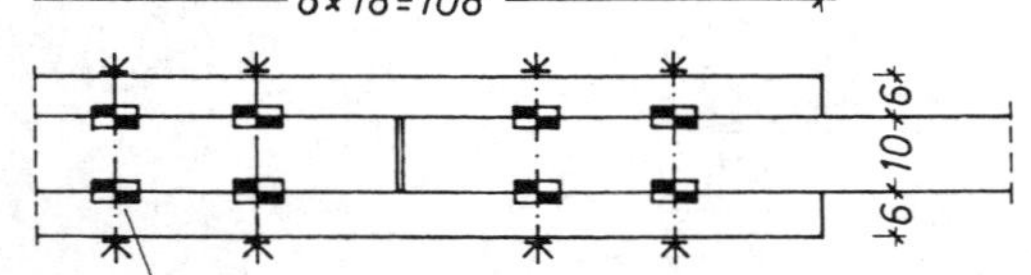

Abb. 6.17

SH: $A_n = 60 \cdot 220 - 2 \cdot 10{,}1 \cdot 10^2 - 2 \cdot 60 \cdot (12 + 1) = 96{,}2 \cdot 10^2\ \text{mm}^2$

$$\sigma_{Z\|} = \frac{1{,}5 \cdot 125 \cdot 10^3}{2 \cdot 96{,}2 \cdot 10^2} = 9{,}75\ \text{N/mm}^2$$

$9{,}75/8{,}75 = 1{,}1 > 1!$ S13: $9{,}75/11{,}2 = 0{,}87 < 1$

2. Beispiel: Zugstoß mit Einpreßdübeln
Stabkraft und -querschnitt wie 1. Beispiel, Lastfall HZ

Gewählt: Dübel ∅65–D ⌖ (Symbol nach [23])

Je Dübel: zul $N = 1{,}25 \cdot 11{,}5 = 14{,}4$ kN (HZ, $n_1 = 2$)

$$\text{erf}\, n = \frac{125}{14{,}4} = 8{,}7 \rightarrow 10\ \text{Dübel}$$

Dübelabstände bei versetzter Anordnung

Gewählt: $e_{d\|} = 140$ mm

$$\frac{b}{2} = \frac{1}{2} \cdot 90 = 45\ \text{mm} \rightarrow 50\ \text{mm}$$

Dann ist $e_{d\perp} = \frac{1}{2} \cdot (220 - 2 \cdot 50) = 60\ \text{mm} < d_d = 65\ \text{mm}$

$> 0{,}5\,(d_d + t_d) = 38{,}5\ \text{mm}$

mit $t_d = 0{,}5\,(27 - 3) = 12$ mm (Tafel 6.3)

Gesucht: $e_{d1\|}$ nach Tafel 6.3, Spalte 2, 3 durch Interpolation

$$\Delta e = (65 - 60) \cdot \frac{98}{26{,}5} = 18{,}5\ \text{mm}$$

$$e_{d1\|} = 154 + 18{,}5 = 173 \rightarrow 180\ \text{mm}$$

$e_{d\perp} = 60$ mm	$e_{d1\|}$ nach Tafel 6.3
$d_d = 65$ mm	$1{,}1 \cdot 140 = 154$ mm
$0{,}5\,(d_d + t_d) = 38{,}5$ mm	$1{,}8 \cdot 140 = 252$ mm
$\Delta X = 26{,}5$ mm	$\Delta Y = 98$ mm

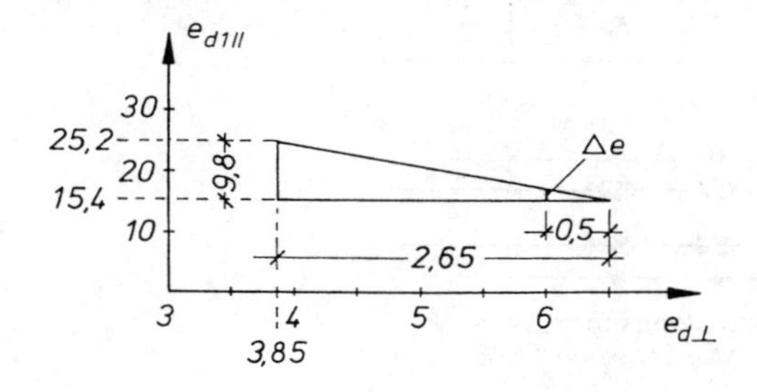

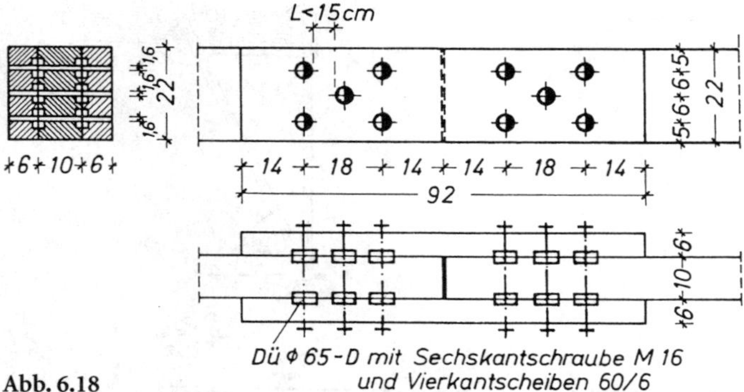

Abb. 6.18

Spannungsnachweise:
Beachte: Da der lichte Abstand $L < 15$ cm, sind drei Schwächungen durch Dübel im Querschnitt abzuziehen *–6.4.2–* [36], (Abb. 7.1). Abzug von nur zwei Bolzenlöchern, da der lichte Abstand $> 4 \cdot 16 = 64$ mm.

MH: $A_n = 100 \cdot 220 - 3 \cdot 2 \cdot 3{,}6 \cdot 10^2 - 2 \cdot 100 \cdot (16 + 1) = 164{,}4 \cdot 10^2\ \text{mm}^2$

$$\sigma_{Z\parallel} = \frac{125 \cdot 10^3}{164{,}4 \cdot 10^2} = 7{,}60\ \text{N/mm}^2$$

$$7{,}6/(1{,}25 \cdot 7) = 0{,}87 < 1$$

SH: $A_n = 60 \cdot 220 - 3 \cdot 3{,}6 \cdot 10^2 - 2 \cdot 60 \cdot 17 = 100{,}8 \cdot 10^2\ \text{mm}^2$

$$\sigma_{Z\parallel} = \frac{1{,}5 \cdot 125 \cdot 10^3}{2 \cdot 100{,}8 \cdot 10^2} = 9{,}30\ \text{N/mm}^2$$

$$9{,}3/8{,}75 = 1{,}06 > 1! \quad \text{S13: } 9{,}3/11{,}2 = 0{,}83 < 1$$

3. Beispiel: Anschlüsse von Stütze und Strebe an BSH-Riegel mit Einlaßdübeln Ø 65–A

Stabkräfte:
Stütze: $Z = 68$ kN Zug Lastfall H
Strebe: $D = 160$ kN Druck Lastfall HZ

Punkt A: Beanspruchung ~ ⊥ Fa (Spalte 15)

Dübel: $\text{zul}\,Z = 2 \cdot 4 \cdot 9{,}0 = 72\ \text{kN} > 68\ \text{kN}$ (Spalte 15)

Spannung im Anschlußquerschnitt (ausmittiger Zug):

$$A_n = 2 \cdot 80 \cdot 200 - 2 \cdot 2 \cdot 7{,}8 \cdot 10^2 - 2 \cdot 2 \cdot 80\,(12 + 1) = 247 \cdot 10^2\ \text{mm}^2$$

$$\sigma_{Z\parallel} = \frac{1{,}5 \cdot 68 \cdot 10^3}{247 \cdot 10^2} = 4{,}1\ \text{N/mm}^2$$

$$4{,}1/7 = 0{,}59 < 1\ \text{(H)}$$

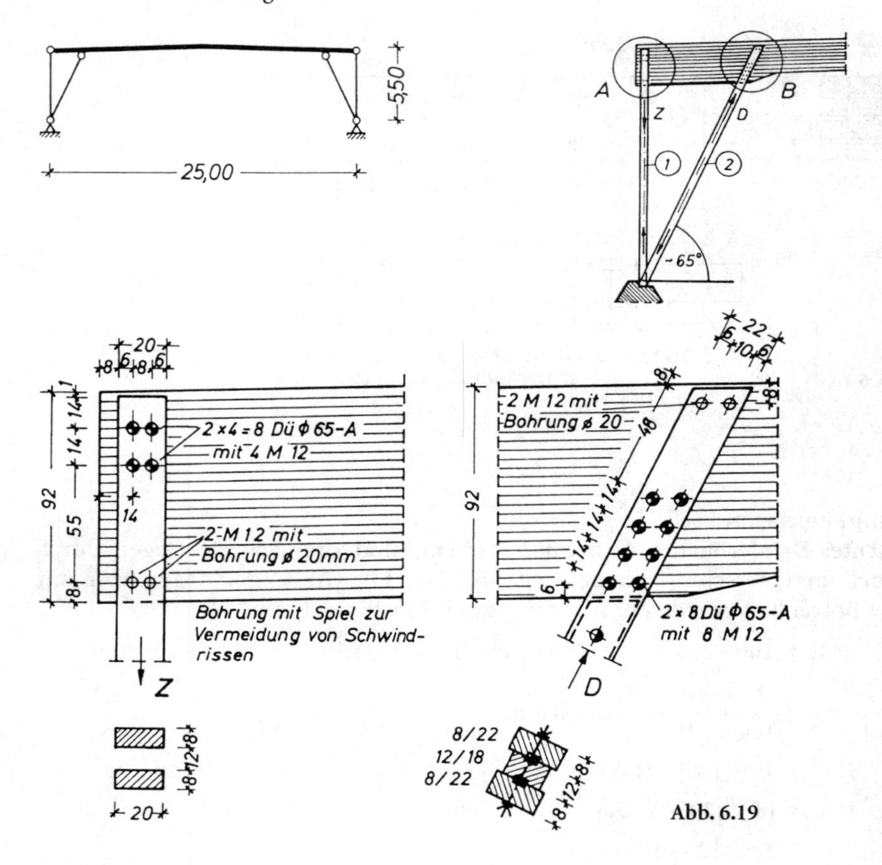

Abb. 6.19

Dübelabstände:

$$\frac{b}{2} \geqq \frac{100}{2} = 50 \rightarrow 60 \text{ mm}$$

$$e_{d\parallel} = 140 \text{ mm}; \quad e_{d\perp} = 65 + \frac{30}{2} = 80 \text{ mm}$$

Punkt B: Beanspruchung: $\alpha \sim 65° \rightarrow$ Sp. 15

$n_1 = 4$ in einer Reihe: $\quad \text{ef}\, n = 2 + \left(1 - \frac{2}{10}\right) \cdot (4 - 2) = 3{,}6$

Lastfall HZ: Erhöhung um 25% *–T 2, 3.2–*

Dübel: $\text{zul}\, D = 2 \cdot 2 \cdot 3{,}6 \cdot 1{,}25 \cdot 9{,}0 = 162 \text{ kN} > 160 \text{ kN}$

Spannung im Anschlußquerschnitt (ausmittiger Druck)

$$\sigma_{D\parallel} = \frac{160 \cdot 10^3}{2 \cdot 80 \cdot 220} = 4{,}5 \text{ N/mm}^2$$

$$4{,}5/10{,}6 = 0{,}42 < 1 \quad \text{(HZ)}$$

Unterer Randabstand:

$$\frac{b}{2} \geqq \frac{110}{2} = 55 \rightarrow 60 \text{ mm}$$

Um Queraufreißen des BSH-Riegels auszuschließen, ist bei der Konstruktion zu beachten:

a) Dübel des Zugstabes ① am oberen Rand,
Dübel des Druckstabes ② am unteren Rand des Riegels konzentrieren

b) Bohrung für die Klemmbolzen mit Spiel vorsehen.

6.2.5 Dübel besonderer Bauart nach DIN 1052 neu (EC5)

a) **Dübelformen**
– *Bild G.1 bis G.9, Tab. G.14 bis G.22* [1] –

b) **Querschnittsschwächung**
– *Tab. 16.* Dübelfehlflächen [1] –

c) **Mindestabstände**
– *Tab. 18.* Ring- u. Scheibendübel, *Tab. 20 u. 21.* Scheibendübel mit Zähnen –

d) **Tragfähigkeit eines Dübels**
Die charakteristische Tragfähigkeit $R_{c,0,k}$ für einen Ring- oder Scheibendübel ergibt sich nach – *13.3.2* [1] – zu

$$R_{c,0,k} = \min\{35 \cdot d_c^{1,5}\,;\, 31{,}5 \cdot d_c \cdot h_e\} \quad \text{in N} \tag{6.2a}$$

mit

d_c Dübeldurchmesser, in mm

h_e Einlaßtiefe des Dübels, in mm

$\min a_{1,t} = 2 \cdot d_c$; $\min a_{2,t(c)} = 0{,}6 \cdot d_c$ s. Abb. 6.40 A

$\min t_1 = 3 \cdot h_e$; $\min t_2 = 5 \cdot h_e$ (Holzdicken).

Einfluß kleinerer t als $\min t$ auf $R_{c,0,k}$:

$$k_t \cdot R_{c,0,k} = \min\left\{1; \frac{t_1}{3 \cdot h_e}; \frac{t_2}{5 \cdot h_e}\right\} \cdot R_{c,0,k}$$

$t_1 < 2{,}25 \cdot h_e$ u. $t_2 < 3{,}75 \cdot h_e$ sind unzulässig.

Einfluß von ϱ_k auf $R_{c,0,k}$:

$$\varrho_k < 350 \text{ kg/m}^3 \rightarrow (\varrho_k/350) \cdot R_{c,0,k}$$

$$\varrho_k > 350 \text{ kg/m}^3 \rightarrow k_\varrho \cdot R_{c,0,k} = \min\left(1{,}75; \frac{\varrho_k}{350}\right) \cdot R_{c,0,k}$$

Für ϱ_k ist stets der kleinere Wert maßgebend.
Hintereinander liegende Dübel ($\|$ Fa):

$$\text{ef}\,n(\alpha = 0) = 2 + \left(1 - \frac{n}{20}\right) \cdot (n - 2) \qquad 2 < n \leqq 10$$

$$\text{ef}\,n(\alpha) = \text{ef}\,n(\alpha = 0) \cdot \frac{90 - \alpha}{90} + n \cdot \frac{\alpha}{90}$$

Verbindungen mit nur einer Verbindungseinheit ∥ Fa ($\alpha \leqq 30°$):

$$a_{1,t} > 2 \cdot d_c \rightarrow k_{a1} \cdot R_{c,0,k} = \min\left(1{,}25; \frac{a_{1,t}}{2 \cdot d_c}\right) \cdot R_{c,0,k}$$

$$a_{1,t} < 2 \cdot d_c \rightarrow \frac{a_{1,t}}{2 \cdot d_c} \cdot R_{c,0,k}$$

$a_{1,t} < 1{,}5 \cdot d_c$ sind unzulässig. Bei unbelastetem Hirnholzende (Druck) darf der erste Wert in Gl. (6.2 a) unbeachtet bleiben – *13.3.2 (10)* [1] –.

Bemessungswert der Tragfähigkeit eines Dübels:

$$R_{c,0,d} = \frac{k_{mod}}{\gamma_M} \cdot R_{c,0,k}, \quad \gamma_M = 1{,}3 \tag{6.2b}$$

Beanspruchung unter einem Winkel α zwischen Kraft- und Holzfaserrichtung:

$$R_{c,\alpha,k} = k_\alpha \cdot R_{c,0,k} = \frac{R_{c,0,k}}{(1{,}3 + 0{,}001 \cdot d_c) \cdot \sin^2 \alpha + \cos^2 \alpha} \tag{6.2c}$$

Die charakteristische Tragfähigkeit $R_{j,0,k}$ für Scheibendübel mit Zähnen ergibt sich nach – *13.3.3* [1] – zu

$$R_{j,0,k} = R_{c,k} + R_{b,0,k} \tag{6.2d}$$

mit

$$R_{c,k} = \begin{cases} 18 \cdot d_c^{1,5} \text{ für die Dübeltypen C1 bis C5} \\ 25 \cdot d_c^{1,5} \text{ für die Dübeltypen C10 bis C11} \end{cases} \tag{6.2e}$$

$R_{c,k}$ in N, d_c in mm,

$R_{b,0,k}$ charakteristische Tragfähigkeit des Bolzens pro Scherfuge für $\alpha = 0°$ (s. Abschn. 6.3.6)

Typ C3, C4: $d_c = \sqrt{a_1 \cdot a_2}$; Typ C5: $d_c = d$.

Mindestabstände, Mindestdicken und Einfluß der Rohdichte auf die charakteristischen Tragfähigkeiten $R_{c,k}$ und $R_{b,0,k}$ sind bei der Bemessung zu beachten.

Bemessungswerte der Tragfähigkeit:

$$R_{j,0,d} = R_{c,d}\,(\gamma_M = 1{,}3) + R_{b,0,d}\,(\gamma_M{}^2 = 1{,}1) \tag{6.2f}$$

$$R_{j,\alpha,d} = R_{c,d} + R_{b,\alpha,d} \tag{6.2g}$$

Ein Beispiel zur Berechnung des Bemessungswertes der Tragfähigkeit eines Scheibendübels mit Zähnen (C10) ist im Abschn. 5.7.2.3 enthalten.

Beispiel: Zugstoß mit Einlaßdübeln Typ A1

Stabkraft und -querschnitt wie 1. Beispiel nach DIN 1052 (1988)

NH C24, $k_{mod} = 0{,}9$ (≙ LF HZ)

Bemessungswert $S_d = 1{,}43$[1] $\cdot 125 = 179$ kN s. Abschn. 6.2.3

Gewählt: Dübel ⌀80 – A1, d_b s. – *Tab. 17* [1] –: M12

---

[1] Summarischer Sicherheitsbeiwert für die Einwirkungen.

[2] i. d. R., s. a. – *G.2* [1] –.

Dübelabstände: (Abb. 6.17)

$a_1 = 180\ \text{mm} > \min a_1 = 2 \cdot d_c = 160\ \text{mm}$
$a_2 = 1{,}2 \cdot d_c = 96\ \text{mm} \rightarrow 100\ \text{mm}$
$a_{2,c} = 0{,}6 \cdot d_c = 48\ \text{mm} \rightarrow 60\ \text{mm}$
$a_{1,t} = a_1$

Holzdicken:

vorh $t_1 = 60\ \text{mm} > \min t_1 = 3 \cdot h_e = 45\ \text{mm}$ (SH)
vorh $t_2 = 100\ \text{mm} > \min t_2 = 5 \cdot h_e = 75\ \text{mm}$ (MH)

Charakteristische Tragfähigkeit:

$$R_{c,0,k} = \min\{35 \cdot 80^{1,5}; 31{,}5 \cdot 80 \cdot 15\} = \min(25044\ \text{N}; 37800\ \text{N})$$

$$R_{c,0,d} = \frac{0{,}9}{1{,}3} \cdot 25{,}0 = 17{,}3\ \text{kN};\ k_\varrho = 1,\ k_t = 1$$

$$\text{erf}\ n = \frac{179}{17{,}3} = 10{,}3 \rightarrow 10\ \text{Dübel (GL 36 h: 8 Dübel)}$$

Spannungsnachweise:

MH: $A_n = 100 \cdot 220 - 2 \cdot 2 \cdot 12{,}0 \cdot 10^2 - 2 \cdot (100 - 2 \cdot 15) \cdot (12 + 1)$
$= 154 \cdot 10^2\ \text{mm}^2$

$$\sigma_{t,0,d} = \frac{179 \cdot 10^3}{154 \cdot 10^2} = 11{,}6 > f_{t,0,d} = \frac{0{,}9}{1{,}3} \cdot 14 = 9{,}7\ \text{N/mm}^2!\ \text{s. (2.5)}$$

C30: $11{,}6/12{,}5 = 0{,}93 < 1$ $(R_{c,0,d} = 18{,}9\ \text{kN},\ k_\varrho = 1{,}09)$

SH: $A_n = 60 \cdot 220 - 2 \cdot 12{,}0 \cdot 10^2 - 2 \cdot (60 - 15) \cdot 13 = 96{,}3 \cdot 10^2\ \text{mm}^2$

$$\sigma_{t,0,d} = \frac{179 \cdot 10^3}{2 \cdot 96{,}3 \cdot 10^2} = 9{,}29\ \text{N/mm}^2 > \frac{2}{3} f_{t,0,d} = 6{,}46\ \text{N/mm}^2!\ \text{s. Abschn. 5.1}$$

C35: $9{,}29/9{,}69 = 0{,}96 < 1$ (für die Laschen)

Maßnahmen zur Vermeidung der Verkrümmung einseitig beanspruchter Bauteile in Zuganschlüssen vorausgesetzt -*Bild 31* [1]-.

6.2.6 Hirnholz-Dübelverbindungen bei BSH

Hirnholz-Dübelverbindungen können als Querkraftanschlüsse von Brettschichtträgern nach Abb. 6.20 wirtschaftlich hergestellt werden. Die Holzüberdeckung der Stahlteile begünstigt die Feuerwiderstandsdauer der Verbindung. Anwendungsbeispiele s. Abb. 6.21 A und Abb. 5.29 (biegesteifer Stoß).

Bemessung nach DIN 1052 (1988)
Nach Untersuchungen von Möhler/Hemmer [80] können Hirnholz-Dübelverbindungen mit Einlaßdübeln Typ A wie folgt bemessen und ausgeführt werden -*T2, 4.3.2*-.

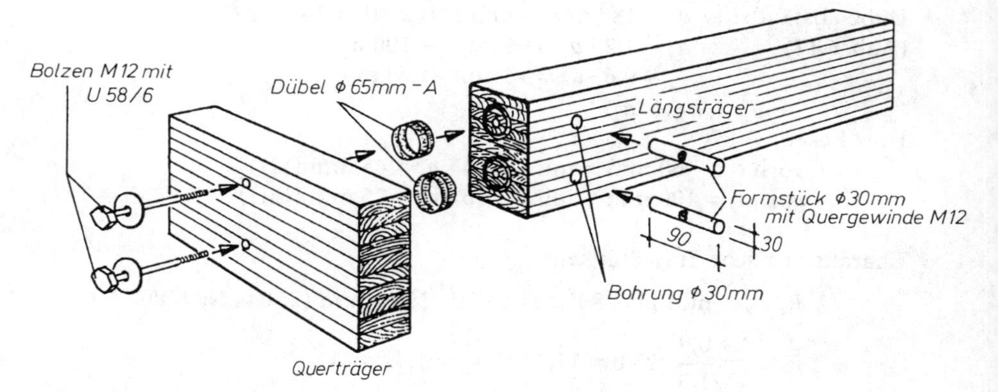

Abb. 6.20. Aufbau und Einzelteile einer Hirnholz-Dübelverbindung [80]

Die zulässige Belastung zul F_0 (in kN) eines Dübels in einer ⊥ Fa liegenden Hirnholzverbindung ($\varphi = 90°$) mit $n \leqq 2$ Dübeln übereinander kann nach Gl. (6.3 a) berechnet werden *– T2, Tab. 5–*.

$$\text{zul}\, F_0 = 3{,}75 \cdot d_d/65 + (0{,}576 \cdot b + 2{,}94 \cdot v_d) \cdot 10^{-2} \qquad (6.3\,a)$$

Bezeichnungen nach Abb. 6.21:	Gültigkeitsbereich:
d_d = Dübeldurchmesser (in mm)	
b = Längsträgerbreite (in mm)	$1{,}6 \cdot d_d \leqq b \leqq 4{,}4 \cdot d_d$
v_d = Randabstand (in mm)	$0{,}8 \cdot d_d \leqq v_d \leqq 2{,}2 \cdot d_d$

Bei Einhaltung der Mindestmaße für b und v_d liefert Gl. (6.3 a) die zulässigen Belastungen gemäß Tafel 6.4 A, Zeile 4 *– T2, Tab. 5–*.

Die zulässige Belastung im Querträger ist hinsichtlich der Querzugfestigkeit gesondert nachzuweisen nach Abschn. 5.2.

Bei konstruktiven Abweichungen von der Normalform des Anschlusses gemäß Abb. 6.21 A können die zul F_0-Werte aus Tafel 6.4 A korrigiert werden durch Multiplikation mit dem Korrekturfaktor k nach Gl. (6.4 a).

$$\text{zul}\, F = \text{zul}\, F_0 \cdot k \qquad (6.4\,a)$$

mit

$k = 1{,}0 - 0{,}05\,(10 - l_f/d_b)$ für $5 \leqq l_f/d_b \leqq 10$ [81]

Tafel 6.4 A. zul F_0 (in kN) eines Dübels Typ A in ⊥ oder schräg ($\varphi \geqq 45°$) Fa liegender Hirnholzfläche bei Einhaltung der Mindestmaße l_f = 120 mm, LF H

1	Dübeldurchmesser (Typ A) d_d (in mm)	65	80	95	126
2	Mindestholzbreite b (in mm)	110	130	150	200
3	Mindestrandabstand v_d (in mm)	55	65	75	100
4	zul F_0 (in kN) bei ≦ 2 Dübeln übereinander	6,0	7,3	8,5	11,4
5	zul F_0 (in kN) bei 3 bis 5 Dübeln übereinander	7,2	8,7	10,2	13,7

zul F_0-Werte für Typ C und D s. [81].

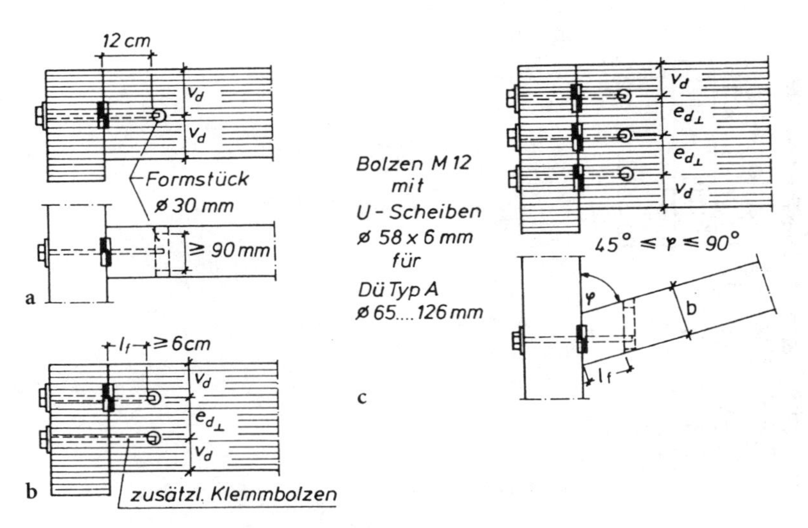

Abb. 6.21. Hirnholz-Dübelverbindungen

In [81] ist ein Vorschlag für die Ausbildung und Berechnung von Hirnholzdübelverbindungen sowohl mit Einlaßdübeln des Dübeltyps A als auch mit Einpreßdübeln der Dübeltypen C oder D enthalten. Danach können die Verbindungen in Hirnholzflächen von BSH oder in die Hirnholzflächen von NH eingebaut werden. Außerdem konnte festgestellt werden:

- kein deutlich erkennbarer Einfluß des Winkels zwischen Haupt- und Nebenträger auf die Tragfähigkeit der Verbindungen,
- keine merkliche Erhöhung der Tragfähigkeit für 3 und 5 hintereinanderliegende Einpreßdübel der Dübeltypen C und D.

Berechnungsbeispiel nach Abb. 6.21 A

Längsträger 16/49
Querträger 20/54
Anschlußwinkel $\varphi = 65°$
Anschlußkraft vorh $F = 35$ kN

Gewählt: 4 Dübel ∅ 95 mm – A

a) zul $F_\perp$ für 4 Dübel:

nach *–T2, Tab. 4, Spalte 15–*:

$$\text{zul}\, F_\perp = 3{,}6 \cdot 12{,}5 = 45\ \text{kN} > 35\ \text{kN}$$

mit

$$\text{ef}\, n = 2 + \left(1 - \frac{4}{20}\right) \cdot 2 = 3{,}6$$

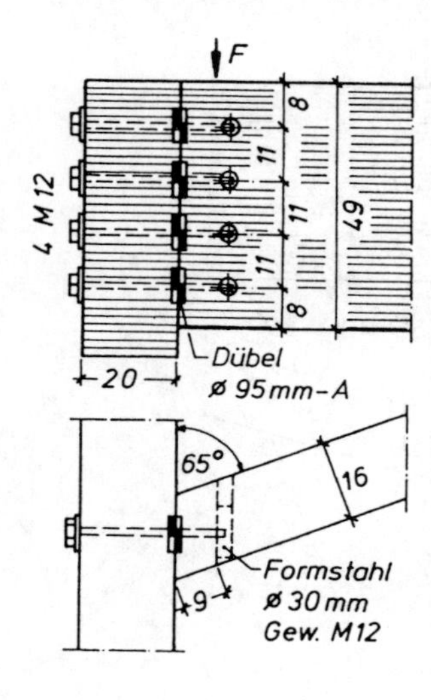

Abb. 6.21 A

b) zul F für Hirnholzdübel:

nach (6.3 a):

zul $F_0 = 3{,}75 \cdot 95/65 + 0{,}0576 \cdot 16 + 0{,}294 \cdot 8{,}0 = 8{,}75$ kN
$\approx 8{,}5$ nach Tafel 6.4 A.

nach (6.4 a):

$k = 1{,}0 - 0{,}05\,(10 - 90/12) = 0{,}88$

zul $F = 4 \cdot 10{,}2 \cdot 0{,}88 = 35{,}9$ kN > 35 kN

c) zul F_Q^R im Querträger nach (5.7)–(5.9):

$b' = 100/2 = 50$ mm für Dübel einseitig

$W' = 2{,}15 \cdot 95 = 204$ mm

$a = 540 - 80 = 460$ mm

$h_1 = 80$ mm
$h_2 = 190$ mm
$h_3 = 300$ mm
$h_4 = 410$ mm

$$s = \frac{1}{4} \cdot \left[1 + \left(\frac{80}{190}\right)^2 + \left(\frac{80}{300}\right)^2 + \left(\frac{80}{410}\right)^2\right] = 0{,}322$$

$$f' = 0{,}68 + \frac{1{,}37 \cdot 540}{1000} + \frac{0{,}2 \cdot 460}{540} + \frac{0{,}4 \cdot 460}{1000} = 1{,}774$$

$$\text{zul } F_Q^R = \frac{1{,}774}{75{,}4} \cdot \frac{50 \cdot 204}{0{,}322 \cdot (50 \cdot 204 \cdot 80)^{0{,}2}} = 49{,}0 \text{ kN} > 35{,}0 \text{ kN}$$

Ein weiteres Beispiel s. Abb. 5.29 (biegesteifer Stoß)

Bemessung nach DIN 1052 neu (EC 5)

Die charakteristische Tragfähigkeit $R_{c,H,k}$ eines Ringdübels des Typs A1 ($d_c \leqq$ 126 mm) in einer ⊥ oder schräg ($\varphi \geqq 45°$) zur Fa liegenden Hirnholzverbindung mit VH, BSH oder Balkenschichtholz kann nach (6.3 b) berechnet werden (– *Bild 50* [1] –).

Dübeltyp A1 (Abb. 6.21):

$$R_{c,H,k} = k_H \cdot R_{c,0,k}/(1{,}3 + 0{,}001 \cdot d_c) \qquad (6.3\text{b})$$

Es bedeuten:

$R_{c,0,k}$ charakteristische Tragfähigkeit einer Verbindungseinheit nach Gl. (6.2 a)

k_H Beiwert zur Berücksichtigung des Einflusses des Hirnholzes des anzuschließenden Trägers
$n \leqq 2$: $k_H = 0{,}65$; $n = 3$ bis 5: $k_H = 0{,}80$

n Anzahl der Dübel hintereinander

d_c Dübeldurchmesser in mm

Anforderungen:
$\varrho_k \geqq 350$ kg/m³; k_ϱ stets gleich 1.

Holzmaße, Dübelabstände bei Hirnholzanschlüssen mit Dübeln besonderer Bauart s. – *Tab. 22* [1] –.

Für Scheibendübel mit Zähnen des Typs C1 ($d_c \leqq 140$ mm) und Scheibendübel mit Dornen des Typs C10 folgt nach – *13.3.4 (7)* [1] –:

$$R_{c,H,k} = 14 \cdot d_c^{1,5} + 0{,}8 \cdot R_{b,90,k} \qquad (6.4\text{b})$$

mit

$R_{b,90,k}$ charakteristische Tragfähigkeit des Bolzens oder der Gewindestange nach $R_k = \sqrt{2 \cdot M_{y,k} \cdot f_{h1,k} \cdot d}$ mit
$f_{h,1,k}$ ($\alpha = 90°$)
$350 \text{ kg/m}^3 \leqq \varrho_k \leqq 500 \text{ kg/m}^3$

Die Bemessungswerte der Tragfähigkeiten von Hirnholzanschlüssen mit den erlaubten Dübeln betragen:

$$R_{c,H,d} = n_c \cdot k_{mod} \cdot R_{c,H,k}/\gamma_M \qquad (6.5\text{b})$$

mit

n_c Anzahl der Verbindungseinheiten in einem Anschluß, $n_c \leqq 5$
$\gamma_M = 1{,}3$ s. Tafel 2.6

Berechnungsbeispiel nach Abb. 6.21 A

Längsträger 16/49

Querträger 20/54

Anschlußwinkel $\varphi = 65°$

Anschlußkraft vorh $F_k = 35$ kN

GL28 h, $k_{mod} = 0{,}9$

Bemessungswert vorh $F_d = 1{,}43 \cdot 35 = 50$ kN, s. Abschn. 6.2.3

Gewählt: 4 Dübel ∅95 mm–A1

a) $R_{c,90,d}$ für 4 Dübel

Nach (6.2a):

$R_{c,0,k} = \min\{35 \cdot 95^{1,5}; 31,5 \cdot 95 \cdot 15\} = \min(32408 \text{ N}; 44888 \text{ N})$

$R_{c,90,k} = 32,4/(1,3 + 0,001 \cdot 95) = 23,2 \text{ kN}$ s. Gl. (6.2c)

$R_{c,90,d} = 0,9 \cdot 23,2/1,3 = 16,1 \text{ kN}$ je Dübel s. Abschn. 2.11

$4 \cdot 16,1 = 64,4 \text{ kN} > 50 \text{ kN}$ (ef $n = n$ für $\alpha = 90°$)

b) $R_{c,H,d}$ für Hirnholzdübel

Nach (6.3b): $R_{c,H,k} = 0,80 \cdot 32,4/(1,3 + 0,001 \cdot 95) = 18,6 \text{ kN}$

$R_{c,H,d} = 4 \cdot 0,9 \cdot 18,6/1,3 = 51,5 \text{ kN} > 50 \text{ kN}$

Für konstruktive Abweichungen (Abb. 6.21 A) von der Normalform des Anschlusses (z. B. Abb. 6.21a) ist in DIN 1052 neu (EC 5) kein Korrekturfaktor [81] vorgesehen. Die konstruktive Ausbildung des Hirnholzanschlusses nach Abb. 6.21 A ist so nicht mehr möglich (< 120 mm).

c) Bemessungswert $R_{90,d}$ im Querträger nach (5.10)

$(540-80)/540 = 0,85$ s. Abb. 6.21 A

Für Queranschlüsse mit $a/h > 0,7$ ist kein Nachweis der Querzugbelastung erforderlich.

Ein weiteres Beispiel s. Abb. 5.29 (biegesteifer Stoß).

6.2.7 Konstruktionsbeispiele (Abb. 6.22–6.26)

Hier sollen einige Anwendungsmöglichkeiten der Dübelverbindung für Dachbinder, Verbände und eingespannte Stützen gezeigt werden.

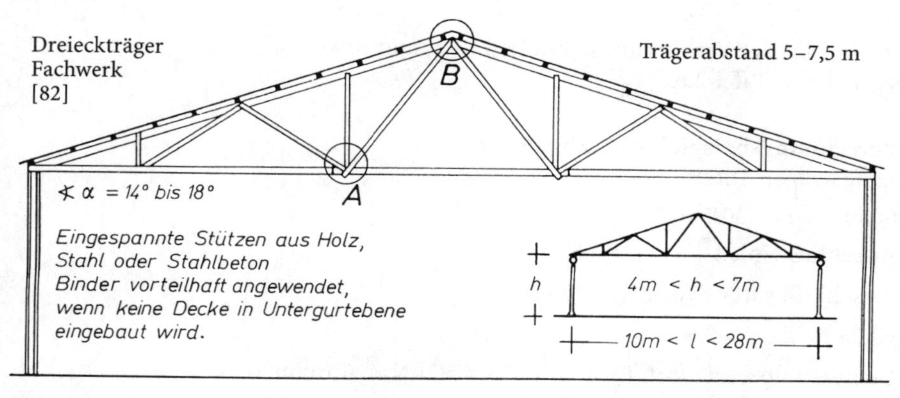

Abb. 6.22

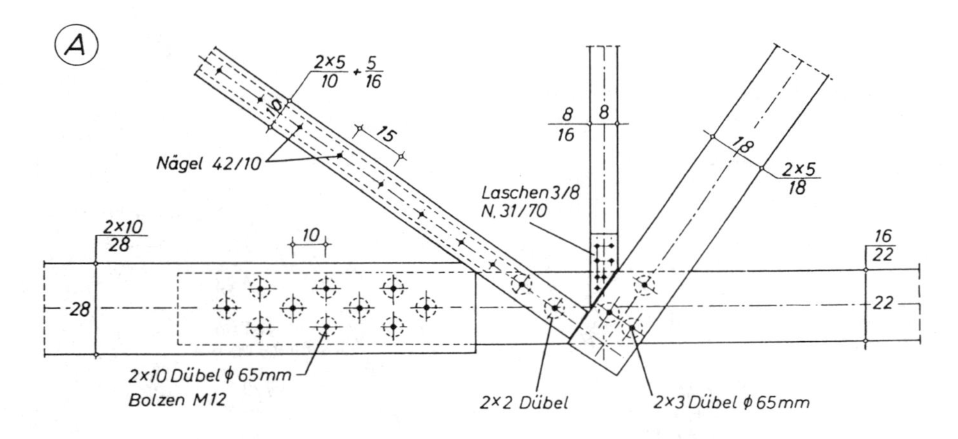

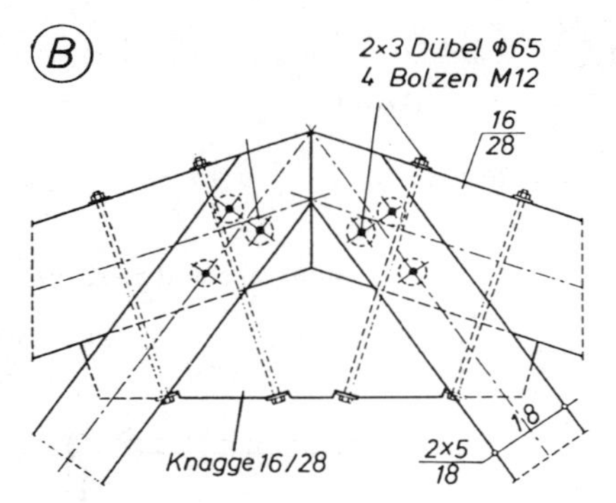

Querschnittsmaße vom Binder mit 20,00 m Stützweite

Dübeltyp A (Appel)

Abb. 6.22 (Fortsetzung)

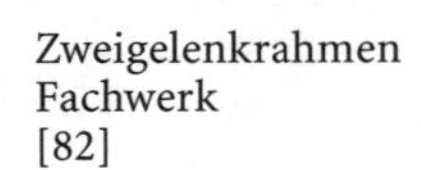
Zweigelenkrahmen
Fachwerk
[82]

Kantholzkonstruktion
Binderabstand 5–7,5 m

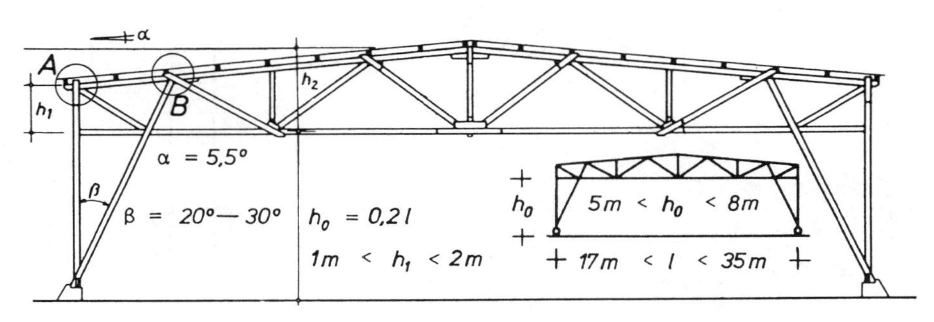

Abb. 6.22 A

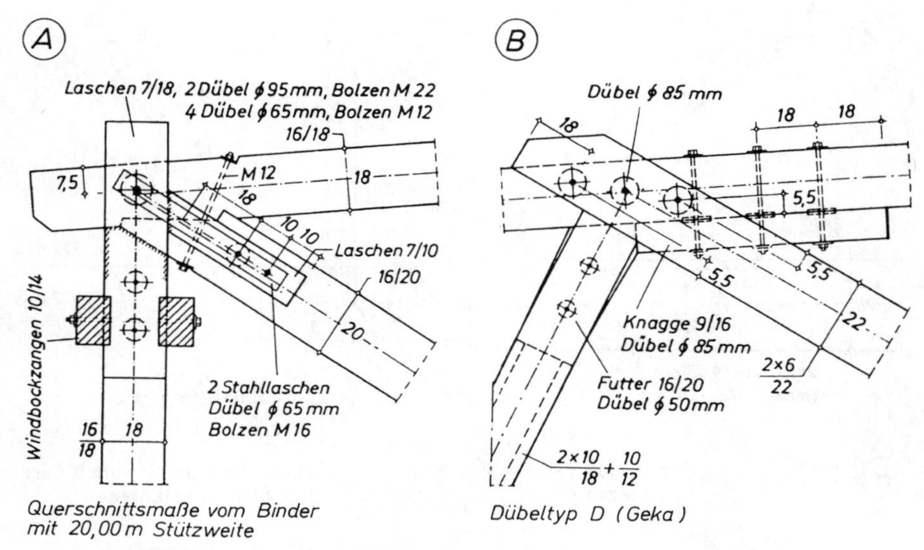

Abb. 6.22 A (Fortsetzung) Dübelbezeichnung nach DIN 1052 (1988)

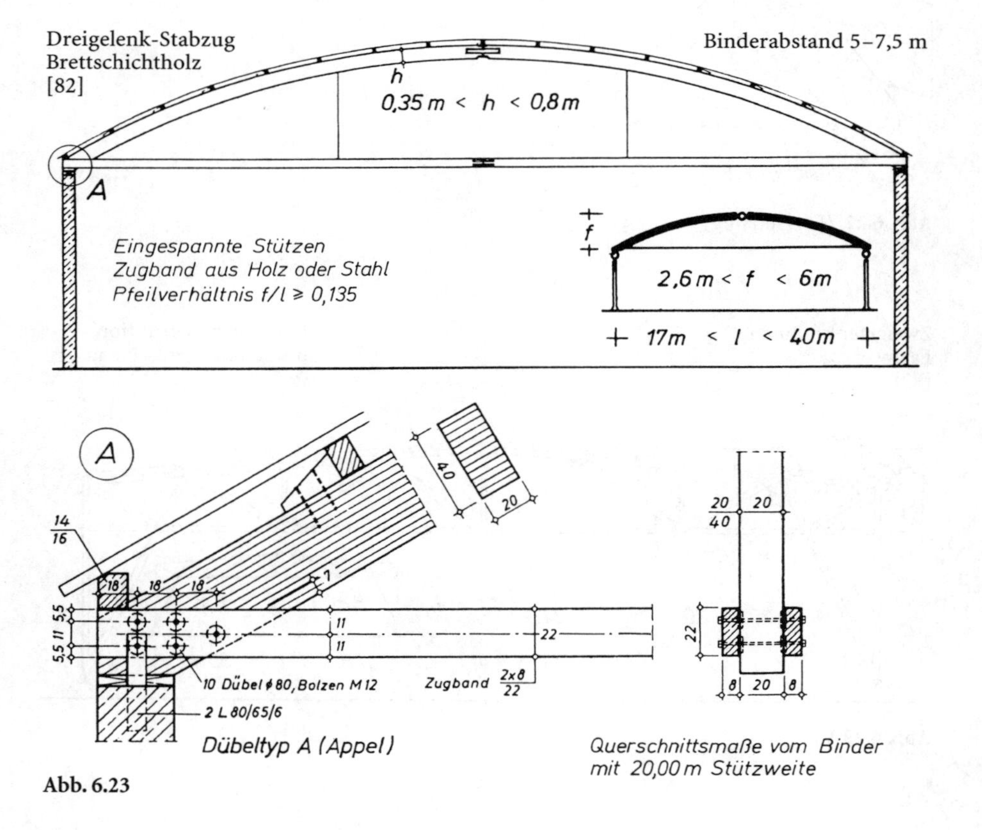

Abb. 6.23

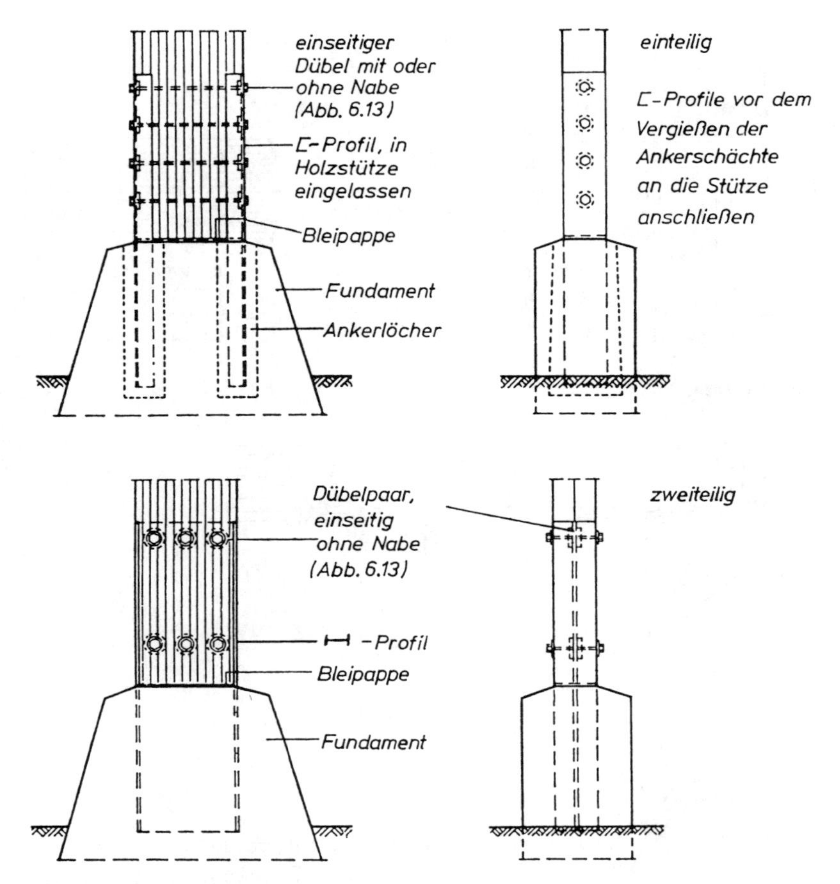

Abb. 6.24. Eingespannte Stütze aus BSH

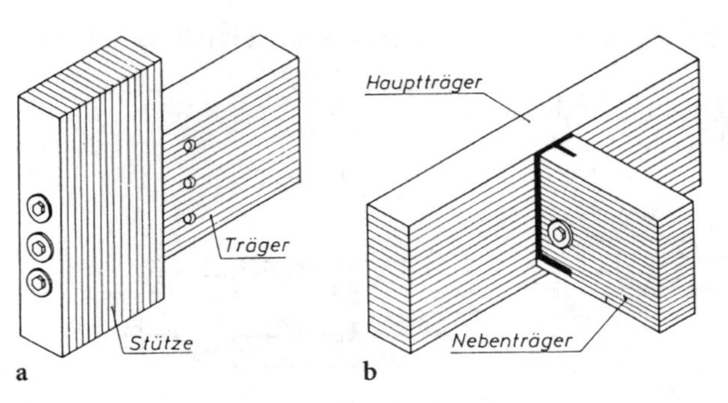

a, c, e Hirnholz-Dübelverbindungen
b, d Dübelanschluß mit geschweißtem Stahlschuh

Abb. 6.25. Querkraftanschlüsse von Brettschichtträgern

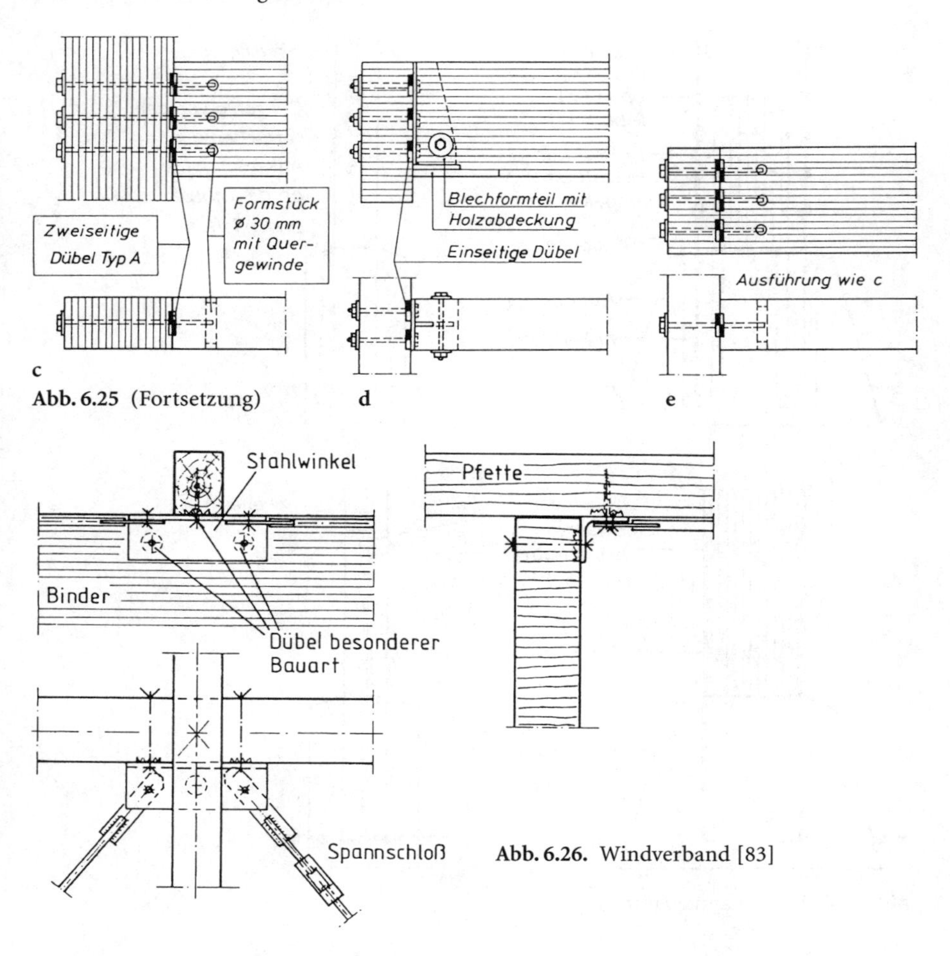

Abb. 6.25 (Fortsetzung)

Abb. 6.26. Windverband [83]

6.3 Bolzen (b) und Stabdübel (st)

6.3.1 Allgemeines

Bolzen und Stabdübel (Abb. 6.27) sind zylindrische Stifte, deren Tragfähigkeit bestimmt wird

a) durch die Lochleibungsfestigkeit des Holzes
b) durch die Biegesteifigkeit des Stahlstiftes.

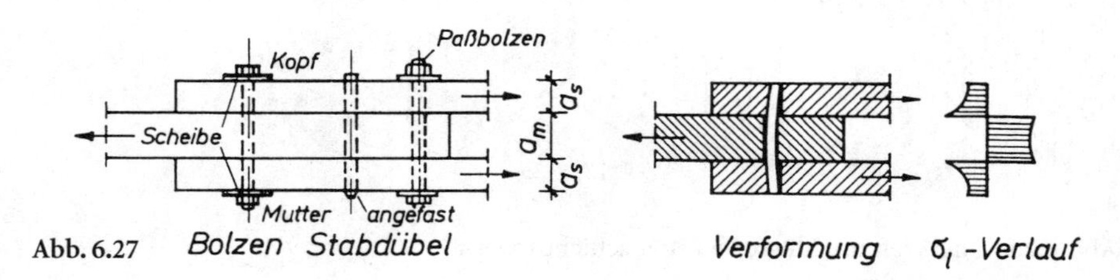

Abb. 6.27

Tafel 6.5. Durchmesser (in mm)

	Schaft-∅	Loch-∅
Bolzen	12 bis 30[1]	$\leqq d_b + 1$
Stabdübel	8 bis 30[1]	d_{st}

Scheibenmaße nach *-T2, Tabelle 3-*

[1] Bei $d_{b,st} \geqq 24$ mm nach *-E160-* zulässige Belastungen nicht voll ausnutzen.

Je größer die Biegesteifigkeit des Stiftes, um so gleichmäßiger ist die Verteilung der Lochleibungsspannungen. Die Abweichungen vom rechnerischen Mittelwert sind im Mittelholz geringer als in den Seitenhölzern (Abb. 6.27).

Stabdübel werden nur durch den Paßsitz gehalten (Tafel 6.5). Sie dürfen wegen fehlender Klemmwirkung bei außenliegenden Metallaschen nur mit Kopf und Mutter oder beidseitig mit Muttern versehen (Paßbolzen) angewendet werden.

6.3.2 Anwendungsbereich

Stabdübel und Paßbolzen sind uneingeschränkt anwendbar.

Bolzenverbindungen sollen wegen ihres Schlupfes auf solche Anwendungsfälle beschränkt werden, bei denen die Nachgiebigkeit der Verbindungen keine schädlichen Folgen im Bauwerk verursacht und wenn von Zeit zu Zeit die Muttern nachgezogen werden können, z.B. Gerüste, Schuppen, Fliegende Bauten (DIN 4112).

6.3.3 Tragfähigkeit nach DIN 1052 (1988)

Die Tragfähigkeit einer Stiftverbindung ist abhängig von der Schlankheit a/d. Sie ist optimal, wenn gemäß Gl. (6.5)

$$B \cdot d^2 = \text{zul}\, \sigma_l \cdot a \cdot d$$

Man bezeichnet diese Schlankheit a/d als die Grenzschlankheit.

Sie beträgt:

für Bolzen Grenz-$a/d \approx 4{,}5$
für Stabdübel Grenz-$a/d \approx 6$ (festerer Sitz)

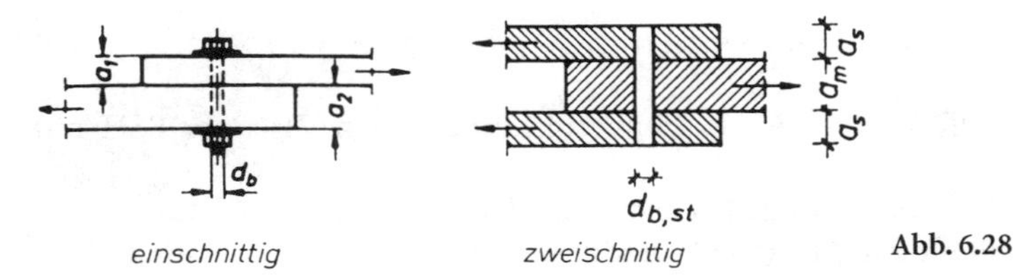

Abb. 6.28

Tafel 6.6. Werte zul σ_1 und B

zul σ_1 und B		Holzart	Bolzen		Stabdübel	
in N/mm^2			zul σ_1	B	zul σ_1	B
ein-schnittig	1 Holz	NH u. BSH	4,0	17,0	4,0	23,0
		LH A	5,0	20,0	5,0	27,0
		B	6,1	24,0	6,1	30,0
		C	9,4	30,0	9,4	36,0
zwei-schnittig	Mittelholz	NH u. BSH	8,5	38,0	8,5	51,0
		LH A	10,0	45,0	10,0	60,0
		B	13,0	52,0	13,0	65,0
		C	20,0	65,0	20,0	80,0
	1 Seitenholz	NH u. BSH	5,5	26,0	5,5	33,0
		LH A	6,5	30,0	6,5	39,0
		B	8,4	34,0	8,4	42,0
		C	13,0	42,0	13,0	52,0

Tafel 6.7. Abminderungsfaktor $\eta_{b,st} = 1 - \alpha°/360°$

$\alpha°$	0°	10°	20°	30°	40°	50°	60°	70°	80°	90°
$\eta_{b,st}$	1,0	0,972	0,944	0,917	0,889	0,861	0,833	0.806	0,778	0,75

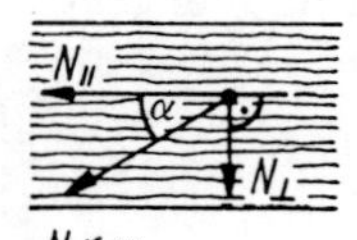

Abb. 6.29

Zulässige Belastung eines Bolzens (b) oder Stabdübels (st) $\parallel$ Fa im Lastfall H (a, d [in mm])

$$\text{zul}\, N_{b,st} = \text{zul}\, \sigma_1 \cdot a \cdot d_{b,st} \leqq B \cdot d_{b,st}^2 \quad \text{(in N)} \quad \text{s. Tafel 6.6} \tag{6.5}$$

Abminderung der zulässigen Belastung bei geneigter Kraftrichtung (Abb. 6.29):

$$\text{Kraft} \sphericalangle \text{Fa: zul}\, N_{\sphericalangle\alpha} = \left(1 - \frac{\alpha°}{360°}\right) \cdot \text{zul}\, N_{b,st} \quad \text{s. Tafel 6.7} \tag{6.6a}$$

$$\text{Kraft} \perp \text{Fa: zul}\, N\perp = 0{,}75 \cdot \text{zul}\, N_{b,st} \tag{6.6b}$$

Für Stabdübel-, Paßbolzen- oder Bolzenverbindungen von VH oder BSH mit Stahlteilen gilt [7]:

- zul $N_{b,st}$ nach (6.5) darf um 25% erhöht werden *–T2, 5.10–*
- zul σ_1 der Stahlteile muß beachtet werden

- zul $\sigma_l = 210$ (240) N/mm² H (HZ) für Bolzen der Festigkeitsklasse 4.6 mit St 37 nach DIN 18800 T1 (3/81) *–E170, Tab. 5/9–*
- Herstellung der Stahl-Holz-SDü-Verbindung nach Versuchen von Kolb/ Radović [84]:

a) Komplettes Stahl/Holz-Bauteil mit SDü-Nenn-∅ in einem Arbeitsgang bohren, Stabdübel eintreiben oder
b) Holz mit SDü-Nenn-∅ bohren, Stahlblech mit (SDü-Nenn-∅ + 1 mm) bohren, Stahlbleche in Schlitze einschieben, Stabdübel eintreiben.

Für SDü, PB- und Bo-Verbindungen von BFU und FP untereinander oder mit NH oder LH gilt [7]:

- zul $N_{b,st}$ nach Gl. (6.5)
  mit zul σ_l nach *–Tab. 6–*
- für Winkel zwischen Kraft- und Faserrichtung der Deckfurniere zwischen 0° und 90° darf geradlinig interpoliert werden
- BFU-BU nach DIN 68705 T5 s. a. *–E170–* und [33]:

Zulässige Belastung im Lastfall HZ bzw. bei Feuchtigkeitseinwirkung nach *–T2, 3.1 und 3.2–*.

6.3.4 Anzahl und Anordnung nach DIN 1052 (1988)

SDü, PB, Bo:
$n \geqq 2$ je Verbindung

- bei SDü $\geqq 4$ Scherflächen
- bei PB, Bo $\geqq 2$ Scherflächen

PB, Bo:
Wenn $n = 1$ je Verbindung (Gelenk), dann zul N nur zu 50% ausnutzen.

SDü, PB:
n = Anzahl der hintereinanderliegenden VM

$$n \leqq 6 \rightarrow \text{ef}\, n = n$$

$$6 < n \leqq 12 \rightarrow \text{ef}\, n = 6 + \frac{2}{3}(n - 6) \qquad \textit{–T2, Gl. 2–}$$

Mindestabstände bei tragenden Bolzen und Stabdübeln s. Abb. 6.30.

Anordnung symmetrisch zu den Achsen der Anschlußteile, Stabdübel in Faserrichtung versetzt (wegen Spaltgefahr des Holzes). Auf das Versetzen kann bei SDü verzichtet werden, wenn $e \geqq 8\,d_{st}$ *–E135–*.

Untersuchungen von Ehlbeck/Werner [85] zeigten bei Belastung in Faserrichtung für die Tragfähigkeit von Stabdübelverbindungen mit nichtversetzter und versetzter Anordnung der Stabdübel keinen signifikanten Unterschied.

Mindestabstände bei Schräganschlüssen s. *–E162–*. Die Bolzenabstände sind nur aus konstruktiven Gründen größer als die der Stabdübel:

a) wegen Platzbedarfs für Unterlegscheiben
b) um Schrauben ungehindert anziehen *zu* können.

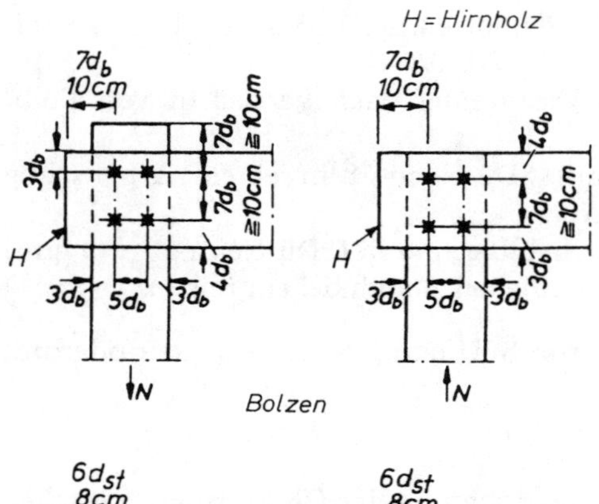

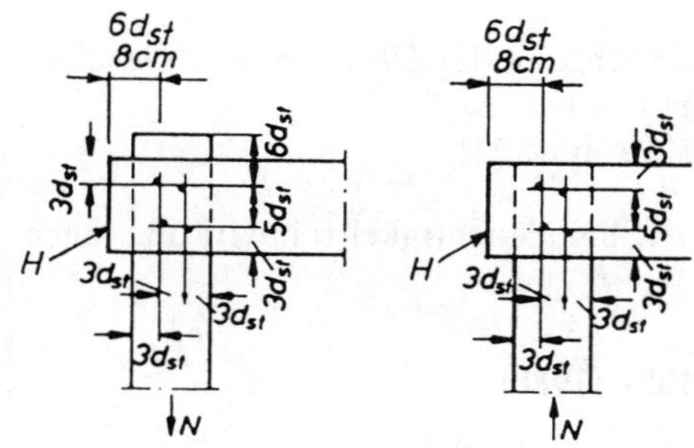

Abb. 6.30. Mindestabstände

6.3.5 Beispiele

1. Beispiel: 6 Varianten eines Zugstoßes

Stabkraft $S = 158$ kN Lastfall H

Stabquerschnitt ▨ *14/18 S13*

1.1 Konstruktion nach Abb. 6.31

Bolzen M16: ∅ begrenzt durch Mindestabstände, 2reihig

Bolzenabstand ⊥ Fa	$\geqq 5 \cdot 16$	→	80 mm
Randabstand ⊥ Fa	$\geqq 3 \cdot 16$	→	50 mm
Untereinander und Rand	$\geqq 7 \cdot 16$	} →	115 mm
‖ Kr und ‖ Fa	$\geqq 100$ mm		

Ungünstige Lösung, weil $a/d = 140/16 = 8{,}75 > 4{,}5$!

Erforderliche Bolzenanzahl (1 MH, 2 SH)

MH: $\text{zul}\, N_b = 8{,}5 \cdot 140 \cdot 16 = 19040 \text{ N} = 19{,}0 \text{ kN}$

$< 38 \cdot 16^2 = 9728 \text{ N} = 9{,}73 \text{ kN}$ maßgebend

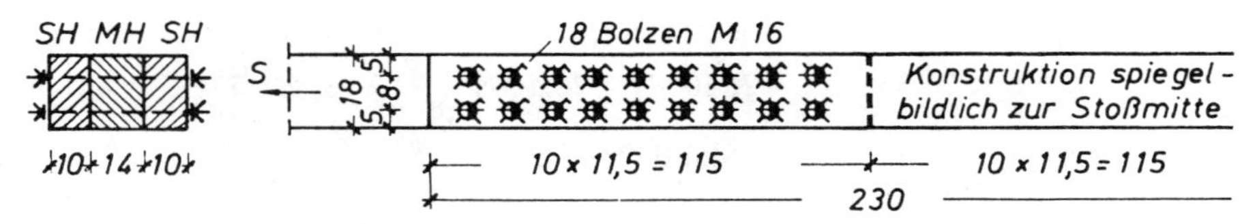

Abb. 6.31

SH: $\text{zul}\, N_b = 2 \cdot 5{,}5 \cdot 100 \cdot 16 = 17600\ \text{N} = 17{,}6\ \text{kN}$

$< 2 \cdot 26 \cdot 16^2 = 13312\ \text{N} = 13{,}3\ \text{kN}$

$$\text{erf}\, n = \frac{158}{9{,}73} = 16{,}2 \rightarrow 18\ \text{Bolzen M16}$$

Spannungsnachweise für die Hölzer

MH: $A_n = 140 \cdot [180 - 2 \cdot (16 + 1)] = 204{,}4 \cdot 10^2\ \text{mm}^2$

$$\sigma_{Z\parallel} = \frac{158 \cdot 10^3}{204{,}4 \cdot 10^2} = 7{,}7\ \text{N/mm}^2$$

$7{,}7/9 = 0{,}86 < 1$

SH: $A_n = 100 \cdot [180 - 2 \cdot (16 + 1)] = 146 \cdot 10^2\ \text{mm}^2$

$$\sigma_{Z\parallel} = \frac{1{,}5 \cdot 158 \cdot 10^3}{2 \cdot 146 \cdot 10^2} = 8{,}1$$

$8{,}1/9 = 0{,}9 < 1$

1.2 Konstruktion nach Abb. 6.32

Stabdübel ∅20 mm 2reihig (versetzt anordnen)

Abstände: $\perp$ Fa $\geqq 3 \cdot 20 \rightarrow$ 60 mm

$\parallel$Fa und $\parallel$Kr $\geqq 5 \cdot 20 \rightarrow$ 100 mm

Rand $\parallel$Fa und $\parallel$Kr $\geqq 6 \cdot 20 \rightarrow$ 120 mm

Bessere Lösung, weil $a/d = 140/20 = 7 \approx 6$

Erforderliche Anzahl Stabdübel (1 MH, 2 SH)

MH: $\text{zul}\, N_{st} = 8{,}5 \cdot 140 \cdot 20 = 23800\ \text{N} = 23{,}8\ \text{kN}$

$< 51 \cdot 20^2 = 20400\ \text{N} = 20{,}4\ \text{kN}$ maßgebend

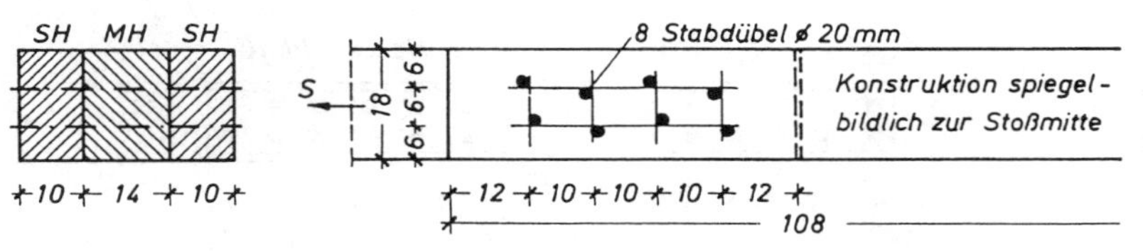

Abb. 6.32

SH: $\text{zul}\, N_{st} = 2 \cdot 5{,}5 \cdot 100 \cdot 20 = 22\,000\ \text{N} = 22{,}0\ \text{kN}$

$< 2 \cdot 33 \cdot 20^2 = 26\,400\ \text{N} = 26{,}4\ \text{kN}$

$$\text{erf}\, n = \frac{158}{20{,}4} = 7{,}75 \rightarrow 8\ \text{Stabdübel}\ \varnothing 20$$

Spannungsnachweise für die Hölzer

lichter Abstand $\geqq 4 \cdot d_{st}$

MH: $A_n = 140\,(180 - 2 \cdot 20) = 196 \cdot 10^2\ \text{mm}^2$

$$\sigma_{Z\parallel} = \frac{158 \cdot 10^3}{196 \cdot 10^2} = 8{,}1\ \text{N/mm}^2$$

$8{,}1/9 = 0{,}9 < 1$

SH: $A_n = 100\,(180 - 2 \cdot 20) = 140 \cdot 10^2\ \text{mm}^2$

$$\sigma_{Z\parallel} = \frac{1{,}5 \cdot 158 \cdot 10^3}{2 \cdot 140 \cdot 10^2} = 8{,}5\ \text{N/mm}^2 < \text{zul}\, \sigma_{Z\parallel}$$

1.3 Konstruktion nach Abb. 6.33

Bolzen M16 2reihig mit 2 äußeren Stahllaschen

Abstände vgl. Abb. 6.31, Stahllasche in St 37-2

Stahllasche: Randabstand $\parallel$ Kraft $\geqq 2 \cdot 17 \rightarrow 40$ mm

Weniger Bolzen als Beispiel 1.1 wegen Erhöhung der Tragfähigkeit um 25% nach *–T 2, 5.10–*

Erforderliche Bolzenanzahl (1 MH, 2 Stahllaschen)

MH: $\text{zul}\, N_b = 1{,}25 \cdot 8{,}5 \cdot 140 \cdot 16 = 23\,800\ \text{N} = 23{,}8\ \text{kN}$

$< 1{,}25 \cdot 38 \cdot 16^2 = 12\,160\ \text{N} = 12{,}16\ \text{kN}$ maßgebend

$$\text{erf}\, n = \frac{158}{12{,}16} = 13\ \text{Bolzen M16}$$

Spannungsnachweis im Holz wie MH im Beispiel 1.1

Spannungsnachweise in den Stahllaschen St 37-2

$$A_n = 2 \cdot 5\,[160 - 2\,(16 + 1)] = 12{,}6 \cdot 10^2\ \text{mm}^2$$

$$\sigma_Z = \frac{158 \cdot 10^3}{12{,}6 \cdot 10^2} = 125\ \text{N/mm}^2 < 160\ \text{N/mm}^2$$

$$\sigma_l = \frac{158 \cdot 10^3}{2 \cdot 13 \cdot 5 \cdot 16} = 76\ \text{N/mm}^2 < 210\ \text{N/mm}^2\ \textit{–E170–}$$

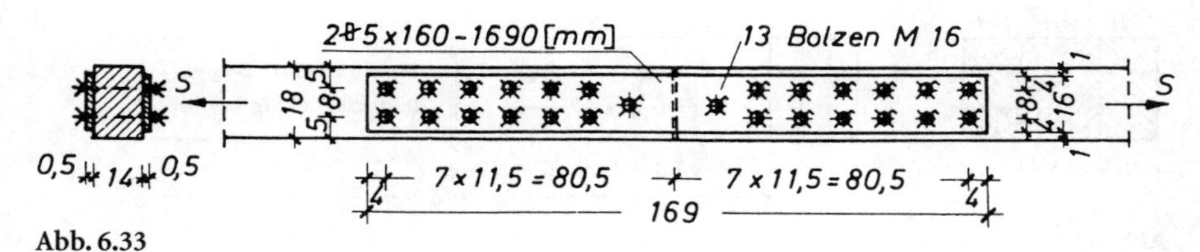

Abb. 6.33

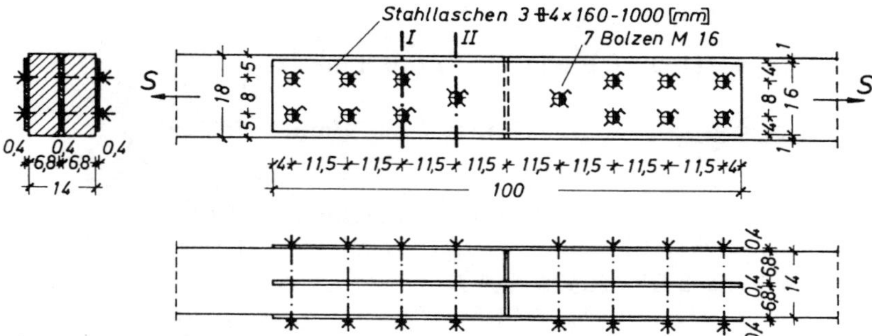

Abb. 6.34

1.4 Konstruktion nach Abb. 6.34

Bolzen M16 2reihig mit 3 Stahllaschen (2 außen, 1 innen)
Holzquerschnitt im Stoß geschlitzt

Statisch günstige Lösung: $a/d = 68/16 = 4{,}25$

Erforderliche Bolzenanzahl (2 MH, 2 Stahllaschen)

2 MH: $\text{zul}\,N_{b2} = 2 \cdot 1{,}25 \cdot 8{,}5 \cdot 68 \cdot 16 = 23120\text{ N} = 23{,}1\text{ kN}$ maßgebend
$< 2 \cdot 1{,}25 \cdot 38 \cdot 16^2 = 24\,320\text{ N} = 24{,}3\text{ kN}$

$$\text{erf}\,n = \frac{158}{23{,}1} = 6{,}8 \rightarrow 7 \text{ Bolzen M16}$$

Spannungsnachweis im Holz

$$A_n = (140 - 4)\,[180 - 2\,(16 + 1)] = 199 \cdot 10^2\text{ mm}^2$$

$$\sigma = \frac{158 \cdot 10^3}{199 \cdot 10^2} = 7{,}9\text{ N/mm}^2$$

$$7{,}9/9 = 0{,}88 < 1$$

Spannungsnachweise in den Stahllaschen St 37-2
Inneres Blech $t = 4$ mm: anteilige Kraft $F_i = S/2$
1 äußeres Blech $t = 4$ mm: anteilige Kraft $F_a = S/4$
Nachweise nur für das innere Blech

$$F_i = \frac{158}{2} = 79\text{ kN}$$

Schnitt I: $$F_I = \frac{6}{7} \cdot 79 = 67{,}7\text{ kN}$$

$$A_{nI} = 4\,[160 - 2\,(16 + 1)] = 5{,}04 \cdot 10^2\text{ mm}^2$$

$$\sigma_I = \frac{67{,}7 \cdot 10^3}{5{,}04 \cdot 10^2} = 134\text{ N/mm}^2 < 160\text{ N/mm}^2 \quad \text{St 37-2}$$

Schnitt II: $F_{II} = 79$ kN

$$A_{nII} = 4\,[160 - (16 + 1)] = 5{,}72 \cdot 10^2 \text{ mm}^2$$

$$\sigma_{II} = \frac{79 \cdot 10^3}{5{,}72 \cdot 10^2} = 138 \text{ N/mm}^2 < 160 \text{ N/mm}^2 \quad \text{St 37-2}$$

Lochleibung: $\sigma_l = \dfrac{79 \cdot 10^3}{7 \cdot 4 \cdot 16} = 176 \text{ N/mm}^2 < 210 \text{ N/mm}^2$ *–E170–*

Korrosionsschutz nach DIN 55928 *–5.3.4–*

1.5 Konstruktion nach Abb. 6.35

Stabdübel ∅12 dreireihig (versetzt anordnen)
mit einer inneren Stahllasche (Holz geschlitzt)

Abstände:	⊥ Fa	$\geqq 3 \cdot 12 \to 45$ mm
	‖ Fa und ‖ Kr	$\geqq 5 \cdot 12 \to 60$ mm
Holz-Rand	‖ Fa und ‖ Kr	$\geqq 6 \cdot 12 \to 80$ mm
Stahl-Rand	‖ Kr	$\geqq 2 \cdot 12 \to 30$ mm

Erforderliche Anzahl (2 SH, 1 Stahllasche)
Erhöhung der Tragfähigkeit um 25 % (Stahllasche) *– T 2, 5.10–*

2 SH: zul $N_{st} = 2 \cdot 1{,}25 \cdot 5{,}5 \cdot 66 \cdot 12 = 10890$ N $= 10{,}9$ kN maßgebend
$< 2 \cdot 1{,}25 \cdot 33 \cdot 12^2 = 11880$ N $= 11{,}9$ kN

$$\text{erf}\,n = \frac{158}{10{,}9} = 14{,}5 \to 15 \text{ Stabdübel } \varnothing 12$$

Spannungsnachweis im Holz (3 Bohrungen abziehen, vgl. Abb. 7.2)

$$A_n = (140 - 8)\,(180 - 3 \cdot 12) = 190 \cdot 10^2 \text{ mm}^2$$

$$\sigma = \frac{158 \cdot 10^3}{190 \cdot 10^2} = 8{,}3 \text{ N/mm}^2$$

$$8{,}3/9 = 0{,}92 < 1$$

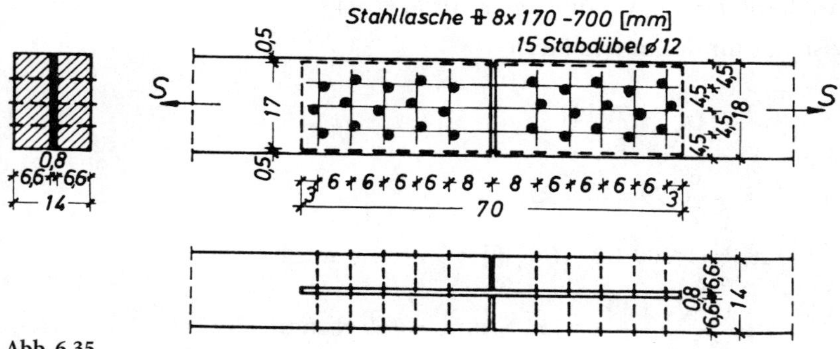

Abb. 6.35

Spannungsnachweise in der Stahllasche (St 37-2)

$$A_n = 8\,(170 - 3 \cdot 13) = 10{,}5 \cdot 10^2 \text{ mm}^2$$

$$\sigma = \frac{158 \cdot 10^3}{10{,}5 \cdot 10^2} = 150 \text{ N/mm}^2 < 160 \text{ N/mm}^2$$

$$\sigma_1 = \frac{158 \cdot 10^3}{15 \cdot 8 \cdot 12} = 110 \text{ N/mm}^2 < 210 \text{ N/mm}^2$$

1.6 Konstruktion nach Abb. 6.36

Stabdübel ∅12 dreireihig versetzt
mit 2 inneren Stahllaschen (Holz geschlitzt)
Mindestabstände vgl. 1.5

Erforderliche Anzahl (1 MH + 2 SH, 2 Stahllaschen)
Erhöhung der Tragfähigkeit um 25% (Stahllasche) *–T2, 5.10–.*
zul N_{st} kann beeinflußt werden durch die Wahl der Holzdicken für MH und SH.

$$\begin{aligned} &1\,\text{MH: zul } N_{st} = 1{,}25 \cdot 8{,}5 \cdot 52 \cdot 12 &&= 6630 \text{ N} = 6{,}63 \text{ kN} \\ &+ 2\,\text{SH:} \quad + 2 \cdot 1{,}25 \cdot 5{,}5 \cdot 40 \cdot 12 &&= +6600 \text{ N} = +6{,}60 \text{ kN} \\ & && \qquad\qquad\quad 13{,}23 \text{ kN maßgebend} \end{aligned}$$

$$\begin{aligned} &< 1{,}25 \cdot 51 \cdot 12^2 &&= 9180 \text{ N} = 9{,}18 \text{ kN} \\ &+ 2 \cdot 1{,}25 \cdot 33 \cdot 12^2 &&= 11880 \text{ N} = 11{,}88 \text{ kN} \\ & && \qquad\qquad\quad 21{,}06 \text{ kN} \end{aligned}$$

$$\text{erf}\, n = \frac{158}{13{,}23} = 11{,}9 \qquad \rightarrow 12 \text{ Stabdübel } \varnothing 12$$

Spannungsnachweise in Holz und Stahllaschen vgl. 1.5

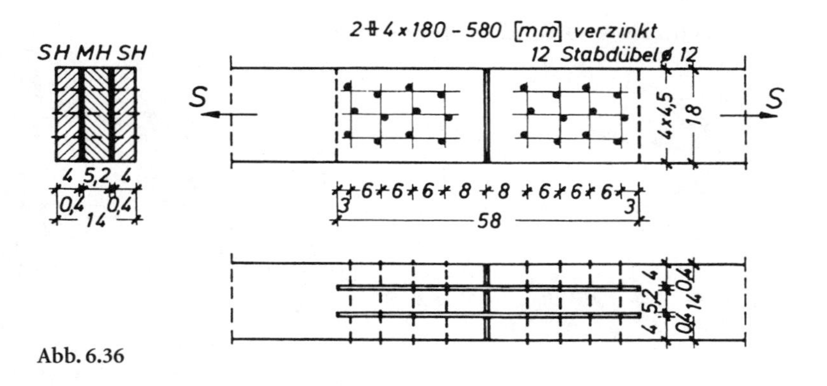

Abb. 6.36

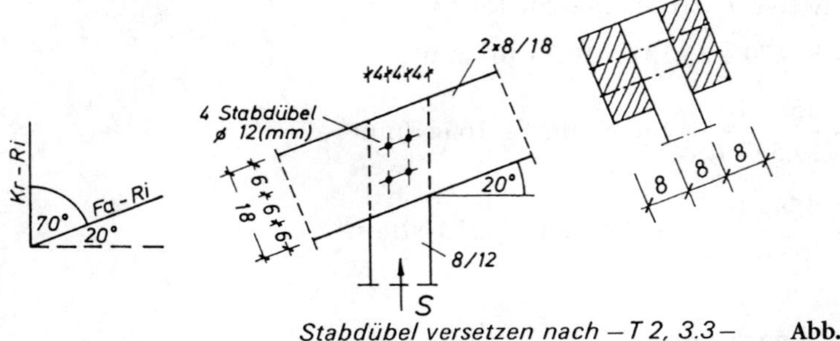

Stabdübel versetzen nach – T 2, 3.3 – **Abb. 6.37**

2. Beispiel: Anschluß eines Druckstabes mit Stabdübeln Ø 12 (Abb. 6.37)

Stabkraft $S = 20$ kN Lastfall H

Stabquerschnitt *8/12 S10/MS10*

∢ zwischen Kr und Fa 70° im SH

Erforderliche Anzahl (1 MH, 2 SH für $\alpha = 70°$)

MH: $\text{zul}\, N_{st} = 8{,}5 \cdot 80 \cdot 12 = 8160\ \text{N} = 8{,}16\ \text{kN}$

$< 51 \cdot 12^2 = 7344\ \text{N} = 7{,}34\ \text{kN}$ maßgebend

2 SH: für $\alpha = 70° \rightarrow 1 - \dfrac{\alpha°}{360°} = 0{,}806$ s. Tafel 6.7

$\text{zul}\, N_{st\,\sphericalangle\,70°} = 0{,}806 \cdot 2 \cdot 5{,}5 \cdot 80 \cdot 12 = 8511\ \text{N} = 8{,}51\ \text{kN}$

$< 0{,}806 \cdot 2 \cdot 33 \cdot 12^2 = 7660\ \text{N} = 7{,}66\ \text{kN}$

$\text{erf}\, n = \dfrac{20}{7{,}34} = 2{,}72 \rightarrow$ 4 Stabdübel Ø 12 wegen Symmetrie

Mindestabstände: alle Ränder $\geqq 3 \cdot 12 = 36$ mm

$\parallel$ Kr und Fa $\geqq 5 \cdot 12 = 60$ mm

Spannungsnachweis im Holz → Knicknachweis maßgebend.

3. Beispiel: Konstruktionsbeispiele für Dachbinder und -verbände

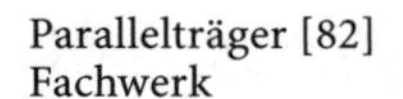

Parallelträger [82]
Fachwerk

Binderabstand 5,0 - 7,5 m

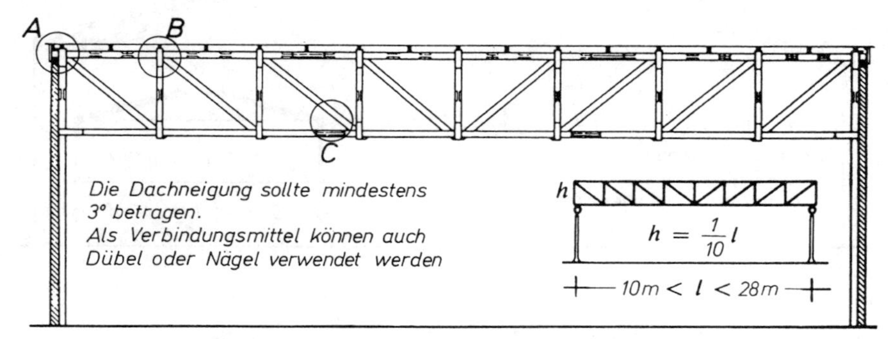

Laschen 4/18 – 50cm lang, 2×12 Nägel 46/130
Stabdübel ∅ 20mm
2×10 / 20
6
8
6
20
A
6
6
6
6
24
18
2×10 / 18
12 / 24

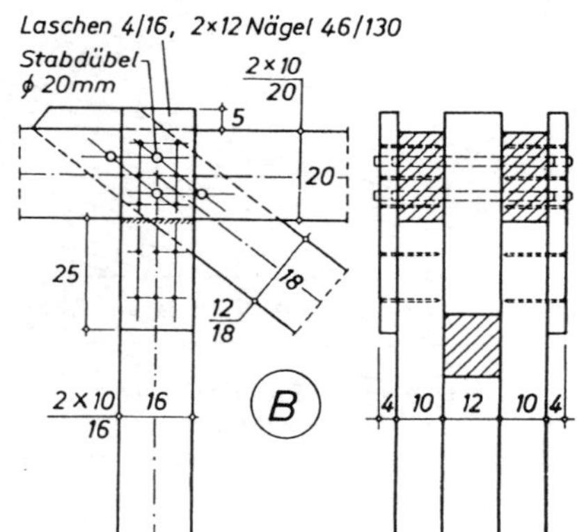

Querschnittsmaße vom Binder mit 20,00 m Stützweite

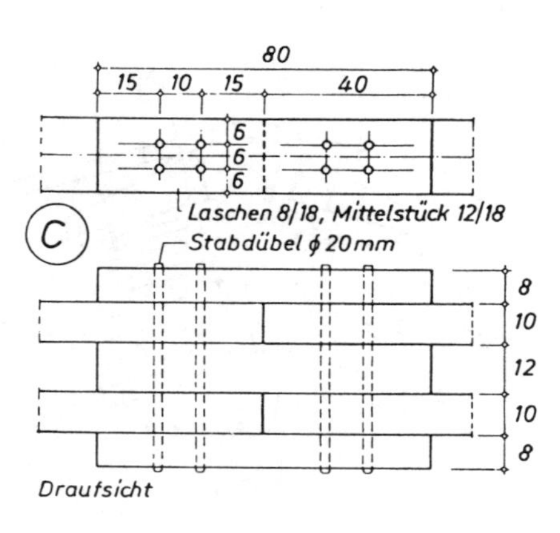

Abb. 6.38

Dreigelenk-Stabzug [82]
Brettschichtholz

Binderabstand 5,0–7,5 m

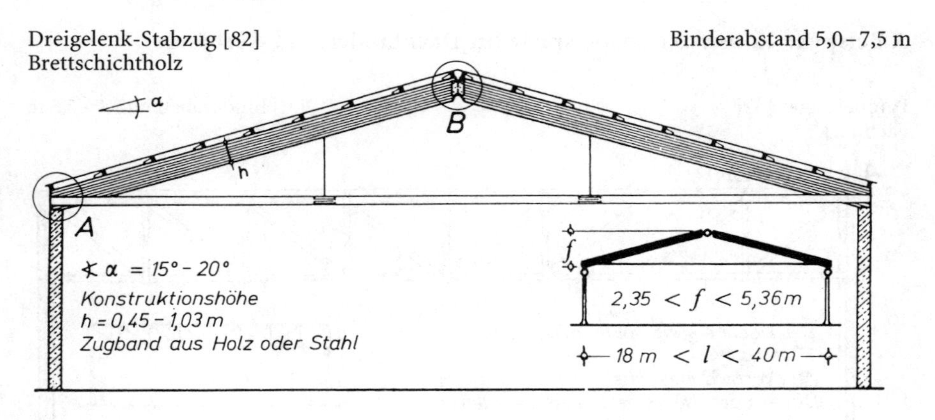

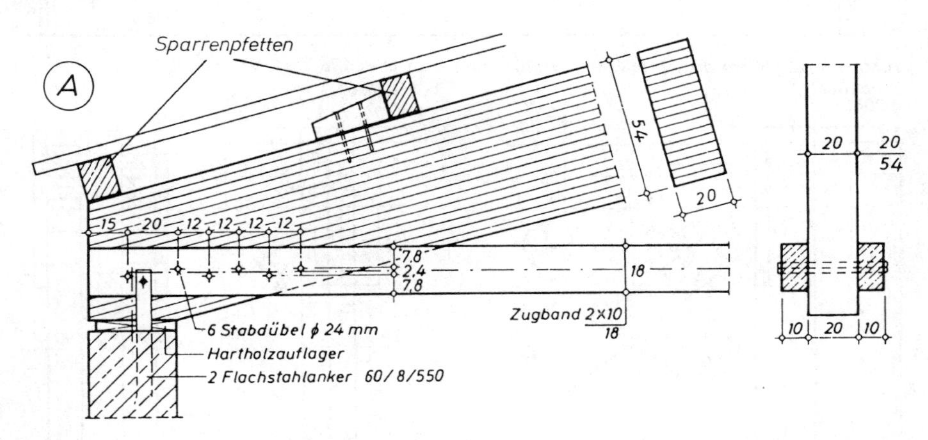

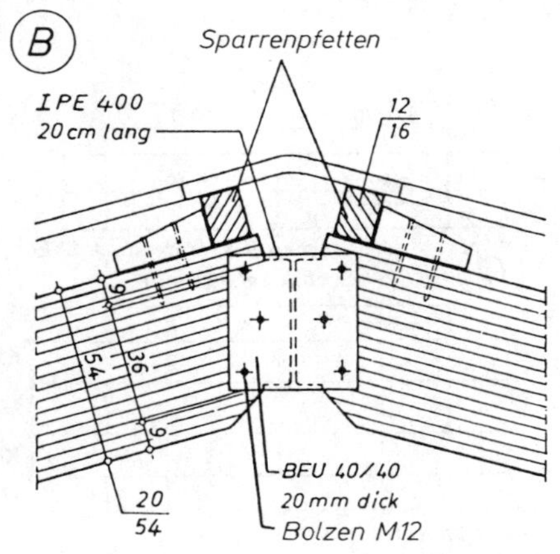

Querschnittsmaße vom Binder mit 20,00 m Stützweite

Die Verankerung der Sparrenpfetten erfolgt mit Sparrennägeln oder Sparrenpfettenankern (vgl. Abb. 6.64)

Abb. 6.39

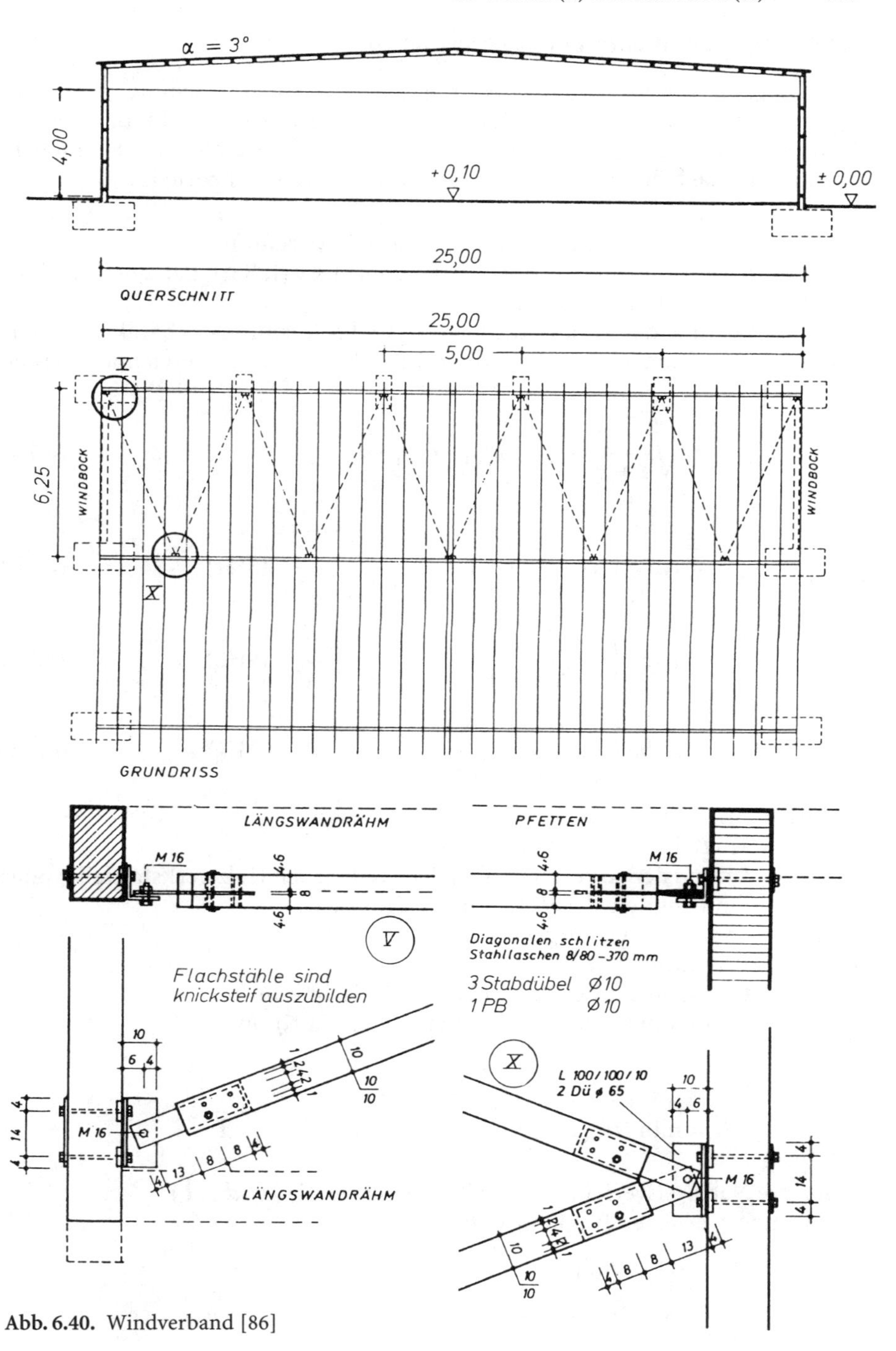

Abb. 6.40. Windverband [86]

6.3.6 Tragfähigkeit nach DIN 1052 neu (EC 5)

Grundlage für die Berechnung der Tragfähigkeit – Beanspruchung rechtwinklig zur Stiftachse – bei Verbindungen mit stiftförmigen Verbindungsmitteln (d.h. Nägeln, Bolzen, Gewindestangen, Paßbolzen, Stabdübeln, Schrauben, Klammern) nach den Regeln des EC5 ist die plastische Theorie [37, 87].

Verbindungen von Bauteilen aus Holz und Holzwerkstoffen
Verbindungen mit Bauteilen aus Holz können aus VH, BSH, Balkenschichtholz und Furnierschichtholz bestehen.

Bei Einhaltung der Mindestdicken $t_{1,req}$ und $t_{2,req}$ kann der charakteristische Wert der Tragfähigkeit pro Scherfuge und VM wie folgt bereichnet werden – *12.2* [1] –:

$$R_k = \sqrt{\frac{2 \cdot \beta}{1 + \beta}} \cdot \sqrt{2 \cdot M_{y,k} \cdot f_{h,1,k} \cdot d} \qquad (6.7\,a)$$

mit

$$t_{1,req} = 1{,}15 \cdot \left(2 \cdot \sqrt{\frac{\beta}{1 + \beta}} + 2\right) \cdot \sqrt{\frac{M_{y,k}}{f_{h,1,k} \cdot d}} \quad \text{(SH1)} \qquad (6.7\,b)$$

$$t_{2,req} = 1{,}15 \cdot \left(2 \cdot \sqrt{\frac{1}{1 + \beta}} + 2\right) \cdot \sqrt{\frac{M_{y,k}}{f_{h,2,k} \cdot d}} \quad \text{(SH2)} \qquad (6.7\,c)$$

$$t_{2,req} = 1{,}15 \cdot \left(\frac{4}{\sqrt{1 + \beta}}\right) \cdot \sqrt{\frac{M_{y,k}}{f_{h,2,k} \cdot d}} \quad \text{(MH)} \qquad (6.7\,d)$$

Es bedeuten:

- R — Tragfähigkeit je Schnitt, in N
- t_1, t_2 — Dicken der zu verbindenden Holzteile (auch Holzwerkstoffteile) oder Eindringtiefe des VM, in mm (s. Abb. 6.61)
- $f_{h,1}, f_{h,2}$ — Lochleibungsfestigkeiten, in N/mm^2
- β — Verhältnis $f_{h,2}/f_{h,1}$
- d — Durchmesser des Verbindungsmittels, in mm
- M_y — Fließmoment des Verbindungsmittels, in Nmm

vorh $t < t_{req}$:

$$R_k = \min\,(t/t_{req}) \cdot \sqrt{\frac{2 \cdot \beta}{1 + \beta}} \cdot \sqrt{2 \cdot M_{y,k} \cdot f_{h,1,k} \cdot d} \qquad (6.7\,e)$$

Genauere Nachweisverfahren enthält Anhang G in [1] ($t/d \geqq 6$).
Bemessungswerte der Tragfähigkeit:

$$R_d = k_{mod} \cdot R_k/\gamma_M \qquad (6.7\,f)$$

$$\gamma_M = 1{,}1 \quad \text{für } R_k \text{ nach Gl. (6.7 a)}$$

$$k_{mod} = \sqrt{k_{mod,1} \cdot k_{mod,2}} \quad \text{für } k_{mod,1} \neq k_{mod,2} \qquad (6.7\,g)$$

Stahlblech/Holz-Verbindungen

Es sind zu unterscheiden – *12.2.3* [1]–:

1. Verbindungen mit innen liegenden Stahlblechen oder mit außen liegenden dicken Stahlblechen.
   Stahlbleche sind dick:
   Stahlblechdicke $t_s \geqq d$ oder Stahlbleche ($t_s \geqq 2$ mm), die mit Sondernägeln der Tragfähigkeitsklasse 3 ($d \leqq 2 \cdot t_s$) angeschlossen sind.
2. Verbindungen mit außen liegenden dünnen Stahlblechen.
   Stahlbleche sind dünn: $t_s \leqq 0{,}5 \cdot d$.

Bei Einhaltung von t_{req} folgt der charakteristische Wert der Tragfähigkeit R_k pro Scherfuge und VM zu

1. Fall: $$R_k = \sqrt{2} \cdot \sqrt{2 \cdot M_{y,k} \cdot f_{h,k} \cdot d} \qquad (6.7h)$$

$$t_{req} = 1{,}15 \cdot 4 \cdot \sqrt{M_{y,k}/(f_{h,k} \cdot d)} \qquad (6.7i)$$

2. Fall: $$R_k = \sqrt{2 \cdot M_{y,k} \cdot f_{h,1,k} \cdot d} \qquad (6.7j)$$

$$t_{req} = 1{,}15 \cdot (2\sqrt{2}) \cdot \sqrt{M_{y,k}/(f_{h,k} \cdot d)} \qquad (6.7k)$$

(für MH mit zweischnittig beanspruchten VM)

$$t_{req} = 1{,}15 \cdot (2 + \sqrt{2}) \cdot \sqrt{M_{y,k}/(f_{h,k} \cdot d)} \qquad (6.7l)$$

(für alle anderen Fälle)

Für Stahlblechdicken t_s zwischen $0{,}5 \cdot d$ und d ist zwischen den nach (6.7h) und (6.7j) berechneten Werten linear zu interpolieren. Vereinfachend dürfen die Mindestholzdicken mit (6.7i) und (6.7k) ermittelt und erforderlichenfalls linear interpoliert werden.

Ist $t/t_{req} < 1$ sind die nach (6.7h) und (6.7j) berechneten Werte für R_k mit dem Verhältniswert t/t_{req} zu multiplizieren.

Die Bemessungswerte der Tragfähigkeit R_d sind nach (6.7f) zu berechnen.

Fließmoment für Bolzen und Stabdübel

$$M_{y,k} = 0{,}3 \cdot f_{u,k} \cdot d^{2,6} \qquad (6.7m)$$

$f_{u,k}$ charakteristische Zugfestigkeit des Stiftmaterials in N/mm²

Bei Verbindungen mit Paßbolzen (PB) darf R_k erhöht werden um

$$\Delta R_k = 0{,}25 \cdot \min(R_k; R_{ax,k}) \qquad (6.7n)$$

$R_{ax,k}$ Tragfähigkeit des PB in Richtung der Stiftachse

Für Stabdübel, PB, Bolzen gilt (Gewindestangen ab 4.8):

	SDü – *Tab. G.9* [1] –			Bo, PB – *Tab. G.11, G.12* [1] –			
(N/mm^2)	S 235	S 275	S 355	3,6	4.6, 4.8	5.6, 5.8	8,8
$f_{u,k}$	360	430	510	300	400	500	800
$f_{y,k}$				180	240, 320	300, 400	640

Lochleibungsfestigkeiten für Bolzen und Stabdübel

VH, BSH, Balkenschichtholz, Furnierschichtholz:

$$f_{h,0,k} = 0{,}082\,(1 - 0{,}01 \cdot d)\,\varrho_k \quad \text{N/mm}^2 \qquad (6.7\,\text{o})$$

Baufurniersperrholz:

$$f_{h,k} = 0{,}11\,(1 - 0{,}01 \cdot d)\,\varrho_k \quad \text{N/mm}^2 \text{ (für alle } \alpha) \qquad (6.7\,\text{p})$$

mit ϱ_k in kg/m^3 und d in mm.

OSB-Platten und kunstharzgebundene Holzspanplatten:

$$f_{h,k} = 50 \cdot d^{-0{,}6} \cdot t^{0{,}2} \quad \text{N/mm}^2 \qquad (6.7\,\text{q})$$

Abminderung der charakteristischen Lochleibungsfestigkeit bei geneigter Kraftrichtung (Abb. 6.29):

$$f_{h,\alpha,k} = \frac{f_{h,0,k}}{k_{90} \cdot \sin^2\alpha + \cos^2\alpha} \qquad (6.7\,\text{r})$$

$k_{90} = 1{,}35 + 0{,}015\,d$ für Nadelhölzer

$k_{90} = 0{,}90 + 0{,}015\,d$ für Laubhölzer

Für SDü mit $d \leqq 8$ mm gilt: $k_{90} = 1$

In Schaftrichtung beanspruchte Bolzen

Abmessungen der Unterlegscheiben und/oder die Grenzzugkraft [36] des Bolzens können maßgebend werden.

Für Unterlegscheiben der Bolzen gilt (Empfehlung):

$$\sigma_{c,90,d} \leqq 1{,}8 \cdot f_{c,90,d}$$

Tafel 6.7 A. Mindestabstände

		Bolzen, GS	Stabdübel, PB
a_1	‖ Fa	$(3 + 2 \cdot \cos\alpha) \cdot d \geqq 4 \cdot d$	$(3 + 2 \cdot \cos\alpha) \cdot d$
a_2	⊥ Fa	$4 \cdot d$	$3 \cdot d$
$a_{1,t}$	beanspr. Hirnholzende	$7 \cdot d$ jedoch mind. 80 mm	$7 \cdot d$ jedoch mind. 80 mm
$a_{1,c}$	unbeanspr. Hirnholzende	$7 \cdot d \cdot \sin\alpha$ jedoch mind. $4 \cdot d$	$7 \cdot d \cdot \sin\alpha$ jedoch mind. $3 \cdot d$
$a_{2,t}$	beanspr. Rand	$3 \cdot d$	$3 \cdot d$
$a_{2,c}$	unbeanspr. Rand	$3 \cdot d$	$3 \cdot d$

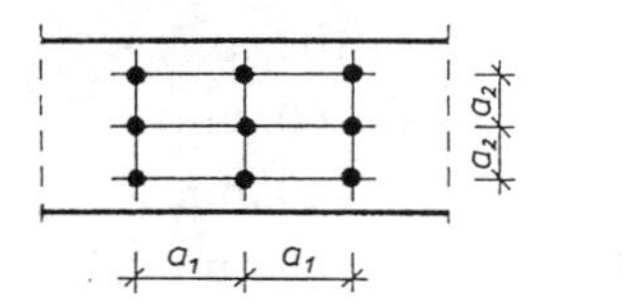

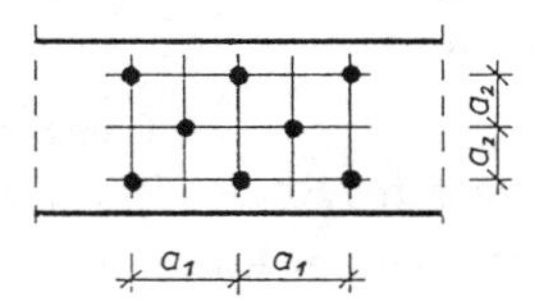

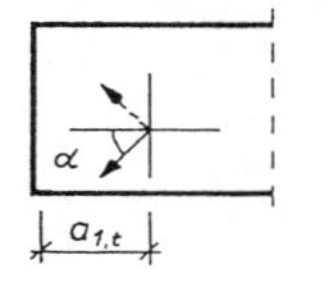

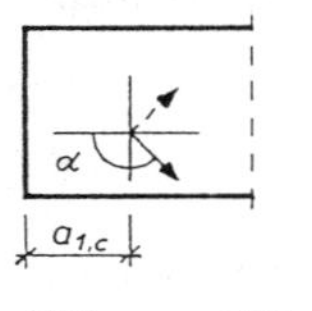

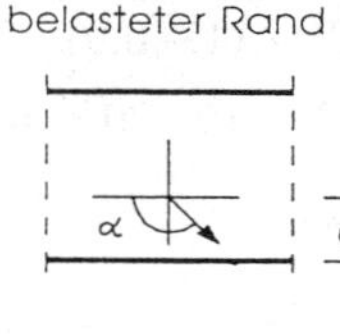

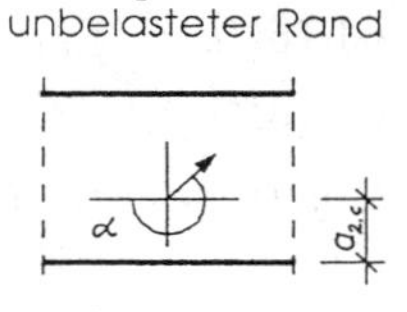

Abb. 6.40 A. Abstände von Verbindungsmitteln untereinander und von den Rändern; Definitionen

6.3.7 Anzahl und Anordnung nach DIN 1052 neu (EC 5)

VM-Anzahl für tragende Verbindungen:
SDü, PB, Bo, Gwst
$n \geqq 2$, mindestens 4 Scherflächen
$6\ \text{mm} \leqq d \leqq 30\ \text{mm}$
Verbindungen mit nur einem VM sind für $0{,}5 \cdot R_k$ zulässig.

Anzahl der hintereinander angeordneten VM:

$$ef n = \left[\min\left(n;\ n^{0,9} \cdot \sqrt[4]{\frac{a_1}{10 \cdot d}}\right)\right] \cdot \frac{90 - \alpha}{90} + n \cdot \frac{\alpha}{90} \qquad (6.7\,\text{s})$$

Verstärkung $\perp$ Fa – *12.3* [1] –: $ef n = n$
Biegesteife Verbindungen

mit einem SDü-Kreis: $ef n = n$
mit mehreren SDü-Kreisen: $0{,}85 \cdot n$
(z. B. Rahmenecken ohne Verstärkung)

Für $0° < \alpha < 90°$ darf in (6.7 s) $a_1 = 5 \cdot d$ eingesetzt werden.

Mindestabstände bei tragenden Bolzen, GS, Stabdübeln und PB s. Tafel 6.7 A und Abb. 6.40 A.

6.3.8 Beispiel nach DIN 1052 neu (EC 5)

Zugstoß (Abb. 6.32)
Stabkraft $S_k = 158$ kN, kurze LED, Nkl 1 oder 2
Bemessungswert $S_d = 1{,}43 \cdot 158 = 226$ kN, s. Abschn. 6.2.3

Stabquerschnitt 14/18, NHC30
Stabdübel ∅ 20 mm, S 355, 2reihig

Abstände: ∥Fa und ∥Kr $a_1 \geqq 5 \cdot d = 5 \cdot 20 \rightarrow 100$ mm
⊥Fa $a_2 \geqq 3 \cdot d = 3 \cdot 20 \rightarrow 60$ mm
belastetes Ende $a_{1,t} \geqq 7 \cdot d = 7 \cdot 20 \rightarrow 140$ mm
unbelasteter Rand $a_{2,c} \geqq 3 \cdot d = 3 \cdot 20 \rightarrow 60$ mm

Erforderliche Anzahl Stabdübel (zweischnittig):

Gl. (6.7o): $f_{h,1,k} = 0{,}082\,(1 - 0{,}01 \cdot 20) \cdot 380 = 24{,}9$ N/mm²

Gl. (6.7m): $M_{y,k} = 0{,}3 \cdot 510 \cdot 20^{2{,}6} = 369{,}3 \cdot 10^3$ Nmm

Gln. (6.7a) mit $\beta = f_{h,2}/f_{h,1} = 1$ (Kr∥Fa):

$$R_k = \sqrt{2 \cdot 369{,}3 \cdot 10^3 \cdot 24{,}9 \cdot 20} = 19{,}2 \cdot 10^3 \text{ N} = 19{,}2 \text{ kN}$$

mit

$$t_{1,\text{req}} = 1{,}15 \cdot \left(2 \cdot \sqrt{\frac{1}{2}} + 2\right) \cdot \sqrt{\frac{369{,}3 \cdot 10^3}{24{,}9 \cdot 20}} = 106{,}9 \text{ mm} \quad \text{(SH)}$$

$t_{1,\text{req}} >$ vorh $t_1 = 100$ mm

$$t_{2,\text{req}} = 1{,}15 \cdot \left(\frac{4}{\sqrt{2}}\right) \cdot \sqrt{\frac{369{,}3 \cdot 10^3}{24{,}9 \cdot 20}} = 88{,}6 \text{ mm} \quad \text{(MH)}$$

$t_{2,\text{req}} <$ vorh $t_2 = 140$ mm

Gl. (6.7f): $R_d = (100/107) \cdot 0{,}9 \cdot 19{,}2/1{,}1 = 14{,}7$ kN

$$\text{erf}\,n = \frac{226}{2 \cdot 14{,}7} = 7{,}69$$

gewählt: $n = 10$ (ohne Verstärkung), $a_1 = 6{,}0 \cdot d > 5 \cdot d$

$$\text{Gl. (6.7s): } ef\,n = \min\left(5;\, 5^{0{,}9} \cdot \sqrt[4]{\frac{6{,}0 \cdot d}{10 \cdot d}}\right), \quad \alpha = 0°$$

$$ef\,n = 3{,}75; \quad 2 \cdot ef\,n = 7{,}50 \approx 7{,}69 \text{ (zweireihig)}$$

Laschenlänge $l = 2\,(4 \cdot 120 + 2 \cdot 140) = 1520$ mm

Um die SDü-Anzahl (ohne Verstärkung) nach DIN 1052 (1988) zu erreichen, müßte z.B. mit der Stahlsorte S355, der Festigkeitsklasse C40 und mit $a_1 = 9{,}5 \cdot d$ gerechnet werden (Laschenlänge: 1700 mm).

Spannungsnachweise für die Hölzer

MH: $A_n = 140\,(180 - 2 \cdot 20) = 196 \cdot 10^2$ mm²

$$\sigma_{t,0,d} = \frac{226 \cdot 10^3}{196 \cdot 10^2} = 11{,}5 \text{ N/mm}^2 < 12{,}5 \text{ N/mm}^2$$

C30: $f_{t,0,d} = 0{,}9 \cdot 18/1{,}3 = 12{,}5$ N/mm² s. Gl. (2.5)

SH: $A_n = 100\,(180 - 2 \cdot 20) = 140 \cdot 10^2\ \text{mm}^2$

$\sigma_{t,0,d} \leqq (2/3) \cdot f_{t,0,d}$, mit Maßnahmen zur Verhinderung der Verkrümmung, s. Abschn. 5.1

$$1{,}5 \cdot \frac{226 \cdot 10^3}{2 \cdot 140 \cdot 10^2} = 12{,}1\ \text{N/mm}^2 < 12{,}5\ \text{N/mm}^2$$

6.4 Glattschaftige Nägel

6.4.1 Allgemeines

Die Bestimmungen *–T2, 6–* gelten für runde Drahtnägel mit Senkkopf nach DIN EN 10230-1 – Stift-∅ 1,0 mm bis 8,0 mm – und runde Maschinenstifte nach DIN 1143 T1 – Stift-∅ 1,8 mm bis 3,4 mm –, vgl. Abb. 1.9. Nach EC5 können auch Nägel mit quadratischem Querschnitt, wie sie in Skandinavien viel zum Einsatz kommen, angewendet werden.

In Hirnholz eingeschlagene Nägel dürfen nicht als tragend in Rechnung gestellt werden *–T2, 3.4–*. Nach EC5 können Nägel in Hirnholz für untergeordnete Bauteile verwendet werden, z. B. zur Befestigung von Gesimsbrettern an Sparren. Der Bemessungswert der Tragfähigkeit ist dann auf 1/3 abzumindern.

Nägel werden meist flächenhaft angeordnet. Die Nachgiebigkeit der Nagelverbindung läßt ihre Verwendung für „gelenkige" Fachwerkknoten zu.

6.4.2 Beanspruchung rechtwinklig zur Nagelachse nach DIN 1052 (1988)

Zulässige Belastung [23]

Die zulässige Belastung eines Nagels ⊥ Schaftrichtung ist unabhängig vom ∢ zwischen Kr und Fa.

Sie beträgt für NH im Lastfall H je Scherfläche für nicht vorgebohrte Nägel (d_n [mm])

$$\text{zul}\, N_1 = \frac{500 \cdot d_n^2}{10 + d_n}\ [\text{N}] \tag{6.8}$$

Siehe auch Tabellen in [2, 36].

Der Faktor $\dfrac{500}{10 + d_n}$ und die Anzahl der Nägel/cm² Anschlußfläche fallen mit steigendem d_n

$$d_n = 2{,}2\ \text{mm} \rightarrow \text{zul}\, N_1 = 41 \cdot d_n^2\ [\text{N}]$$
$$d_n = 8{,}8\ \text{mm} \rightarrow \text{zul}\, N_1 = 26{,}6 \cdot d_n^2\ [\text{N}]$$

Daraus folgt:

Je cm² Anschlußfläche tragen viele dünne Nägel mehr als wenige dicke Nägel.

Erhöhung von zul N_1

um 25% bei vorgebohrten Nägeln ($d_L \sim 0{,}9\ d_n$)

um 25% bei Stahlblech-Holz-Nagelverbindungen, auch bei nicht vorgebohrten einschnittigen Verbindungen mit außenliegenden Blechen (Abb. 6.47 a)

um 25% im Lastfall HZ und für Transport- und Montagezustände

um 100% bei waagerechten Stoßlasten und Erdbebenlasten.

Abminderung von zul N_1

auf 2/3 bei Anschluß von Bohlen oder Brettern an Rundholz. Tragende Nagelverbindung Rundholz–Rundholz s. Abb. 6.43

auf 5/6 oder 2/3 bei Feuchtigkeitseinwirkung.

Sind in Stößen und Anschlüssen mehr als 10 Nägel hintereinander angeordnet, dann ist

$$\text{ef}\,n = 10 + \frac{2}{3}(n - 10) \quad n > 10 \qquad -T2,\ 6.2.9-$$

Einfluß der Einschlagtiefe s oder a_s

Die Tragfähigkeit eines Nagels ist u.a. abhängig von der Einschlagtiefe s oder der Holzdicke a_s am Nagelende (Abb. 6.41).

Die zulässige Belastung eines Nagels in Abhängigkeit von der Einschlagtiefe s oder a_s bei ein- und mehrschnittiger Nagelung zeigt Tafel 6.8.

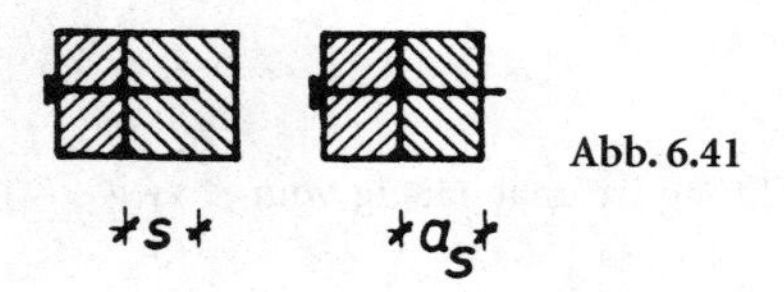

Abb. 6.41

Tafel 6.8

	Einschlagtiefe s (a_s)	zulässige Belastung eines Nagels
einschnittig	$s \geqq 12 d_n$	N_1 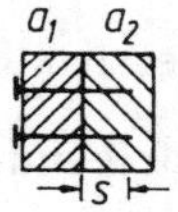
	$12 d_n > s \geqq 6 d_n$	$\frac{s}{12 d_n} \cdot N_1$
	$s < 6 d_n$	0
m-schnittig, beidseitig genagelt	$s \geqq 8 d_n$	$m \cdot N_1$ 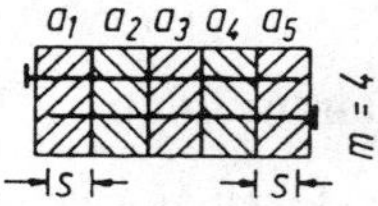
	$8 d_n > s \geqq 4 d_n$	$\left(m - 1 + \frac{s}{8 d_n}\right) \cdot N_1$
	$s < 4 d_n$	$(m - 1) \cdot N_1$

Tafel 6.9. zul N_1 für einschnittige Verbindungen

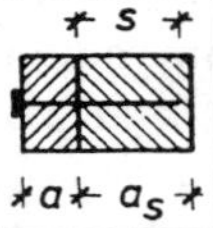 s / a a_s	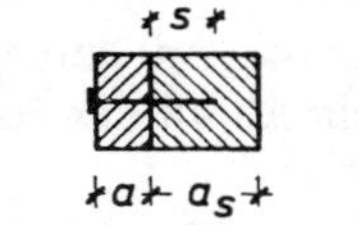 s / a a_s	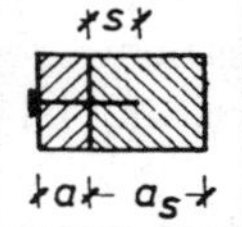 s / a a_s	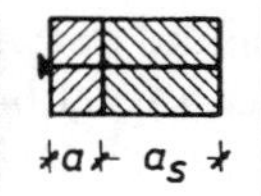 a a_s	 a a_s	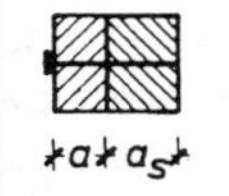 a a_s
$s \geqq 12d_n$	$12d_n > s \geqq 6d_n$	$s < 6d_n$	$a_s \geqq 12d_n$	$12d_n > a_s \geqq 6d_n$	$a_s < 6d_n$
N_1	$\frac{s}{12d_n} \cdot N_1$	0	N_1	$\frac{a_s}{12d_n} \cdot N_1$	nicht möglich nach (6.9)

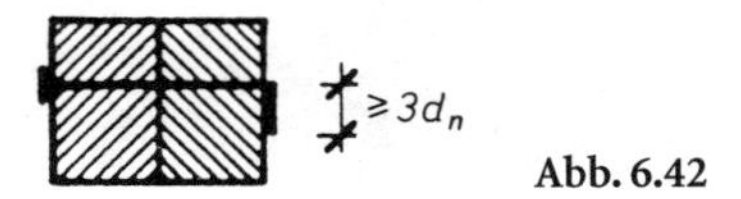

Abb. 6.42

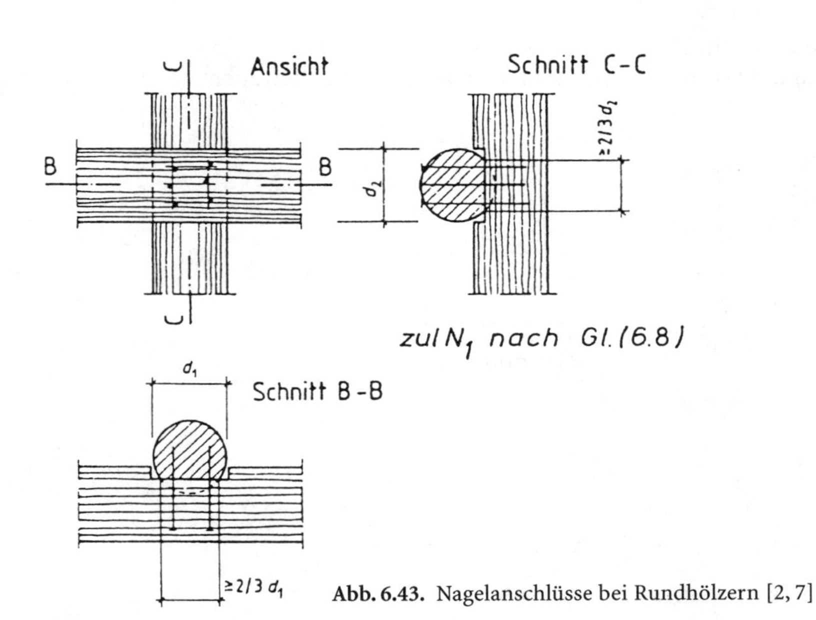

Abb. 6.43. Nagelanschlüsse bei Rundhölzern [2, 7]

Bei mehrschnittiger Nagelung muß von beiden Seiten genagelt werden. Erläuterungen dazu für einschnittige Nagelung siehe Tafel 6.9.

Falls $a_s < 12d_n$ bei einschnittiger Verbindung oder
$a_s < \ 8d_n$ bei m-schnittiger Verbindung

– hier am Nagelende –, dann darf die volle zulässige Belastung in Rechnung gestellt werden, wenn der Nagel $\perp$ Fa mit $\geqq 3d_n$ umgeschlagen wird (s. Abb. 6.42).

6.4.3 Beanspruchung auf Herausziehen nach DIN 1052 (1988)

Bei *glattschaftigen* Nägeln sinkt der Ausziehwiderstand mit zunehmendem Austrocknen des Holzes. Bei Langzeitbelastung ist ein Abfall der Haftkraft zu erwarten.

Die Beanspruchung dieser Nägel auf Herausziehen ist deshalb nur zur Sicherung von Bauteilen wie Schalungen, Pfetten, Sparren gegen *Windsogkräfte* erlaubt *–T2, 6.3.1–*. Hinsichtlich Koppelpfettenstöße s. Abb. 6.45.

Für Beanspruchung auf Herausziehen durch *Hauptlasten* werden *Sondernägel* empfohlen.

Die zulässige Belastung auf Herausziehen beträgt:

$$\text{zul}\,N_Z = 1{,}3 \cdot d_n \cdot s_w\,[\text{N}] \quad d_n, s_w\,[\text{mm}] \quad -T2,\ 6.3.2- \qquad (6.8\,\text{a})$$

a) Schalungsnägel, vgl. Tafel 6.10

$n \geqq 2$ Nägel je Brett und Anschluß

b) Sparren- und Pfettennägel, vgl. Tafel 6.11

Haftlänge einschließlich Nagelspitze nach Abb. 6.44,
Einschlagtiefe (Haftlänge) s_w muß mindestens $12 d_n$ betragen.

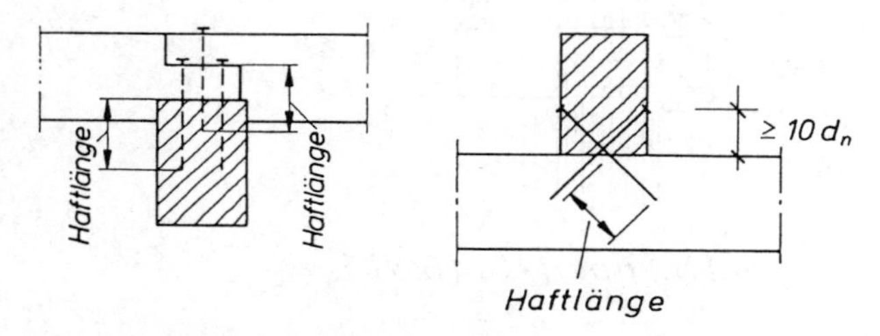

Abb. 6.44. Haftlängen der Nägel [7]

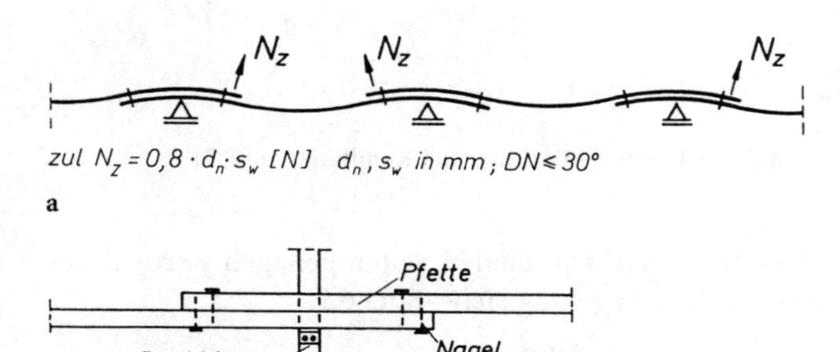

Abb. 6.45. Koppelpfetten in Draufsicht auf das Dach *–T2, 6.3.2–*
a) Biegelinie infolge Dachschub
b) Stoßausbildung
Ausführliche Beschreibung s. Teil 2

Tafel 6.10

Schalungsnägel	$d_n \times l_n$	Brettdicke [mm]	zul N_z [N] je Nagel
	31×70	20, 22	190
	34×90	22, 24	290

Tafel 6.11

glattschaftige Sparren- und Pfettennägel	d_n [1/10 mm]	46	55	60	70	76	88
	zul N_Z [N/cm] je cm Haftlänge	60	70	80	90	100	110

Verringerung von zul N_Z
auf 2/3, wenn in halbtrockenes oder frisches Holz eingeschlagen wird, gilt nicht für LH, Gruppe C *–T2, 6.3.3–*.

6.4.4 Kombinierte Beanspruchung nach DIN 1052 (1988)

Sind Nägel gleichzeitig auf Abscheren und Herausziehen beansprucht, ist nachzuweisen:

$$\left(\frac{N_1}{\text{zul } N_1}\right)^m + \left(\frac{N_Z}{\text{zul } N_Z}\right)^m \leqq 1 \quad -T\,2,\ Gl.\ (10)- \qquad (6.8b)$$

mit $m = 1$ für glattschaftige Nägel
$m = 1{,}5$ für glattschaftige Nägel bei Koppelpfettenanschlüssen

6.4.5 Mindestdicken nach DIN 1052 (1988)

Mindestholzdicke
Das Holz muß wegen Spaltgefahr eine Mindestdicke min a aufweisen. Berechnung nach (6.9) und (6.10), vgl. [2, 36].

nicht vorgebohrt bzw. $d_n < 4{,}2$ mm, vorgebohrt:

$$a \geqq d_n \cdot (3 + 0{,}8\,d_n) \geqq 24 \text{ mm} \qquad (6.9)$$

vorgebohrt, $d_n \geqq 4{,}2$ mm: $a \geqq 6 \cdot d_n \qquad \geqq 24$ mm (6.10)

Bei geringeren Holzdicken gilt:

$$[a/(6\,d_n)] \cdot \text{zul } N_1 \quad -T\,2,\ 6.2.3-$$

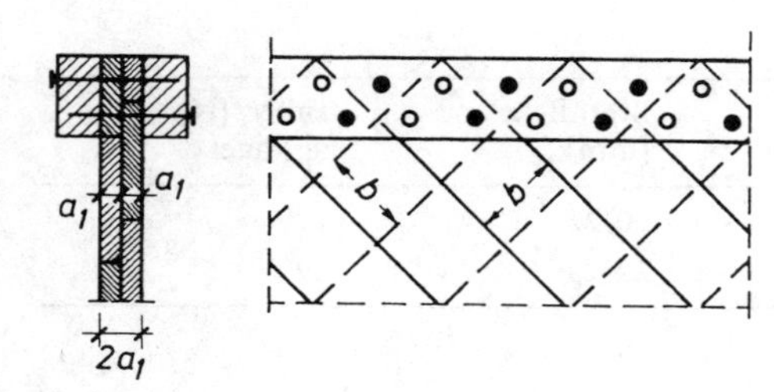

Abb. 6.46

Tafel 6.12. Mindestdicke von BFU nach (6.11)

Nagel: d_n [mm]	$\leqq 3{,}4$	3,8	4,2	4,6	5,5	6,0	7,0	7,6	8,8
BFU: a [mm] $\geqq$	10	12	14	18	22	24	28	30	36

BFU nach DIN 68705 T3:

$$a \geqq 3 \cdot d_n \text{ (für } d_n \leqq 4{,}2 \text{ mm)} \quad -T2, 6.2.7-$$

$$a \geqq 4 \cdot d_n \text{ (für } d_n > 4{,}2 \text{ mm)} \tag{6.11}$$

FP nach DIN 68763:

$$a \geqq 4{,}5 \cdot d_n \tag{6.11a}$$

Die Stegdicke a_1 darf bei zwei gekreuzten Brettlagen mit zweischnittiger Gurtnagelung nach Abb. 6.46 reduziert werden auf

$$a_1 = 2/3\ a$$

mit a nach (6.9) und

$$b \leqq 140 \text{ mm}$$

Mindestblechdicke

Die Blechdicke t muß bei *Stahlblech-Holz-Nagelung* (Abb. 6.47) nach *-T2, 7.2.1-* betragen

$$t \geqq 2 \text{ mm}$$

Loch-∅ = Nagel-∅, da gleichzeitig gebohrt.

Ausnahmen: Sonderbauarten mit bauaufsichtlicher Zulassung, z.B. Greimbau [15], s. Abb. 1.3.
Neue Zulassung für Stahlblech-Holz-Nagelverbindung mit Stahlblechdicken von 2,0 mm bis 3,0 mm **ohne Vorbohren, Spezialnägel** [88].

Zu beachten:

a) Beulsicherheit prüfen bei Druckbeanspruchung des Blechs
b) Korrosionsschutz nach *-T2, Tabelle 1-*, wenn $t < 5$ mm

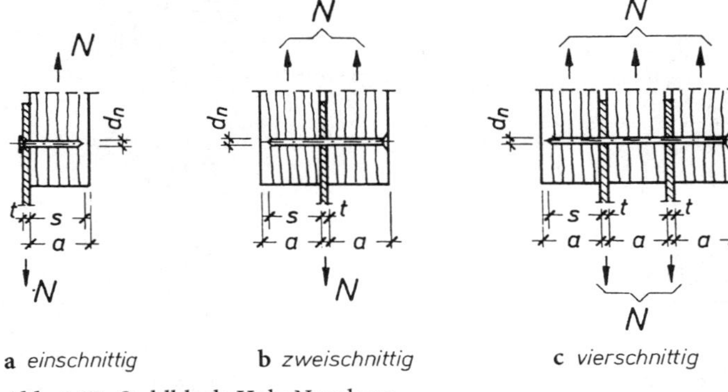

Abb. 6.47. Stahlblech-Holz-Nagelung

6.4.6 Nagelanzahl und -anordnung nach DIN 1052 (1988)

Mindestanzahl je Anschlußfuge nach *–T2, 6.2.1–*

$$n \geqq 4$$

Bei Brett-Rundholz-Nagelung
$\leqq$ 2 Nagelreihen $\parallel$ Rundholzachse
nach Abb. 6.48 (*–E181–*)

Versetzte Nagelanordnung nach Abb. 6.49
Nicht vorgebohrte Nagellöcher sollen bei Anwendung der Mindestabstände wegen *Spaltgefahr* des Holzes um $1/2 \cdot d_n$ gegenüber den Rißlinien versetzt werden.

Versetzen vorgebohrter Nagellöcher ist für $e \geqq 1{,}5 \cdot \min e$ *–E135–* nicht erforderlich.

Rasterverschiebung „e" bei sich übergreifenden Nägeln
Die Rißlinien der von zwei Seiten eingeschlagenen Nägel dürfen wegen erhöhter *Spaltgefahr* des Mittelholzes nur dann deckungsgleich angeordnet werden

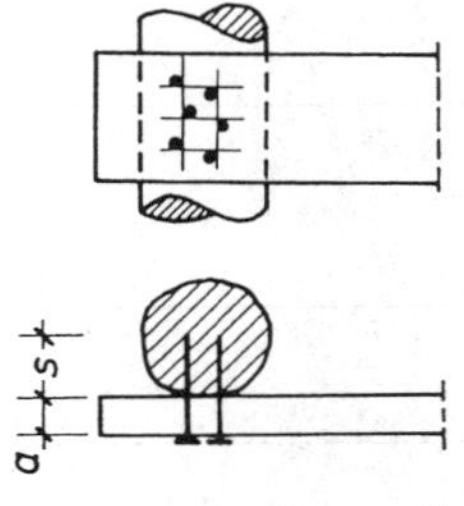

Abb. 6.48. Brett-Rundholz-Nagelung

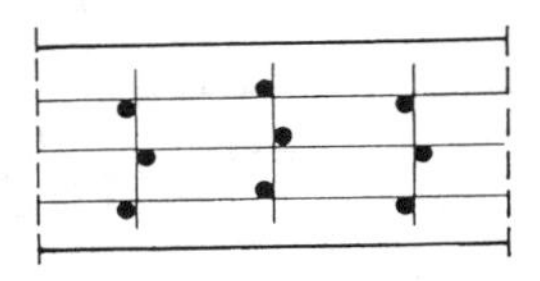

Abb. 6.49. Versetzte Nagelanordnung

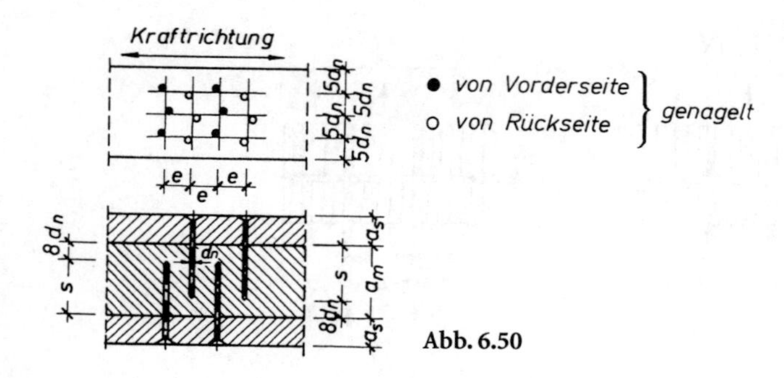

Abb. 6.50

Tafel 6.13. Rasterverschiebung „e"

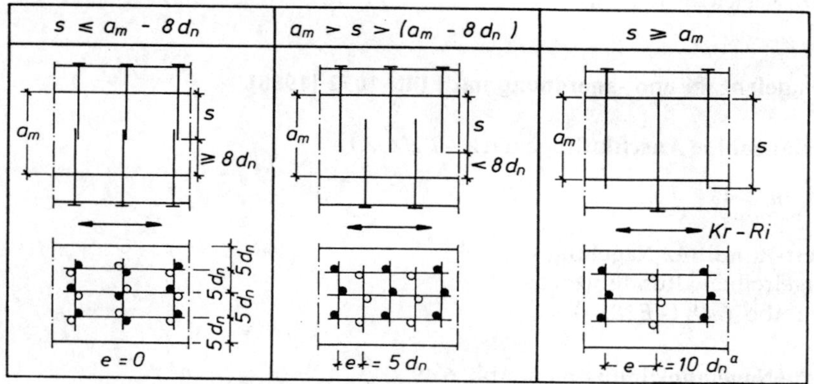

[a] $e = 12\,d_n$ bei $d_n > 4{,}2$ mm.

Tafel 6.14. Mindestnagelabstände vgl. Abb. 6.52

		nicht vorgebohrt [b]	vorgebohrt
untereinander ‖Kr	‖Fa	$10\,d_n$ $12\,d_n$ [a]	$5\,d_n$
	⊥Fa	$5\,d_n$	$5\,d_n$
vom beanspruchten Rand ‖Kr	‖Fa	$15\,d_n$	$10\,d_n$
	⊥Fa	$7\,d_n$ $10\,d_n$ [a]	$5\,d_n$
vom unbeanspruchten Rand ‖Kr	‖Fa	$7\,d_n$ $10\,d_n$ [a]	$5\,d_n$
	⊥Fa	$5\,d_n$	$3\,d_n$
untereinander und vom Rand	⊥Kr	$5\,d_n$	$3\,d_n$

[a] Bei $d_n > 4{,}2$ mm.
[b] Bei Douglasie ist bei $d_n \geqq 3{,}1$ mm stets Vorbohrung erforderlich.

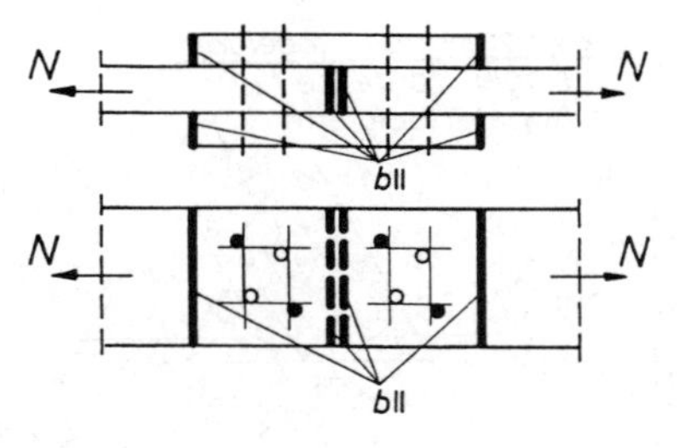

$b_{\parallel} \mathrel{\hat{=}} \parallel$ Fa beansprucht
$b_{\perp} \mathrel{\hat{=}} \perp$ Fa beansprucht

Alle nicht bezeichneten Ränder sind unbeansprucht.

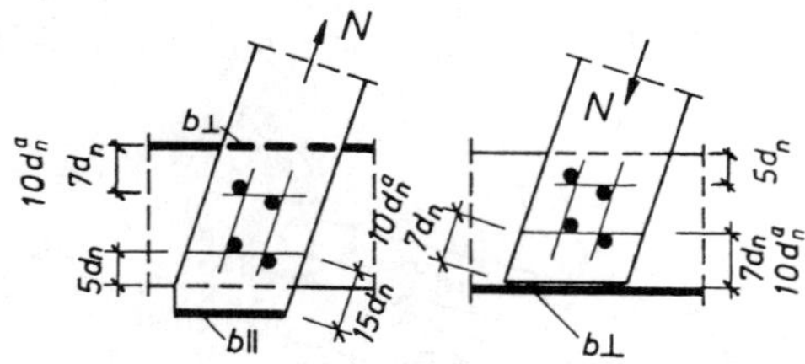

Abb. 6.51. Beispiele für beanspruchte Ränder ($b_{\parallel}, b_{\perp}$)

($e = 0$), wenn die Einschlagtiefe

$$s \leqq a_{\mathrm{m}} - 8 \cdot d_{\mathrm{n}}$$

Bei größerer Einschlagtiefe müssen die Rißlinien beider Seiten ∥Kr um das Maß „e" nach Abb. 6.50 und Tafel 6.13 verschoben werden.

Mindestnagelabstände im Holz nach Tafel 6.14 und Abb. 6.52
Die *Spaltgefahr* des Holzes erfordert bestimmte Mindestabstände der Nägel. Bei Nägeln ohne Vorbohrung ist sie erheblich größer als bei vorgebohrten, insbesondere an ∥Fa beanspruchten Holzrändern $b_{\parallel}$ (Abb. 6.51) und bei ∥Fa hintereinanderliegenden Nägeln.

Die Spaltgefahr wächst auch mit der Größe des Nageldurchmessers, vgl. Fußnote[a] – Tafel 6.13 und 6.14.

Bei biegesteifen Stößen gelten alle Ränder als beansprucht, vgl. *–E184–* und Abb. 6.53.

Mindestabstände bei Stahlblechen, BFU, FP, HFM und HFH
Soweit für das Holz nicht größere Nagelabstände erforderlich sind, gelten die Mindestabstände nach Tafel 6.14 A.

Größte Nagelabstände Holz–Holz *–T2, 6.2.13–*
Für tragende Nägel und Heftnägel mit vorgebohrten und nicht vorgebohrten Löchern gelten die Größtabstände:

∥Fa	$40\,d_{\mathrm{n}}$
⊥Fa	$20\,d_{\mathrm{n}}$

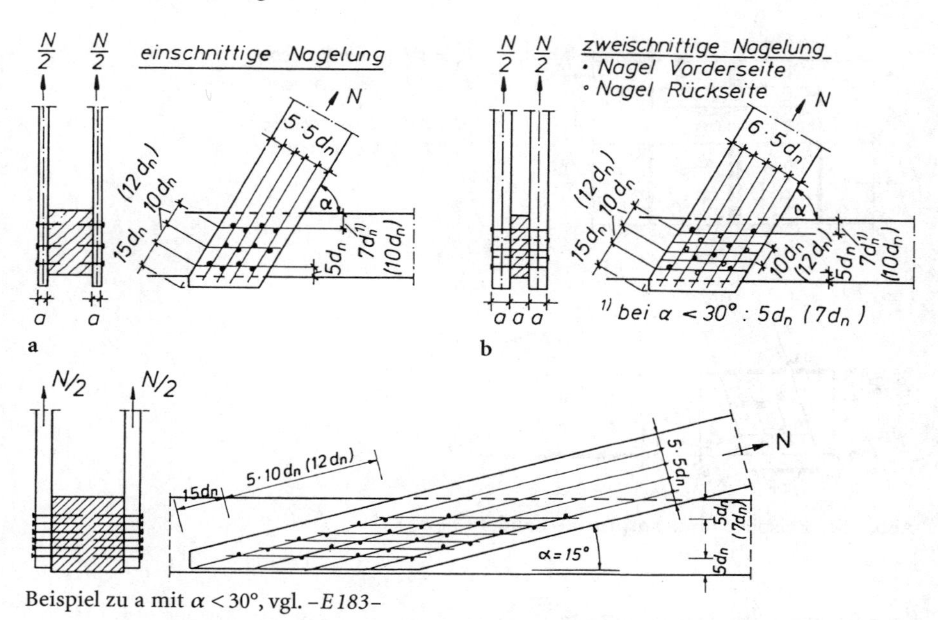

Beispiel zu a mit $\alpha < 30°$, vgl. *-E183-*

Abb. 6.52. Mindestabstände nicht vorgebohrter Nagelungen

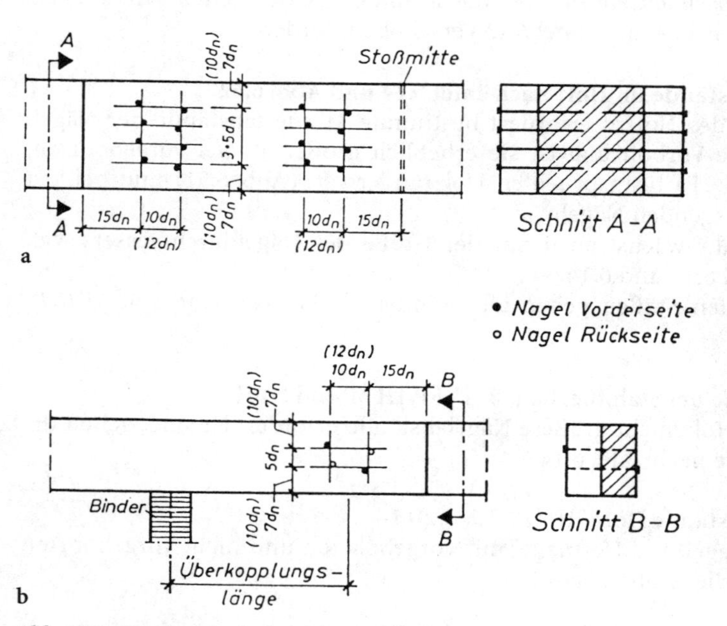

Abb. 6.53. Mindestabstände nicht vorgebohrter Nagelungen *-E184-*

a) beim biegesteifen Stoß

b) beim Koppelpfettenstoß

Tafel 6.14 A. Mindestnagelabstände *–T2, 7.2.4–* und *–T2, 6.2.14–* [7]

	Stahlblech	BFU BFU-BU	FP	HFM HFH
untereinander	3 d_n	5 d_n	5 d_n	5 d_n
vom bean- spruchten	2,5 d_n 2 d_n	4 d_n	7 d_n	7 d_n 7,5 d_n bei HFH
vom unbean- spruchten Rand	2,5 d_n 1,5 d_n [a]	2,5 d_n	2,5 d_n	3 d_n

[a] Bei nicht versetzter Anordnung *–E188–*.

Nagelabstände bei Nagelpreßleimung vgl. *–12.5–*

6.4.7 Beispiele

1. Beispiel: Genagelter Stoß eines einteiligen Zugstabes nach Abb. 6.54

Stabkraft $S = 19$ kN Lastfall H
Stabquerschnitt 3/10 S13

Beidseitige Nagelung, zweischnittig
Mindesteinschlagtiefe $8 \cdot 3{,}4 = 27{,}2$ mm

Vorhandene Einschlagtiefe $s = 30 \text{ mm} > 27{,}2$ mm

Beide Scherflächen dürfen voll in Rechnung gestellt werden.

Zulässige Belastung eines Nagels zul $N_1 = 2 \cdot 430 = 860 \text{ N} = 0{,}86$ kN

Nagelanzahl $\operatorname{erf} n = \dfrac{19}{0{,}86} = 22$ Nägel 34/90

Nagelabstände: $\perp$ Fa $5 \cdot 3{,}4 = 17 \text{ mm} \rightarrow 20$ mm

$\parallel$ Kr und $\parallel$ Fa $10 \cdot 3{,}4 = 34 \text{ mm} \rightarrow 35$ mm

belasteter Rand $\parallel$ Fa $15 \cdot 3{,}4 = 51 \text{ mm} \rightarrow 55$ mm

Erforderlich: 4 Reihen mit $r = \dfrac{22}{4} = 5{,}5$ Nägeln

Gewählt: 2 äußere Reihen je 6 Nägel
2 innere Reihen je 5 Nägel

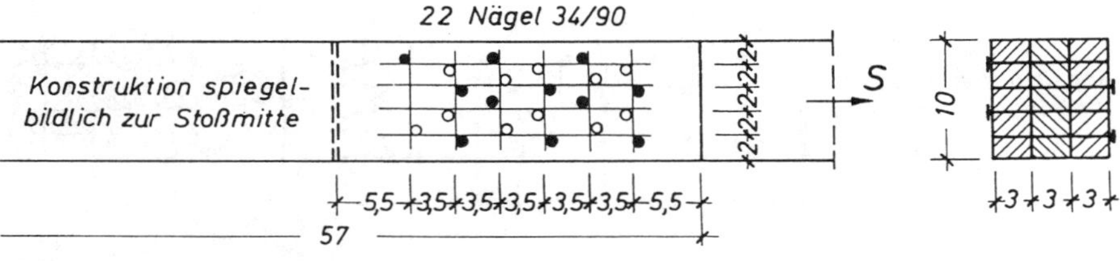

Abb. 6.54

Spannungsnachweise für die Hölzer

Kein Lochabzug, da $d_n < 4{,}2$ mm

MH: $\sigma_{Z\parallel} = \dfrac{19 \cdot 10^3}{30 \cdot 100} = 6{,}3\ \text{N/mm}^2$ siehe (5.1)

$$\frac{6{,}3}{0{,}8 \cdot 9} = 0{,}88 < 1$$

SH: $\sigma_{Z\parallel} = \dfrac{1{,}5 \cdot 19 \cdot 10^3}{2 \cdot 30 \cdot 100} = 4{,}8\ \text{N/mm}^2$ siehe (5.2)

$$\frac{4{,}8}{9} = 0{,}53 < 1$$

2. Beispiel: Genagelter Stoß eines einteiligen Zugstabes nach Abb. 6.55

Stabkraft $S = 31{,}5$ kN Lastfall H

Stabquerschnitt 5/12 S10/MS10

Beidseitige Nagelung, zweischnittig

Mindesteinschlagtiefe $8 \cdot 4{,}2 = 33{,}6$ mm

vorhandene Einschlagtiefe $s = 30\ \text{mm} < 33{,}6\ \text{mm}$

$> 4 \cdot 4{,}2$ mm

Die zulässige Belastung der zweiten Scherfläche wird abgemindert, s. Tafel 6.8.

Zulässige Belastung eines Nagels $\text{zul}\,N = \left(1 + \dfrac{30}{33{,}6}\right) \cdot 621 = 1175\ \text{N} = 1{,}175\ \text{kN}$

Nagelanzahl $\text{erf}\,n = \dfrac{31{,}5}{1{,}175} = 26{,}8$ Nägel → 28 Nägel 42/110

Nagelabstände $\perp$ Fa $5 \cdot 4{,}2 = 21\ \text{mm} \rightarrow 24\ \text{mm}$

$\parallel$ Kr und $\parallel$ Fa $10 \cdot 4{,}2 = 42\ \text{mm} \rightarrow 45\ \text{mm}$

belasteter Rand $\parallel$ Fa $15 \cdot 4{,}2 = 63\ \text{mm} \rightarrow 65\ \text{mm}$

Erforderlich: 4 Reihen mit $r = \dfrac{28}{4} = 7$ Nägeln

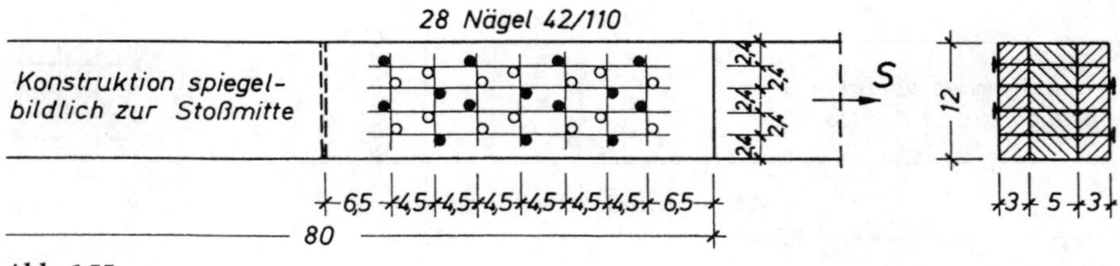

Abb. 6.55

Spannungsnachweise für die Hölzer

Kein Lochabzug, da $d_n = 4{,}2$ mm

MH: $\sigma_{Z\parallel} = \dfrac{31{,}5 \cdot 10^3}{50 \cdot 120} = 5{,}3$ N/mm² (siehe (5.1)

$$\frac{5{,}3}{0{,}8 \cdot 7} = 0{,}95 < 1$$

SH: $\sigma_{Z\parallel} = \dfrac{1{,}5 \cdot 31{,}5 \cdot 10^3}{2 \cdot 30 \cdot 120} = 6{,}6$ N/mm² (siehe (5.2)

$$\frac{6{,}6}{7} = 0{,}94 < 1$$

3. Beispiel: Genagelter Stoß eines zweiteiligen Zugstabes nach Abb. 6.56

Stabkraft $S = 26$ kN Lastfall H

Stabquerschnitt 2 × 3/10 S13

Beidseitige Nagelung, vierschnittig (aber nur drei anrechenbare Scherflächen je Nagel).

Mindesteinschlagtiefe in das letzte Brett: $8 \cdot 4{,}6 = 36{,}8$ mm

vorhandene Einschlagtiefe $s = 130 - 120 = 10 \text{ mm} < 36{,}8$ mm
$< 4 \cdot 4{,}6$ mm!

Die letzte Scherfäche darf nicht in Rechnung gestellt werden. Anrechenbar bleiben also für jeden Nagel drei Scherflächen.

Zulässige Belastung eines Nagels zul $N = 3 \cdot 725 = 2175$ N (Tafel 6.8)
$= 2{,}175$ kN

Nagelanzahl erf $n = \dfrac{26}{2{,}175} = 11{,}95 \rightarrow 12$ Nägel 46/130

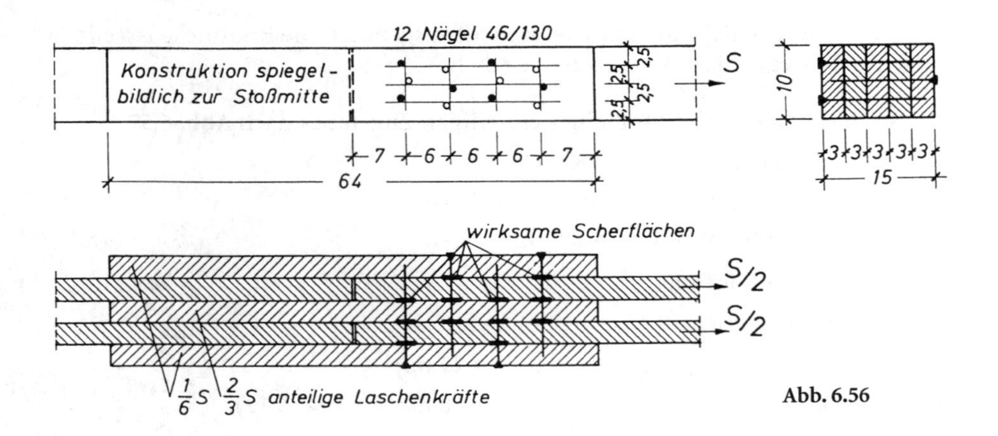

Abb. 6.56

Nagelabstände $\perp$ Fa $5 \cdot 4{,}6 = 23$ mm $\to 25$ mm
$\|$ Kr und $\|$ Fa $12 \cdot 4{,}6 = 55{,}2$ mm $\to 60$ mm ($d_n > 4{,}2$ mm)
belasteter Rand $\|$ Fa $15 \cdot 4{,}6 = 69$ mm $\to 70$ mm

Erforderlich 3 Reihen mit $r = \frac{12}{3} = 4$ Nägeln

Spannungsnachweise für die Hölzer

Die Lastverteilung auf die drei Laschen darf in diesem Falle nicht nach Abb. 5.2b vorgenommen werden, da die wirksamen Nagelscherflächen eine symmetrische Kraftverteilung aus den Stabteilen nicht ermöglichen. Vielmehr müssen die Laschenkräfte nach den anteiligen Nagelscherflächen gemäß Abb. 6.56 berechnet werden.

Anteilige Kräfte:

Stabteile je $\frac{S}{2} = \frac{1}{2} \cdot 26 = 13{,}0$ kN

Innenlasche $2 \cdot \frac{4}{6} \cdot \frac{S}{2} = \frac{2}{3} \cdot 26 = 17{,}33$ kN

Außenlasche je $\frac{2}{6} \cdot \frac{S}{2} = \frac{1}{6} \cdot 26 = 4{,}33$ kN

Stab: $\sigma_{Z\|} = \frac{13{,}0 \cdot 10^3}{30\,(100 - 3 \cdot 4{,}6)} = 5{,}0$ N/mm²
$5{,}0/(0{,}8 \cdot 9) = 0{,}69 < 1$

Innenlasche: $\sigma_{Z\|} = \frac{17{,}33 \cdot 10^3}{30\,(100 - 3 \cdot 4{,}6)} = 6{,}7$ N/mm²
$6{,}7/(0{,}8 \cdot 9) = 0{,}93 < 1$

Außenlasche: $\sigma_{Z\|} = \frac{1{,}5 \cdot 4{,}33 \cdot 10^3}{30\,(100 - 3 \cdot 4{,}6)} = 2{,}5$ N/mm²
$2{,}5/9 = 0{,}28 < 1$

Die Spannung in der Außenlasche ist nicht ausgenutzt. Die Brettdicke ist jedoch nach (6.9) wegen $d_n = 4{,}6$ mm erforderlich.

4. Beispiel: Genagelter Stoß eines einteiligen Zugstabes nach Abb. 6.57

Stabkraft $S = 18$ kN Lastfall HZ
Stabquerschnitt 8/12 S10/MS10
Stoß mit BFU $a = 20$ mm

Zweischnittige Nagelung
Mindesteinschlagtiefe $8 \cdot 3{,}1 = 25$ mm
Vorhandene Einschlagtiefe $s = 30$ mm > 25 mm
BFU-Deckfurniere Fa $\|$ Kr $a = 20$ mm > 10 mm (Tafel 6.12)

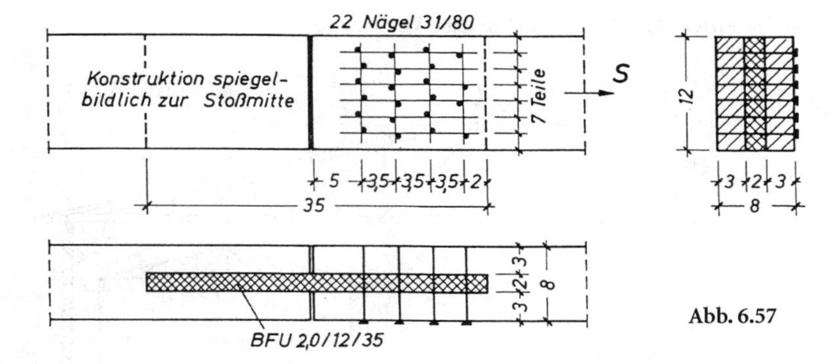

Abb. 6.57

Zulässige Nagelbelastung zul $N_Z = 1{,}25 \cdot 2 \cdot 367 = 917$ N = 0,917 kN

Nagelanzahl erf $n = \dfrac{18}{0{,}917} = 19{,}6 \rightarrow$ 22 Nä 31/80

Nagelabstände $\perp$ Fa $5 \cdot 3{,}1 = 16$ mm $\rightarrow$ 6 Nagelreihen

$\parallel$ Kr und $\parallel$ Fa $10 \cdot 3{,}1 = 31$ mm $\rightarrow$ 35 mm

belasteter Rand $\parallel$ Fa NH $15 \cdot 3{,}1 = 47$ mm $\rightarrow$ 50 mm

Rand BFU $4 \cdot 3{,}1 = 12$ mm $\rightarrow$ 20 mm

Spannungsnachweise für die Hölzer

Kein Lochabzug, da $d_n = 3{,}1$ mm < 4,2 mm

$$\text{Vollholz } \sigma_{Z\parallel} = \frac{18 \cdot 10^3}{120\,(80-20)} = 2{,}5 \text{ N/mm}^2$$

$$\frac{2{,}5}{1{,}25 \cdot 0{,}8 \cdot 7} = 0{,}36 < 1 \text{ (HZ)}$$

$$\text{BFU} \quad \sigma_{Z\parallel} = \frac{18 \cdot 10^3}{120 \cdot 20} = 7{,}5 \text{ N/mm}^2$$

$$\frac{7{,}5}{1{,}25 \cdot 8{,}0} = 0{,}75 < 1 \text{ (HZ)}$$ –*Tab. 6*–

Konstruktionsbeispiele für Dachbinder und Verbände

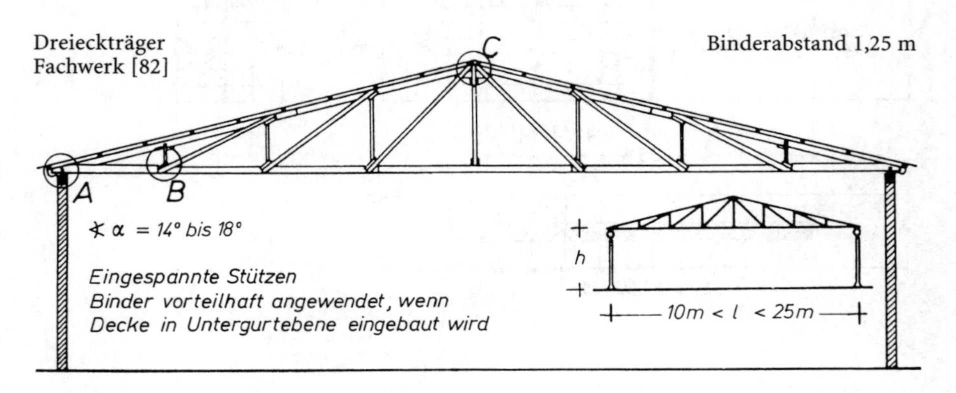

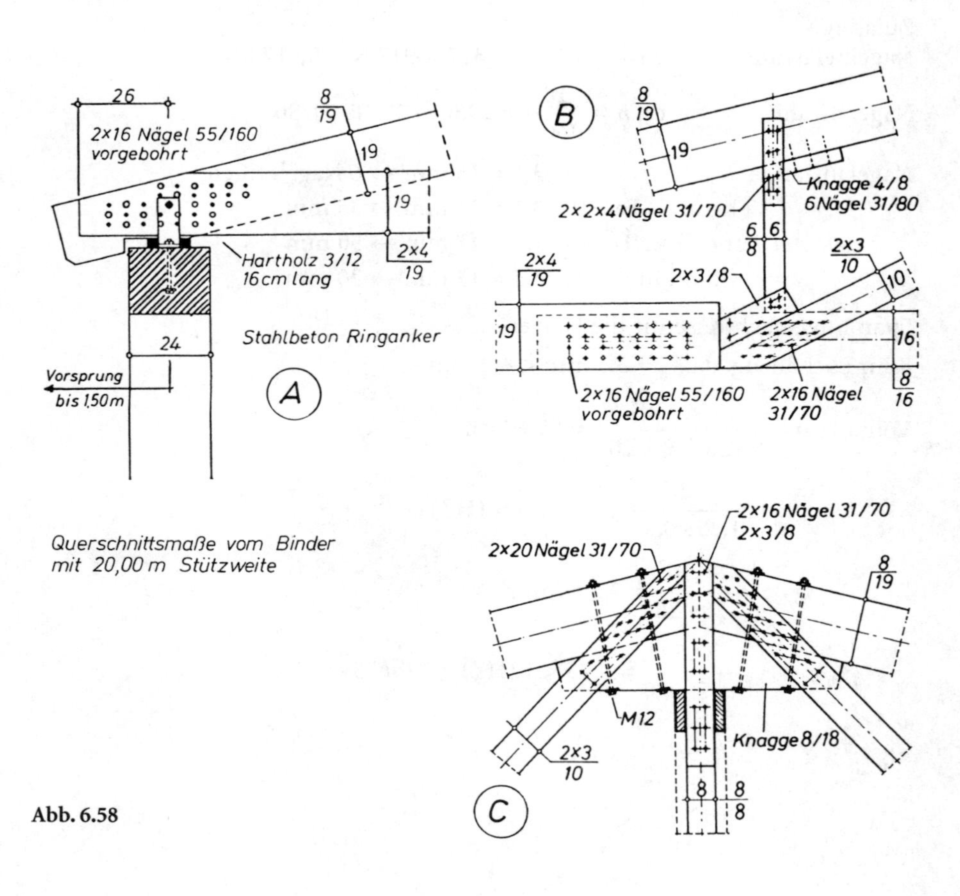

Abb. 6.58

Parallelträger
Vollwand
Brettstege gekreuzt [82]

Binderabstand 5,0 m

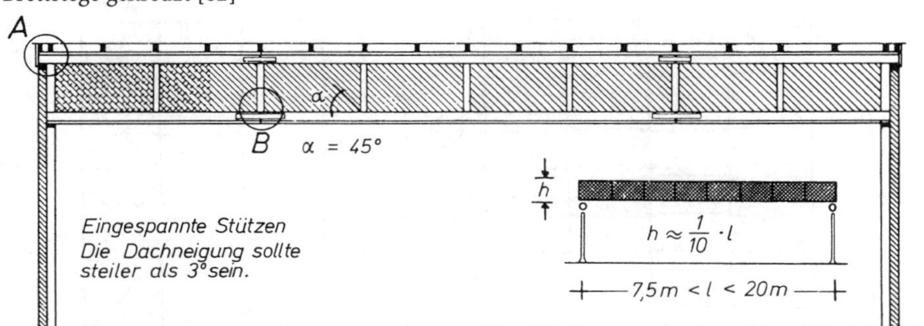

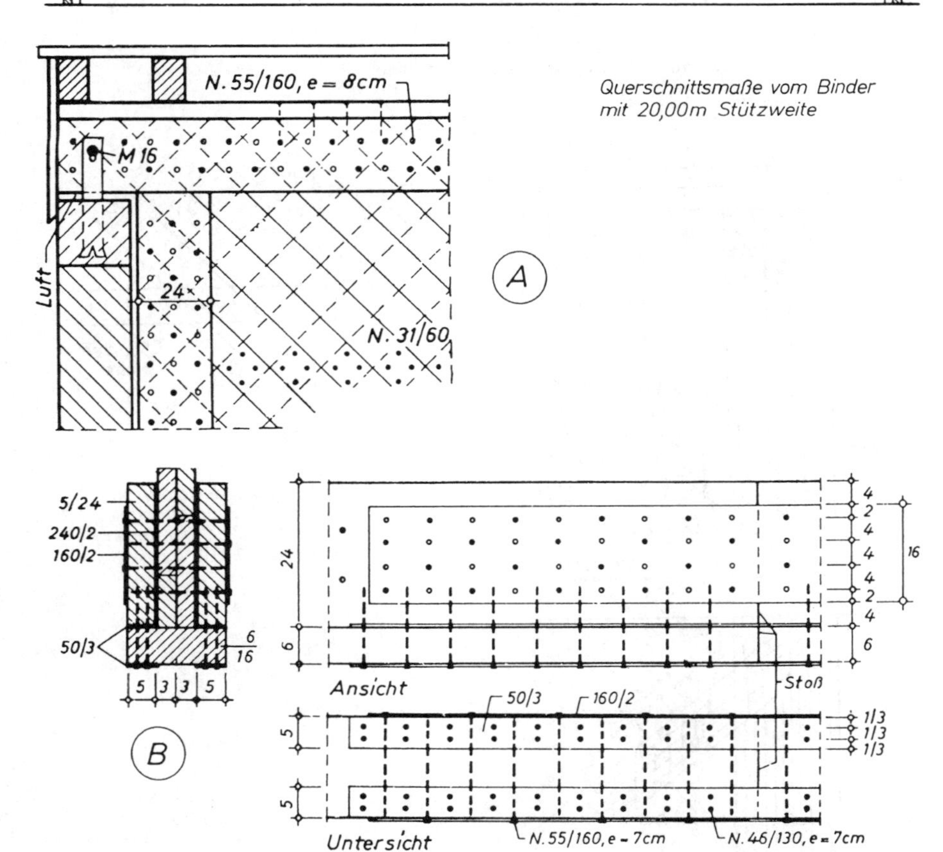

Abb. 6.59 *2 Bleche 160/2-1260mm 2Bleche 240/2-1260 4 Bleche 50/3-1320mm*

Varianten zur Konstruktion von Verbandsknotenpunkten [89]

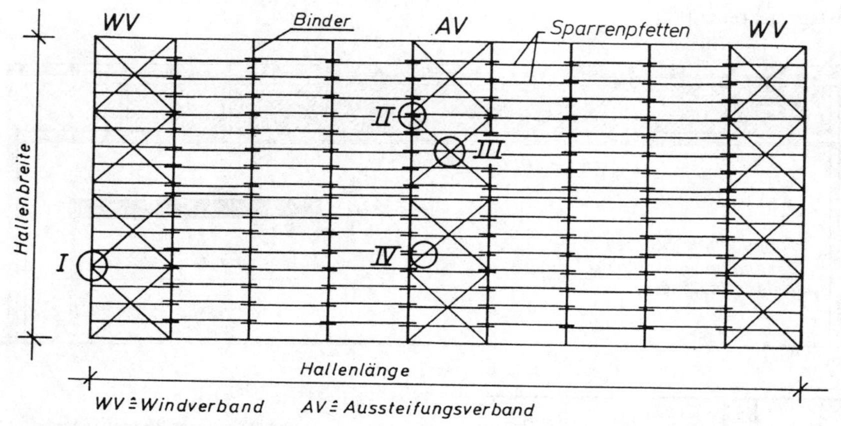

a *Dachgrundriß*

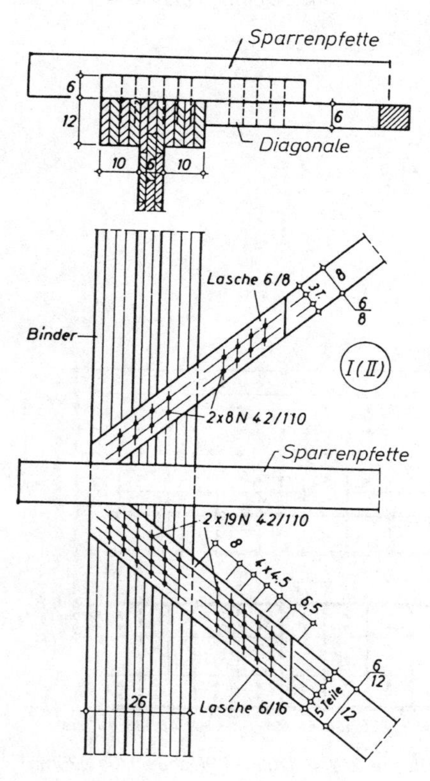

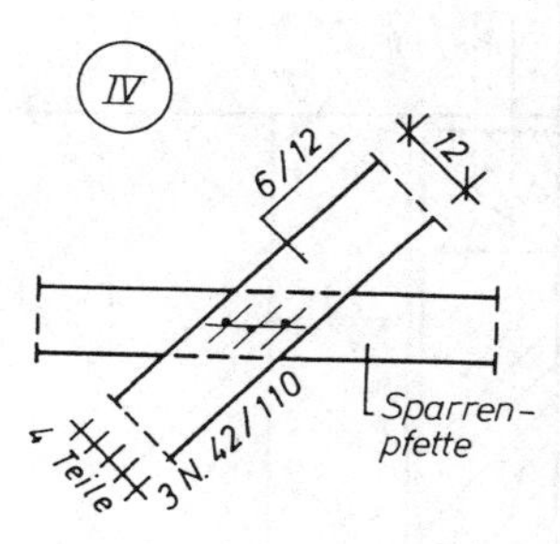

c *Untersicht*

Befestigung der Sparrenpfetten mit Sparrennägeln und/oder Blechformteilen nach Abb. 1.10

b *Holzlaschen*

Abb. 6.60

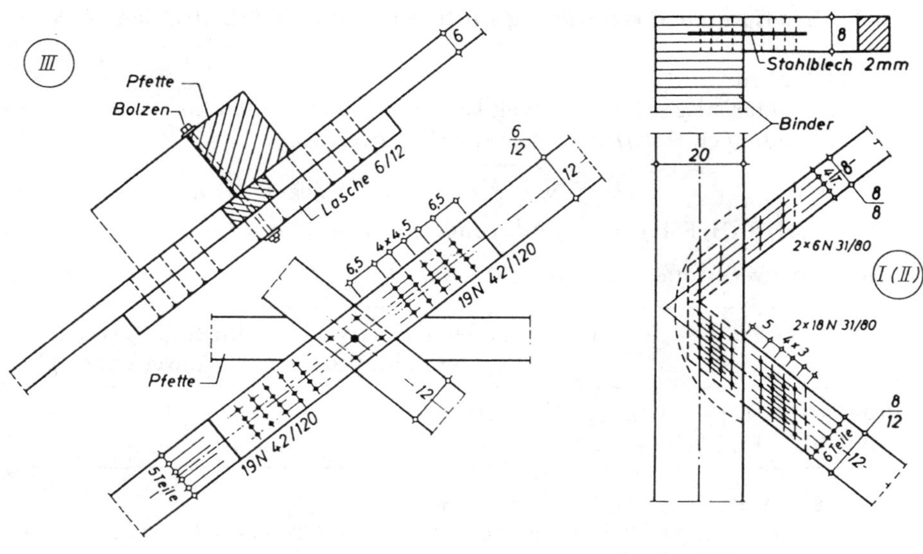

d *Untersicht Holzlaschen*

e *Verzinkte Stahlbleche Pfette nicht dargestellt*

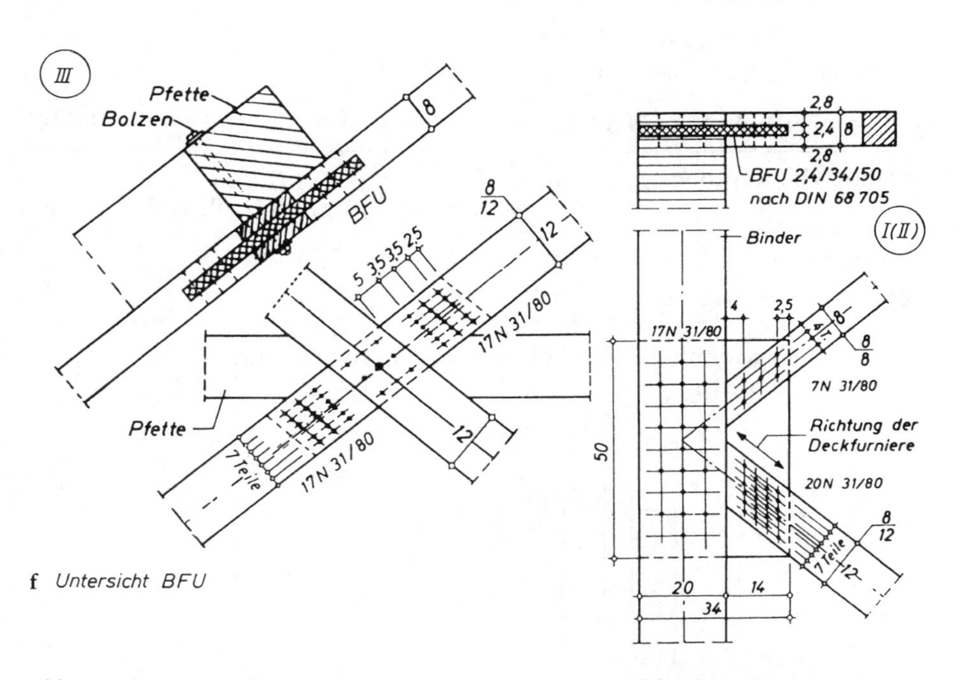

f *Untersicht BFU*

Abb. 6.60 (Fortsetzung)

g *BFU Pfette nicht dargestellt*

6.4.8 Beanspruchung rechtwinklig zur Nagelachse nach DIN 1052 neu (EC5)

Tragfähigkeit

Die charakteristische Tragfähigkeit kann berechnet werden für

- Verbindungen Holz/Holz sowie Holz/Holzwerkstoffe

NH/NH: $R_k = \sqrt{2 \cdot M_{y,k} \cdot f_{h,1,k} \cdot d}$, $f_{h,1,k} > f_{h,2,k}$ (6.12a)

(VH, BSH, BAH, FSH) $t_{i,req} = 9d$ (runde Nä) s. Abschn. 6.3.6 (6.12b)

Holz/Holzwerkstoffe: $R_k = A \cdot \sqrt{2 \cdot M_{y,k} \cdot f_{h,1,k} \cdot d}$ (6.12c)

	A	außen lieg. HW-Pl. t_{req} (einschnittig)	innen lieg. HW-Pl. t_{req} (zweischnittig)
BFU – F. 11 [1] –	0,9	$7d$	$6d$
BFU-BU – F. 12 [1] –	0,8	$6d$	$4d$

A und t_{req} für OSB, HFH, HFM, FP, GKBs. – *Tab. 11* [1] –.

Bei einschnittigen Verbindungen mit SoNä der Tragfähigkeitsklasse 3 darf R_k (nicht für GKB) nach (6.12c) um

$$\Delta R_k = \min\,(0{,}5\;R_k;\,0{,}25\;R_{ax,k}) \qquad (6.12\text{d})$$

erhöht werden, $R_{ax,k}$ nach (6.12p).

- Stahlblech/Holz-Verbindungen

$R_k = A \cdot \sqrt{2 \cdot M_{y,k} \cdot f_{h,k} \cdot d}$, s. Abschn. 6.3.6 (6.12e)

Stahlblech (vorgebohrt)	A	t_{req} (zweischnittig)	t_{req} (für alle anderen Fälle)
innen liegend, dick u. außen	1,4	$5d$	$10d$
dünn u. außen liegend	1,0	$7d$	$9d$

d für quadratische Nägel die Seitenabmessung in mm

t_1, t_2 s. Abb. 6.61

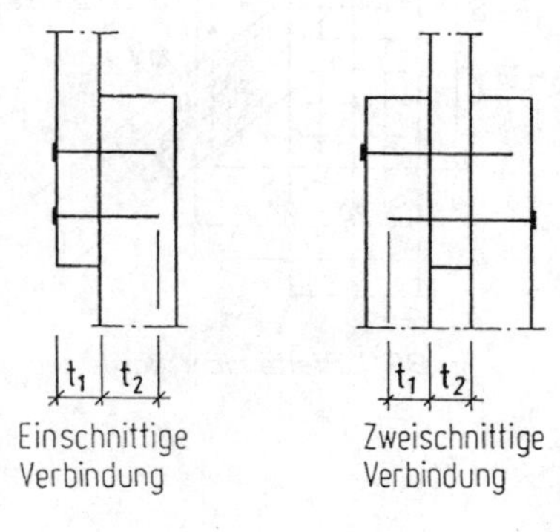

Abb. 6.61. Definition von t_1 und t_2

Fließmoment:

- $M_{y,k} = 0{,}3 \cdot f_{u,k} \cdot d^{2,6}$ Nmm für gewöhnliche runde Nägel (6.12 f)
- $M_{y,k} = 0{,}45 \cdot f_{u,k} \cdot d^{2,6}$ Nmm für quadratische Nägel (6.12 g)
  (Zugfestigkeit des Drahtes $f_{u,k} \geqq 600$ N/mm²)

Holz/Holz-Nagelverbindungen
Lochleibungsfestigkeiten (auch für BRH):

$d \leqq 8$ mm, unabhängig von $\sphericalangle$ zwischen Kr und Fa

- $f_{h,k} = 0{,}082\ \varrho_k \cdot d^{-0,3}$ N/mm² (nicht vorgebohrt) (6.12h)
- $f_{h,k} = 0{,}082\ (1 - 0{,}01\ d)\ \varrho_k$ N/mm² (vorgebohrt, $d_L \approx 0{,}9\,d$) (6.12i)
  mit ϱ_k in kg/m³ und d in mm
  Vorbohren: $\varrho_k > 500$ kg/m³, bei Douglasie stets

Einfluß der Holzdicke oder der Einschlagtiefe auf R_k:

$t_i \geqq t_{i,req}$	$4d \leqq t_i < t_{i,req}$	$t_i < 4d$
R_k	$\min\,(t_i/t_{i,req}) \cdot R_k$	$R_k = 0$ (bei einschn. Verb.)

NH/NH-Verbindung: $t_{i,req} = t_{req} = 9d$

Nagelanzahl: $n \geqq 2$ je Verbindung

Mindestabstände:

Die Mindestnagelabstände untereinander und von den Rändern sind in Tafel 6.14B enthalten ($a_1 \leqq 40d$, $a_2 \leqq 20d$). Für BSH gelten die Nagelabstände für $\varrho_k \leqq 420$ kg/m³.

Tafel 6.14 B. Mindestnagelabstände vgl. Abb. 6.40 A

$t \triangleq$ belast. Rand[b] $c \triangleq$ unbel. Rand			nicht vorgebohrt		vorgebohrt
			$\varrho_k \leqq 420$ kg/m³	$420 < \varrho_k < 500$ kg/m³	
		< 5[a]	$(5 + 5 \cdot \cos\alpha)\,d$		
a_1	$\parallel$ Fa	$\geqq 5$	$(5 + 7 \cdot \cos\alpha)\,d$	$(7 + 8 \cdot \cos\alpha)\,d$	$(3 + 2 \cdot \cos\alpha)\,d$
a_2	$\perp$ Fa		$5d$	$7d$	$3d$
$a_{1,t}$			$(10^c + 5\cos\alpha)\,d$	$(15 + 5\cos\alpha)\,d$	$(7 + 5\cos\alpha)\,d$
$a_{1,c}$	$\parallel$ Fa	$\geqq 5$	$10d\ (< 5 : 7d)$	$15d$	$7d$
		< 5	$(5 + 2\sin\alpha)\,d$	$(7 + 2\sin\alpha)\,d$	
$a_{2,t}$		$\geqq 5$	$(5 + 5\sin\alpha)\,d$	$(7 + 5\sin\alpha)\,d$	$(3 + 4\sin\alpha)\,d$
$a_{2,c}$	$\perp$ Fa		$5d$	$7d$	$3d$

[a] $\triangleq d$ (in mm)
[b] oder belast. Ende; [c] 7 für $d < 5$ mm

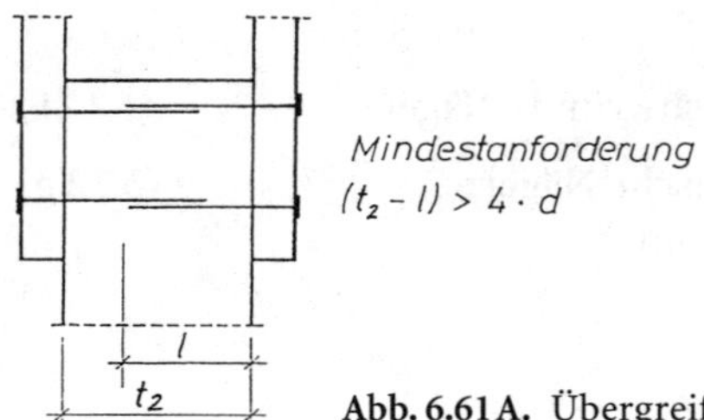

Abb. 6.61 A. Übergreifende Nägel ohne Vorbohrungen

Übergreifende Nägel ohne Vorbohrungen:

Mindestanforderung (Abb. 6.61 A): $(t_2 - l) > 4d$ (6.12 j)

Nagelung von beiden Seiten mit Überlappung in der Mittelfläche ist möglich.

Mindestholzdicke (ohne Vorbohrung):

Schnittholz: $t = \max\,[14d;\,(13d - 30)\,\varrho_k/200]$ in mm (6.12 k)
Kiefernholz: $t = \max\,[7d;\,(13d - 30)\,\varrho_k/400]$ in mm (6.12 l)

Gleichung (6.12 l) gilt auch für andere Nadelholzarten, falls $a_{2,\,t(c)} \geqq 10d\ (14d)$ für $\varrho_k \leqq 420$ kg/m³ $(420 < \varrho_k < 500)$.

d in mm, ϱ_k in kg/m³

Holz/Holzwerkstoff-Nagelverbindungen
Lochleibungsfestigkeiten:
Baufurniersperrholz (BFU, BFU-BU):

$$f_{h,k} = 0{,}11\ \varrho_k\ d^{-0{,}3}\ \text{N/mm}^2 \quad \text{(nicht vorgebohrt)} \qquad (6.12\,\text{m})$$

$$f_{h,k} = 0{,}11(1 - 0{,}01\,d)\ \varrho_k\ \text{N/mm}^2 \quad \text{(vorgebohrt)} \qquad (6.12\,\text{n})$$

mit ϱ_k in kg/m³ und d in mm

Harte Holzfaserplatten (HFH) der Dicke t:

$$f_{h,k} = 30\ d^{-0{,}3} \cdot t^{0{,}6}\ \text{N/mm}^2 \quad d, t \text{ in mm} \qquad (6.12\,\text{o})$$

Mindestabstände für Baufurniersperrholz:
Die Werte für a_1 und a_2 nach Tafel 6.14 B dürfen auf das 0,85fache reduziert werden.

Die Mindestrandabstände sind: unbel. Rand: $3d$; belast. Rand: $4d$

Lochleibungsfestigkeiten für OSB-, GKB- und FP-Platten sowie weitere Hinweise zu den Nagelabständen s. *– 12.5.3.* [1] –.

Stahlblech/Holz-Nagelverbindungen
Mindestabstände:
Die Werte für a_1 und a_2 (nicht vorgebohrt) nach Tafel 6.14 B dürfen auf das 0,5-fache vermindert werden. Für jeden Nagel ist eine Anschlußfläche $0{,}5a_1 \cdot a_2$ mit den Werten nach Tafel 6.14 B ($a_1 \geqq 5\,d$) einzuhalten. Die so ermittelten Abstände sind auch für vorgebohrte Nagellöcher zulässig.

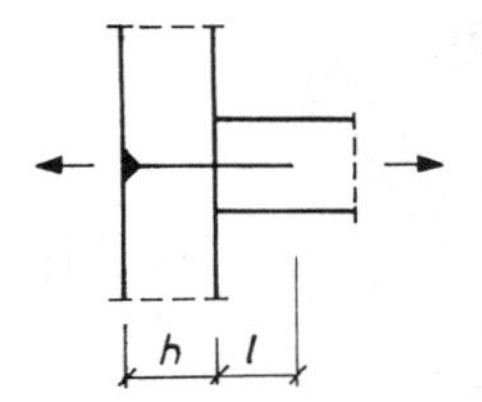

Abb. 6.61 B

6.4.9 Beanspruchung auf Herausziehen nach DIN 1052 neu (EC5)

Charakteristischer Wert des Ausziehwiderstandes (Abb. 6.61B):

$$R_{ax,k} = \min (f_{1,k} \cdot d \cdot l_{ef}\,; f_{2,k} \cdot d_k^2), \;(\perp \text{Fa u. Schrägnagelung}) \qquad (6.12\,p)$$

d_k Außendurchmesser des Nagelkopfes

Einschlagtiefe l_{ef}

$\min l_{ef} = 12\,d$ für glattschaftige Nägel ($l_{ef} \leqq 20\,d$) u. SoNä 1

$\min l_{ef} = \;\; 8\,d$ für Rillen- und Schraubnägel (2 u. 3) $l_{ef} \leqq l_g$

Die Bemessung glattschaftiger Nägel kann mit den charakteristischen Ausziehparametern erfolgen:

$$f_{1,k} = 18 \cdot 10^{-6} \cdot \varrho_k^2 \quad \text{in N/mm}^2 \qquad (6.12\,q)$$

$$f_{2,k} = 60 \cdot 10^{-6} \cdot \varrho_k^2 \quad \text{in N/mm}^2 \text{ (Kopfdurchziehen)} \qquad (6.12\,r)$$

ϱ_k in kg/m^3, SoNä s. Tafel 6.14C; bei St-Holz-Verb. ist $f_{1,k}$ maßgebend.

Verringerung von $f_{1,k}$ auf 2/3 bei Einschlagen in VH, das eine Holzfeuchte oberhalb 20 % besitzt und im eingebauten Zustand austrocknen kann. Weitere Hinweise zu $f_{2,k}$ und zum Vorbohren s. – *12.8.1* [1] –.

Bemessungswert des Ausziehwiderstandes:

$$R_{ax,d} = k_{mod} \cdot R_{ax,k}/\gamma_M\,, \quad \gamma_M = 1{,}3 \qquad (6.12\,s)$$

Mindestabstände:
Die Abstände nach Tafel 6.14B sind auch für in Schaftrichtung beanspruchte Nägel einzuhalten.

Bei Schrägnagelung beträgt der Abstand zum beanspruchten Rand mindestens $10\,d$ (s. Abb. 6.44).

Tafel 6.14 C. $f_{1,k}$ und $f_{2,k}$ in N/mm^2 für Sondernägel

Tragfähigkeitsklasse	$f_{1,k}$	Tragfähigkeitsklasse	$f_{2,k}$
1	$30 \cdot 10^{-6} \cdot \varrho_k^2$	A	$60 \cdot 10^{-6} \cdot \varrho_k^2$
2	$40 \cdot 10^{-6} \cdot \varrho_k^2$	B	$80 \cdot 10^{-6} \cdot \varrho_k^2$
3	$50 \cdot 10^{-6} \cdot \varrho_k^2$	C	$100 \cdot 10^{-6} \cdot \varrho_k^2$

ϱ_k in kg/m^3 $\leqq$ 500 kg/m^3

6.4.10 Kombinierte Beanspruchung nach DIN 1052 neu (EC5)

Folgende Bedingung muß erfüllt werden:

$$\left(\frac{F_{ax,d}}{R_{ax,d}}\right)^{m} + \left(\frac{F_{la,d}}{R_{la,d}}\right)^{m} \leqq 1 \qquad (6.12t)$$

F_{ax}, R_{ax} Kräfte und Widerstände in Schaftrichtung
F_{la}, R_{la} Kräfte und Widerstände rechtwinklig zur Schaftrichtung
$m = 1$ für glattschaftige Nä, SoNä 1 u. Klammern
$m = 2$ für SoNä 2 u. 3 sowie Holzschrauben
$m = 1{,}5$ für glattschaftige Nä bei Koppelpfettenanschlüssen

6.4.11 Beispiel: Genagelter Stoß eines einteiligen Zugstabes (s. Abb. 6.54)

Stabkraft $S_k = 19$ kN, kurze LED, Nkl 1 oder 2
Stabquerschnitt 3/10 C24, KI

Bemessungswert der Stabkraft:

$$S_d = 1{,}43 \cdot 19 = 27{,}2 \text{ kN} \quad \text{s. Abschn. 6.2.3, 2. Bsp.}$$

Beidseitige Nagelung, zweischnittig, nicht vorgebohrt

$$t_{req} = 9d = 9 \cdot 3{,}4 = 30{,}6 \text{ mm}$$

$$\text{vorh } t = 30 \text{ mm} < 30{,}6 \text{ mm}$$

Beide Scherflächen dürfen nicht voll in Rechnung gestellt werden.

Mindestholzdicke:

(6.12l): $\text{erf } t = \max\,[7 \cdot 3{,}4; (13 \cdot 3{,}4 - 30)\ 350/400] = \max\,(23{,}8; 12{,}4) \text{ mm}$

$$\text{vorh } t = 30 \text{ mm} > 23{,}8 \text{ mm}$$

Bemessungswert der Tragfähigkeit eines Nagels:
Lochleibungsfestigkeiten:

$$f_{h,k} = 0{,}082 \cdot 350 \cdot 3{,}4^{-0{,}3} = 19{,}9 \text{ N/mm}^2$$

Fließmoment:

$$M_{y,k} = 0{,}3 \cdot 600 \cdot 3{,}4^{2{,}6} = 4336 \text{ Nmm}$$

Charakteristische Tragfähigkeit:

(6.12a): $(t_i/t_{req}) \cdot R_k = (30/30{,}6) \cdot \sqrt{2 \cdot 4336 \cdot 19{,}9 \cdot 3{,}4} = 751 \text{ N}$

Bemessungswert:

(6.7f): $R_d = 0{,}9 \cdot 751/1{,}1 = 614\ \text{N} = 0{,}614\ \text{kN}$

Nagelanzahl $\text{erf}\, n = \dfrac{27{,}2}{2 \cdot 0{,}614} = 22{,}1 \rightarrow 22$ Nägel 34/90

Nagelabstände $\perp$ Fa $a_2 = 5 \cdot 3{,}4 = 17\ \text{mm} \rightarrow 20\ \text{mm}$

$\parallel$ Kr und $\parallel$ Fa $a_1 = 10 \cdot 3{,}4 = 34\ \text{mm} \rightarrow 35\ \text{mm}$

belasteter Rand $\parallel$ Fa $a_{1,t} = 15 \cdot 3{,}4 = 51\ \text{mm} \rightarrow 55\ \text{mm}$

Erforderlich: 4 Reihen mit $r = \dfrac{22}{4} = 5{,}5$ Nägeln

Gewählt: 2 äußere Reihen je 6 Nägel (s. Abb. 6.54)
2 innere Reihen je 5 Nägel

Spannungsnachweise für die Hölzer:
Kein Lochabzug, da $d \leqq 6$ mm und nicht vorgebohrt, s. Abschn. 5.1

MH: $\sigma_{t,0,d} = \dfrac{27{,}2 \cdot 10^3}{30 \cdot 100} = 9{,}1\ \text{N/mm}^2$

$f_{t,0,k} = 14\ \text{N/mm}^2$ s. Tafel 2.10

$f_{t,0,d} = \dfrac{0{,}9 \cdot 14}{1{,}3} = 9{,}69\ \text{N/mm}^2 \approx 9{,}7\ \text{N/mm}^2$ s. (2.5)

$9{,}1/9{,}7 = 0{,}94 < 1$

SH: $\sigma_{t,0,d} \leqq (2/3) \cdot f_{t,0,d}$, mit Maßnahmen zur Verhinderung der Verkrümmung, s. Abschn. 5.1.

$\dfrac{1{,}5 \cdot 27{,}2 \cdot 10^3}{2 \cdot 30 \cdot 100} = 6{,}8\ \text{N/mm}^2 < 9{,}69\ \text{N/mm}^2$

Weiteres Beispiel s. Abschn. 5.7.2.3 (Anschlüsse mit Nä).

6.5 Sondernägel[1] und Blechformteile nach DIN 1052 (1988)

6.5.1 Allgemeines

Der schraubenförmige oder gerillte Schaft erhöht die Tragfähigkeit des Sondernagels (SoNa) auf Herausziehen, verglichen mit der des glattschaftigen Nagels [90]. Für die normengemäßen Sondernägel ist keine allgemeine BAZ erforderlich. Es ist aber die Eignung von SoNä durch einen sog. Einstufungsschein nachzuweisen *– T2, 6.1 und Anhang–*.

[1] Sondernägel nach DIN 1052 neu (EC5) s. Abschn. 6.4.9.

Tafel 6.15. Rechenwert B_Z in MN/m^2

Tragfähigkeitsklasse	B_Z
I	1,8
II	2,5
III	3,2

Im Einstufungsschein ist u.a. festgelegt [7]:
- Einstufung des SoNa in eine der drei Tragfähigkeitsklassen *–T2, Tabelle 12–* aufgrund der Prüfergebnisse der Eignungsprüfungen.
- SoNa für Nagelverbindungen mit Holz und HW (meist Schraubnägel) oder für Nagelverbindungen mit Stahlblechen und Stahlteilen (Rillennägel)
- Angaben zu Material und Abmessungen des SoNa
- Loch-∅ im Stahlblech und Stahlteil

Zulässige Belastung auf „Abscheren" im Lastfall H bei NH wie bei glattschaftigen Nägeln

$$\text{zul}\, N_1 = \frac{500 \cdot d_n^2}{10 + d_n} \,[\text{N}] \qquad \text{s. (6.8)}$$

Zulässige Belastung auf Herausziehen im Lastfall H bei NH und LH

$$\text{zul}\, N_Z = B_Z \cdot d_n \cdot s_w \,[\text{N}] \qquad \text{s. (6.8a)}$$

mit B_z nach Tafel 6.15.

Einschlagtiefen:

„Abscheren"
SoNä II/III in einschnittigen Nagelverbindungen $s \geqq 8\, d_n$; dabei darf nur der profilierte Schaftteil l_g (s. Abb. 6.62 und 6.63) in Rechnung gestellt werden *–T2, 6.3.1–*.

Herausziehen *–T2, 6.3.1–* [23]
SoNä I $12\, d_n \leqq s_w \leqq 20\, d_n$ bzw. l_g
SoNä II/III $8\, d_n \leqq s_w \leqq 20\, d_n$ bzw. l_g

SoNä II/III dürfen durch ständige Lasten auf Herausziehen beansprucht werden. Nachweis von SoNä unter **kombinierter Beanspruchung** wird nach Gl. (6.8b) mit dem Exponenten $m = 2$ geführt.

Festlegungen hinsichtlich Mindestdicken, Mindestanzahl, Mindest- und Größtabstände für glattschaftige Nägel gelten auch für SoNä.

6.5.2 Schraubnägel (SNä)

Nägel mit schraubenförmigem Schaft werden vorwiegend für Nagelverbindungen mit Holz und HW (s. Abb. 6.62) verwendet.

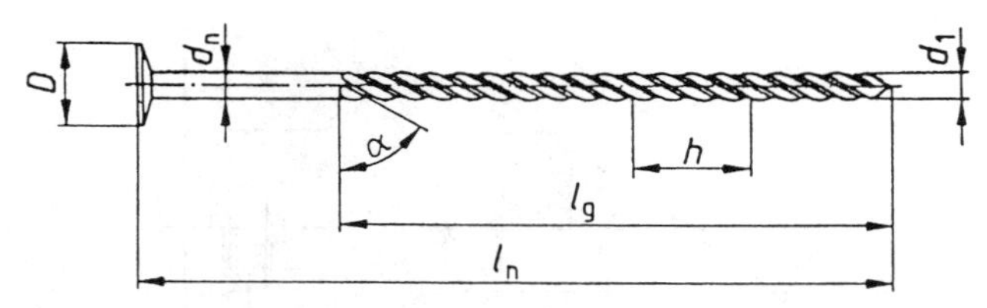

Abb. 6.62. Schraubnagel [7], *-T2, Bild 13-*

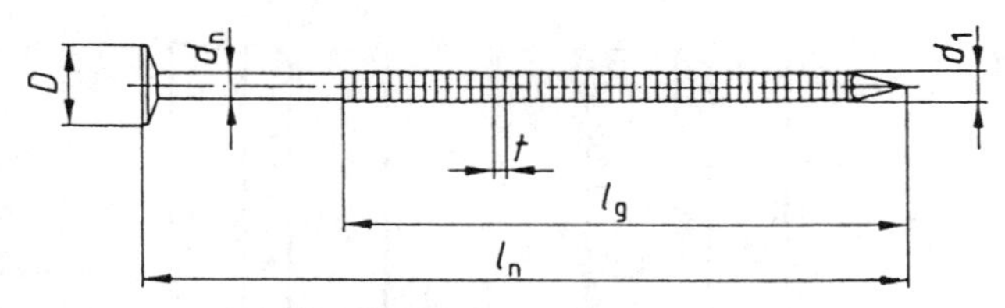

Abb. 6.63. Rillennagel [7], *-T2, Bild 13-*

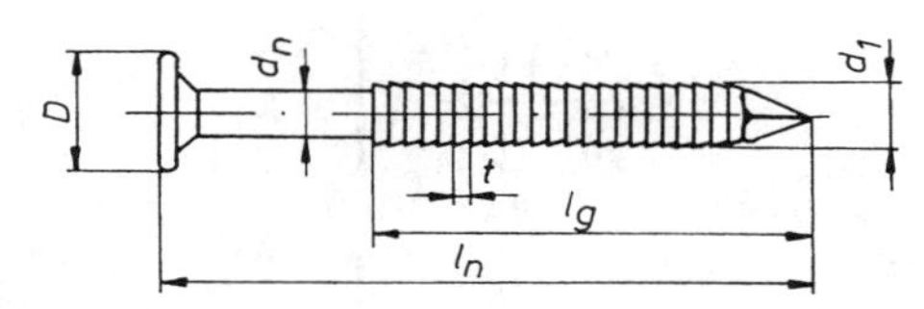

Abb. 6.63 A. Rillennagel für Stahlblech-Holz-Nagelverbindung (Ankernagel) [7]

6.5.3 Rillennägel (RNä)

Nägel mit gerilltem Schaft werden für Stahlblech-Holz-Nagelverbindungen – häufig als Ankernägel (Abb. 6.63 A) bezeichnet – und für Holz-Holz-Nagelverbindungen verwendet (Abb. 6.63).

Ankernägel gewährleisten durch den konischen Übergang zum Nagelkopf (Abb. 6.63 A) einen Paßsitz in den Löchern außenliegender Bleche oder Blechformteile (Abb. 6.64, 6.64 A, B).

6.5.4 Blechformteile

Der Kraftfluß in abgekanteten Blechformteilen nach Abb. 1.10 ist durch Ausmittigkeiten und Umlenkungen gekennzeichnet. Ihre Tragfähigkeit kann geringer sein als die Summe der zulässigen Nagelbelastungen eines Anschlusses. Tabellen für zulässige Belastungen bzw. Berechnungsmodelle s. [15, 16, 23, 92].

Angaben zur Berechnung von Blechformteilen nach EC5 sind u. a. in den BAZ [241–243] enthalten.

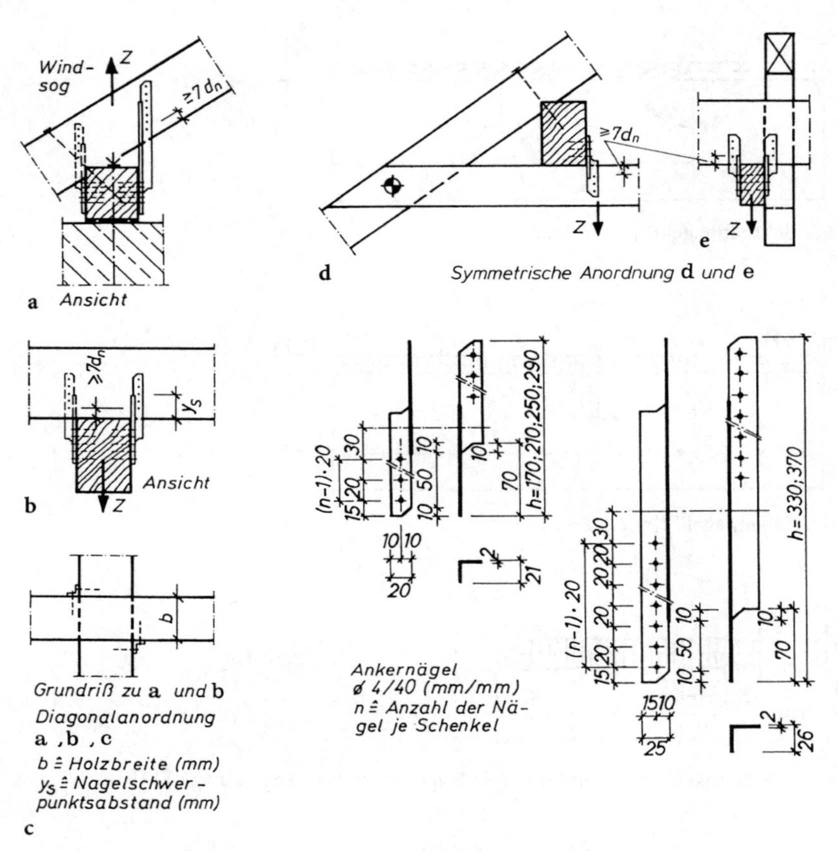

Abb. 6.64. Sparrenpfettenanker, Abmessungen und Anordnung [7, 36, 92]

Tafel 6.16. Zulässige Zugkraft [kN] für ein Paar Bilo-Sparrenpfettenanker[a] mit RNä 4 × 40 im Lastfall H [36]

h [mm]		170	210	250	290	330	370	410
t [mm]		2						
erf n je Schenkel		3	4	5	6	7	8	9
zulässige Zugkraft Z [kN]	60 mm	3,6	4,5	–	–	–	–	–
für 1 Ankerpaar für die	70 mm	3,6	5,1	6,1	7,1	8,0	8,9	9,8
kleinere Holzdicke b	80 mm	3,6	5,1	6,7	8,1	9,1	10,2	11,2
	90 mm	3,6	5,1	6,7	8,2	9,8	11,2	12,6
	100 mm	3,6	5,1	6,7	8,2	9,8	11,2	13,0

[a] – einreihige Nagelung bei Bilo-Sparrenpfettenanker
– symmetrische Anordnung, möglichst über Eck (Abb. 6.64 c)
– Ausführung [16].

6.5.4.1 Sparrenpfettenanker

Sie werden eingesetzt zur zugfesten Verbindung sich rechtwinklig kreuzender Kanthölzer, vorzugsweise zur Sicherung von Sparren gegen Windsogkräfte oder zur Aufhängung von Deckenbalken.

Der Bilo-Sparrenpfettenanker [36] ist in statischer Hinsicht typengeprüft für paarweise Anordnung gemäß Abb. 6.64 mit planmäßiger Beanspruchung auf Zug. Die zulässige Zugkraft kann Tafel 6.16 entnommen werden.

Für GH Sparrenpfettenanker sind zulässige Belastungen in [16] enthalten.

Durch den Ankeranschluß wird das Holz auf Querzug beansprucht [64]. Nach Gränzer/Ruhm [92] sollen folgende Bedingungen beachtet werden, um Queraufreißen des Holzes zu vermeiden:

$$b \leqq y_s \rightarrow \text{zul}\, Z = 0{,}13 \cdot 10^{-2} \cdot b \cdot y_s \tag{6.13a}$$

$$b > y_s \rightarrow \text{zul}\, Z = 0{,}13 \cdot 10^{-2} \cdot b \cdot y_s \cdot (1{,}13 - 0{,}13\, b/y_s) \tag{6.13b}$$

y_s ≙ Abstand [mm] des Nagelschwerpunktes vom belasteten Trägerrand (Unterkante) nach Abb. 6.64b
b ≙ Breite [mm] des belasteten Trägers nach Abb. 6.64c
zul Z ≙ zulässige Querzuglast [kN] des Trägers im Kreuzungspunkt

6.5.4.2 Balkenschuhe

Balkenschuhe (z.B. der Typen GH04, Bilo und BMF) werden verwendet zum Anschluß von Nebenträgern (NT), die rechtwinklig vor Hauptträger (HT) stoßen, z.B. Sparrenpfetten an Dachbindern oder Längs- an Querträger, siehe Abb. 6.64A. Ihre Tragfähigkeit für vorwiegend ruhende Belastung ist für die verschiedenen Fabrikate nach [15] durch bauaufsichtliche Zulassungen geregelt, desgleichen Anwendungsbereich, Werkstoff- und Korrosionsschutzanforderungen.

Folgende Grundsätze sind zu beachten:

- Der Nebenträger muß vollflächig im Balkenschuh aufliegen.
- Alle vorhandenen Nagellöcher sind mit den zugehörigen Sondernägeln auszunageln.
- Bei einseitigem Anschluß ($B_H \geqq B_N$) muß die Torsionsbeanspruchung des Hauptträgers durch das Versatzmoment $M_v = F_1 \cdot B_H/2$ berücksichtigt werden, vgl. [93] und Abschn. 10.2.3.2.
  Falls das Verdrehen durch konstruktive Maßnahmen verhindert wird, ist der Kraftfluß weiter zu verfolgen.
- Bei beidseitigem Anschluß ist der entsprechende Torsionsnachweis nur dann zu erbringen, wenn ΔF_1 der einander gegenüberliegenden Nebenträger $> 20\,\%$ ist.
- Die Kippsicherheit des NT ist nachzuweisen, wenn $H_N > 1.5 \cdot H$.
- Der Mindestachsabstand der Balkenschuhe muß betragen:
  $A + 100$ mm, wenn zul F_1 nach (6.14 a) maßgebend ist
  $A + 200$ mm, wenn zul $F_{Z\perp}$ nach (6.14 b) maßgebend ist
  $(A + 300)/2$ vom Trägerende, wenn zul $F_{Z\perp}$ maßgebend ist
  A = Balkenschuhbreite nach Abb. 6.64 A.

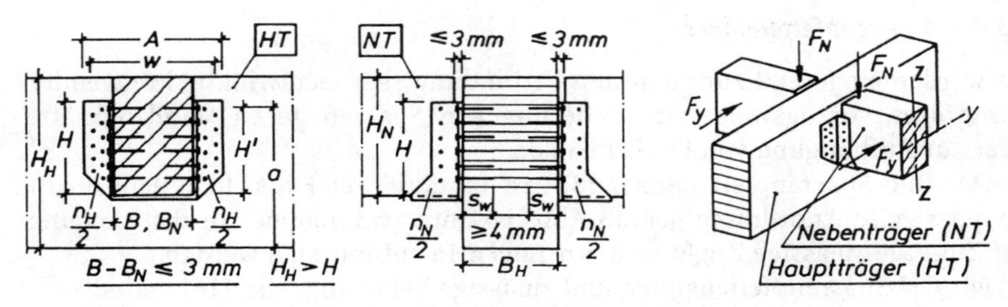

Abb. 6.64 A. Anordnung und Abmessungen des GH-Balkenschuhes [15, 23, 36]

Zulässige Belastung des Balkenschuhes

Maßgebend für die zulässige Belastung ist je nach Höhenlage des Nebenträgers a/H_H gemäß Abb. 6.64 A entweder die Nagelbelastbarkeit (zul F_1) oder die Querzugtragfähigkeit des Hauptträgers (zul $F_{Z\perp}$). Außerdem ist die kombinierte Beanspruchung bei gleichzeitiger Belastung des Balkenschuhes in Richtung seiner Symmetrieachse und rechtwinklig dazu nachzuweisen. Es gilt [23]:

Einachsige Beanspruchung (in z-Richtung):
für $a/H_H \geqq 0{,}7$

$$\text{zul}\, F_1 = n_N \cdot \text{zul}\, N_1 \qquad (6.14\,\text{a})$$

für $a/H_H < 0{,}7$

$$\min F\,[\text{kN}],\ \text{maßgebend aus} \begin{cases} \text{zul}\, F_1 = n_N \cdot \text{zul}\, N_1 \\ \text{zul}\, F_{Z\perp} = 0{,}04 \cdot A_w \cdot f \end{cases} \qquad (6.14\,\text{b})$$

Zweiachsige Beanspruchung (in z- und y-Richtung):

$$\left(\frac{F_1}{\text{zul}\, F_1}\right)^2 + \left(\frac{F_2}{\text{zul}\, F_2}\right)^2 \leqq 1 \qquad (6.14\,\text{c})$$

Darin ist

$$\text{zul}\, F_2 = c \cdot \text{zul}\, F_1 \cdot H/H_N \qquad (6.14\,\text{d})$$

Die Rechenwerte c (allg. = 0,4) und zul F_1 sind der gültigen BAZ zu entnehmen, vgl. Tafel 6.16 A und 6.16 B.

Es bedeuten:

$F_1 = F_N \cdot \cos\alpha$
$F_2 = F_N \cdot \sin\alpha$
α = Winkel zwischen F_N und der Symmetrieachse des Balkenschuhes
c = Formfaktor aus BAZ auf der Grundlage der Untersuchung [94]
$A_w = w \cdot s_w$, anrechenbar: $s_w \leqq 12\, d_n$
$f = 1/(1 - 0{,}93 \cdot a/H_H)$ Näherung für Geometriefaktor nach BAZ für Balkenschuhe

Alle Bezeichnungen können Abb. 6.64 A entnommen werden. Ein Querzugnachweis nach [64] ist ebenfalls möglich. Exemplarisch werden Abmessungen und zulässige Belastungen für GH- und BMF-Balkenschuhe in den Tafeln 6.16 A und B gezeigt. Neben den GH- und BMF-Balkenschuhen gibt es

Tafel 6.16 A. Maße und zul F_1 [kN] für GH-Balkenschuhe [243]

Abmessungen			SoNä	Nagelanzahl			zul F_1 [kN]	
$B \times H$ [mm × mm]	A [mm]	c[b] [–]	$d_n \times l_n$ [mm × mm]	n_H	n_N	A_w [cm²]	bei a/H_H	
GH-Typ GH 04							≧ 0,7	< 0,6[a]
80 × 100 80 × 140	158	0,4 0,4	4,0 × 50	14 22	8 12	68,2	5,7 8,6	2,73 · f
100 × 120 100 × 160	184	0,4 0,4	4,0 × 50–75	18 26	10 14	80,6	7,1 10,0	3,22 · f
120 × 140 120 × 180	204	0,4 0,4	4,0 × 50–75	22 30	12 16	90,2	8,6 11,4	3,61 · f
140 × 160	224	0,4	4,0 × 50–75	26	14	99,8	10,0	3,99 · f
GH-Typ GH 05							≧ 0,7	< 0,7
100 × 240 100 × 280 100 × 300 100 × 320	182	– – – –	4,0 × 50–75	46 54 58 62	30 34 36 38	81,6	21,4 24,3 25,7 27,1	3,26 · f
120 × 240 120 × 280 120 × 300 120 × 320	202	– – – –	4,0 × 50–75	46 54 58 62	30 34 36 38	91,2	21,4 24,3 25,7 27,1	3,65 · f
140 × 240 140 × 280 140 × 300 140 × 320	222	– – – –	4,0 × 50–75	46 54 58 62	30 34 36 38	100,8	21,4 24,3 25,7 27,1	4,03 · f
160 × 200 160 × 240 160 × 280 160 × 320	242	0,4 0,4 – –	4,0 × 60–75	38 46 54 62	22 30 34 38	110,4	15,7 21,4 24,3 27,1	4,42 · f
180 × 200 180 × 220 180 × 240 180 × 280	262	0,4 0,4 0,4 0,4	4,0 × 60–75	38 42 46 54	22 26 30 34	120,0	15,7 18,6 21,4 24,3	4,80 · f

[a] Im Bereich $0,6 < a/H_H < 0,7$ kann der Wert für $a/H_H \geqq 0,7$ maßgebend werden.
[b] Wenn kein c-Wert angegeben ist, ist zul $F_2 = 0$.

noch SM-, Bilo-, AV-, EuP-, WB-, Hollwede-, Loewen-Balkenschuhe und die demselben Anschlußzweck wie die Balkenschuhe dienenden GH-Integralverbinder mit BAZ [15]. In [36] sind erweiterte Tafeln enthalten.

Beispiel (Abb. 6.64 B):
Hauptträger 12/38 BS 11
Nebenträger 14/24 MS 10 (beidseitig)
Auflagerkraft $F_1 = 7,5$ kN ($F_{1,d} = 1,43 \cdot 7,5 = 10,7$ kN)

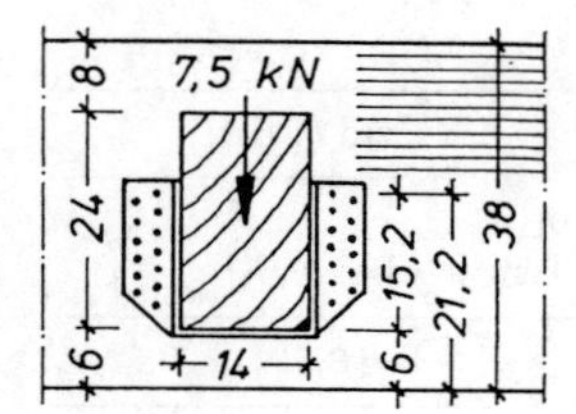

Abb. 6.64 B

Tafel 6.16 B. Maße und zul F_1 [kN] für BMF-Balkenschuhe [15]

Abmessungen			SoNä	Nagelanzahl		zul F_1 [kN]		
$B \times H$ [mm × mm]	A [mm]	c[b] [–]	$d_n \times l_n$ [mm × mm]	n_H	n_N	A_w [cm²]	bei a/H_H $\geqq 0{,}7$	$< 0{,}7$
60 × 100	133	0,4	4,0 × 40	16	8	44,8	5,7	1,79 · f
60 × 130	139	–	4,0 × 40	20	10	46,7	7,15	1,87 · f
70 × 125	149	0,4	4,0 × 40	20	10	50,5	7,15	2,02 · f
76 × 122	155	0,4	4,0 × 40	20	10	52,8	7,15	2,11 · f
80 × 120	159	0,4	4,0 × 40	20	10	54,3	7,15	2.17 · f
60 × 160	140	–	4,0 × 40	24	12	47,5	8,6	1,90 · f
76 × 152	156	–	4,0 × 40	24	12	53,6	8,6	2,14 · f
80 × 150	160	–	4,0 × 50	24	12	69,6	8,6	2,78 · f
100 × 140	180	0,4	4,0 × 50	24	12	79,2	8,6	3,17 · f
60 × 190	144	–	4,0 × 40	24	14	49,0	10,0	1,96 · f
80 × 180	164	–	4,0 × 40	24	14	56,6	10,0	2,26 · f
100 × 170	184	0,4	4,0 × 50	24	14	81,1	10,0	3,24 · f
120 × 160	204	0,4	4,0 × 50	24	14	90,7	10,0	3,63 · f
80 × 210	164	–	4,0 × 40	30	16	56,2	11,4	2,25 · f
100 × 200	184	–	4,0 × 50	30	16	80,6	11,4	3,22 · f
120 × 190	204	0,4	4,0 × 50	30	16	90,2	11,4	3,61 · f
140 × 180	224	0,4	4,0 × 50	30	16	99,8	11,4	3,99 · f

[b] wie Tafel 6.16 A.

Gewählt: GH-Balkenschuh 140/160 ($k_{mod} = 0{,}8$)[c]

$n_N = 14$ H-Rillennägel 4 × 60

zul $N_1 = 714$ N

$n_H = 26$

Tafel 6.16 A: $a/H_H = 21{,}2/38 = 0{,}558 < 0{,}60$

$A_w = 99{,}8\ \text{cm}^2$

$f \approx 1/(1 - 0{,}93 \cdot 0{,}558) = 2{,}08$

zul $F_{Z\perp} = 0{,}04 \cdot 99{,}8 \cdot 2{,}08 = 8{,}30$ kN maßgbend

zul $F_1 = 14 \cdot 0{,}714 = 10{,}0\ \text{kN} > 8{,}30\ \text{kN}$ ($R_{t,90,d} = 17{,}3$ kN)

vorh $F_1 = 7{,}5$ kN $< 8{,}30$ kN (R_d[d] $= 14{,}3$ kN)

[c] ( )-Werte nach EC5 [243], [d] nach DIN 1052 neu (EC 5).

6.6 Nagelplatten

6.6.1 Allgemeines

Nagelplatten bestehen aus 1–2 mm dickem feuerverzinktem Stahlblech mit einseitigen nagel- oder krallenförmigen Ausstanzungen nach Abb. 1.3 (System Gang-Nail exemplarisch dargestellt). Sie verbinden als Knotenbleche oder Stoßlaschen zwei oder mehr einteilige Vollhölzer gleicher Dicke. Ihre bevorzugte Verwendung ist die Serienfertigung von Fachwerkbindern. In einem Arbeitsgang werden die Nagelplatten paarweise von beiden Seiten hydraulisch in die trockenen Holzteile – Feuchtegehalt $\leqq 20\%$ (25%) – eingepreßt –*T2, 10.4*–.

Wichtigste Anwendungsgrundsätze sind:

- Holztragwerke mit vorwiegend ruhender Belastung
- Korrosionsschutz nach –*T2, Tab. 1*–
- Binderspannweiten durch bauaufsichtliche Zulassungen begrenzt (z.B. GN 14, M200: $L \leqq 30$ m).

Die für tragende Bauteile aus NH bauaufsichtlich zugelassenen Fabrikate sind [15] zu entnehmen. Alle geltenden Regelungen sind in –*T2, 10*– zusammengefaßt. In den BAZ sind u.a. Anforderungen an die Nagelplatten und die zulässigen Werte für die Nagelplattenbeanspruchung enthalten.

Die allgemeinen Bemessungsgrundsätze sind in Stichworten:

- Fachwerkstäbe sind i.d.R. mittig anzuschließen. Zulässig sind Ausmittigkeiten der Füllstäbe eines Knotens, deren Schwerlinien sich noch innerhalb der Ansichtsfläche des Gurtes schneiden, vgl. –*6.6*–.
- An jedem Knoten oder Stoß beidseitig je eine gleich große Nagelplatte anordnen; Ausnahme: wenn Knotenpunkt = Gurtstoß (z.B. Firstknoten), dann sind zwei Plattenpaare zulässig.
- Jeder Anschluß oder Stoß (auch von Nullstäben) muß für eine Mindestzugkraft bemessen werden (für Transport und Montagelastfälle gemäß Zulassung): $Z = 1{,}75$ kN für $l \leqq 12$ m; $Z = 2{,}5$ kN für $l > 12$ m [15].
- Gurtstöße im Bereich des Momentennullpunktes anordnen; Druckstöße außerdem gegen seitliches Ausweichen sichern.
- Mindestanschlußtiefe der Nagelplatten in die Gurte $d_E \geqq 50$ mm, siehe Abb. 6.65C.
- Mindestholzdicke $b \geqq 35$ mm; bei Spannweiten >12 m muß $b \geqq 50$ (45) mm bei ungehobeltem (gehobeltem) Holz sein [15].
- Spannungsnachweis des Holzes stets mit Bruttoquerschnitt.
- Zulässige Nagelbelastungen gelten für Lastfall H –*E198*– und zulässige Plattenbelastungen für Lastfall H und HZ –*E200*– [7].

In der Baupraxis erfolgt die Bemessung von Nagelplattenverbindungen nach [1] mit Hilfe von speziellen Computer-Programmen s. [91] und –*13.2* [1]–.

Abb. 6.65 A. Dachbinder mit Gang-Nail-Nagelplatten [95]

6.6.2 Tragverhalten von Nagelplatten

Bei vielen Nagelplattenfabrikaten sind Schlitze in einer Richtung – „Längsrichtung" – orientiert, s. Abb. 1.3 und 6.65 A. Das Tragverhalten der Platten ist durch systematische Belastungsversuche für Zug, Druck und Scheren bei verschiedenen Winkeln zwischen Kraft- und Plattenlängsrichtung untersucht worden, siehe Tafel 6.17 A. Versagensarten und praktische Bemessungsregeln beschreiben Gränzer/Riemann [96]. Es gilt folgender Grundsatz:

Zug- und Scherkräfte werden von den Nagelplatten,
Druckkräfte durch Kontakt der Hölzer übertragen

Druckstöße und -anschlüsse

Druckstöße und -anschlüsse setzen stets passende Holzfugen für die Kraftübertragung voraus, da die dünnen geschlitzten Bleche bei Druck ausbeulen. Rechnerisch können Druckkräfte vereinfacht nach folgenden Regeln angeschlossen werden, s. Abb. 6.65 B (Reibungskräfte nicht in Rechnung gestellt):

1. Druckstoß $\parallel$ Fa und Druckanschluß $\perp$ Fa (a, b):
   volle Druckkraft (O_2, V_1) durch Holz (Kontakt), und
   halbe Druckkraft $\left(\frac{O_2}{2}, \frac{V_1}{2}\right)$ durch Na-Pl (Lagesicherung)
2. Druckanschluß $\sphericalangle$ Fa (2-Stab-Knoten nach c, d):
   volle $\perp$-Komponente $(O_{1\perp}, D_{1\perp})$ durch Holz (Kontakt), und
   halbe $\perp$-Komponente $\left(\frac{O_{1\perp}}{2}, \frac{D_{1\perp}}{2}\right)$ durch Na-Pl (Lagesicherung) und
   volle $\parallel$-Komponente $(O_{1\parallel}, D_{1\parallel})$ durch Na-Pl (Scheren)
3. Druckanschluß $\sphericalangle$ Fa ($\geqq$ 3-Stab-Knoten nach e):

3.1 volle Druckkraft (D_1) formal durch Na-Pl-Anschluß von D_1 und volle Scherkraft $(U_1 - U_2)$ durch Na-Pl-Anschluß an den Untergurt.

3.2 alternativer Nachweis:
sinngemäß nach 1 und 2 verfahren mit Nachweis des genaueren geschlossenen Kraftflusses im Knoten.

Zugstöße und -anschlüsse

Zugkräfte werden direkt durch die Nagelplatten übertragen.

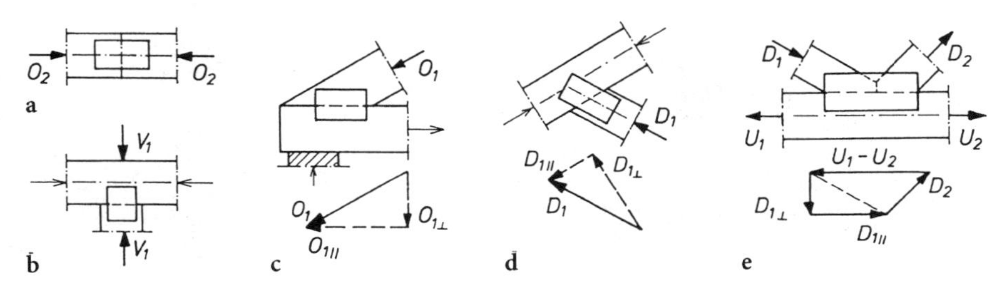

Abb. 6.65 B. Druckstöße und -anschlüsse mit Na-Pl

Tafel 6.17 A. Winkel α zwischen Plattenlängs- und Kraftrichtung [7]

Beanspr.-Art	$\alpha = 0°$	$\alpha = 90°$	$\alpha < 90°$	$90° < \alpha < 180°$
Zug, Druck	$F_{Z,D}$	$F_{Z,D}$	$F_{Z,D}$ α zul $F(180° - \alpha)$ = zul $F(\alpha)$	$F_{Z,D}$ α
Scheren	F_S	F_S	α Zugscheren	α Druckscheren

Scher- und Zug-(Druck-)Festigkeit der Nagelplatten

Scher- und Zug-(Druck-)Festigkeit der Nagelplatten werden maßgeblich bestimmt durch den Winkel α gemäß Tafel 6.17 A.

$\alpha \triangleq$ Winkel zwischen Pl-Längsrichtung und Kraftrichtung *– T 2, 10.2–*.

Die zul F_S-Werte nach Tafel 6.17 D lassen deutlich erkennen, daß die Scherfestigkeit auch wesentlich davon abhängt, ob die Plattenstege gedehnt oder gestaucht werden (Zug- oder Druckscheren).

Wegen des Stegbeulens bei Druck gilt gemäß Tafel 6.17 A:

zul F_{SD} (Druckscheren) < zul F_{SZ} (Zugscheren)

Zur Bemessung der Nagelplatten sind grundsätzlich zwei Nachweise zu führen:

a) Beanspruchung der Nägel (abgekantete spitze Blechteile)
b) Beanspruchung der Platten (geschlitztes Blech).

6.6.3 Nachweis der Nagelbelastung F_n [N/mm²] nach DIN 1052 (1988)

Die Nagelbelastung F_n [N/mm²] ergibt sich als Quotient aus den nach Abschn. 6.6.2 anzuschließenden Kräften bzw. Komponenten und den wirksamen Na-Pl-Flächen eines Plattenpaares $2 \cdot A_1$ bzw. $2 \cdot A_s$ nach Abb. 6.65 C, s. Beispiele 6.6.8.

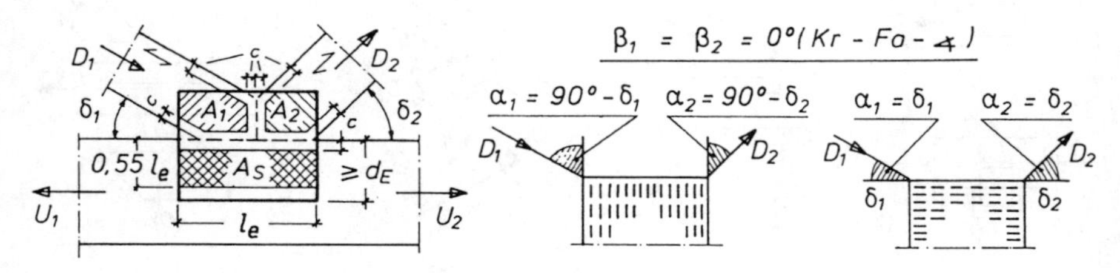

Abb. 6.65 C. Bezeichnungen bei Nagelplattenverbindungen

Tafel 6.17 B. zul F_n [N/cm²] für Nagelplatte M 200[c] [97]

β \ α	zul $F_n^{a,b}$ in N/cm²						
	0°	15°	30°	45°	60°	75°	90°
0°	120	112	104	96	88	80	72
15°	104	99	93	87	81	75	69
30°	90	86	82	78	74	70	66
45°	78	75	73	71	68	66	64
60°	68	67	66	65	64	63	62
75°	62	62	62	61	61	61	60
90°	60	60	60	60	60	60	60

[a] Zwischenwerte dürfen linear interpoliert werden.
[b] Bei Spannweiten über 20,0 m Reduktion um 10%.
[c] seit 1997: M14.

Tafel 6.17 C. Plattengrößen für M 200 [97]

Plattenquerrichtung

Plattenlängsrichtung

l \ b (mm)	38	66	76	114	133	152	190	228
100								
133								
166								
200								
233								
266								
333								
400								
467								
533								
633								
700								
766								
793								

Bei Komponenten $F_{nZ,D}$ (Zug oder Druck) und F_{nS} (Scheren) wird die resultierende Nagelbelastung F_n berechnet:

$$F_n = \sqrt{F_{nZ,D}^2 + F_{nS}^2} \leqq \text{zul } F_n \quad \text{nach Tafel 6.17 B}$$

Zul F_n kann den Zulassungsbescheiden – in Tafel 6.17 B exemplarisch für M 200 [97] – in Abhängigkeit von $\sphericalangle \alpha$ und $\sphericalangle \beta$ entnommen werden.

Es bedeuten:

α ≙ ∢ zwischen (resultierender) Kraft- und Pl-Längsrichtung

β ≙ ∢ zwischen (resultierender) Kraft- und Faserrichtung

c ≙ Mindestabstand der als tragend ansetzbaren Nägel von den freien Holzkanten (Randstreifen)

A_i ≙ wirksame Anschlußfläche *einer* Na-Pl für Zug (Druck) abzüglich Randstreifen c

A_s ≙ wirksame Anschlußfläche *einer* Na-Pl für Scheren. Wirksam sind nur die Nägel im Abstand $\leqq 0{,}55\, l_e$ von der Scherfuge *–T2, 10.6–*. $A_s \leqq l_e \cdot (0{,}55 \cdot l_e - c)$ nach Abb. 6.65 C und 6.65 D.

Na-Pl-Regelgrößen können den Zulassungen entnommen werden, in Tafel 6.17 C exemplarisch für M200.

6.6.4 Nachweis der Na-Pl-Belastung $F_{Z,D}$ bzw. F_S [N/mm] nach DIN 1052 (1988)

Maßgebend für die Na-Pl-Belastung $F_{Z,D}$ bzw. F_S [N/mm] sind Richtung und wirksame Länge (s) des gefährdeten Schnittes. Dieser liegt i. d. R. in der Holzfuge.

Die Komponenten ⊥ und ∥ zum gefährdeten Na-Pl-Schnitt können nach Abschn. 6.6.2, ∢ α nach Tafel 6.17 A ermittelt werden. Für die Na-Pl nach Abb. 6.65 D ist $\alpha = 180° - \delta_3$.

Es bedeuten:

s ≙ wirksame Na-Pl-Länge im ungünstigsten Schnitt (Holzfuge) ohne Abzug der Schlitze
$s = l_e$ in Abb. 6.65 D

$F_{Z,D}$ ≙ Na-Pl-Belastung [N/mm] aus Zug oder Druck

F_S ≙ Na-Pl-Belastung [N/mm] aus Scheren

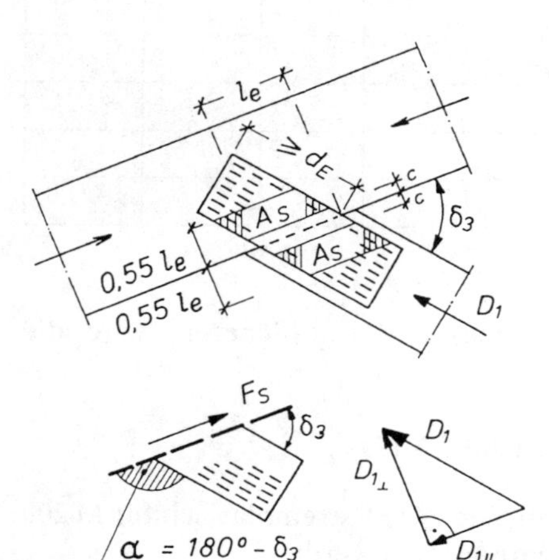

Abb. 6.65 D

Tafel 6.17 D. zul $F_{Z,D}$ und zul F_S [N/cm] für M 200 [97]

<table>
<tr><td>∢ α</td><td>0° = 180°</td><td>15°</td><td>30°</td><td>45°</td><td>60°</td><td>75°</td><td>90°</td><td>105°</td><td>120°</td><td>135°</td><td>150°</td><td>165°</td></tr>
<tr><td>zul $F_{Z,D}$</td><td>1580</td><td>1230</td><td>880</td><td colspan="7">530</td><td>880</td><td>1230</td></tr>
<tr><td>zul F_S[a]</td><td>520</td><td>520</td><td>640</td><td>1070</td><td>1130</td><td>1000</td><td>880</td><td>510</td><td colspan="3">440</td><td>450</td></tr>
<tr><td colspan="13">– Tafelwerte aus BAZ, gültig bis 9/1999
– Bei Spannweiten > 20 m Reduktion um 10 %
– Zwischenwerte dürfen linear interpoliert werden</td></tr>
</table>

[a] Erforderliche Plattenbreite (Plattenquerrichtung) mindestens 76 mm.

Für den Anschluß der Druckkraft D_1 nach Abb. 6.65 D sind:

$$F_D = \frac{1}{2} \cdot \frac{D_{1\perp}}{2 \cdot s} \quad \text{und} \quad F_S = \frac{D_{1\parallel}}{2 \cdot s}$$

Vgl. Abschn. 6.6.2 Pkt. 2 mit Abb. 6.65 B, d.

zul $F_{Z,D}$ und zul F_S sind den Zulassungen zu entnehmen, z. B. Tafel 6.17 D für M 200 [97].

Bei gleichzeitiger Zug-(Druck-) und Scherbeanspruchung der Na-Pl ist gemäß *–T 2, 10.7–* die Bedingungsgleichung (6.15) zu erfüllen:

$$\left(\frac{F_{Z,D}}{\text{zul } F_{Z,D}}\right)^2 + \left(\frac{F_S}{\text{zul } F_S}\right)^2 \leqq 1 \tag{6.15}$$

F_Z und F_S wirken gleichzeitig im Beispiel „Knoten 4" (F_Z aus g_u).

F_D und F_S wirken gleichzeitig im Beispiel „Knoten 1" (F_D aus $\frac{1}{2} O_{1\perp}$).

6.6.5 Traufpunkte von Dreiecksbindern *–T 2, 10.8–*

Wegen zusätzlicher Zwängungsschnittgrößen und Ausmitten der Anschlüsse ist bei Traufpunkten von Dreieckbindern zul F_n in Abhängigkeit vom Dachneigungswinkel γ mit dem Faktor η abzumindern *–E 201–*.

Die Nagelplatten sind stets symmetrisch zur Holzfuge an die Gurte anzuschließen, vgl. Abb. 6.65 G zu „Knoten 1". Bei Anschlußausmittigkeiten ist *–6.6–* zu beachten.

Tafel 6.17 E. Abmind.-Faktor η für zul F_n an Traufpunkten von Dreieckbindern

γ	$\leqq 15°$	$> 15°$ $< 25°$	$\geqq 25°$
η	0,85	$1{,}15 - 0{,}02 \cdot \gamma$	0,65

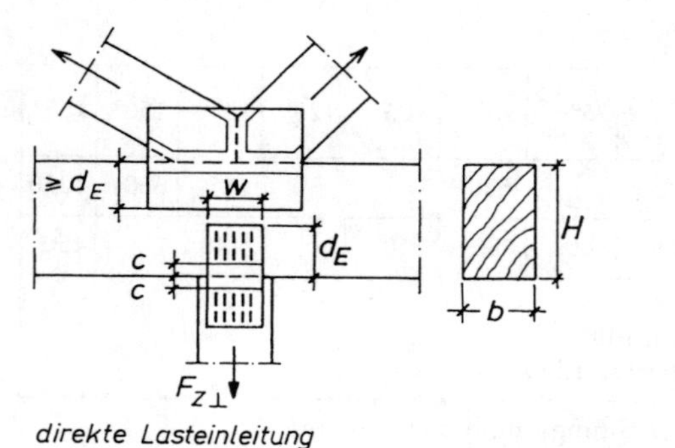

direkte Lasteinleitung

indirekte Lasteinleitung

Abb. 6.65 E. Querzugbeanspruchung des Holzes

Tafel 6.17 F. zul $F_{Z\perp}$ bzw. zul $Q_{Z\perp}$ in N nach [7, 98]

direkte Lasteinleitung (Abb. 6.65 E)	indirekte Lasteinleitung
$\text{zul}\,F_{Z\perp} = \dfrac{1}{3\left(1 - \dfrac{d_E}{H}\right)} \cdot W \cdot b$	$\text{zul}\,Q_{Z\perp} = \dfrac{1}{3\left(1 - \dfrac{d_E}{H}\right)^2} \cdot W \cdot b$

d_E = Einbindetiefe der Nagelplatte
H = Trägerhöhe
W = Nagelplattenbreite in mm
b = Holzdicke $\leqq 2 \cdot$ Nagellänge + 20 mm (in mm)

6.6.6 Querzugbeanspruchung des Holzes nach DIN 1052 (1988)

Die $\perp$Fa wirkende Zugkraftkomponente darf die Werte nach Tafel 6.17 F nicht überschreiten, um Queraufreißen des Holzes zu vermeiden.

6.6.7 Durchbiegungsnachweis nach DIN 1052 (1988)

Der Durchbiegungsnachweis darf nach *–8.5–*, vgl. Tafel 10.2, Zeile 2 oder 3, durchgeführt werden. Bei genauerer Berechnung darf als Verschiebungsmodul angenommen werden [16]:

$$C = 300\ \text{N/mm je}\ 10^2\ \text{mm}^2\ \text{wirksamer Anschlußfläche}$$

6.6.8 Beispiel nach [99]

Fachwerkbinder nach Abb. 6.65 F mit unmittelbarer Belastung der Ober- und Untergurte durch Gleichlasten g_O und g_U.

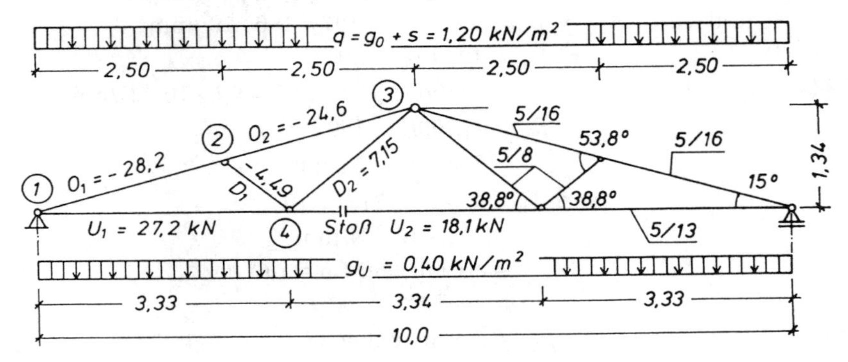

Abb. 6.65 F. Fachwerkbinder: Maße, Lasten, Stabkräfte, Querschnitte

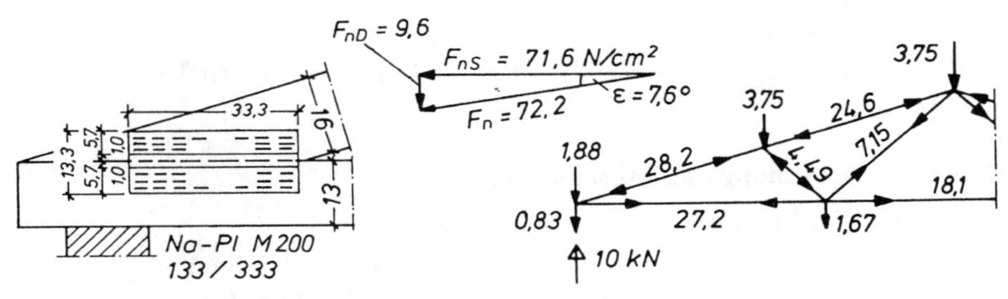

Abb. 6.65 G. Kräfteplan, Konstruktion und Nagelbelastung im Knoten 1

Knoten 1 = Traufpunkt (2-Stab-Knoten)

Gewählt nach Tafel 6.17 C: 1 Paar Na-Pl M200 133/333, seit 1997: M14
symmetrisch zur Holzfuge nach Abschn. 6.6.5

Anzuschließende Kräfte nach Abschn. 6.6.2 Pkt. 2

Druck (Lagesicherung): $\frac{1}{2} \cdot O_{1\perp} = \frac{1}{2} \cdot 28{,}2 \cdot \sin 15° = 3{,}65$ kN

$O_{1\parallel} = 28{,}2 \cdot \cos 15° = 27{,}2 \text{ kN} = U_1$.

Die Auflagerkraft $F = 1{,}88$ kN von O_1 wird rechnerisch durch Kontakt übertragen. Die anteilige Nagelbelastung ist vernachlässigbar klein, s. [96].

Nagelbelastung nach Abschn. 6.6.3

Einbindetiefe: vorh $d_E = 67 \text{ mm} > 50 \text{ mm}$ nach 6.6.1

$0{,}55 \cdot l_e = 0{,}55 \cdot 333 = 183 \text{ mm} > 67 \text{ mm}$

Randstreifen: $c = 10$ mm
Wirksame Scherfläche: $A_{O1} = A_{U1} = 333 \cdot (67 - 10) = 190 \cdot 10^2$ mm²
(Abb. 6.65 G) $A_S = A_{U1} = 190 \cdot 10^2$ mm²
Nagelbelastung: $F_{nD} = 3650/(2 \cdot 190 \cdot 10^2) = 9{,}6 \cdot 10^{-2}$ N/mm²
$F_{nS} = 27\,200/(2 \cdot 190 \cdot 10^2)$
$= 71{,}6 \cdot 10^{-2}$ N/mm²
vorh $F_n = \sqrt{9{,}6^2 + 71{,}6^2} \cdot 10^{-2}$
$= 72{,}2 \cdot 10^{-2}$ N/mm²
$\varepsilon = \arctan 9{,}6/71{,}6 = 7{,}6°$
∢ Kr/Pl: $\alpha = \varepsilon = 7{,}6°$
∢ Kr/Fa: $\beta_{U1} = 7{,}6°$ **maßgebend**
$\beta_{O1} = 15° - 7{,}6° = 7{,}4° < 7{,}6°$

Tafel 6.17 B: Interpolation → zul $F_n = 109 \cdot 10^{-2}$ N/mm²
Nach Abschn. 6.6.5:
Abminderung für $\gamma = 15° \rightarrow \eta = 0{,}85$
zul $F_n = 0{,}85 \cdot 109 \cdot 10^{-2} = 92{,}6 \cdot 10^{-2}$ N/mm²
$72{,}2/92{,}6 = 0{,}78 < 1$

Na-Pl-Beanspruchung nach Abschn. 6.6.4
Wirksame Na-Pl-Länge: $s = 333$ mm
$F_D = 3650/(2 \cdot 333) = 5{,}48$ N/mm
$F_S = 27\,200/(2 \cdot 333) = 40{,}8$ N/mm
Tafel 6.17 A: $\alpha_D = 90°$; $\alpha_S = 0°$
Tafel 6.17 D: zul $F_D = 53{,}0$ N/mm
zul $F_S = 52{,}0$ N/mm
Gl. (6.15): $(5{,}48/53{,0})^2 + (40{,}8/52{,}0)^2 = 0{,}6 < 1{,}0$

Knoten 2 = Obergurtknotenpunkt (2-Stab-Knoten)

Gewählt nach Tafel 6.17 C: 1 Paar Na-Pl M 200 66/166
Konstruktion nach Abb. 6.65 H

Anzuschließende Kräfte nach Abschn. 6.6.2 Pkt. 2
Abb. 6.65 H: $D_{1\parallel} = 4{,}49 \cdot \cos 53{,}8° = 2{,}65$ kN
$D_{1\perp} = 4{,}49 \cdot \sin 53{,}8° = 3{,}62$ kN
$\frac{1}{2} \cdot D_{1\perp} = 3{,}62/2 = 1{,}81$ kN

Holz-Fugenlänge: $l_H = 80/\sin 53{,}8° = 99{,}1$ mm
Pl-Schnittlänge: $s = l_e = 66/\sin 53{,}8° = 81{,}8$ mm
Wirksame Pl-Tiefe: $0{,}55 \cdot l_e = 0{,}55 \cdot 81{,}8 = 45$ mm

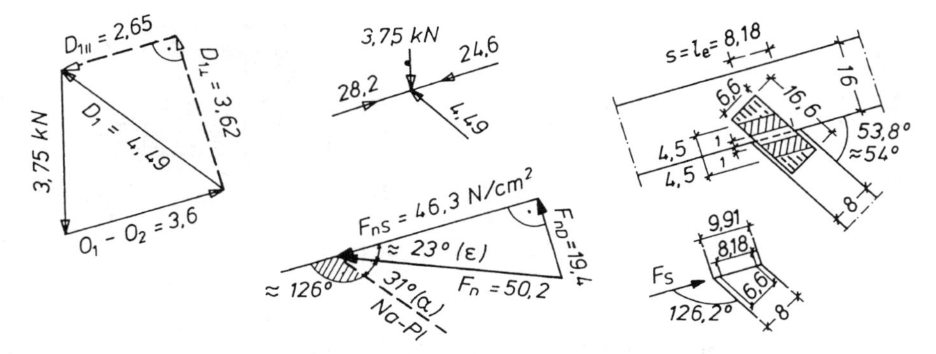

Abb. 6.65 H. Kräfte, Konstruktion und Nagelbelastung im Knoten 2

Querpressung des Obergurtes in der Fuge:

Abb. 6.65 H: $\sigma_{\mathrm{D}\perp} = \dfrac{3{,}62 \cdot 10^3}{50 \cdot 99{,}1} = 0{,}73\ \mathrm{N/mm^2};\ 0{,}73/2{,}0 = 0{,}37 < 1$

Nagelbelastung nach Abschn. 6.6.3

Abb. 6.65 H:

$$A_\mathrm{D} = 66 \cdot 166/2 - 10 \cdot 81{,}8 = 46{,}6 \cdot 10^2\ \mathrm{mm^2}$$
$$A_\mathrm{S} = 81{,}8 \cdot (0{,}55 \cdot 81{,}8 - 10) = 28{,}6 \cdot 10^2\ \mathrm{mm^2}$$
$$F_\mathrm{nD} = 1810/(2 \cdot 46{,}6 \cdot 10^2) = 0{,}194\ \mathrm{N/mm^2}$$
$$F_\mathrm{nS} = 2650/(2 \cdot 28{,}6 \cdot 10^2) = 0{,}463\ \mathrm{N/mm^2}$$
$$\text{vorh } F_\mathrm{n} = \sqrt{0{,}194^2 + 0{,}463^2} = 0{,}502\ \mathrm{N/mm^2}$$
$$\varepsilon = \arctan 19{,}4/46{,}3 = 22{,}7° \approx 23°$$

a) zul F_n für Gurtanschluß:
- ∢ Kr/Pl: $\alpha = 54° - 23° = 31°$
- ∢ Kr/Fa: $\beta = \varepsilon = 23°$
- Tafel 6.17 B: zul $F_\mathrm{n} = 0{,}868\ \mathrm{N/mm^2} > 0{,}502$ s. oben

b) zul F_n für Strebenanschluß:
- ∢ Kr/Pl: $\alpha = 54° - 23° = 31°$
- ∢ Kr/Fa: $\beta = \alpha = 31°$
- Tafel 6.17 B: zul $F_\mathrm{n} = 0{,}811\ \mathrm{N/mm^2} > 0{,}502$ s. oben

Na-Pl-Beanspruchung nach Abschn. 6.6.4

Schnittlänge: $s = l_\mathrm{e} = 81{,}8$ mm

(Abb. 6.65 H) $F_\mathrm{D} = 1810/(2 \cdot 81{,}8) = 11{,}1$ N/mm

$F_\mathrm{S} = 2650/(2 \cdot 81{,}8) = 16{,}2$ N/mm

Druckscheren: $\alpha_\mathrm{D} = 36°;\ \alpha_\mathrm{S} = 126°$

Tafel 6.17 D: zul $F_\mathrm{D} = 88{,}0 - 35{,}0 \cdot 6/15 = 74{,}0$ N/mm

zul $F_\mathrm{S} = 44{,}0$ N/mm min $b_\mathrm{P} = 76$ mm

Gl. (6.15): $(11{,}1/74{,}0)^2 + (16{,}2/44{,}0)^2 = 0{,}16 < 1{,}0$

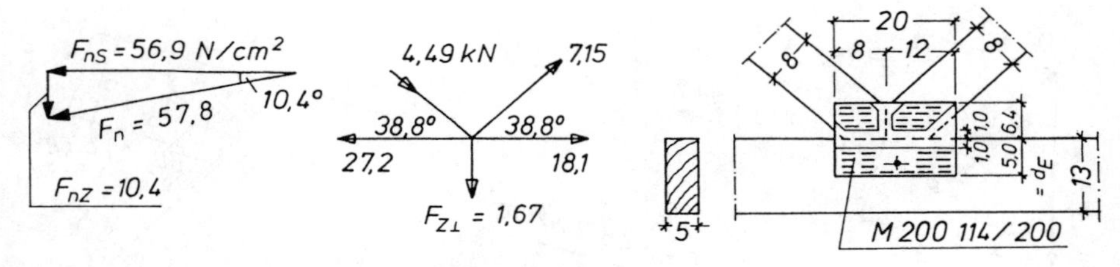

Abb. 6.65 I. Kräfte, Konstruktion und Nagelbelastung im Knoten 4

Knoten 4 = Untergurtknotenpunkt (3-Stab-Knoten)

Gewählt nach Tafel 6.17 C: 1 Paar Na-Pl M 200 114/200
min d_E = 50 mm nach Abb. 6.65 I

Anzuschließende Kräfte nach Abschn. 6.6.2 Pkt. 3.1

Abb. 6.65 I: $D_1 = -4{,}49$ kN
$D_2 = 7{,}15$ kN

Scheren $(U_1 - U_2)$: $S = 27{,}2 - 18{,}1 = 9{,}10$ kN

Querzug: $F_{Z\perp} = 0{,}4 \cdot 1{,}25 \cdot 3{,}33 = 1{,}67$ kN

Wirksame Anschlußflächen nach Abschn. 6.6.3 und Abb. 6.65 K:

$A_{D1} = 70 \cdot 54 - 18 \cdot 16/2 - 22 \cdot 18/2 = 34{,}4 \cdot 10^2$ mm²

$A_{D2} = 110 \cdot 54 - 60 \cdot 49/2 - 22 \cdot 18/2 = 42{,}7 \cdot 10^2$ mm²

$A_U = 40 \cdot 200 = 80{,}0 \cdot 10^2$ mm²

Nagelbelastung nach Abschn. 6.6.3

Druckstab D_1: $F_{nD} = 4490/(2 \cdot 34{,}4 \cdot 10^2) = 0{,}653$ N/mm²

Abb. 6.65 I und 6.65 C: $\alpha = 38{,}8°$ $\beta = 0°$

Tafel 6.17 B: zul $F_n = (104 - 8 \cdot 8{,}8/15) \cdot 10^{-2} = 0{,}993$ N/mm²
$> 0{,}653$ s. oben

Zugstab D_2: $F_{nZ} = 7150/(2 \cdot 42{,}7 \cdot 10^2) = 0{,}837$ N/mm²

Tafel 6.17 B: zul $F_n = 0{,}993$ N/mm² $> 0{,}837$ s. oben

Untergurt U: $F_{nS} = 9100/(2 \cdot 80 \cdot 10^2) = 0{,}569$ N/mm²

$F_{nZ} = 1670/(2 \cdot 80 \cdot 10^2) = 0{,}104$ N/mm²

vorh $F_n = \sqrt{0{,}569^2 + 0{,}104^2} = 0{,}578$ N/mm²

$\varepsilon = \arctan 0{,}104/0{,}569 = 10{,}4°$

∢ Kr/Pl = ∢ Kr/Fa: $\alpha = \beta = \varepsilon = 10{,}4°$

Tafel 6.17 B: Interpolation → zul $F_n = 1{,}05$ N/mm²
$> 0{,}578$ s. oben

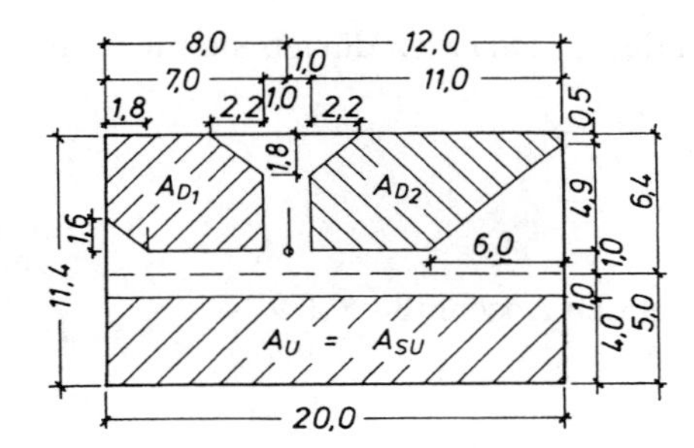

Abb. 6.65 K. Knotenpunkt 4

Na-Pl-Beanspruchung nach Abschn. 6.6.4

Schnittlänge: $s = 200$ mm

Abb. 6.65 I: $F_Z = 1670/(2 \cdot 200) = 4{,}18$ N/mm

$F_S = 9100/(2 \cdot 200) = 22{,}8$ N/mm

Tafel 6.17 A: $\alpha_Z = 90°$; $\alpha_S = 0°$

Tafel 6.17 D: zul $F_Z = 53{,}0$ N/mm

zul $F_S = 52{,}0$ N/mm

Gl. (6.15): $(4{,}18/53{,}0)^2 + (22{,}8/52{,}0)^2 = 0{,}20 < 1{,}0$

Querzugbeanspruchung des Untergurtes [7]

Nach Abb. 6.65 E und 6.65 F:

Indirekte Last: $Q_{Z\perp} = 0{,}4 \cdot 1{,}25 \cdot 3{,}33 = 1{,}67$ kN

$d_E = 50$ mm $\quad \dfrac{d_E}{H} = \dfrac{50}{130} = 0{,}385$

$H = 130$ mm

$W = 200$ mm

$b = 50 \text{ mm} < 2 \cdot 20{,}2 + 20 = 60{,}4$ mm

l_n s. [16]

zul $Q_{Z\perp}$ nach Tafel 6.17 F:

$$\text{zul}\, Q_{Z\perp} = \frac{1}{3\,(1-0{,}385)^2} \cdot 200 \cdot 50 = 8800 \text{ N} = 8{,}8 \text{ kN}$$

$$1{,}67/8{,}8 = 0{,}19 < 1$$

6.7 Holzschrauben

6.7.1 Allgemeines nach DIN 1052 (1988)

Festlegungen in –*T2, 9*– gelten für Holzschrauben nach DIN 96, 97, 571, nach –*E194*– auch DIN 7996 bzw. DIN 7997 (Kreuzschlitzschrauben)

Schaftdurchmesser: $d_s \geqq 4$ mm

Nennlängen z. B. in –*E193*– und [23].

Holzschrauben meist einschnittig verwendet. In *Hirnholz* dürfen sie nicht als tragend in Rechnung gestellt werden.
Das Holz ist vorzubohren
auf d_s im Bereich des glatten Schaftes
auf 0,7 · d_s im Bereich des Gewindes
Mindestschraubenanzahl je kraftübertragenden Anschluß *–T2, 9.1–*
$d_s < 10$ mm → $n \geqq 4$ (wie Nägel)
$d_s \geqq 10$ mm → $n \geqq 2$ (wie Bolzen)

6.7.2 Zulässige Belastung auf „Abscheren" im Lastfall H nach DIN 1052 (1988)

Einschraubtiefe $s \geqq 8 \cdot d_s$ a_1, d_s (in mm)

$$\text{zul}\,N = 4{,}0\, a_1 \cdot d_s \leqq 17{,}0 \cdot d_s^2\ [\text{N}] \qquad (6.16)$$

für VH, BSH, BFU sowie FP (≧ 6 mm), HFM (≧ 6 mm), HFH (≧ 4 mm), auf Holz aufgeschraubt *–T2, 9.2–* [7]

$$\text{zul}\,N = 1{,}25 \cdot 17{,}0 \cdot d_s^2\ [\text{N}] \text{ für Metall auf Holz} \qquad (6.17)$$

Kraftangriff rechtwinklig oder schräg zur Fa:
$d_s < 10$ mm → zul $N_{\sphericalangle}$ = zul N wie bei Nägeln

$d_s \geqq 10$ mm → zul $N_{\sphericalangle} = \left(1 - \dfrac{\alpha^\circ}{360^\circ}\right) \cdot$ zul N wie (6.6) bei Bolzen

Abminderung der zulässigen Belastung

a) Empfehlung *–E195–*:

$$\text{ef}\,n = 10 + \frac{2}{3}(n - 10) \quad \text{für } d_s < 10 \text{ mm}$$

$$\text{ef}\,n = 6 + \frac{2}{3}(n - 6) \quad \text{für } d_s \geqq 10 \text{ mm}$$

b) bei Feuchtigkeitseinwirkung nach *–T2, 3.1–*
c) bei verminderter Einschraubtiefe $s < 8 \cdot d_s$ nach Tafel 6.18 (s nach Abb. 6.66)

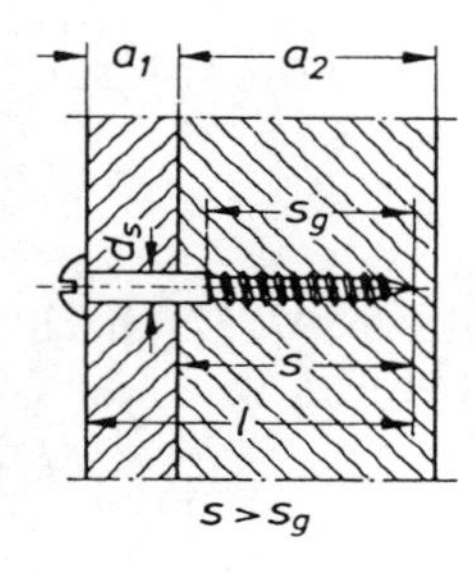

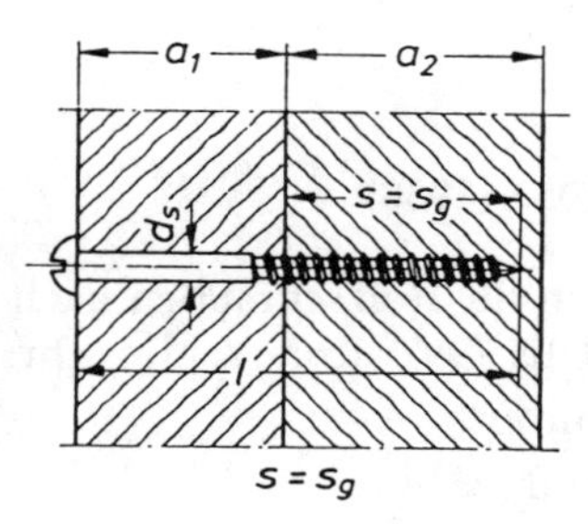

Abb. 6.66

Tafel 6.18. Einfluß der Einschraubtiefe

Einschraubtiefe	zulässige Belastung
$s \geqq 8 \cdot d_s$	zul N
$8 \cdot d_s > s \geqq 4 \cdot d_s$	zul $N \cdot s/(8 \cdot d_s)$
$s < 4 \cdot d_s$	0

6.7.3 Zulässige Belastung auf Herausziehen im Lastfall H für trockenes Holz (DIN)

$$\text{zul } N_Z = 3{,}0 \cdot s_g \cdot d_s \text{ [N]} \quad s_g, d_s \text{ (in mm)} \tag{6.18}$$

Einschraubtiefen $s_g \begin{matrix} < 4 \cdot d_s \\ > 7 \cdot d_s \end{matrix}$ dürfen nicht in Rechnung gestellt werden.
–E195– ($12 d_s$ *–T2, 9.4–*)

6.7.4 Kombinierte Beanspruchung *–T2, 9.5–*

$$\left(\frac{N}{\text{zul } N}\right)^2 + \left(\frac{N_Z}{\text{zul } N_Z}\right)^2 \leqq 1$$

6.7.5 Bemessung nach DIN 1052 neu (EC 5)

Beanspruchung rechtwinklig zur Schraubenachse *– 12.6* [1] –
Bemessungswert der Tragfähigkeit:

$d \leqq 8$ mm $\rightarrow R_d$ nach den Regeln der Nagelverbindungen (s. Abschnitt 6.4.8)

$d > 8$ mm $\rightarrow R_d$ nach den Regeln der Stabdübelverbindungen (s. Abschnitt 6.3.6)

d Nenn-∅ in mm (≙ Außen-∅ des Schraubengewindes)

$$M_{y,k} = 0{,}15 \cdot f_{u,k} \cdot d^{2,6} \quad f_{u,k} \geqq 400 \text{ N/mm}^2$$

Voraussetzungen:

- $d \geqq 4$ mm; $n \geqq 2$ (tragende Verbindung)
- $d \leqq 8$ mm; $\varrho_k > 500$ kg/m³ u. Douglasienholz stets mit $d_L = 0{,}6\,d$ bis $0{,}8\,d$ vorbohren, ohne Vorbohrung min t nach (6.12k) u. (6.12l) beachten
- $d > 8$ mm: mit Schaft-∅ im Bereich des glatten Schaftes u. im Bereich des Gewindes mit $0{,}7\,d$ vorbohren.

Einschnittige Verbindung: $R_k + \Delta R_k$ mit
$\Delta R_k = \min(R_k;\; 0{,}25\, R_{ax,k})$ s. (6.19a)

Einschraubtiefe: $t = s \geqq 4 \cdot d$

Mindestabstand:
Es gelten die Werte wie nach Tafel 6.14B, Abschn. 6.4.8 sinngemäß.

Beanspruchung auf Herausziehen – *12.8.2* [1] –
Der charakteristische Wert des Ausziehwiderstandes von Holzschrauben, die unter 45° ≦ α ≦ 90° zur Fa in das Holz eingeschraubt sind, ist:

$$R_{ax,k} = \min \left[\frac{f_{1,k} \cdot d \cdot l_{ef}}{\sin^2\alpha + (4/3) \cdot \cos^2\alpha}; f_{2,k} \cdot d_k^2 \right] \quad \text{in N} \qquad (6.19\,a)$$

mit

$f_{1,k} = A \cdot f_{1,k,Nä}$; $f_{2,k} = f_{2,k,Nä}$; $f_{i,k,Nä}$ nach Tafel 6.14C
$A = 2$ (1); 1,75 (2); 1,6 (3); ( )-Tragfähigkeitskl.

l_{ef} Gewindelänge in mm im Holzteil mit der Schraubenspitze

Holzschrauben nach DIN 7998 (2A): $R_{ax,k} = 75 \cdot \pi \cdot (0{,}9\,d)^2$ in N (6.19b)

$$R_d = R_{ax,k}/1{,}25 \qquad (6.19\,c)$$

Mindestabstände und Einschraubtiefen wie bei ⊥ zu ihrer Achse beanspruchten Holzschrauben.

Kombinierte Beanspruchung
Nachweis der Tragfähigkeit erfolgt mit Gl. (6.12t), Abschn. 6.4.10.

6.8 Klammern [7]

6.8.1 Allgemeines nach DIN 1052 (1988)

Anwendung von Klammern – *T2, 8*–:
- bei Holzbauteilen aus NH – *Tab. 1* –
- bei Platten aus Holzwerkstoffen mit NH

Klammern mit Prüfbescheinigung – aber ohne BAZ – dürfen auf „Abscheren" und kurzfristig auf Herausziehen beansprucht werden.

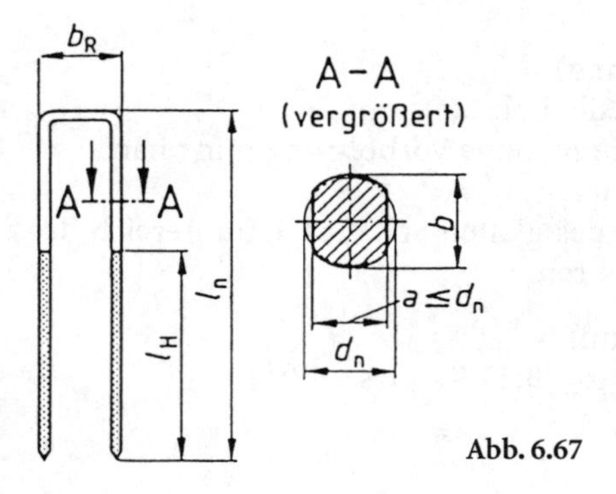

Abb. 6.67

Klammerschaft ≙ Nagel
Bestimmungen für Nägel gelten deshalb sinngemäß für Klammern.

Anwendungsbeispiele [23]:
a) Befestigung von Dach- und Betonschalungen
b) Anschluß von Beplankungen aus HW an NH bei Wand-, Decken- und Dachtafeln
c) Verbindung tragender Holzbauteile

6.8.2 Klammerabmessungen nach DIN 1052 (1988)

Tafel 6.19. Klammerabmessungen *– T2, 8.1 –*

Draht-∅ d_n (Abb. 6.67)	1,5 bis 2,0 mm
Schaftlänge l_n	$\leqq 50\, d_n$
beharzte Länge l_H	$\geqq 0{,}5\, l_n$
Rückenbreite b_R	$\geqq 6\, d_n$ $\leqq 15$ mm

6.8.3 Beanspruchung auf „Abscheren" nach DIN 1052 (1988)

Zulässige Belastung ⊥ Schaftrichtung
Die zulässige Belastung ⊥ Schaftrichtung für eine einschnittige Klammer kann für VH/VH und VH/HW mit der Gl. (6.20) berechnet werden *– T2, 8.4 –*.

$$\alpha \geqq 30°: \quad \text{zul}\, N_1 = \frac{1000 \cdot d_n^2}{10 + d_n}, \quad d_n \text{ in mm} \tag{6.20}$$

$\alpha < 30°$: $(2/3) \cdot \text{zul}\, N_1$

Einschlagtiefe $s \geqq 12\, d_n$

α Winkel zwischen Klammerrücken und Holzfaserrichtung

Tafel 6.20. zul N_1 in N je Klammer im Lastfall H nach Gl. (6.20), [23]

Klammerdraht-durchmesser	Einschnittige Verbindung		
	erforderliche Einschlagtiefe	zul N_1	
d_n	s	$\alpha \geqq 30°$	$\alpha < 30°$
mm	mm	N	N
1,53	19	203	135
1,8	22	274	183
1,83	22	283	188
2,0	24	333	222

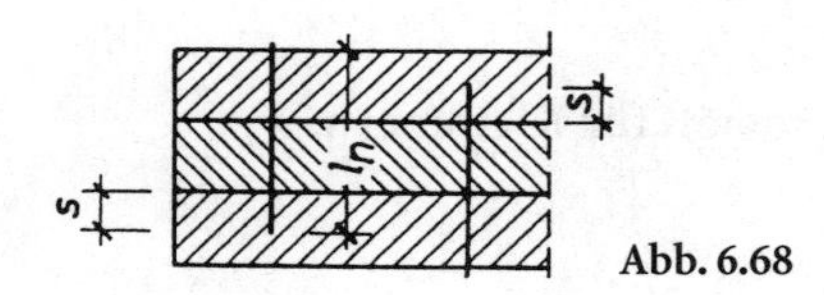

Abb. 6.68

Zweischnittige Klammerverbindung:
Klammern wechselseitig von beiden Seiten eintreiben.

Zulässige Belastung:
$\alpha \geqq 30°$ (in allen Hölzern): zul $N_2 = 2 \cdot$ zul N_1 (6.21)
s. Abb. 6.69

$\alpha < 30°$: $(4/3) \cdot$ zul N_1

Einschlagtiefe $s \geqq 8 d_n$ s. Abb. 6.68

Ermäßigung bzw. Erhöhung der zulässigen Belastung *–T2, 8.1–*
Wie bei Nagelverbindungen von Holz und HW, vgl. Abschn. 6.4.2.

Anzahl der Klammern
Wie bei Nagelverbindungen von Holz und HW, vgl. Abschn. 6.4.6.

6.8.4 Beanspruchung auf Herausziehen nach DIN 1052 (1988)

Hierbei ist zwischen ständig (z.B. durch untergehängte Decken) und kurzfristig (z.B. durch Windsog) wirkender Beanspruchung zu unterscheiden.

Ständig wirkende Beanspruchung
Klammern bedürfen einer BAZ.

Beim Einschlagen der Klammern muß $\omega \leqq 20\%$ und der Winkel zwischen Klammerrücken und Fa-Ri $\alpha \geqq 30°$ sein. Die zulässige Belastung beträgt dann i.d.R.:

zul $N_Z \leqq 50$ N je Klammer

Für Duo-Fast-, Paslode-, Senco-, Haubold-Kihlberg-, BeA-, ITW-, Bostitch-Klammern liegen z.Z. (Stand Aug. 98) solche BAZ vor.

Kurzfristig wirkende Beanspruchung
Zulässige Belastung im Lastfall H und HZ bei $\alpha \geqq 30°$:

zul $N_Z = B_Z \cdot d_n \cdot s_w$ [N] *–T2, 6.3.2–*

B_Z nach Tafel 6.21
d_n in mm

Für s_w (in mm) gilt:

$$20 \text{ mm} \leqq s_w \geqq 12 d_n$$
$$l_H \geqq s_w \leqq 20 d_n$$

Tafel 6.21. B_Z in MN/m² *–T2, 8.5–*

	$\omega_G \leqq 20\%$
$\omega_E \leqq 20\%$	5,0
$20\% < \omega_E \leqq 30\%$	1,75
$\omega_E > 30\%$	0

ω_E Holzfeuchte beim Einschlagen der Klammern
ω_G Holzfeuchte im Gebrauchtzustand

Für $\alpha < 30° \rightarrow (2/3) \cdot B_Z$

$\omega_G > 20\% \rightarrow B_Z = 0$

Die zulässigen Belastungen dürfen beim Anschluß von HW an NH wegen der Rückendurchziehgefahr nur angewendet werden bei Mindestplattendicken $t \geqq 12$ mm.

Für $t < 12$ mm und min t nach Abschn. 6.8.6 darf zul N_Z unabhängig vom Klammertyp höchstens mit 150 N in Rechnung gestellt werden *–T2, 6.3.5–*.

6.8.5 Kombinierte Beanspruchung *–T2, 8.6–*

$$\frac{N_1}{\text{zul}\,N_1} + \frac{N_Z}{\text{zul}\,N_Z} \leqq 1$$

6.8.6 Konstruktion und Herstellung der Verbindungen nach DIN 1052 (1988)

Mindestabstände: Abb. 6.69

Größtabstände: | HW, NH ∥ FA: $80\,d_n$ | NH ⊥ Fa: $40\,d_n$ | *–T2, 8.4–*

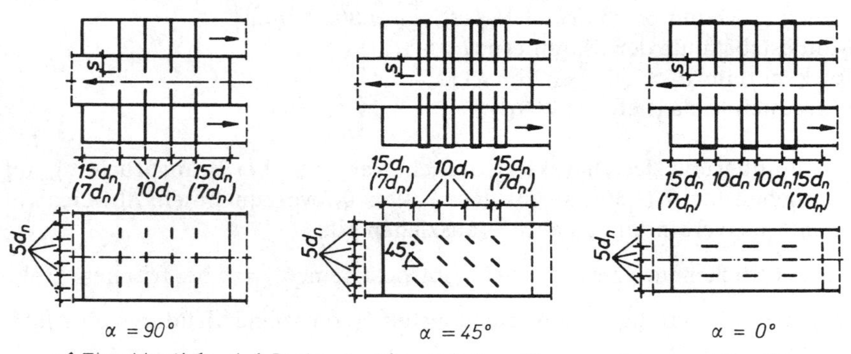

Abb. 6.69. Mindestabstände bei Klammerverbindungen, $(7\,d_n)$ gilt für unbeanspruchte Ränder bei Druckkraft

Platten aus HW müssen bei bündigem Abschluß der Klammerrücken mit der Plattenoberfläche mindestens folgende Dicken aufweisen *-T2, 8.3-*:

Flachpreßplatten	$t \geqq 8$ mm
Bau-Furniersperrholz	$t \geqq 6$ mm
harte und mittelharte Holzfaserplatten	$t \geqq 6$ mm

Bei versenkter Anordnung sind diese Dicken um je 2 mm zu erhöhen.

Zum Einschlagen der Klammern liefern die Hersteller für die einzelnen Klammertypen geeignete Eintreibgeräte.

Die Klammerrücken sollen mindestens bündig mit der Holz- oder Plattenoberfläche abschließen. Sie dürfen $\leqq 2$ mm versenkt werden.

6.8.7 Bemessung nach DIN 1052 neu (EC5)

Bei der Bemessung und Ausführung von Klammerverbindungen sind zu beachten *-12.7* [1]-:

- Die allgemeinen Regeln für Nagelverbindungen ohne Vorbohrung gelten sinngemäß
- Der charakteristische Wert der Tragfähigkeit R_k bei Beanspruchung $\perp$ Schaftrichtung ist äquivalent dem zweier Nägel mit Drahtdurchmesser der Klammern
  Voraussetzung: $\beta > 30°$
  β Winkel zwischen Klammerrücken und Holzfaserrichtung
- $\beta \leqq 30°$: $0{,}7 \cdot R_k$
- Klammern sollten nur für Konstruktionen der Nutzungsklassen 1 oder 2 verwendet werden.

Die sinngemäße Anwendung der Regeln für Nagelverbindungen bezieht sich u. a. auf:

- Bemessungswerte der Tragfähigkeit $\perp$ zur Schaftrichtung und Herausziehen (1 Klammerschaft $\triangleq$ 1 Nagel), $f_{u,k} \geqq 800$ N/mm^2
- Mindestabstände der Klammern ($b_R > 10\,d$)
  Rückenbreite: $b_R \leqq 10\,d$ s. *-Tab.13* [1]-
- Mindesteinschlagtiefen ($t \geqq 8\,d$)

Eine Abminderung des charakteristischen Wertes R_k bei Beanspruchung auf Herausziehen für $\beta \leqq 30°$ ist mit dem Faktor 0,7 vorzunehmen. Abweichend von den Nagelverbindungen auf Herausziehen gilt:

$2 \cdot f_{1,k}$ bei trockenem, $(2/3) \cdot f_{1,k}$ bei halbtrockenem, $f_{1,k} = 0$ bei frischem Holz.

Die Eignung für ständige Beanspruchung auf Herausziehen ist durch eine BAZ nachzuweisen.

Tafel 6.22. Zulässige Belastung ‖ Klammerrücken aus Zugversuchen mit verklammerten Stößen ($\nu = 2{,}75$ gegen Bruch)

	Bauklammer ⌷ 5/25 $l = 250$ bis 300 mm	Gerüstklammer ∅16 $l = 300$ mm
zul N_Z [kN]		
voll eingeschlagen	2,0	4,5
halb eingeschlagen	–	2,0

Tafel 6.23. Zulässige Belastung nach Abb. 6.70 für eine Gerüstklammer ∅16, $l = 300$ mm

Einschlagtiefe s [mm]	33	45	55
zul N [kN]	3.0	5,0	7,5

6.9 Bauklammern *-T2, 11-*

Bauklammerverbindungen (siehe DIN 7961) dürfen bei Dauerbauten nur für *untergeordnete* Zwecke verwendet werden, z. B. für zusätzliche Sicherung von Sparren und Pfetten gegen Abheben. Ihre Tragfähigkeit wird beeinträchtigt durch die Verformung der Klammer und die Spaltwirkung der Klammerspitzen. Ihre Anwendung erstreckt sich vorwiegend auf den Gerüstbau.

Die Tragfähigkeit einiger Klammertypen (Tafel 6.22) kann nach Versuchen von Fonrobert [100] angegeben werden, vgl. *-E202-* und [90].

Nicht voll eingeschlagene Klammern, die auf Zug ‖ Rücken beansprucht werden, verformen sich stark. Die Krümmung des Klammerrückens kann man dadurch verhindern, daß der Luftspalt zwischen Klammerrücken und Holz ausgefuttert wird.

Die Verformung der Klammer ist bei dieser Belastung nach Abb. 6.70 relativ gering. Damit läßt sich die höhere Tragfähigkeit begründen.

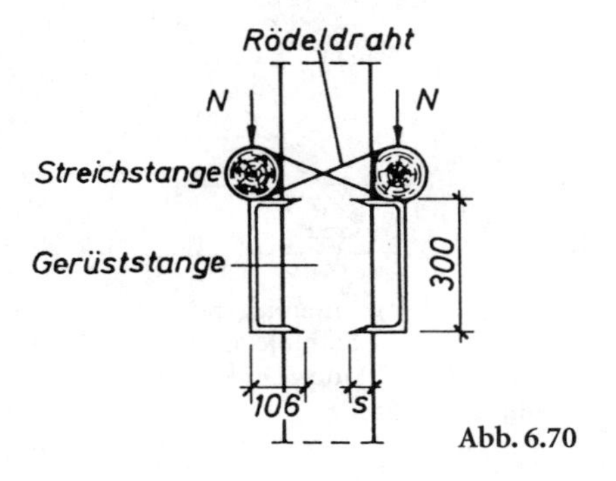

Abb. 6.70

6.10 Zusammenwirken verschiedener Verbindungsmittel

Mechanische Verbindungsmittel erzeugen infolge äußerer Kräfte in den Leibungsflächen des Holzes je nach der Tiefenwirkung verschieden große elastische und plastische Verformungen, die man als Nachgiebigkeit bezeichnet.

Ein Zusammenwirken verschiedenartiger Verbindungsmittel - hierzu zählt auch der Versatz - in einem Stoß oder Anschluß kann nach *-T2, 14-* nur erwartet werden, wenn ihre Nachgiebigkeit etwa gleich groß ist.

Bei Kleb- und Bolzenverbindungen darf, da diese Verbindungen extrem starr bzw. extrem nachgiebig sind, ein Zusammenwirken untereinander bzw. mit Nägeln, Dübeln, Stabdübeln, Holzschrauben, Klammern oder Versätzen nicht in Rechnung gestellt werden, vgl. Abb. 6.71.

Nach DIN 1052 neu (EC 5) *-11.1.4* [1] - dürfen nur Kleber und mechanische Verbindungsmittel nicht als gleichzeitig wirkend angenommen werden.

Das Zusammenwirken von Bolzenverbindungen mit anderen mechanischen Verbindungsmitteln ist nach DIN 1052 neu (EC 5) erlaubt, falls die Unterschiede in der Nachgiebigkeit berücksichtigt werden.

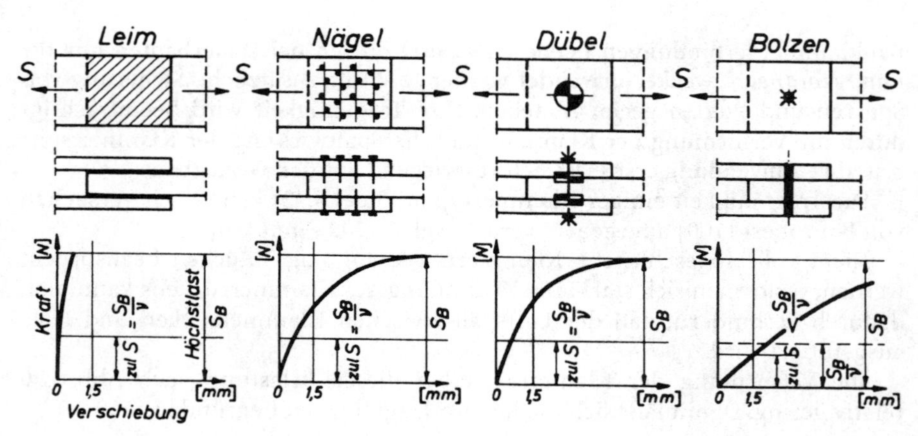

Abb. 6.71. Kraft-Verschiebungslinien von Holzverbindungen

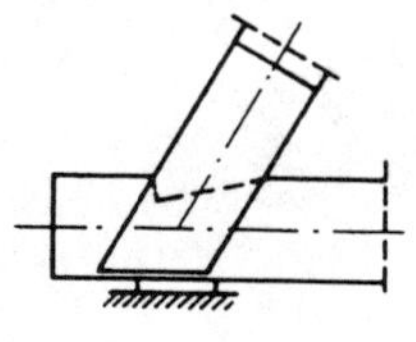

a) genagelte oder gedübelte Laschen zur Stoßdeckung

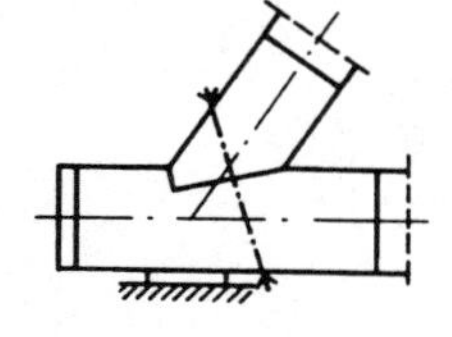

b) genagelte, gedübelte oder geleimte Laschen als Stabverbreiterung

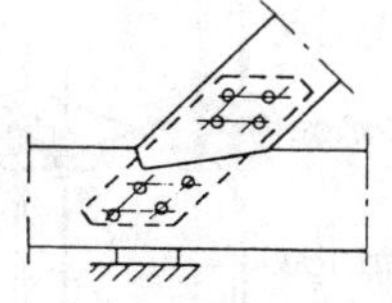

c) innenliegendes Stahlblech und SDü [7, 23]

Abb. 6.72

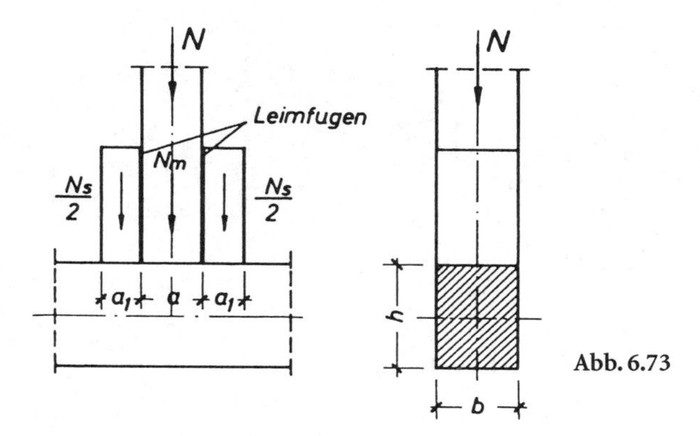

Abb. 6.73

Anwendungsbeispiele für die Kombination verschiedener Verbindungsmittel zeigt Abb. 6.72. Die Grundverbindung ist in den drei Fällen der einfache Versatz.

Für die Berechnung gilt:

Die Tragfähigkeit des Verbindungsmittels, auf das rechnerisch die kleinere anteilige Kraft entfällt, ist auf 2/3 abzumindern.

Stabverbreiterungen durch aufgeleimte Beihölzer bei Versätzen (vgl. Abb. 6.72b) oder Kontaktdruckanschlüssen (vgl. Abb. 6.73) dürfen für die einfache anteilige Kraft bemessen werden.

Mit Rücksicht auf das Arbeiten des Holzes und die daraus entstehende Gefahr des Aufreißens der Leimfuge sollte die Dicke der Hölzer aus VH begrenzt werden auf (Abb. 6.73)

$$a_1 \leqq 40 \text{ mm}$$

$$a \leqq 60 \text{ mm}$$

vgl. –*E206*– und Abb. 5.11e

1. Beispiel: Stirnversatz und genagelte Laschen nach Abb. 6.72a und 6.74 sowie DIN 1052 (1988)

Strebenkraft $S = 66{,}5$ kN Lastfall H

Querschnitte 16/16,16/18 S10/MS10

Versatztiefe: $\text{zul } t_v = \frac{180}{4} = 45 \text{ mm}$

Versatzkraft: $\text{zul } S = b \cdot t_v \frac{\text{zul } \sigma_{D \sphericalangle \alpha/2}}{\cos^2(\alpha/2)}$

$$\text{zul } S = 160 \cdot 45 \cdot \frac{6{,}01}{0{,}853} = 50\,729 \text{ N} = 50{,}7 \text{ kN}$$

Restkraft für 2 Laschen: $2\Delta S = 66{,}5 - 50{,}7 = 15{,}8 \text{ kN}$

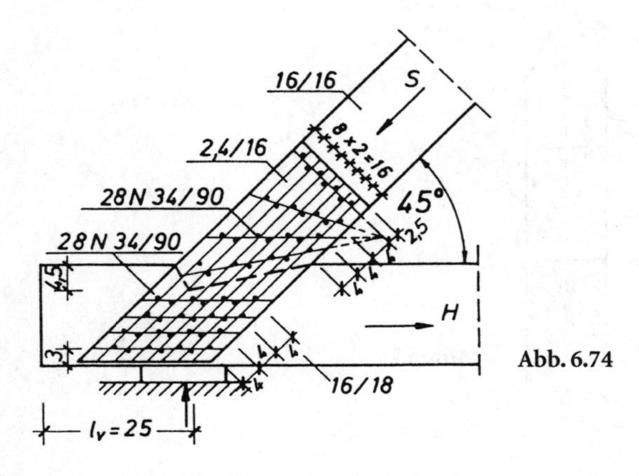

Abb. 6.74

Laschendicke: $\text{erf}\, a_1 = \dfrac{15{,}8 \cdot 10^3}{2 \cdot 160 \cdot 8{,}5} = 5{,}8 \text{ mm}$

Gewählt: $\min a_1 = 24 \text{ mm}$

Nagelanzahl für 1,5fache Restkraft:

je Lasche: $\text{erf}\, n = \dfrac{1{,}5 \cdot 15{,}8}{2 \cdot 0{,}431} = 27{,}5 \rightarrow 28 \text{ Nä } 34 \times 90$

Vorholzlänge für $H = 50{,}7 \cdot \cos 45° = 35{,}9 \text{ kN}$

$$\text{erf}\, l_v = \frac{35{,}9 \cdot 10^3}{160 \cdot 0{,}9} = 249 \rightarrow 250 \text{ mm}$$

Nagelabstände s. Abb. 6.74

Versatzverstärkungen durch Laschen oder Beihölzer kommen bei Versätzen zur Anwendung, um den Anschluß größerer Strebenkräfte zu ermöglichen oder um das Vorholz kurz zu halten.

Weitere Ausführungsbeispiele s. [22, 65, 66, 89].

2. Beispiel: Stirnversatz und genagelte Laschen nach Abb. 6.74 und DIN 1052 neu (EC 5)

Strebenkraft $S_k = 58{,}1$ kN, mittlere LED, Nkl 1 oder 2

Querschnitte 16/16, 16/18 C24

Bemessungswert der Strebenkraft:

$$S_d = 1{,}43 \cdot 58{,}1 = 83{,}1 \text{ kN}$$

Versatztiefe: $\text{zul}\, t_v = \dfrac{180}{4} = 45 \text{ mm}$

Versatzkraft: (Tafel 5.7) $S_d = 160 \cdot 45 \cdot 9{,}81 \cdot \dfrac{0{,}8}{0{,}9} = 62784 \text{ N} = 62{,}8 \text{ kN}$ s. Tafel 2.9

Restkraft für
2 Laschen: $2\Delta S = 83{,}1 - 62{,}8 = 20{,}3$ kN

Laschendicke: $\text{erf}\, t_1 = \dfrac{20{,}3 \cdot 10^3}{2 \cdot 160 \cdot 12{,}9} = 4{,}9$ mm

$f_{c,0,d} = \dfrac{0{,}8}{1{,}3} \cdot 21 = 12{,}9$ N/mm² s. Gl. (2.5)

Nagelverbindung ohne Vorbohrung
Mindestholzdicke:

(6.12b): $t_{req} = 9\,d = 9 \cdot 3{,}4 = 30{,}6$ mm

Gewählt: $t_1 = 30$ mm! KI

(6.12l): $t = \max\{7 \cdot 3{,}4; (13 \cdot 3{,}4 - 30) \cdot 350/400\}$
$= \max(23{,}8 \text{ mm}; 12{,}4 \text{ mm}) < 30$ mm

(6.12j): $t_2 - l = 160 - (90 - 30) = 100 \text{ mm} > 4 \cdot 3{,}4 = 13{,}6$ mm

Einschnittige Nagelverbindung:

(6.12h): $f_{h,1,k} = 0{,}082 \cdot 350 \cdot 3{,}4^{-0{,}3} = 19{,}9$ N/mm²

(6.12l): $M_{y,k} = 0{,}3 \cdot 600 \cdot 3{,}4^{2{,}6} = 4336$ Nmm

(6.12 a): $R_k = \sqrt{2 \cdot 4336 \cdot 19{,}9 \cdot 3{,}4} = 766$ N

(6.7f): $R_d = (30/30{,}6) \cdot 0{,}8 \cdot 766/1{,}1 = 546$ N
$(2/3) \cdot R_d = (2/3) \cdot 546 = 364$ N

Nagelanzahl:

je Lasche: $\text{erf}\, n = \dfrac{20{,}3 \cdot 10^3}{2 \cdot 364} = 27{,}9 \rightarrow 28$ Nä 34×90

Vorholzlänge: $\text{erf}\, l_v = \dfrac{62{,}8 \cdot 10^3 \cdot 0{,}707}{160 \cdot 1{,}66} = 167 \text{ mm} \rightarrow 250$ mm

$f_{v,d} = \dfrac{0{,}8}{1{,}3} \cdot 2{,}7 = 1{,}66$ N/mm²

Nagelabstände s. Abb. 6.74

Nach DIN 1052 neu (EC 5) kann der Stirnversatz nach Abb. 6.74 trotz dickerer Laschen (30 mm) für $k_{mod} = 0{,}8$ nur eine charakteristische Strebenkraft $S_k = 58{,}1$ kN übertragen. Die aufnehmbare Versatzkraft S_d wird nach DIN 1052 neu (EC 5) kleiner, so daß eine größere Restkraft von den beiden Laschen aufzunehmen ist. Für $k_{mod} = 0{,}9$ (kurze LED) kann der Versatz eine Strebenkraft $S_k = 63{,}6$ kN übertragen.

7 Zugstäbe

7.1 Allgemeines

Dieser Abschnitt behandelt nur *mittigen Kraftangriff.* Ausmittige Beanspruchung s. Abschn. 11.

Zugstöße und -anschlüsse werden nach Abschn. 5.1 berechnet. Für Zugstäbe ist möglichst *astfreies* Holz zu verwenden.

Querschnittsschwächungen sind abzuziehen.

7.2 Bemessung nach DIN 1052 (1988)

$$\text{erf}\,A_n = \frac{S}{\text{zul}\,\sigma_{Z\parallel}} \tag{7.1}$$

$$\text{erf}\,A = \text{erf}\,A_n + \Delta A \tag{7.2}$$

Für Entwurfsberechnungen dürfen die durch die Verbindungsmittel entstehenden Fehlflächen ΔA näherungsweise nach *–E33–* angenommen werden.

Art der Verbindungsmittel	ΔA
Nägel ($d_n > 4{,}2$ mm oder vorgebohrt)	$\approx 0{,}1 \cdot A$
Bolzen oder Stabdübel	$\approx 0{,}15 \cdot A$
Dübel besonderer Bauart	$\approx 0{,}25 \cdot A$
Einseitiger Versatz	$\approx 0{,}25 \cdot A$

7.3 Spannungsnachweis nach DIN 1052 (1988)

$$\sigma_{Z\parallel} = \frac{S}{A_n}; \qquad \frac{\sigma_{Z\parallel}}{\text{zul}\,\sigma_{Z\parallel}} \leqq 1 \tag{7.3}$$

Darin bedeutet S die mittige Zugkraft. Der Nettoquerschnitt A_n wird nach *–6.4.2–* berechnet, vgl. Tafel 7.1. Ergänzend zu Tafel 7.1 gilt:

Bei *Baumkanten,* die nicht größer sind als in DIN 4074 festgelegt, darf der *scharfkantige* Querschnitt in Rechnung gestellt werden. Wegen der Inhomogenität des Holzes (Äste u. a. m.) kann ein unregelmäßiger faseriger Bruch entstehen (Abb. 7.1).

Tafel 7.1. Abzuziehende Fehlflächen bei Zug- und Biegezugbeanspruchung, a, d_{st}, d_b, d_n (in mm)

	Art der Verbindungsmittel		Bemerkungen	Fehlfläche [mm²]	$a \triangleq$ Holzdicke
1	Stabdübel	d_{st}	alle Durchmessergrößen	$a \cdot d_{st}$	
2	Vorgebohrte Nägel	d_n		$a \cdot d_n$	
3	Nicht vorgebohrte Nägel	d_n	$d_n > 4{,}2$ mm	$a \cdot d_n$	
4	Bolzen	d_b	alle ∅-Größen	$a \cdot (d_b + 1)$	
5	Dübel besonderer Bauart gemäß DIN 1052 Teil 2		alle Dübelgrößen; ΔA nach DIN 1052 T 2, Tab. 4, 6, 7 mit zugehörigen Bolzen	Seitenholz $\Delta A + a \cdot (d_b + 1)$	
				Mittelholz $2 \cdot \Delta A + a \cdot (d_b + 1)$	
6	Keilzinken nach DIN 68 140		alle Keilzinken der Beanspruchungsgruppe I	$v \cdot A = \frac{b}{t} \cdot A$	

Deshalb gilt für die Berechnung der Querschnittsschwächungen im Holzbau folgende *Sonderregelung:*

Versetzt zur Faserrichtung liegende Schwächungen sind in einem Querschnitt abzuziehen, wenn ihr Lichtabstand ‖ Fa ≦ 150 mm bzw. bei stabförmigen Verbindungsmitteln ≦ 4 d beträgt (Abb. 7.1).

In Faserrichtung hintereinanderliegende Schwächungen sind nur einmal abzuziehen. Dabei sind versetzt zur Rißlinie angeordnete Nägel und Stabdübel wie hintereinanderliegende zu behandeln (Abb. 7.2).

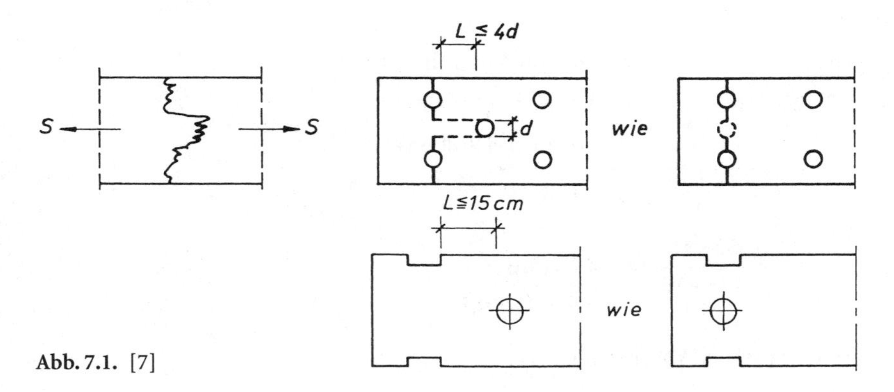

Abb. 7.1. [7]

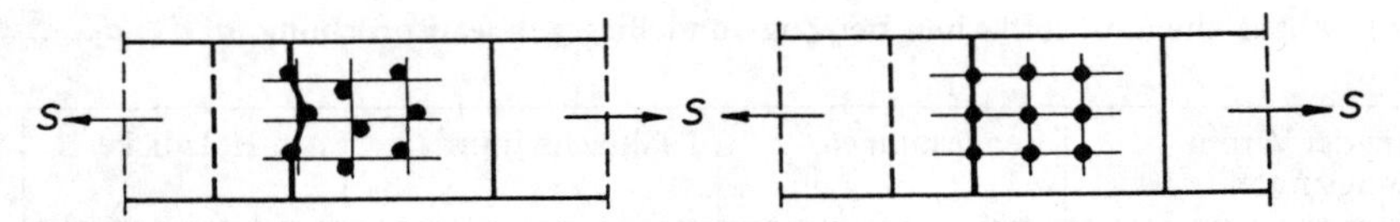

Abb. 7.2

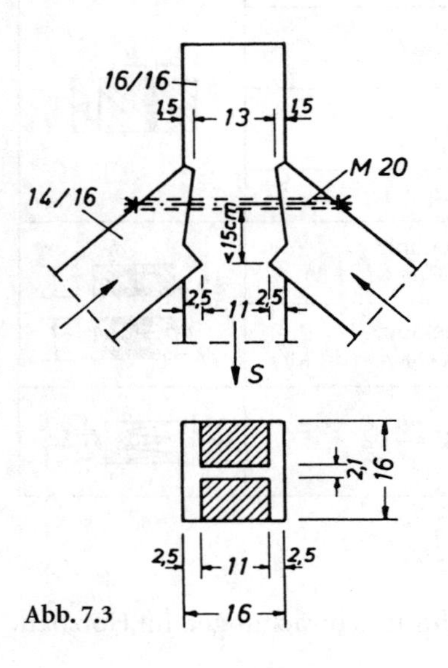

Abb. 7.3

Beispiel: Zugstab mit beidseitigem doppeltem Versatz (Abb. 7.3)

Stabkraft $S = 52$ kN Lastfall H

Stabquerschnitt 16/16 S10/MS10

Versatztiefen: $t_{v2} = 25 \text{ mm} < \dfrac{160}{6} = 27 \text{ mm}$

$$t_{v1} = 25 - 10 = 15 \text{ mm}$$

Nettoquerschnitt:

$$\begin{aligned} A_n &= 160 \cdot 160 &&= 256 \cdot 10^2 \text{ mm}^2 \text{ (Vollholz)} \\ &\quad -2 \cdot 25 \cdot 160 &&= -80 \cdot 10^2 \text{ mm}^2 \text{ (Versätze)} \\ &\quad -(20+1) \cdot 110 &&= -23 \cdot 10^2 \text{ mm}^2 \text{ (Bolzen)} \\ \hline & A_n &&= 153 \cdot 10^2 \text{ mm}^2 \end{aligned}$$

$$\sigma_{Z\parallel} = \frac{52 \cdot 10^3}{153 \cdot 10^2} = 3{,}4 \text{ N/mm}^2$$

$$3{,}4/7 = 0{,}5 < 1$$

Weitere Beispiele s. Abschn. 5 und 6.

7.4 Bemessung nach DIN 1052 neu (EC 5)

7.4.1 Zug in Faserrichtung des Holzes

$$\sigma_{t,0,d} = \frac{N_d}{A_n} \qquad \sigma_{t,0,d}/f_{t,0,d} \leqq 1 \tag{7.4}$$

Querschnittsschwächungen:
Querschnittsschwächungen können nach Tafel 7.1 berücksichtigt werden.
Ausnahme:
Schwächungen infolge nicht vorgebohrter Nägel sind erst ab $d_n > 6$ mm und infolge Holzschrauben ab $d > 8$ mm zu berücksichtigen.

Versetzt zur Faserrichtung liegende Schwächungen sind in einem Querschnitt abzuziehen, wenn ihr Lichtabstand ‖Fa ≦ 150 mm (Abb. 7.1) bzw. bei stabförmigen VM < 0,5 · min a_1 beträgt.

Beispiel: Zugstab mit beidseitigem doppeltem Versatz (Abb. 7.3)

Stabkraft $N_k = 52$ kN $k_{mod} = 0{,}8$ Nkl 1
Stabquerschnitt 16/16 C24

Bemessungswert der Stabkraft:

$N_d = 1{,}43$[1] $\cdot 52 = 74{,}4$ kN s. Abschn. 6.2.3, 2. Bsp.

Versatztiefen: $t_{v2} = 25 \text{ mm} < \text{zul}\, t_v = \frac{160}{6} = 27 \text{ mm}$

$t_{v1} = 25 - 10 = 15$ mm

Nettoquerschnitt: $A_n = 153 \cdot 10^2\ \text{mm}^2$ s. Beispiel DIN 1052 (1988)

$$\sigma_{t,0,d} = \frac{74{,}4 \cdot 10^3}{153 \cdot 10^2} = 4{,}9\ \text{N/mm}^2$$

$$f_{t,0,d} = \frac{0{,}8}{1{,}3} \cdot 14 = 8{,}6\ \text{N/mm}^2 \quad 4{,}9/8{,}6 = 0{,}6 < 1$$

7.4.2 Zug unter einem Winkel α

Für BFU, BRH, FSH-Q und OSB-Platten gilt – *10.2.2 (1)* [1] –:

$$\sigma_{t,\alpha,d}/(k_\alpha \cdot f_{t,0,d}) \leqq 1 \quad \text{mit} \tag{7.5}$$

$$k_\alpha = 1 \Big/ \left(\frac{f_{t,0,d}}{f_{t,90,d}} \sin^2\alpha + \frac{f_{t,0,d}}{f_{v,d}} \sin\alpha \cdot \cos\alpha + \cos^2\alpha \right) \tag{7.6}$$

α Winkel zwischen Beanspruchungs- u. Faserrichtung bzw. Spanrichtung der Decklagen.

---

[1] Summarischer Sicherheitsbeiwert für die Einwirkungen.

8 Einteilige Druckstäbe

8.1 Allgemeines

Dieser Abschnitt behandelt nur *mittigen Kraftangriff*, schließt jedoch Druckstäbe mit ungewollter Ausmittigkeit (Größenordnung nach DIN 1052 (1988): $e \leqq l/200$) ein. Planmäßig ausmittige Beanspruchung siehe Abschnitt 11.

Druckstöße und -anschlüsse werden nach Abschn. 5.3–5.6 berechnet. Bei Druck und Biegedruck sind Querschnittsschwächungen nur abzuziehen, wenn

a) die geschwächte Stelle nicht satt ausgefüllt ist
b) der E-Modul des ausfüllenden Materials $< E_{\|}$ des Holzes oder Holzwerkstoffes ist (Abb. 8.1).

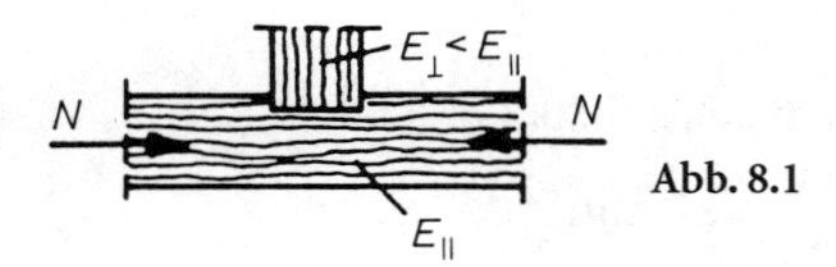

Abb. 8.1

Druckstäbe sind auf Knicken zu untersuchen. Der Knicknachweis wird mit dem ω-Verfahren geführt. Anstelle des auf einer vereinfachten Lösung der Elastizitätstheorie II. Ordnung beruhenden Stabilitätsnachweises nach dem ω-Verfahren für Stabwerke – auch Ersatzstabverfahren genannt – kann nach *–9.6–* auch ein Tragsicherheitsnachweis nach der Spannungstheorie II. Ordnung vorgenommen werden *–E89–*. Dieser Tragsicherheitsnachweis wird im Holzbau nach Heimeshoff [101] auf seltene Ausnahmefälle beschränkt bleiben.

8.2 Bemessung von Druckstäben nach DIN 1052 (1988)

Für die Bemessung einteiliger Knickstäbe stehen Tafeln zur Verfügung [36].

Für Quadrat- und Rundholz liefern folgende Faustformeln gute Näherungswerte:

für Quadratholz $\quad \text{erf}\,A \approx (1{,}4 \cdot S + 9 \cdot s_k^2) \cdot 10^2 \quad (8.1)$

für Rundholz $\quad \text{erf}\,A \approx (1{,}2 \cdot S + 7 \cdot s_k^2) \cdot 10^2 \quad (8.2)$

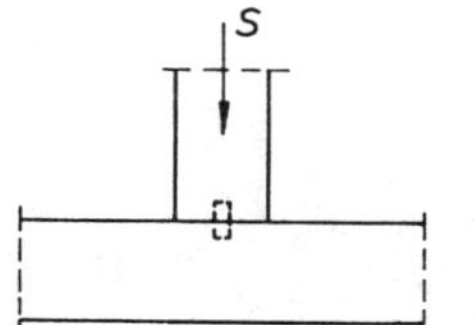

Abb. 8.2

Darin bedeuten S Stabkraft [kN]

s_k Knicklänge [m]

A Querschnittsfläche [mm²]

Bei Druckstabanschlüssen $\perp$ Fa kann zul $\sigma_{D\perp}$ maßgebend für die Bemessung werden, vgl. Abschn. 5.4 (Abb. 8.2).

$$\text{erf}\, A_n \geqq \frac{S}{\text{zul}\, \sigma_{D\perp}} \tag{8.3}$$

8.3 Knicknachweis ($A \triangleq$ ungeschwächter Querschnitt) (DIN 1052 (1988))

Bei einteiligen Stäben darf die Druckspannung $\sigma_{D\parallel} = S/A$ nicht größer werden als die zulässige Knickspannung zul σ_k.

$$\frac{S/A}{\text{zul}\, \sigma_k} \leqq 1 \qquad \text{mit zul}\, \sigma_k = \frac{\text{zul}\, \sigma_{D\parallel}}{\omega} \tag{8.4}$$

Alle Anschlüsse von Druckstäben werden nur für die tatsächlich wirksame Stabkraft S bemessen, vgl. Abschn. 5.3.

Die Knickzahlen ω sind in Abhängigkeit vom Schlankheitsgrad λ der Tabelle 10, DIN 1052 zu entnehmen [2, 36], vgl. Anhang.

Die Knickzahlen ω, die von Möhler/Scheer/Muszala [102] für Vollholz, BSH, HW berechnet worden sind, können nach *-E78-* durch quadratische Parabeln beschrieben werden.

Berechnungsgang für den einteiligen Knickstab

Trägheitsradius i

für Rundholz

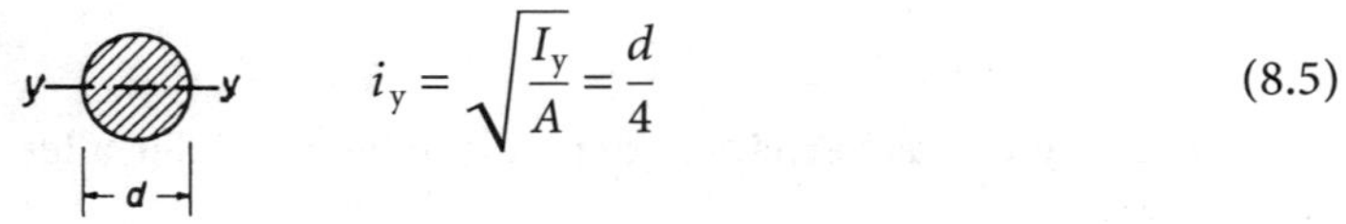

$$i_y = \sqrt{\frac{I_y}{A}} = \frac{d}{4} \tag{8.5}$$

für Kantholz

$$i_y = \sqrt{\frac{I_y}{A}} = 0{,}289 \cdot h$$

$$i_z = \sqrt{\frac{I_z}{A}} = 0{,}289 \cdot b \tag{8.6}$$

Knicklänge s_k nach Abschn. 8.5

Schlankheitsgrad λ

$$\lambda_y = \frac{s_{ky}}{i_y} \leqq \text{zul}\,\lambda_y\,; \quad \lambda_z = \frac{s_{kz}}{i_z} \leqq \text{zul}\,\lambda_z \tag{8.7}$$

Der größere der beiden Schlankheitsgrade liefert die Knickzahl ω nach DIN 1052, Tabelle 10, s. Anhang.

8.4 Zulässiger Schlankheitsgrad nach DIN 1052 (1988)

Der zulässige Schlankheitsgrad ist für ein- und mehrteilige Stäbe in *–9.2–* festgelegt.

$\lambda \leqq 150$ a) für einteilige Stäbe
b) für die „Starrachse" mehrteiliger Stäbe

ef $\lambda \leqq 175$ für die „nachgiebige Achse"
a) nicht gespreizter Stäbe (genagelt oder gedübelt)
b) gespreizter Stäbe (genagelt, gedübelt oder geleimt)

$\lambda \leqq 200$ a) für Zugstäbe mit geringen Druckkräften aus Zusatzlasten
b) für Stäbe von Wind- und Aussteifungsverbänden
c) für Fliegende Bauten (DIN 4112) bei stoßfreier Belastung

$\lambda \leqq 250$ bei Fliegenden Bauten für Zeltstangen zur Minderung des Durchhangs der Zeltplane

8.5 Knicklänge s_k

Die Knicklänge s_k kann für die im Holzbau üblichen Stab- und Tragwerksformen nach *–9.1 und E73–E76–* bestimmt werden [7].

Die Knicklänge s_k eines Stabes der Netzlänge s kann qualitativ aus der Knickfigur des Systems abgelesen werden.

$$s_k = \beta \cdot s \tag{8.8}$$

Der Faktor β gibt das Verhältnis der Halbwelle des Eulerfalles 2 zur Netzlänge s des Stabes an.

Jeder Stab, der nicht kontinuierlich gegen seitliches Ausweichen gehalten ist, muß auf Knicken um beide Hauptachsen untersucht werden. Dabei können die Knicklängen s_{ky} und s_{kz} verschieden groß sein.

8.5.1 Knicklänge von Stützen (Abb. 8.3)

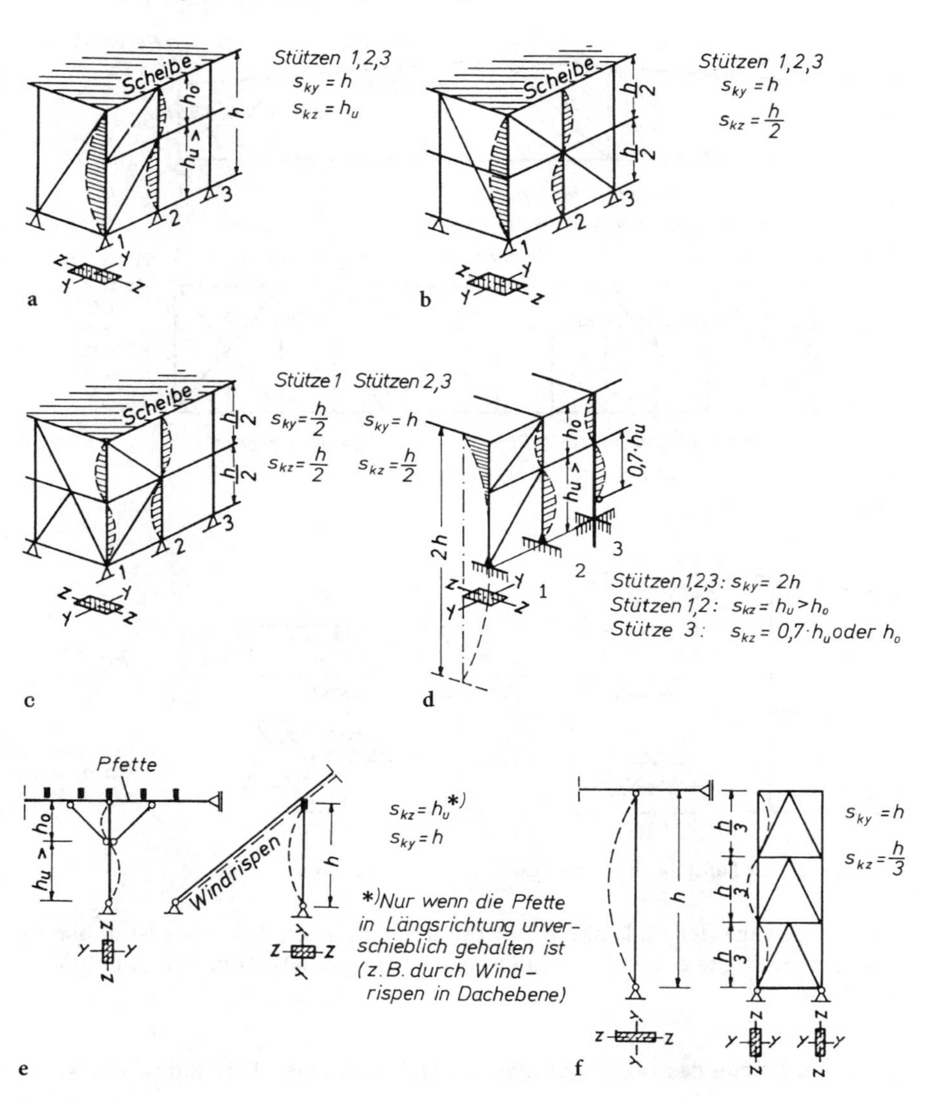

Abb. 8.3

8.5.2 Knicklänge von Fachwerkstäben ($s \triangleq$ Netzlänge)

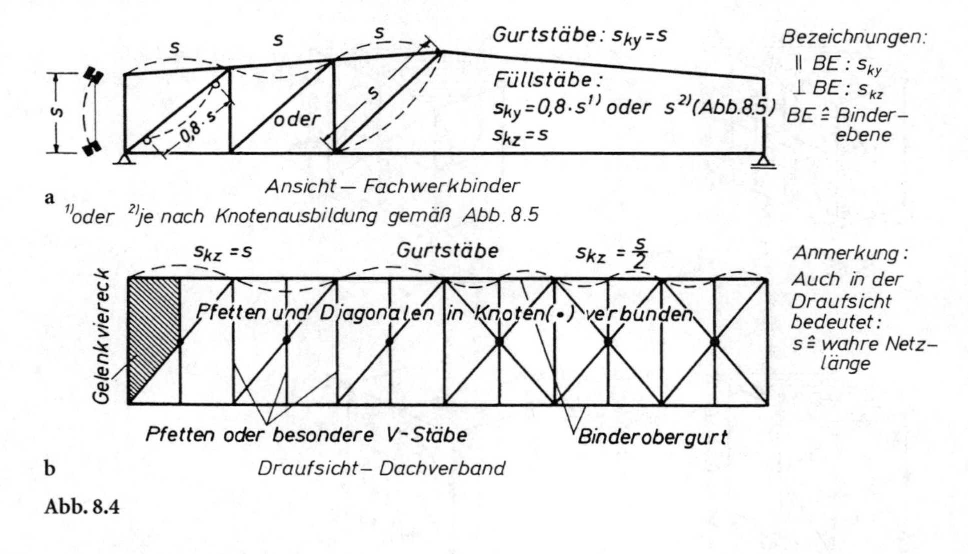

Abb. 8.4

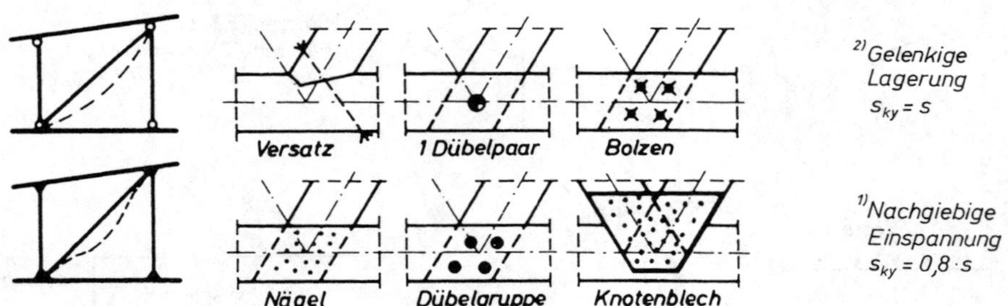

Abb. 8.5. s_{ky} für Füllstäbe in Abhängigkeit von der Knotenkonstruktion

Die Knicklänge der Füllstäbe s_{ky} in Binderebene nach Abb. 8.4a ist abhängig von der Steifigkeit der Anschlußkonstruktion gemäß Abb. 8.5, Anmerkungen [1] und [2].

8.5.3 Knicklänge des verschieblichen Kehlbalkendaches (Abb. 8.6) *-9.1.3-*

∥ Binderebene:

$$s_u \begin{cases} > 0{,}3 \cdot s \\ < 0{,}7 \cdot s \rightarrow s_{ky} = 0{,}8 \cdot s \end{cases}$$

$$s_u \geqq 0{,}7 \cdot s \rightarrow s_{ky} = s$$

⊥ Binderebene:
s_{kz} ohne Bedeutung, wenn seitliches Ausweichen durch Latten oder Schalung und Windrispen verhindert wird; Möhler in [103], Heimeshoff [104].

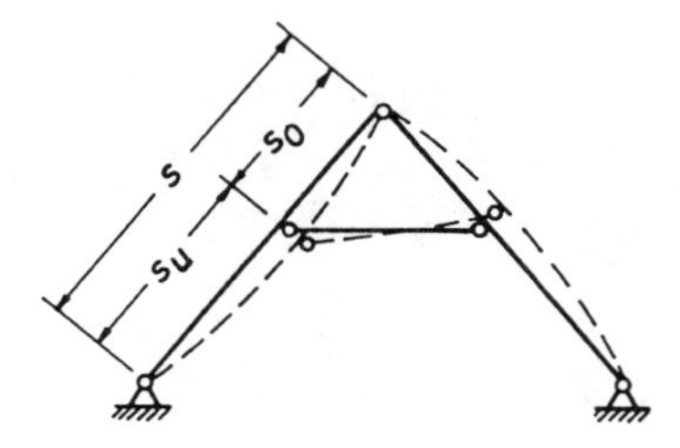

Abb. 8.6

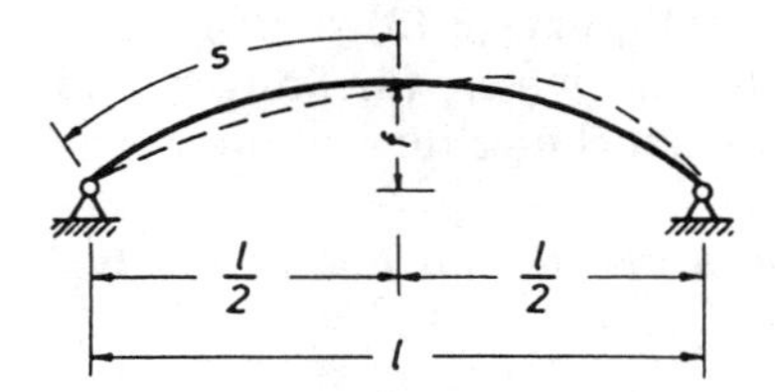

Abb. 8.7

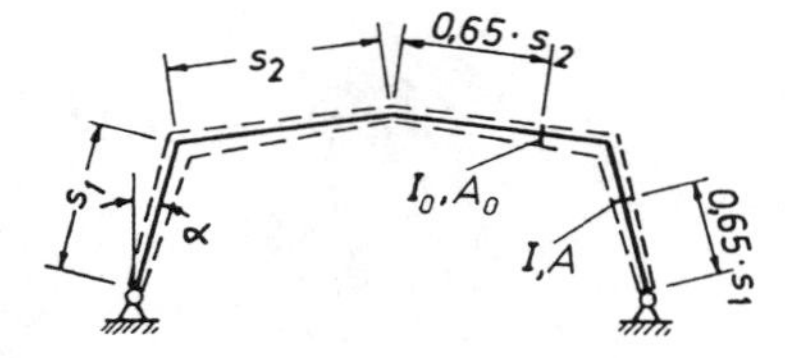

Abb. 8.8

8.5.4 $s_{ky} \parallel$ Bogenebene für Zwei- und Dreigelenkbogen (Abb. 8.7)

$$s_{ky} = 1{,}25 \cdot s \tag{8.9}$$

wenn $0{,}15 \leqq \dfrac{f}{l} \leqq 0{,}50$ und Querschnitt

$A \approx \text{const}$

Für den Knicknachweis ist die Längskraft im Viertelspunkt anzunehmen.

8.5.5 $s_{ky} \parallel$ Rahmenebene für Zwei-und Dreigelenkrahmen (Abb. 8.8)

Nach *–9.1.6 und E74–* gelten unter der Annahme einer antimetrischen Knickfigur die Gln. (8.10) und (8.13) s.a. Knicklängenbeiwerte in [1], Anhang E.

$\alpha \leqq 15°$ nach Abb. 8.8

$$s_{ky} = s_1 \cdot \sqrt{4 + 1{,}6 \cdot c}$$
$$= 2 \cdot s_1 \cdot \sqrt{1 + 0{,}4 \cdot c} \tag{8.10}$$

$$c = \frac{I \cdot 2 \cdot s_2}{I_0 \cdot s_1} \tag{8.11}$$

$$i_y = \sqrt{\frac{I}{A}} \quad \text{bzw.} \quad \sqrt{\frac{I_0}{A_0}} \tag{8.12}$$

$\alpha > 15°$ nach Abb. 8.8
In Anlehnung an Gl. (8.9)

$$s_{ky} = 1{,}25 \cdot (s_1 + s_2) \tag{8.13}$$

Für $\alpha > 15°$ ist der größere der Werte nach Gln. (8.10) und (8.13) zu nehmen.

Nach [101] ist genauere Berechnung der Knicklängen s_{ky} für Stützen und Riegel von Dreigelenkrahmen und Stabilitätsuntersuchung für symmetrische Knickfigur (Durchschlagproblem) möglich.

Beim Knicknachweis nach (11.5) sind jeweils max$N$ und max$M$ des betrachteten Rahmenteils einzusetzen, vgl. *–9.1.6–*.

Zwei- und Dreigelenkrahmen nach Abb. 8.9

Stütze: $s_{ky} = h$ (meist Zugstab)

Strebe: $s_{ky} = s_1$ (8.14)

Riegel: $s_{ky} = 1{,}25\ (s_1 + s_2)$ vgl. Bogen Gl. (8.9)

Rahmenstützen nach Abb. 8.10

$$s_{ky} = 2 \cdot h_u + 0{,}7 \cdot h_o \tag{8.15}$$

Der Knicknachweis ist zu führen mit der größeren der beiden Stabkräfte N_o oder N_u für die ganze Stützenlänge.

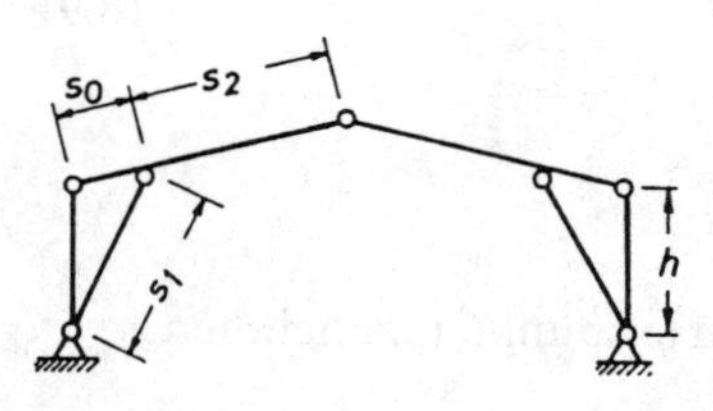

Abb. 8.9

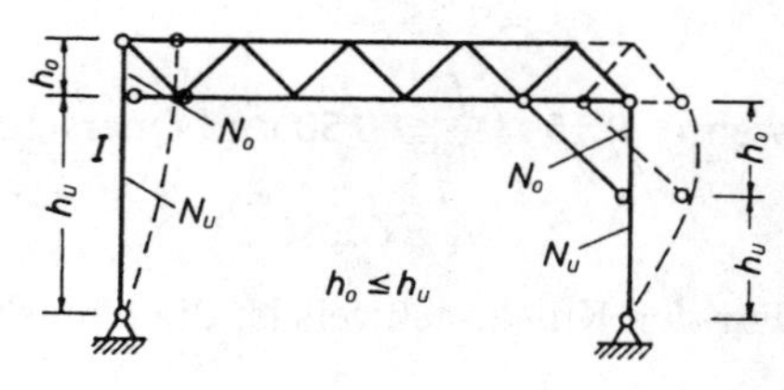

Abb. 8.10

8.5.6 $s_{ky} \parallel$ Rahmenebene für Rahmen mit Pendelstützen

Im Hallenbau werden auch Stützen- bzw. Rahmensysteme nach Abb. 8.11/ 8.13 verwendet.

Die Knicklängen der Pendelstützen sind in allen Fällen (vgl. Abb. 8.3)

$$s_{ky} = h$$

Die Knicklängen s_{ky} der eingespannten bzw. der Rahmenstützen dürfen mit Näherungsformeln nach [78] berechnet werden. Diese Formeln sind jedoch nur gültig, solange das Verhältnis der Kräftesumme der Pendelstützen zu der Kraft einer Rahmenstütze

$$n = \frac{\Sigma F_2}{F} \leqq 2 \tag{8.16}$$

Die belasteten Pendelstützen bewirken eine Vergrößerung der Knicklänge nach (8.10), da sie am verformten System nach Theorie II. Ordnung eine zusätzliche Horizontalverschiebung infolge der H-Komponente erzeugen (vgl. Knickfiguren).

Eingespannte Stützen nach Abb. 8.11

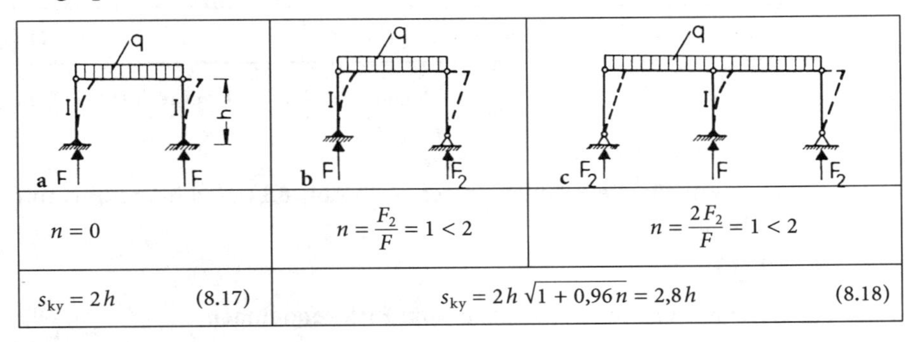

Abb. 8.11

Genauere Berechnung der Knicklänge s_{ky} bei nachgiebiger Einspannung s. Knicklängenbeiwerte in [1], Anhang E sowie Heimeshoff [101, 105] und Möhler/Freiseis [106].

Zwei- oder Dreigelenkrahmen mit innerer Pendelstütze nach Abb. 8.12

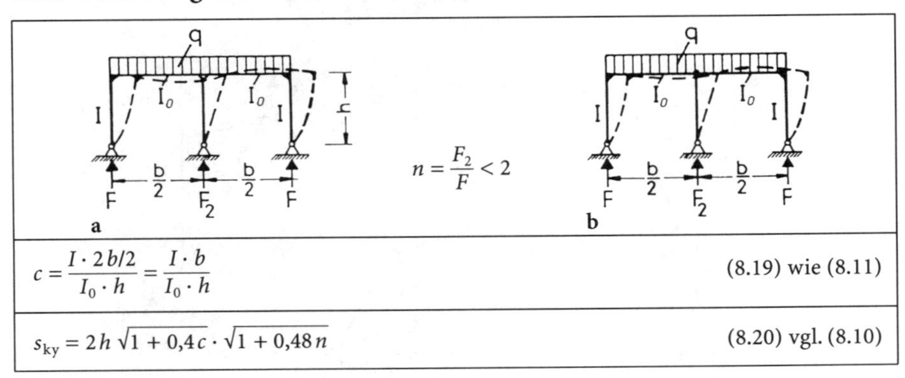

Abb. 8.12

Ein- und zweihüftiger Rahmen mit äußeren Pendelstützen nach Abb. 8.13

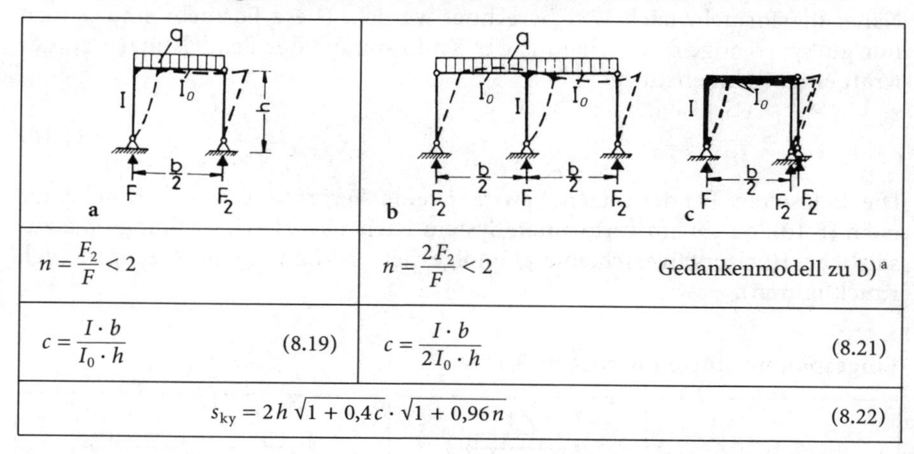

a	b / c
$n = \frac{F_2}{F} < 2$	$n = \frac{2F_2}{F} < 2$ Gedankenmodell zu b)[a]
$c = \frac{I \cdot b}{I_0 \cdot h}$ (8.19)	$c = \frac{I \cdot b}{2I_0 \cdot h}$ (8.21)
$s_{ky} = 2h\sqrt{1 + 0{,}4c} \cdot \sqrt{1 + 0{,}96n}$ (8.22)	

Abb. 8.13

[a] Linkes Feld um 180° auf rechtes geklappt.

Der Knicknachweis für die Rahmenstützen nach Abb. 8.11/13 wird geführt mit der Längskraft F.

8.5.7 s_{kz} ⊥ Rahmenebene für Vollwand- und Fachwerkrahmen

Die Stütze A–B nach Abb. 8.14 sei ⊥ Rahmenebene in A an das Fundament und in B an einen Verbandsknoten angeschlossen. Für die Bestimmung von s_{kz} sind zwei Fälle zu unterscheiden, vgl. –*E 76*–:

Punkt C ist seitlich gehalten, z.B. durch Kopfbänder (Schnitt F–F)

$$s_{kz} = a \quad \text{bzw.} \quad s_{kz} = b \tag{8.23}$$

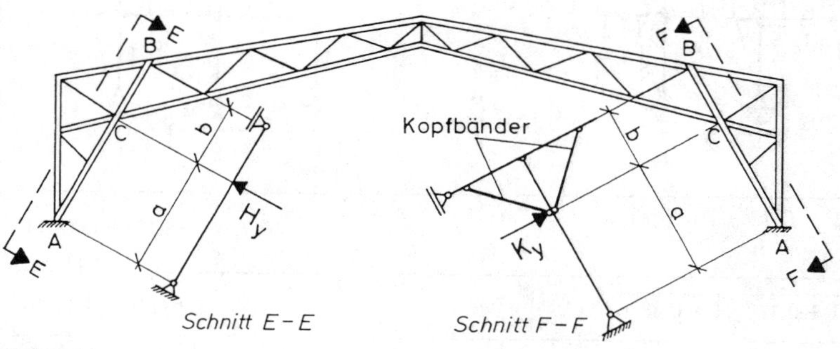

Abb. 8.14

Die Stützkonstruktion in C ist nach *-10.5-* zu bemessen für eine Horizontalkraft

$$K_y = \frac{\max N}{50} \quad (8.24)$$

$\max N \triangleq$ größte Druckkraft in C

Punkt C ist seitlich nicht gehalten (Schnitt E–E)

$$s_{kz} = a + b \quad (8.25)$$

Der Stab A–B muß für Längskraft und Biegung bemessen werden, wobei das Biegemoment M_z hervorgerufen wird durch eine in C angreifende Horizontalkraft

$$H_y = \frac{\max N}{100} \quad (8.26)$$

$$\rightarrow M_z = H_y \frac{a \cdot b}{a + b} \quad (8.27)$$

8.6 Beispiele

1. Beispiel: Druckstab nach Abb. 8.15

$F = 218$ kN Lastfall H

Bemessung nach Gl. (8.1)

$$s_{ky} = s_{kz} = 3{,}20 \text{ m}$$

$$\text{erf} A \approx (1{,}4 \cdot 218 + 9 \cdot 3{,}2^2) \cdot 10^2 = 397 \cdot 10^2 \text{ mm}^2$$

Gewählt: 20/20 S10/MS10, $A = 400 \cdot 10^2$ mm²

Knicknachweis

$$i_y = i_z = 0{,}289 \cdot 200 = 57{,}8 \text{ mm}$$

$$\lambda_y = \lambda_z = \frac{3200}{57{,}8} = 55{,}4 \rightarrow \omega = 1{,}53$$

$$\rightarrow \text{zul}\, \sigma_k = 8{,}5/1{,}53 = 5{,}6 \text{ N/mm}^2$$

$$\frac{218 \cdot 10^3/(400 \cdot 10^2)}{5{,}6} = 0{,}97 < 1$$

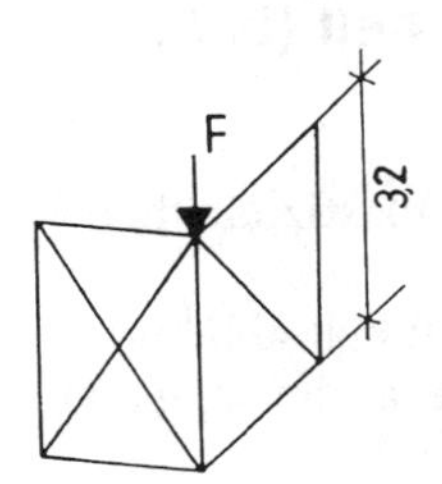

Abb. 8.15

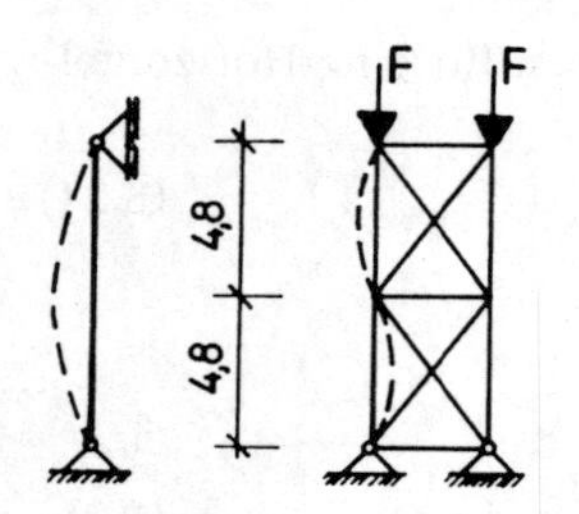

Abb. 8.16

2. Beispiel: Druckstab nach Abb. 8.16

$F = 74$ kN Lastfall H

Knicklängen: $s_{ky} = 9{,}6$ m $s_{kz} = 4{,}8$ m

Querschnittswahl zweckmäßig

$$\frac{b}{h} = \frac{s_{kz}}{s_{ky}} = \frac{1}{2}$$

Bemessung nach (8.1) als grobe Näherung mit $s_{kz} = 4{,}8$ m

$$\text{erf}\, A \approx (1{,}4 \cdot 74 + 9 \cdot 4{,}8^2) \cdot 10^2 = 311 \cdot 10^2\ \text{mm}^2$$

Gewählt: 14/28 BS11, $A = 392 \cdot 10^2$ mm^2

Knicknachweis

$$\lambda_y = \lambda_z = \frac{4800}{0{,}289 \cdot 140} = 119 \rightarrow \omega = 3{,}89$$

$$\rightarrow \text{zul}\, \sigma_k = 8{,}5/3{,}89 = 2{,}19\ \text{N/mm}^2$$

$$\frac{74 \cdot 10^3/(392 \cdot 10^2)}{2{,}19} = 0{,}86 < 1$$

Knicknachweis für Rahmen s. „Holzbau, Teil 2“.
Knicknachweis für das Kehlbalkendach s. „Holzbau, Teil 2“.

8.7 Bemessung von Druckstäben nach DIN 1052 neu (EC5)

Allgemeines

Der Knickbeiwert k_c wurde auf der Grundlage der Plastizitätstheorie II. Ordnung hergeleitet.

Die Gleichung für k_c wurde dabei an den von der Schlankheit abhängigen Verlauf eines unteren Grenzwertes der Tragfähigkeit (5%-Fraktile) angepaßt [38].

Bemessungsgleichungen
Es gilt:

$$\frac{\sigma_{c,0,d}}{k_c \cdot f_{c,0,d}} \leqq 1 \quad \text{s. } -\textit{8.3 (3)}\ [1]- \tag{8.28}$$

mit

$$k_c = \frac{1}{k + \sqrt{k^2 - \lambda_{rel,c}^2}} \leqq 1 \tag{8.29}$$

$$k = 0{,}5\ [1 + \beta_c\ (\lambda_{rel,c} - 0{,}3) + \lambda_{rel,c}^2] \tag{8.30}$$

$\beta_c = 0{,}2$ für Vollholz und Balkenschichtholz

$\beta_c = 0{,}1$ für BSH und HW

$$\lambda_{rel,c} = \sqrt{\frac{f_{c,0,k}}{\sigma_{c,crit}}} = \frac{\lambda}{\pi} \sqrt{\frac{f_{c,0,k}}{E_{0,05}}} \qquad \lambda = \frac{l_{ef}}{i},\ l_{ef} = \beta \cdot s\ (h) \tag{8.31}$$

Beispiel
Druckstab nach Abb. 8.15

$F_k = 218$ kN, $k_{mod} = 0{,}8$, Nkl 1 (kein Kriecheinfluß)

Gewählt: 20/20

C24, $A = 400 \cdot 10^2\ \text{mm}^2$

$F_d = 1{,}43 \cdot 218 = 312$ kN; $F_{G,d} \leqq 0{,}7\ F_d$ s. *6.2.3*, 2. Bsp.

Knicknachweis

$$i_y = i_z = 0{,}289 \cdot 200 = 57{,}8 \text{ mm}$$

$$\lambda_y = \lambda_z = \frac{3200}{57{,}8} = 55{,}4$$

$$\lambda_{rel,c} = \frac{55{,}4}{\pi} \sqrt{\frac{21}{(2/3) \cdot 11000}} = 0{,}944$$

$$k = 0{,}5\ [1 + 0{,}2\ (0{,}944 - 0{,}3) + 0{,}944^2] = 1{,}01$$

$$k_c = \frac{1}{1{,}01 + \sqrt{1{,}01^2 - 0{,}944^2}} = 0{,}730 < 1$$

$$f_{c,0,d} = \frac{0{,}8}{1{,}3} \cdot 21 = 12{,}9 \text{ N/mm}^2 \quad \text{s. Gl. (2.5)}$$

$$\frac{312 \cdot 10^3/(400 \cdot 10^2)}{0{,}730 \cdot 12{,}9} = 0{,}83 < 1$$

Der Ausnutzungsgrad beträgt nach DIN 1052 (1988) 0,97.

9 Mehrteilige Druckstäbe

9.1 Allgemeines nach DIN 1052 (1988)

Für mehrteilige Druckstäbe gelten die Abschnitte 8.1 und 8.4 sinngemäß. Man unterscheidet je nach Anordnung der Einzelstäbe (Abb. 9.1)

nicht gespreizte Stäbe,
z. B. Abb. 9.1 a, b, c, d
vgl. Tafel 9.1

gespreizte Stäbe,
z. B. Abb. 9.1 e, f
vgl. Abb. 9.9

St.A. ≙ „starre" Achse
N.A. ≙ „nachgiebige" Achse

Die einzelnen Stabteile dürfen miteinander verbunden werden durch Leim, Dübel, Nägel, Schrauben, Stabdübel, Klammern (in Ausnahmefällen auch Bolzen) s. *–9.3.3.3–*.

Die Berechnung und Bemessung mehrteiliger Druckstäbe erfolgt zweckmäßig mit Bemessungstabellen, z. B. von Scheer u. a. in [108] zusammengestellt für die Querschnitte

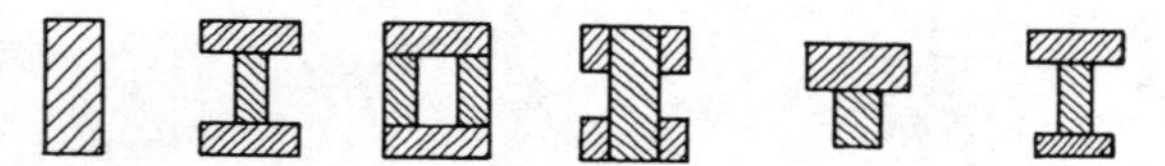

sowie die Querschnitte in Abb. 9.9.

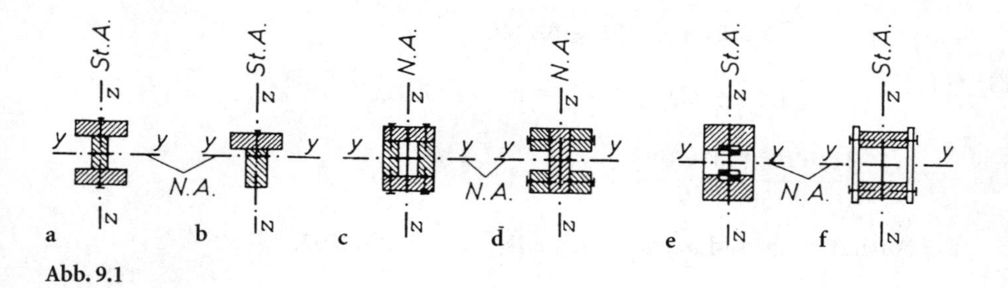

Abb. 9.1

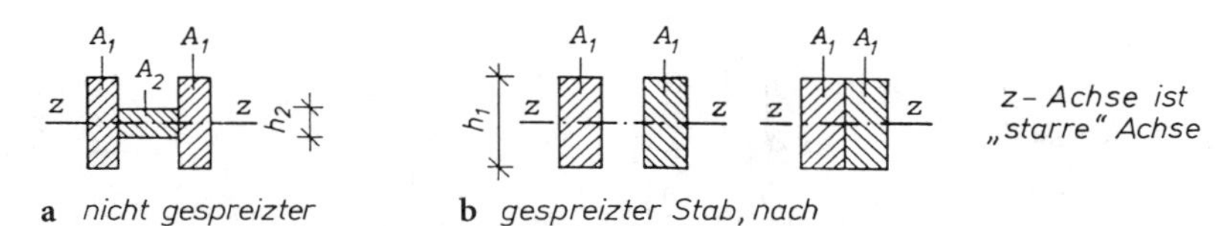

a *nicht gespreizter Stab* **b** *gespreizter Stab, nach Zusammenschieben einteilig*

Abb. 9.2

9.2 Knickung um die „starre" Achse nach DIN 1052 (1988)

Bei Knickung um die „starre" Achse verhält sich der mehrteilige Druckstab unabhängig von der Art der Verbindungsmittel wie der durch starre Verbindung der Einzelstäbe gebildete einteilige Druckstab nach Abb. 9.2. Das gilt für den gespreizten Stab ebenso wie für den nicht gespreizten.

Demnach dürfen die mehrteiligen Druckstäbe nach Abb. 9.1 bzw. 9.2 für Knickung um die „starre" Achse wie einteilige berechnet werden, deren Flächenmoment 2. Grades I_z nach (9.1) zu berechnen ist.

$$A = \sum_{i=1}^{n} A_\mathrm{i}$$

$$I_z = \sum_{i=1}^{n} I_{\mathrm{iz}} = \sum_{i=1}^{n} \left(A_\mathrm{i} \cdot \frac{h_\mathrm{i}^2}{12} \right) \tag{9.1}$$

$$i_z = \sqrt{\frac{I_z}{A}} \rightarrow \lambda_z = \frac{s_{\mathrm{kz}}}{i_z} \leqq 150 = \mathrm{zul}\,\lambda$$

Nicht gespreizte Stäbe nach Abb. 9.1c, d besitzen keine „starre" Achse. Sie müssen für die y- und z-Achse nach Abschn. 9.3.1 berechnet werden.

9.3 Knickung um die „nachgiebige" Achse nach DIN 1052 (1988)

9.3.1 Nicht gespreizte Druckstäbe

Abbildung 9.3 zeigt einen zweiteiligen Druckstab (a) mit den Knickfiguren für eine Leimverbindung (b) und für eine Nagel- oder Dübelverbindung (c) sowie den Querkraftverlauf (d) und (e) am verformten System für Knickung um die „nachgiebige" Achse y–y.

Die gegenseitigen Verschiebungen der benachbarten Einzelstabränder in der Berührungsfuge sind bei geleimter Verbindung über die ganze Stablänge Null, bei nachgiebigen Verbindungsmitteln dagegen in Stablängsrichtung veränderlich von Null in Stabmitte bis zum Größtwert an den Stabenden.

9.3.1.1 Leimverbindung in der Berührungsfuge

Die „nachgiebige" Achse y–y verhält sich nach Abb. 9.3 b wie eine „starre" Achse.

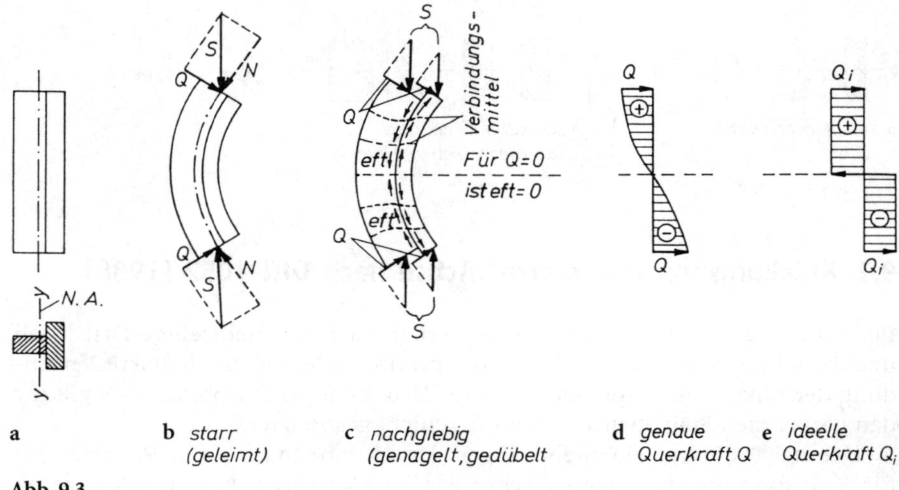

Abb. 9.3

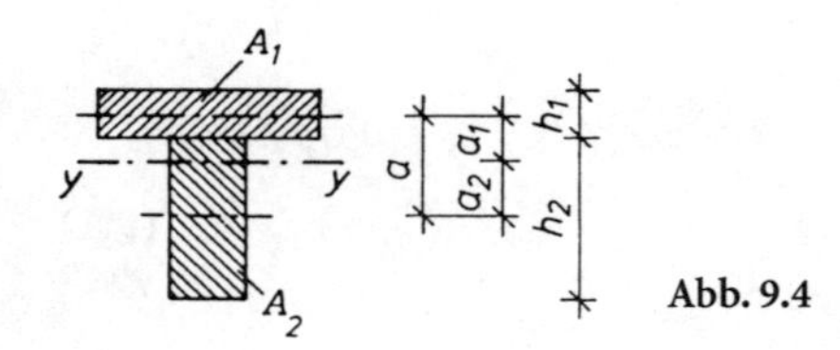

Abb. 9.4

Das wirksame Flächenmoment 2. Grades ef I, bezogen auf die y-Achse, entspricht dem des starr verbundenen Gesamtquerschnitts, z.B. nach Abb. 9.4.

$$\text{ef}\, I = I_{\text{starr}} = \sum_{i=1}^{n} I_{\text{iy}} + \sum_{i=1}^{n} (A_{\text{i}} \cdot a_{\text{i}}^2) \tag{9.2}$$

Für den Querschnitt nach Abb. 9.4 ist

$$\left.\begin{aligned} \text{ef}\, I &= I_{1\text{y}} + I_{2\text{y}} + A_1 \cdot a_1^2 + A_2 \cdot a_2^2 \\ &= A_1 \cdot \frac{h_1^2}{12} + A_2 \cdot \frac{h_2^2}{12} + \frac{A_1 \cdot A_2}{A_1 + A_2} \cdot a^2 \end{aligned}\right\} \tag{9.3}$$

$$\text{ef}\, i = \sqrt{\frac{\text{ef}\, I}{A_1 + A_2}} \rightarrow \text{ef}\, \lambda = \frac{s_{\text{ky}}}{\text{ef}\, i} \leqq 150$$

(wegen starrer Leimverbindung)

9.3.1.2 Nachgiebige Verbindung in der Berührungsfuge

Das wirksame Flächenmoment 2. Grades ef I muß gegenüber (9.2) abgemindert werden. Ursache der Nachgiebigkeit ist der Schlupf in den Verbindungsfugen. Deshalb betrifft die Abminderung nur die Steinerschen Anteile.

Nach *-8.3.1-* darf ef$I$ immer für den ungeschwächten Querschnitt berechnet werden

$$\mathrm{ef}\,I = \sum_{i=1}^{n} I_i + \sum_{i=1}^{n} (\gamma_i \cdot A_i \cdot a_i^2) \tag{9.4}$$

Für den Querschnittstyp 4 – vgl. Abb. 9.4 und Gl. (9.4) – ist z.B.

$$\mathrm{ef}\,I = A_1 \cdot \frac{h_1^2}{12} + A_2 \cdot \frac{h_2^2}{12} + \gamma_1 \cdot A_1 \cdot a_1^2 + \gamma_2 \cdot A_2 \cdot a_2^2 \tag{9.5}$$

mit

$$a_1 = \frac{h_1 + h_2}{2} \cdot \frac{A_2}{\gamma_1 \cdot A_1 + A_2}$$

$$a_2 = \frac{h_1 + h_2}{2} \cdot \frac{\gamma_1 \cdot A_1}{\gamma_1 \cdot A_1 + A_2}$$

oder

$$\mathrm{ef}\,I = A_1 \frac{h_1^2}{12} + A_2 \frac{h_2^2}{12} + \frac{\gamma_1 \cdot A_1 \cdot A_2}{\gamma_1 \cdot A_1 + A_2} \cdot a^2 \tag{9.5a}$$

Abminderungswert γ_i s. (9.6) und (9.7).

$$\mathrm{ef}\,i = \sqrt{\frac{\mathrm{ef}\,I}{A}} \rightarrow \mathrm{ef}\,\lambda = \frac{s_{ky}}{\mathrm{ef}\,i} \leqq 175 \quad \text{(wegen nachgiebiger Verbindung)}$$

ef $\lambda \rightarrow$ ef ω nach *-Tabelle 10-*

Abminderungswert $$\gamma_{1,3} = \frac{1}{1 + k_{1,3}}, \quad \textit{-8.3.1-} \tag{9.6}$$

$$\gamma_2 = 1 \tag{9.7}$$

mit $$k_{1,3} = \frac{\pi^2 \cdot E_{1,3} \cdot A_{1,3} \cdot e'_{1,3}}{l^2 \cdot C_{1,3}} \tag{9.8}$$

Die Abstände a_2 sind nach *-8.3.1-*:

$$a_2 = \frac{1}{2} \cdot \frac{\gamma_1 \cdot n_1 \cdot A_1 (h_1 + h_2)}{\gamma_1 \cdot n_1 \cdot A_1 + n_2 \cdot A_2} \tag{9.8a}$$

$$a_2 = \frac{1}{2} \cdot \frac{\gamma_1 \cdot n_1 \cdot A_1 (h_1 + h_2) - \gamma_3 \cdot n_3 \cdot A_3 (h_2 + h_3)}{\sum_{i=1}^{3} \gamma_i \cdot n_i \cdot A_i} \tag{9.8b}$$

In (9.8)–(9.8b) bedeuten

- l maßgebende Knickänge s_k für die „nachgiebige" Achse nach Abschnitt 8.5
- a_i Abstände der Schwerachsen der ungeschwächten Querschnittsflächen von der maßgebenden Spannungsnullebene y–y (Abb. 9.4, 9.5)
- A_i Querschnittsfläche
- E_i Rechenwert für E-Modul ($MN/m^2 \triangleq N/mm^2$)

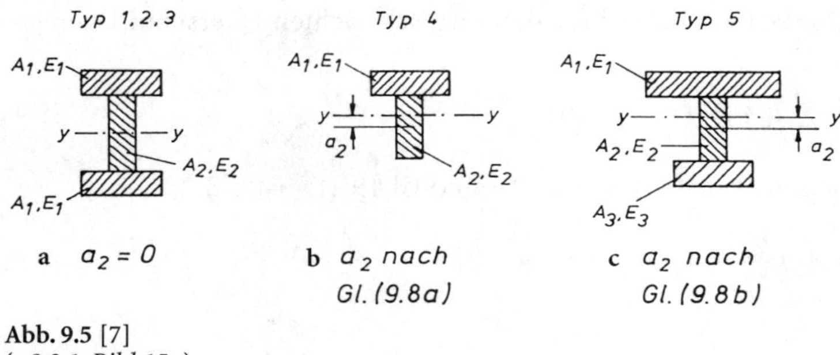

Abb. 9.5 [7]
(*–8.3.1, Bild 15–*)

Tafel 9.1. Querschnittstypen und Rechenwerte für Verschiebungsmoduln C (in N/mm)

Für Biegung bzw. Knickung maßgebende Schwerachse	Verbindungsmittel		Typ 1	Typ 2	Typ 3	Typ 4	Typ 5
			A_1, z, y	A_1(für Achse y–y), A_1(für Achse z–z)	A_1(für Achse y–y), A_1(für Achse z–z)	A_1, A_2	A_1, A_2, A_3
y–y	Nägel durch	1 Fuge	600	600	900	600	600
		2 Fugen	700	–	900 je Fuge	–	700
z–z		1 Fuge	–	900	600	–	–
		2 Fugen	–	900 je Fuge	700 je Fuge	–	–
y–y und z–z	Dübel nach DIN 1052 T2		15000	für zulässige Belastung[a] bis 16 kN			
			22500	für zulässige Belastung[a] über 16 bis 30 kN			
			30000	für zulässige Belastung[a] über 30 kN			
	SDü PB		0,7 · zul N je Fug mit zul N = zulässige Belastung in N je Anschlußfuge[b]				

[a] Als zulässige Belastung sind die Werte je Dübel für den Lastfall H maßgebend, s. *– Teil 2, Tab. 4.6.7, Spalte 13 –*
[b] Für LH, Gruppe C: 1,0 · zul N.

$C_{1,3}$ Rechenwert für Verschiebungsmodul (in N/mm) nach Tafel 9.1. Keine Abminderung bei C und E infolge Feuchte- oder Kriecheinfluß für die Bestimmung der k-Werte erforderlich *–E52–*
E_v beliebiger Vergleichs-E-Modul
$n_i = E_i/E_v$
$e'^* = \frac{e}{m}$ mittlerer Abstand (in mm) der in eine Reihe geschoben gedachten Verbindungsmittel nach Abb. 9.6

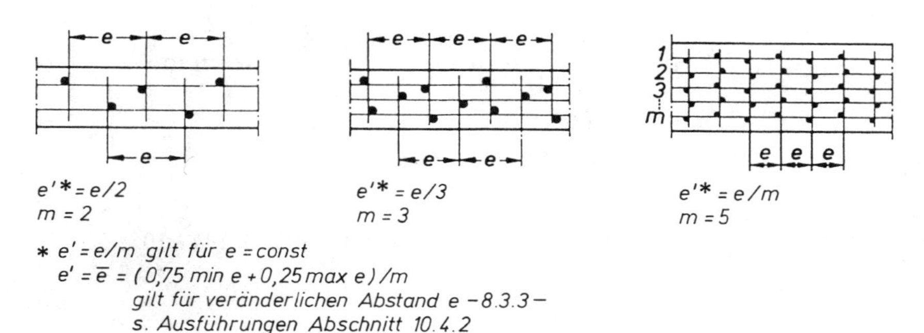

Abb. 9.6

Beispiel: $l = 4200$ mm Querschnitt aus S10/MS10

$E_1 = E_2 = 10^4$ N/mm²; $C_1 = 600$ N/mm;

$A_1 = 50 \cdot 200 = 100 \cdot 10^2$ mm²

$$k_1 = k_3 = k = \frac{\pi^2 \cdot 10^4 \cdot 10^4 \cdot 55}{4200^2 \cdot 600} =$$

$$= 5{,}13 \rightarrow \gamma_1 = \gamma_3 = \gamma = \frac{1}{1 + 5{,}13}$$

$$= 0{,}163 \approx 0{,}16 \text{ (Nomogramm) [108]}$$

$$\text{ef}\, I_y = 96 \cdot 10^2 \frac{160^2}{12} + 200 \cdot 10^2 \frac{50^2}{12}$$

$$+ 0{,}163 \cdot 200 \cdot 10^2 \cdot 105^2$$

$$= 6059 \cdot 10^4 \text{ mm}^4$$

Beispiel: $l = 2500$ mm Querschnitt aus S10/MS10

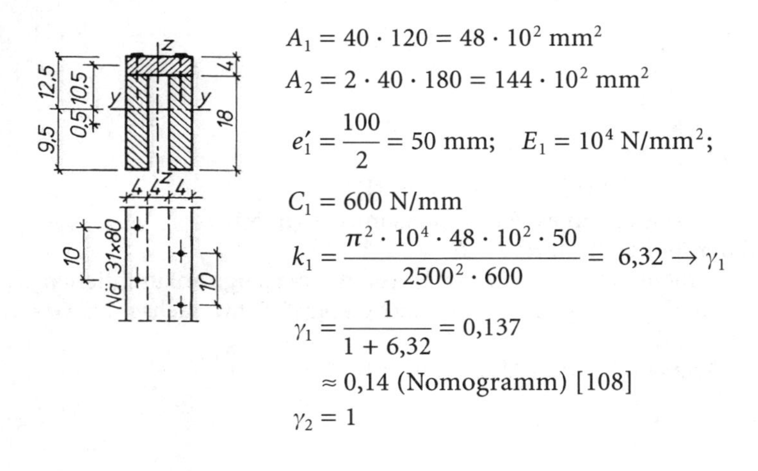

$A_1 = 40 \cdot 120 = 48 \cdot 10^2$ mm²

$A_2 = 2 \cdot 40 \cdot 180 = 144 \cdot 10^2$ mm²

$$e_1' = \frac{100}{2} = 50 \text{ mm}; \quad E_1 = 10^4 \text{ N/mm}^2;$$

$C_1 = 600$ N/mm

$$k_1 = \frac{\pi^2 \cdot 10^4 \cdot 48 \cdot 10^2 \cdot 50}{2500^2 \cdot 600} = 6{,}32 \rightarrow \gamma_1$$

$$\gamma_1 = \frac{1}{1 + 6{,}32} = 0{,}137$$

$$\approx 0{,}14 \text{ (Nomogramm) [108]}$$

$$\gamma_2 = 1$$

$$a_2 = \frac{1}{2} \cdot \frac{0{,}137 \cdot 48 \cdot 10^2 \cdot (40 + 180)}{0{,}137 \cdot 48 \cdot 10^2 + 144 \cdot 10^2} = 4{,}8 \text{ mm}$$
$$\approx 5 \text{ mm}$$
$$a_1 = 110 - 4{,}8 \approx 105 \text{ mm}$$

$$\text{ef}\, I_y = 48 \cdot 10^2 \cdot \frac{40^2}{12} + 144 \cdot 10^2 \frac{180^2}{12} + 0{,}137 \cdot 48 \cdot 10^2 \cdot 105^2 + 144 \cdot 10^2 \cdot 5^2$$
$$= 4713 \cdot 10^4 \text{ mm}^4 \quad \text{(s. a. Gl. (9.5 a))}$$

Berechnung der Verbindungsmittel

Die Verbindungsmittel sind in der Regel für die ideelle Querkraft Q_i nach Abb. 9.3 e zu bemessen *–9.3.3.2–*

$$Q_i = \frac{\text{ef}\,\omega \cdot \text{vorh}\, S}{60} \tag{9.9}$$

Sie darf für ef $\lambda < 60$ reduziert werden auf

$$\text{red}\, Q_i = \frac{\text{ef}\,\lambda}{60} \cdot Q_i \tag{9.9 a}$$

red Q_i mindestens aber $\geqq 0{,}5 \cdot Q_i$

Der Schubfluß in der Fuge wird konstant angenommen, vgl. Abb. 9.3 c und e.

$$\text{ef}\, t_{1,3} = \frac{Q_i \cdot \gamma_{1,3} \cdot S_{1,3}}{\text{ef}\, I} \quad \text{(in N/mm)} \tag{9.10}$$

Bei vorausgesetztem konstantem Schubfluß können konstante Abstände für die Verbindungsmittel in Stablängsrichtung gewählt werden *–8.3.3–*.

$$\text{erf}\, e_{1,3} = \frac{m_{1,3} \cdot \text{zul}\, N_{1,3}}{\text{ef}\, t_{1,3}} \tag{9.11}$$

In (9.9)–(9.11) bedeuten

- Q_1 ideelle Querkraft (in N)
- ef ω Knickzahl für ef λ nach *–Tabelle 10–*
- vorh S vorhandene Druckkraft des Stabes (in N)
- zul $N_{1,3}$ zulässige Belastung eines Verbindungsmittels (in N)
- $m_{1,3}$ Anzahl der Reihen nach Abb. 9.6
- $S_{1,3}$ Flächenmoment 1. Grades (in mm^3) des in einer Fuge anzuschließenden Einzelteiles, bezogen auf die „nachgiebige“ Schwerachse des Gesamtquerschnitts

  Für den Querschnitt nach Abb. 9.4 ist z. B.

  $$S_1 = A_1 \cdot a_1 = A_2 \cdot a_2$$

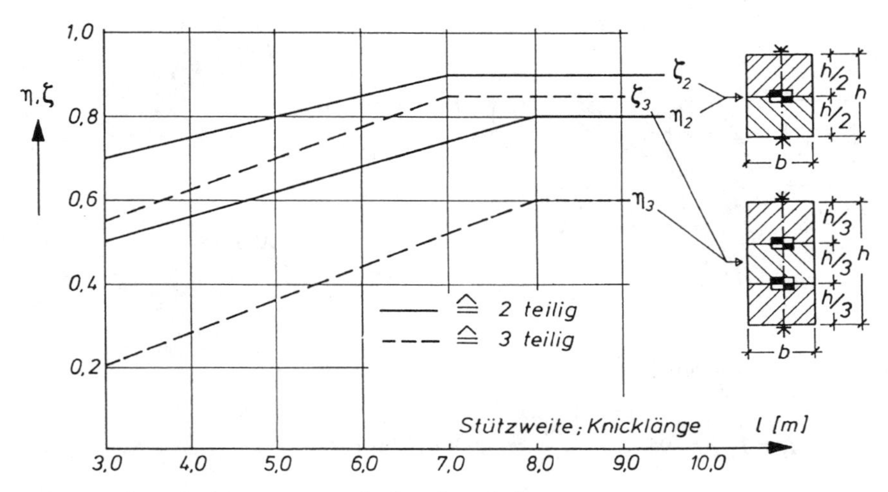

Abb. 9.7. Abminderungswerte η und ζ für ef$I$ und ef W

Träger und Stützen aus 2 oder 3 gleichen Einzelquerschnitten

Bei nachgiebig verbundenen Trägern und Stützen aus zwei oder drei gleichen Einzelquerschnitten – übliche Längen < 7–8 m – können nach [78], –*E53/54*– die wirksamen Flächenmomente 2. Grades und Widerstandsmomente näherungsweise mit Hilfe der Abminderungswerte η und ζ nach Abb. 9.7 nach (9.12a) und (9.12b) berechnet werden, wenn folgende Bedingungen erfüllt sind:

$$A_1 \cdot e'/C \leqq 800$$

A_1 (in mm^2); e' (in mm); C (in N/mm)

$e' \leqq 3 \cdot e_{d\|}$ VM: Dübel oder SDü

$$\text{ef}\, I = \eta \cdot b \cdot h^3/12 \tag{9.12a}$$

$$\text{ef}\, W = \zeta \cdot b \cdot h^2/6 \tag{9.12b}$$

Die Verbindungsmittel können näherungsweise für starren Verbund berechnet und bei Biegeträgern entsprechend dem Q-Verlauf angeordnet oder bei Druckstäben für Q_i nach (9.9) gleichmäßig über die Stützenlänge verteilt werden.

9.3.1.3 Beispiele

1. Beispiel: Dreiteiliger nicht gespreizter Druckstab (Abb. 9.8)

$S = 93$ kN Lastfall H S10/MS10

$s_{ky} = s_{kz} = 4{,}20$ m

1.1 „Starre" Achse z–z

$$\begin{aligned} A = \quad & 60 \cdot 160 = 96 \cdot 10^2\ \text{mm}^2 \\ + & \, 2 \cdot 50 \cdot 200 = 200 \cdot 10^2\ \text{mm}^2 \\ & \overline{ 296 \cdot 10^2\ \text{mm}^2} \end{aligned}$$

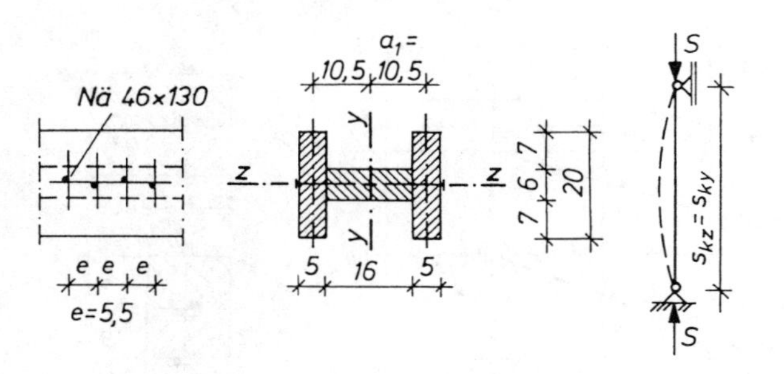

Abb. 9.8

Mit $\frac{bh^3}{12} = A \cdot \frac{h^2}{12}$ wird

$$I_z = I_{starr} = 96 \cdot 10^2 \cdot \frac{60^2}{12} = 288 \cdot 10^4\ \text{mm}^4$$

$$200 \cdot 10^2 \cdot \frac{200^2}{12} = \underline{6667 \cdot 10^4\ \text{mm}^4}$$

$$6955 \cdot 10^4\ \text{mm}^4$$

$$i_z = \sqrt{\frac{6955 \cdot 10^4}{296 \cdot 10^2}} = 48{,}5\ \text{mm}$$

$$\lambda_z = \frac{4200}{48{,}5} = 86{,}6 < 150$$

1.2 „Nachgiebige" Achse y–y

Geschätzter Nagelabstand $e_1 = 55$ mm einreihig,

also $e_1' = 55$ mm

$$E_1 = 10^4\ \text{N/mm}^2;\ A_1 = 50 \cdot 200 = 100 \cdot 10^2\ \text{mm}^2;\ C_1 = 600\ \text{N/mm}$$

$$k_1 = \frac{\pi^2 \cdot E_1 \cdot A_1 \cdot e_1'}{s_{ky}^2 \cdot C_1} = \frac{\pi^2 \cdot 10^4 \cdot 10^4 \cdot 55}{4200^2 \cdot 600} = 5{,}13$$

$$\gamma_1 = \frac{1}{1 + k_1} = \frac{1}{1 + 5{,}13} = 0{,}163$$

$$\text{ef}\,I_y = \Sigma I_{iy} + \Sigma(\gamma_i \cdot A_i \cdot a_i^2)$$

$$= \left(96 \cdot \frac{160^2}{12} + 200 \cdot \frac{50^2}{12}\right) 10^2 = 2465 \cdot 10^4\ \text{mm}^4$$

$$+ (0{,}163 \cdot 200 \cdot 105^2)\, 10^2 = \underline{3594 \cdot 10^4\ \text{mm}^4}$$

$$6059 \cdot 10^4\ \text{mm}^4$$

$$\text{ef}\,i_y = \sqrt{\frac{\text{ef}\,I_y}{A}} = \sqrt{\frac{6059 \cdot 10^4}{296 \cdot 10^2}} = 45{,}2\ \text{mm}$$

$$\text{ef}\,\lambda_y = \frac{s_{ky}}{\text{ef}\,i_y} = \frac{4200}{45{,}2} = 93 > 86{,}6 = \lambda_z$$
$$< 175 \ = \text{zul}\,\lambda$$

$$\text{ef}\,\omega = 2{,}71 \rightarrow \text{zul}\,\sigma_k = 8{,}5/2{,}71 = 3{,}14\ \text{N/mm}^2$$

$$\frac{93 \cdot 10^3/(296 \cdot 10^2)}{3{,}14} = 1{,}0$$

Berechnung der Verbindungsmittel

Nä 46 × 130 zul $N_1 = 725$ N

$$Q_i = \frac{\text{ef}\,\omega \cdot \text{vorh}\,S}{60} = \frac{2{,}71 \cdot 93}{60} = 4{,}2\ \text{kN}$$

$$\text{ef}\,t_1 = \frac{Q_i \cdot \gamma_1 \cdot S_1}{\text{ef}\,I_y} = \frac{4{,}2 \cdot 10^3 \cdot 0{,}163 \cdot 100 \cdot 10^2 \cdot 105}{6059 \cdot 10^4} = 11{,}9\ \text{N/mm}$$

$$\text{erf}\,e_1 = \frac{m \cdot \text{zul}\,N_1}{\text{ef}\,t_1} = \frac{1 \cdot 725}{11{,}9} = 61\ \text{mm} > 55\ \text{mm} = \text{vorh}\,e$$

2. Beispiel: Druckstab gemäß Abb. 9.8, geleimt

Belastung und Abmessungen wie 1. Beispiel

2.1 „Starre" Achse z–z

$I_z = I_{\text{starr}} = 6955 \cdot 10^4\ \text{mm}^4$ wie 1. Beispiel

$i_z = 48{,}5$ mm wie 1. Beispiel

2.2 „Nachgiebige" Achse y–y

$\text{ef}\,I_y = I_{\text{starr}}$ wegen geleimter Fugen

$$\text{ef}\,I_y = \Sigma I_{iy} + \Sigma (A_i \cdot a_i^2)$$
$$= 2465 \cdot 10^4 + 200 \cdot 10^2 \cdot 105^2 = 24\,515 \cdot 10^4\ \text{mm}^4 \text{ vgl. 1. Beispiel}$$

$$\text{ef}\,i_y = \sqrt{\frac{\text{ef}\,I_y}{A}} = \sqrt{\frac{24\,515 \cdot 10^4}{296 \cdot 10^2}} = 91\ \text{mm} > 48{,}5\ \text{mm} = i_z$$

Knicken um Achse z–z maßgebend

$$\lambda_z = \frac{4200}{48{,}5} = 86{,}6 \rightarrow \omega_z = 2{,}45$$
$$\rightarrow \text{zul}\,\sigma_k = 8{,}5/2{,}45 = 3{,}5\ \text{N/mm}^2$$
$$\frac{93 \cdot 10^3/(296 \cdot 10^2)}{3{,}5} = 0{,}90 < 1$$

Weitere Beispiele s. [2, 108].

9.3.2 Gespreizte Druckstäbe

9.3.2.1 Allgemeines

Gespreizte Druckstäbe werden nach Abb. 9.9 als Rahmen- oder Gitterstäbe ausgeführt.

Rahmenstäbe werden mit Zwischen- oder Bindehölzern verbunden, Gitterstäbe mit Streben und Pfosten.

Die Wahl der Verbindungsart ist nach *–9.3.3.4 und E83–* abhängig von der Größe der Spreizung nach Tafel 9.2. Ein genauerer Nachweis kann nach Möhler [109] bei Überschreitung der Spreizungen nach Tafel 9.2 geführt werden.

Tafel 9.2. Übliche Spreizungen $\alpha = a/h_1$

Bauart nach Abb. 9.9	Bild a	c und e	b und d	f und g
Übliche Spreizung a/h_1	$\leqq 2$	$\leqq 3$	3 bis 6	$\leqq 10$

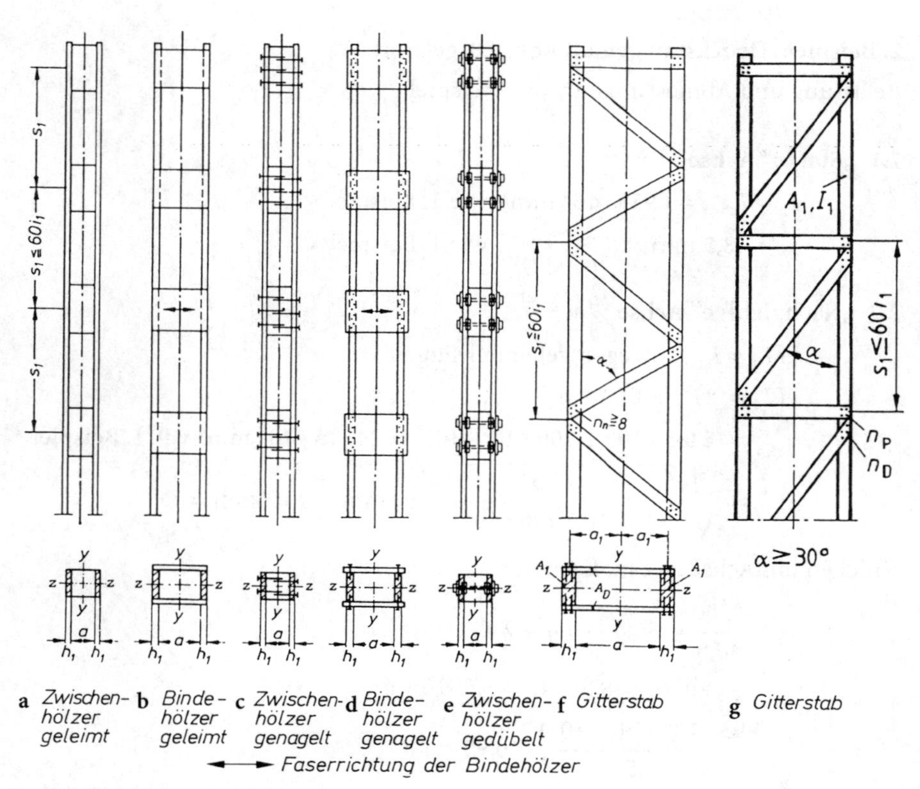

Abb. 9.9. Gespreizte Rahmen- und Gitterstäbe (hier zweiteilig) [7]

Tafel 9.3. Faktor c für Rahmenstäbe *-9.3.3.3-*

Art der Querverbindung	Zwischenhölzer			Bindehölzer	
Verbindungsmittel	Leim	Dübel	Nägel, Holzschrauben, Klammern, Stabdübel	Leim	Nägel, Klammern, Holzschrauben
Faktor c in Gl. (9.13)	1,0	2,5	3,0	3,0	4,5

9.3.2.2 Rahmenstäbe

Für die „nachgiebige“ Achse y–y der Rahmenstäbe nach Abb. 9.9a–9.9e ist der wirksame Schlankheitsgrad

$$\text{ef}\,\lambda = \sqrt{\lambda_y^2 + c \cdot \frac{m}{2} \cdot \lambda_1^2} \leqq 175 \qquad (9.13)$$

$\lambda_y = \dfrac{s_{ky}}{i_y}$ Schlankheitsgrad des Gesamtquerschnitts unter der Annahme einer „starren“ Achse y–y

$\lambda_1 = \dfrac{s_1}{i_1} \leqq 60$ Schlankheitsgrad des Einzelstabes für die zur y-Achse parallele Einzelstabachse 1–1. Wenn $s_1/i_1 < 30$, dann $\lambda_1 = 30$ in (9.13) einsetzen.

$s_1 \leqq \dfrac{s_{ky}}{3}$ Felderzahl der Rahmenstäbe muß $\geqq$ 3 sein

m Anzahl der Einzelstäbe

c Faktor je nach Art der Querverbindung nach Tafel 9.3

Bei Anschluß von Zwischenhölzern mit Bolzen darf ausschließlich für Fliegende Bauten und Gerüste mit $c = 3$ gerechnet werden, vgl. *-9.3.3.3-*.

Der wirksame Schlankheitsgrad ef λ für zweiteilige Rahmenstäbe kann für Überschlagsrechnungen mit den k_1-Werten der Tafel 9.4 berechnet werden nach (9.14) [110], *-E83-*.

$$\text{ef}\,\lambda \approx \frac{s_{ky}}{\text{ef}\,i_y} = \frac{s_{ky}}{k_1 \cdot h_1} \qquad (9.14)$$

Tafel 9.4. k_1-Werte für Rahmenstäbe nach *-E83-*

Querverbindungsart		Zwischenhölzer $1 \leqq a/h_1 \leqq 3$			Bindehölzer $3 \leqq a/h_1 \leqq 6$	
Verbindungsmittel		Leim	Dübel	Nägel	Leim	Nägel
k_1-Werte für	3 Felder	0,67	0,49	0,45	0,48	0,40
	4 Felder	0,77	0,60	0,56	0,63	0,53
	5 Felder	0,85	0,69	0,65	0,77	0,65

Ausführung und Berechnung der Querverbindungen

Die Mindestanzahl der Verbindungsmittel je Anschußfuge gemäß *-9.3.3.4-* ist der Tafel 9.5 zu entnehmen.

Tafel 9.5. Mindestanzahl der Verbindungsmittel

Verbindungsmittel je Fuge	Nägel $n \geqq 4$	Dübel $n \geqq 2$	Leim $e/a \geqq 2$
Ausführung			a e

Querverbindungen an den Stabenden sind notwendig, wenn diese nicht durch

$\geqq 2$ hintereinanderliegende Dübel oder

$\geqq 4$ in 1 Reihe hintereinanderliegende Nägel angeschlossen sind.

Der Berechnung der Querverbindungen wird die ideelle Querkraft Q_i nach Gl. (9.9) zugrunde gelegt.

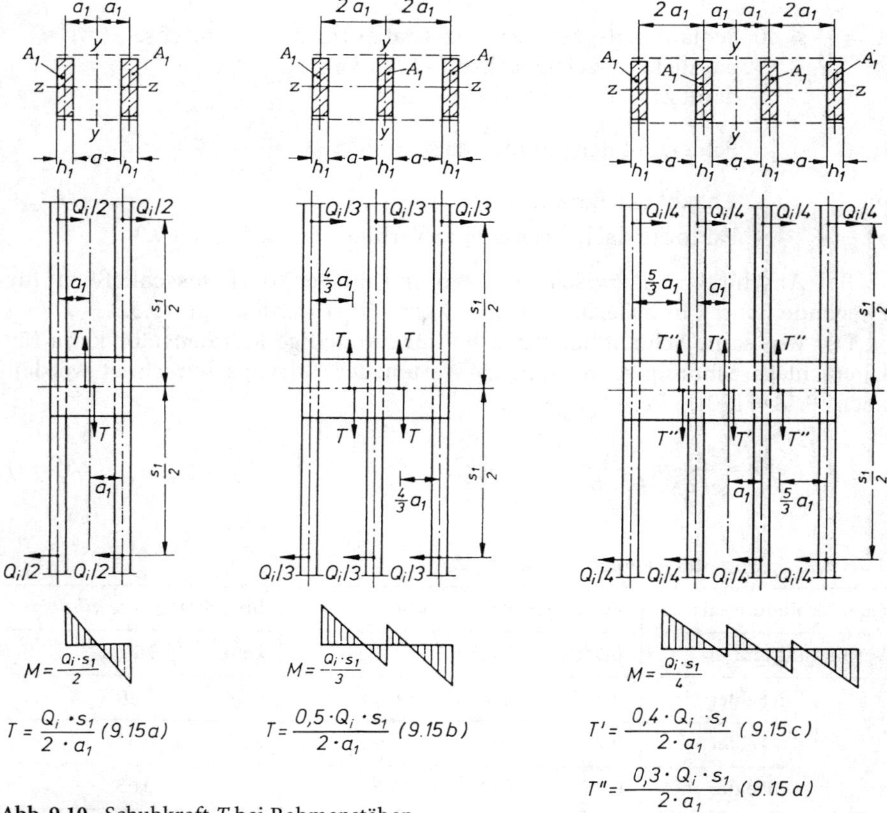

Abb. 9.10. Schubkraft T bei Rahmenstäben

Bei den üblichen Spreizungen nach Tafel 9.2 entfällt auf eine Querverbindung (bzw. ein Paar Querverbindungen) eine Schubkraft T, die nach Abb. 9.10 und nach (9.15a–9.15d) angenommen werden darf.

Ausgehend von [110], darf nach *-E83-* diese Schubkraft für zweiteilige Rahmenstäbe abgemindert werden auf die wirksame Schubkraft

$$\text{ef}\,T = \frac{Q_i \cdot s_1}{2 \cdot a_1} \cdot \psi \tag{9.16}$$

mit $\psi = \dfrac{12 \cdot k_1^2 - 1}{12 k_1^2}$ und $k_1 = \dfrac{s_{ky}}{\text{ef}\,\lambda_y \cdot h_1}$.

Die Aufnahme des Biegemomentes infolge Schubkraft T bzw. ef T braucht bei Zwischenhölzern nach *-9.3.3.4-* nicht nachgewiesen zu werden, wenn $\dfrac{a}{h_1} \leqq 2$ ist.

Nachweise für Zwischenhölzer und Anschlüsse siehe *-E84-*.

1. Beispiel: Zweiteiliger gespreizter Druckstab mit verdübelten Zwischenhölzern (Abb. 9.11/12)

$S = 130$ kN Lastfall H, S10/MS10

Spreizung $\dfrac{a}{h_1} = \dfrac{120}{80} = 1{,}5$

$s_{ky} = s_{kz} = 4{,}20$ m

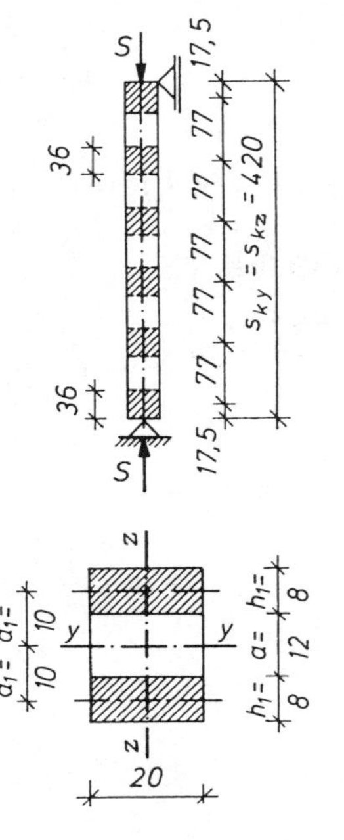

Abb. 9.11

1.1 „Starre“ Achse z–z

$$A = 2 \cdot 80 \cdot 200 = 320 \cdot 10^2 \text{ mm}^2$$

$$i_z = 0{,}289 \cdot 200 = 57{,}8 \text{ mm}$$

$$\lambda_z = \frac{4200}{57{,}8} = 72{,}7 < 150$$

1.2 „Nachgiebige“ Achse y–y

min $n \geqq 3$ Felder

Gewählt $n = 5$ Felder

$$s_1 \approx \frac{4200 - 350}{5} = 770 \text{ mm}$$

$$\lambda_1 = \frac{s_1}{i_1} = \frac{770}{0{,}289 \cdot 80} = 33{,}3 < 60$$
$$> 30$$

$$I_{\text{y starr}} = 320 \cdot 10^2 \cdot \frac{80^2}{12} = 1707 \cdot 10^4 \text{ mm}^4$$
$$+ 320 \cdot 10^6 = 32000 \cdot 10^4 \text{ mm}^4$$
$$\overline{33707 \cdot 10^4 \text{ mm}^4}$$

$$i_{\text{y starr}} = \sqrt{33707 \cdot 10^4/(320 \cdot 10^2)} = 103 \text{ mm}$$

$$\lambda_y = 4200/103 = 40{,}8$$

$$\text{ef}\,\lambda_y = \sqrt{\lambda_y^2 + c \cdot \frac{m}{2} \cdot \lambda_1^2}$$

$$= \sqrt{40{,}8^2 + 2{,}5 \cdot \frac{2}{2} \cdot 33{,}3^2} = 66{,}6 < 72{,}7 = \lambda_z$$
$$< 175 = \text{zul}\,\lambda \text{ nach 8.4}$$

$m = 2$ Einzelstäbe

$c = 2{,}5$ nach Tafel 9.3 für Zwischenholz und Dübel

ef $\omega_y = 1{,}79$ für Berechnung der Querverbindungen

$\omega_z = 1{,}97$ für Knicknachweis $\rightarrow$ zul $\sigma_k = 8{,}5/1{,}97 = 4{,}3 \text{ N/mm}^2$

$$\frac{130 \cdot 10^3/(320 \cdot 10^2)}{4{,}3} = 0{,}95 < 1$$

Berechnung der Verbindungsmittel

$$Q_i = \frac{\text{ef}\,\omega_y \cdot S}{60} = \frac{1{,}79 \cdot 130}{60} = 3{,}9 \text{ kN}$$

$$T = \frac{Q_i \cdot s_1}{2 \cdot a_1} = \frac{3{,}9 \cdot 770}{2 \cdot 100} = 15{,}0 \text{ kN}$$

T darf nach (9.16) abgemindert werden.

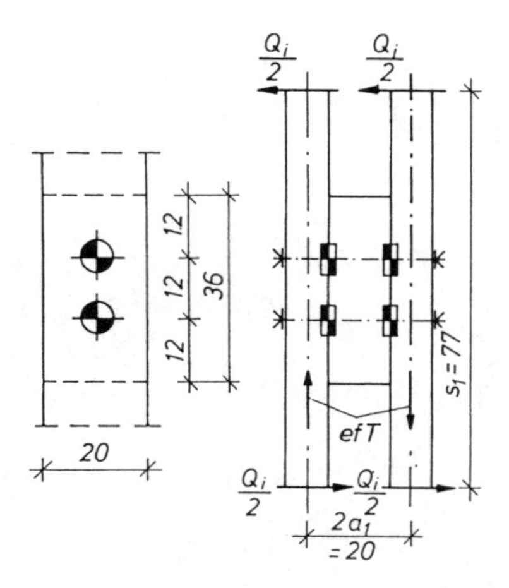

Abb. 9.12

$$k_1 = \frac{4200}{66{,}6 \cdot 80} = 0{,}788$$

$$\psi = \frac{12 \cdot 0{,}788^2 - 1}{12 \cdot 0{,}78^2} = 0{,}866$$

$$\text{ef } T = 0{,}866 \cdot 15{,}0 = 13{,}0 \text{ kN}$$

Zur Aufnahme der Schubkraft ef T werden gewählt:

2 Dü∅50-D zul $N = 8{,}0$ kN

zul $T = 2 \cdot 8{,}0 = 16$ kN $> 13{,}0$ kN

Scherspannung im Zwischenholz (Abb. 9.12):

$$\tau_{\|} \approx 1{,}5 \cdot \frac{13 \cdot 10^3}{200 \cdot 360} = 0{,}3 \text{ N/mm}^2$$

$$0{,}3/0{,}9 = 0{,}33 < 1$$

Da $\frac{a}{h_1} = \frac{120}{80} = 1{,}5 < 2{,}0$, kann der Nachweis des Biegemomentes entfallen.

2. Beispiel: Zweiteiliger gespreizter Druckstab mit genagelten Bindeplatten (Abb. 9.13/14)

$S = 130$ kN Lastfall H, S10 und BFU

Spreizung $\frac{a}{h_1} = \frac{240}{80} = 3{,}0$

$s_{ky} = s_{kz} = 4{,}20$ m

Systemmaße wie 1. Beispiel

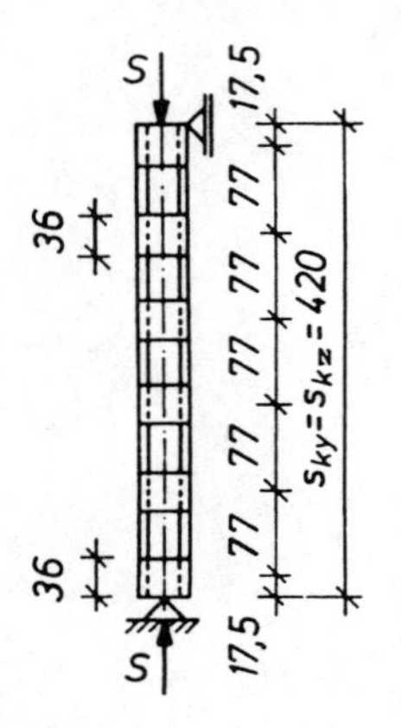

Abb. 9.13

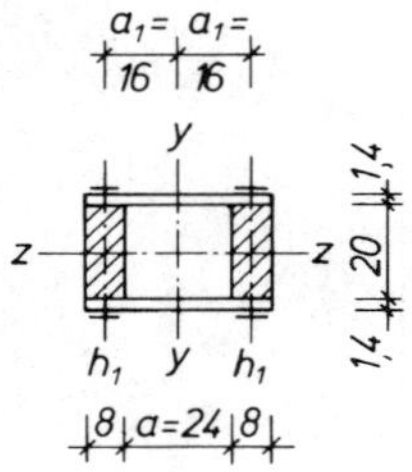

Abb. 9.14

2.1 „Starre" Achse z–z

wie 1. Beispiel

$$A = 320 \cdot 10^2 \text{ mm}^2$$

$$\lambda_z = 72{,}7 < 150$$

2.2 „Nachgiebige" Achse y–y

$$s_1 = 770 \text{ mm};\ \lambda_1 = 33{,}3 \text{ wie 1. Beispiel}$$

$$I_{\text{y starr}} = 320 \cdot 10^2 \cdot \frac{80^2}{12} \quad = \quad 1707 \cdot 10^4 \text{ mm}^4$$

$$+\ 320 \cdot 10^2 \cdot 160^2 = \underline{81\,920 \cdot 10^4 \text{ mm}^4}$$

$$83\,627 \cdot 10^4 \text{ mm}^4$$

$$i_{\text{y starr}} = \sqrt{\frac{83\,627 \cdot 10^4}{320 \cdot 10^2}} = 162 \text{ mm}$$

$$\lambda_y = \frac{4200}{162} = 25{,}9$$

$$\text{ef}\,\lambda_y = \sqrt{\lambda_y^2 + c \cdot \frac{m}{2} \cdot \lambda_1^2}$$

$$= \sqrt{25{,}9^2 + 4{,}5 \cdot \frac{2}{2} \cdot 33{,}3^2} = 75{,}2 > 72{,}7$$

$$< 175 \text{ nach 8.4}$$

$m = 2$ Einzelstäbe

$c = 4{,}5$ nach Tafel 9.3 für Bindeholz mit Nägeln

$\text{ef}\,\omega_y = 2{,}05$ maßgebend für Knicknachweis

$\rightarrow \text{zul}\,\sigma_k = 8{,}5/2{,}05 = 4{,}1 \text{ N/mm}^2$

$$\frac{130 \cdot 10^3/(320 \cdot 10^2)}{4{,}1} = 1{,}0 = 1$$

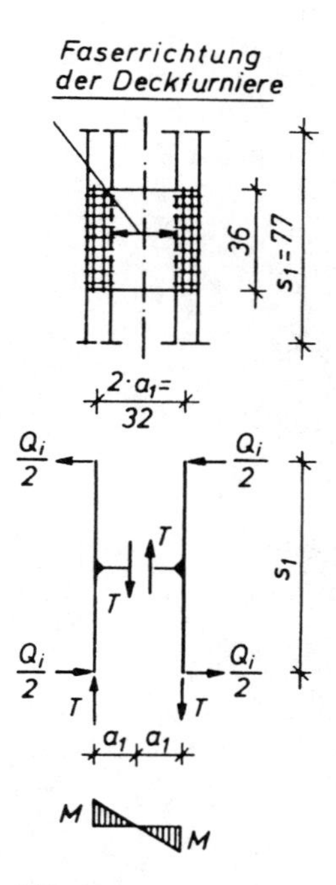

Abb. 9.15

Berechnung der Verbindungsmittel

$$Q_i = \frac{\text{ef}\,\omega_y \cdot S}{60} = \frac{2{,}05 \cdot 130}{60} = 4{,}4 \text{ kN}$$

$$T = \frac{Q_i \cdot s_1}{2 \cdot a_1} = \frac{4{,}4 \cdot 770}{2 \cdot 160} = 10{,}6 \text{ kN} \quad \text{vgl. Abb. 9.15}$$

T darf nach (9.16) abgemindert werden.

$$k_1 = \frac{4200}{75{,}2 \cdot 80} = 0{,}698$$

$$\psi = \frac{12 \cdot 0{,}698^2 - 1}{12 \cdot 0{,}698^2} = 0{,}829$$

$$\text{ef}\,T = 0{,}829 \cdot 10{,}6 = 8{,}79 \text{ kN}$$

$$M = \frac{Q_i \cdot s_1}{2} = \text{ef}\,T \cdot a_1 = 8{,}79 \cdot 0{,}160 = 1{,}41 \text{ kNm}$$

Das Moment $M_s = \frac{Q_i \cdot s_1}{4}$, das im Einzelstab auftritt, wird bei der Bemessung der Stäbe vernachlässigt.

Nagelanschluß: 2 × 18 Nä 42 × 110 zul $N_1 = 0{,}621$ kN
Bindeplatte: BFU 14/360 für $d_n = 4{,}2$ mm (Tafel 6.12)

Spannungsnachweise für BFU (1 Paar)

$$A = 14 \cdot 360 = 50{,}4 \cdot 10^2 \text{ mm}^2$$

$$A_n = 14 \cdot (360 - 9 \cdot 4{,}2) = 45{,}1 \cdot 10^2 \text{ mm}^2$$

$$\tau_a = 1{,}5 \cdot \frac{8{,}79 \cdot 10^3}{2 \cdot 45{,}1 \cdot 10^2} = 1{,}5 \text{ N/mm}^2$$

$$1{,}5/1{,}8 = 0{,}83 < 1$$

$$\sigma_B \approx \frac{M}{0{,}9 \cdot W} = \frac{1{,}41 \cdot 10^6 \cdot 6}{0{,}9 \cdot 2 \cdot 14 \cdot 360^2} = 2{,}6 \text{ N/mm}^2$$

$$2{,}6/9{,}0 = 0{,}29 < 1$$

Nagelbelastung (1 Paar Anschlüsse)

$$N_v = \frac{\text{ef}\,T}{2 \cdot n} = \frac{8{,}79}{2 \cdot 18} = 0{,}24 \text{ kN}$$

$$N_H = \frac{M}{2 \cdot \max h} \cdot f = \frac{1{,}41 \cdot 0{,}267}{2 \cdot 0{,}336} = 0{,}56 \text{ kN}$$

mit f nach [111] S. 8.47

$$N_R = \sqrt{0{,}24^2 + 0{,}56^2} = 0{,}6 \text{ kN} < 0{,}621 \text{ kN}$$

Einschlagtiefe erf $s = 51$ mm $< 110 - 14 = 96$ mm

Nagelabstände (Abb. 9.16)

NH ∥ Fa 10 · 4,2 = 42 mm

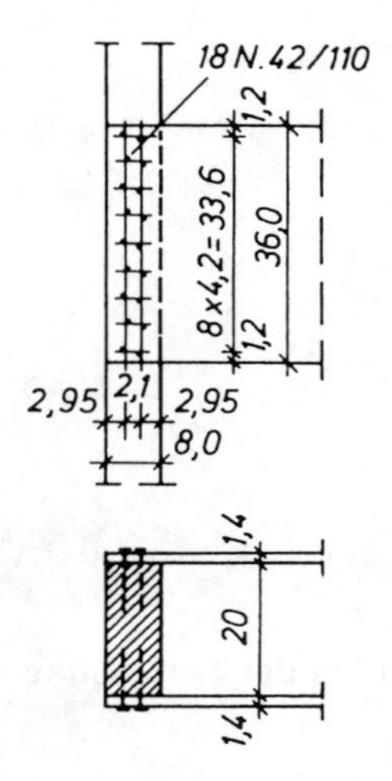

Abb. 9.16

belasteter Rand

NH ⊥ Fa $7 \cdot 4{,}2 = 29{,}4$ mm → 29,5 mm

BFU und NH ⊥ Fa $5 \cdot 4{,}2 = 21{,}0$ mm

Rand BFU $2{,}5 \cdot 4{,}2 = 10{,}5$ mm → 12 mm (29,5 mm)

Weitere Beispiele s. [2, 108, 110].

9.3.2.3 Gitterstäbe [7]

Für die „nachgiebige" Achse der Gitterstäbe mit Streben nach Abb. 9.9f ist der wirksame Schlankheitsgrad

$$\text{ef}\,\lambda = \sqrt{\lambda_y^2 + \frac{m}{2} \cdot \frac{4 \cdot \pi^2 \cdot E_{\parallel} \cdot A_1}{a_1 \cdot n_D \cdot C_D \cdot \sin 2\alpha}} \leqq 175 \quad \textit{-9.3.3.3-} \tag{9.17}$$

bzw. mit Streben und Pfosten nach Abb. 9.9 g

$$\text{ef}\,\lambda = \sqrt{\lambda_y^2 + \frac{m}{2} \cdot \frac{4 \cdot \pi^2 \cdot E_{\parallel} \cdot A_1}{a_1 \cdot \sin 2\alpha} \left(\frac{1}{n_D \cdot C_D} + \frac{\sin^2 \alpha}{n_P \cdot C_P} \right)} \tag{9.18}$$

Darin bedeuten:

λ_y und m wie Abschn. 9.3.2.2

A_1 Vollquerschnitt des Einzelstabes

C_D, C_P Verschiebungsmodul der für den Anschluß der Streben bzw. Pfosten verwendeten VM nach Tafel 9.1

α Strebenneigungswinkel nach Abb. 9.9

n_D, n_P Gesamtzahl der VM, mit denen die Gesamtstabkraft der Streben bzw. Pfosten angeschlossen ist

Der größte der drei Schlankheitsgrade

$$\lambda_1 = \frac{s_1}{i_1} \leqq 60\,, \quad \lambda_z = \frac{s_{kz}}{i_z} \leqq 150\,, \quad \text{ef}\,\lambda_y \leqq 175$$

liefert die für den Knicknachweis maßgebende Knickzahl max ω.

Bei vierteiligen Gitterstäben nach Abb. 9.17 sind die wirksamen Schlankheitsgrade ef λ_y und ef λ_z zu berechnen. Dabei ist in beiden Fällen in (9.17, 9.18) einzusetzen

$$m = 2$$

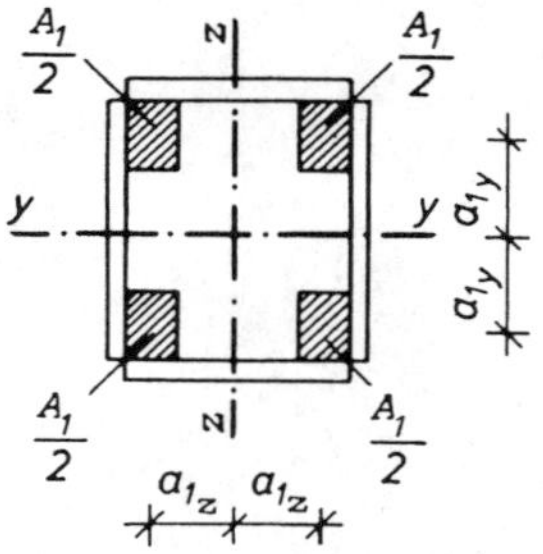

Abb. 9.17

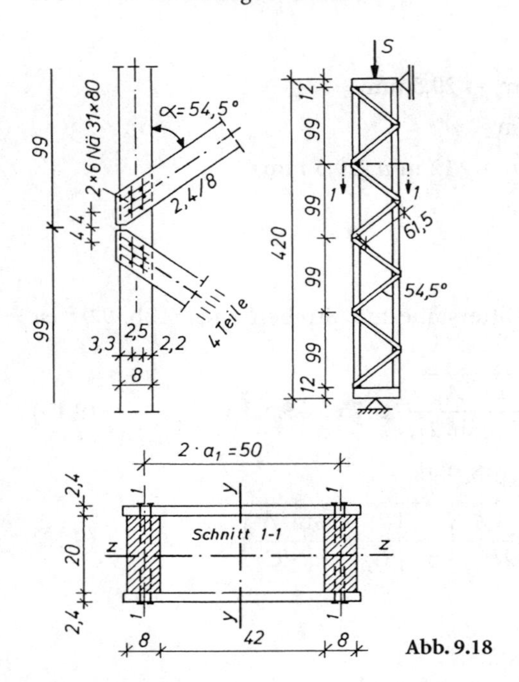

Abb. 9.18

Beispiel: Gitterstab mit genagelten Streben (Abb. 9.18)

$S = 130$ kN Lastfall H, S10/MS10

$$\text{Spreizung } \frac{a}{h_1} = \frac{420}{80} = 5{,}25$$

$$s_{ky} = s_{kz} = 4{,}20 \text{ m}$$

1. „Starre" Achse z–z

wie Rahmenstab 1. Beispiel

$$A = 320 \cdot 10^2 \text{ mm}^2$$

$$\lambda_z = 72{,}7 < 150$$

2. „Nachgiebige" Achse y–y

$$s_1 \approx \frac{4200 - 240}{4} = 990 \text{ mm}$$

$$\lambda_1 = \frac{990}{0{,}289 \cdot 80} = 42{,}8 < 60$$

$$> 30$$

$$I_{\text{y starr}} = 320 \cdot 10^2 \cdot \frac{80^2}{12} = 1707 \cdot 10^4 \text{ mm}^4$$

$$+ 320 \cdot 10^2 \cdot 250^2 = 200000 \cdot 10^4 \text{ mm}^4$$

$$201707 \cdot 10^4 \text{ mm}^4$$

$$i_{\text{y starr}} = \sqrt{\frac{201707 \cdot 10^4}{320 \cdot 10^2}} = 251 \text{ mm}$$

$$\lambda_y = \frac{4200}{251} = 16{,}7$$

$$E_{\parallel} = 10^4 \text{ MN/m}^2$$

$$C = 600 \text{ N/mm}$$

$$A_1 = 160 \cdot 10^2 \text{ mm}^2$$

$$a_1 = 250 \text{ mm}$$

$$n_D = 2 \times 6 = 12 \text{ Nägel (geschätzt)}$$

$$\sin 2\alpha = \sin 109° = 0{,}946$$

$$\text{ef}\,\lambda_y = \sqrt{\lambda_y^2 + \frac{m}{2} \cdot \frac{4 \cdot \pi^2 \cdot E_{\parallel} \cdot A_1}{a_1 \cdot n_D \cdot C_D \cdot \sin 2\alpha}}$$

$$= \sqrt{16{,}7^2 + \frac{2}{2} \cdot \frac{4 \cdot \pi^2 \cdot 10^4 \cdot 160 \cdot 10^2}{250 \cdot 12 \cdot 600 \cdot 0{,}946}} = 63{,}1 < 72{,}7 = \lambda_z$$

$$< 175 = \text{zul}\,\lambda_y$$

$$\text{ef}\,\omega_y = 1{,}70$$

Aus λ_z, λ_1 und ef λ_y ist max $\lambda = \lambda_z = 72{,}7$

Knicknachweis mit max $\omega = 1{,}97 \rightarrow$ zul $\sigma_k = 8{,}5/1{,}97 = 4{,}3$ N/mm²

$$\frac{130 \cdot 10^3/(320 \cdot 10^2)}{4{,}3} = 0{,}94 < 1$$

Nachweis der Verbindungsmittel

$$Q_i = \frac{\text{ef}\,\omega \cdot S}{60} = \frac{1{,}70 \cdot 130}{60} = 3{,}68 \text{ kN}$$

$$D = \frac{Q_i}{\sin\alpha} = \frac{3{,}68}{0{,}814} = 4{,}5 \text{ kN}$$

Strebe 2,4/8,0: $s_{kz} = 615$ mm (Abb 9.18)

$$\lambda_z = \frac{615}{0{,}289 \cdot 24} = 88{,}7 < 200 = \text{zul}\,\lambda \text{ (Aussteifungsverband)}$$

$$\omega_z = 2{,}53 \rightarrow \text{zul}\,\sigma_k = 8{,}5/2{,}53 = 3{,}4 \text{ N/mm}^2$$

$$\sigma_{D\parallel} = \frac{4{,}5 \cdot 10^3}{2 \cdot 24 \cdot 80} = 1{,}2 \text{ N/mm}^2; \quad \frac{1{,}2}{3{,}4} = 0{,}35 < 1$$

Strebenanschluß mit 2 × 6 Nä 31/80 zul $N_1 = 0{,}367$ kN

$$\text{erf}\, n = \frac{4{,}5}{0{,}367} \approx 2 \times 6 \text{ Nä } 31/80 \text{ für 1 Strebenpaar}$$

9.4 Bemessung mehrteiliger Druckstäbe nach DIN 1052 neu (EC5)

9.4.1 Allgemeines

Die in Abschn. 9.1–9.3 enthaltenen Hinweise zur Bemessung und Konstruktion mehrteiliger Druckstäbe können sinngemäß auch für die Bemessung nach DIN 1052 neu (EC 5) übernommen werden.

Die Abschn. *– 8.6.2* [1] – und *– 10.5.3* [1] – der DIN 1052 neu (EC 5) enthalten die Bemessungsregeln, die weitgehend mit denen der DIN 1052 (1988), Teil 1 Abschn. 8.3 und 9.3.3 übereinstimmen.

9.4.2 Mehrteilige Druckstäbe ohne Spreizung

Der Knicknachweis für zusammengesetzte Druckstäbe erfolgt analog Abschn. 8.7, aber mit ef λ_y für die Knickung um die „nachgiebige" Achse (Abb. 9.3).

Wirksames Flächenmoment 2. Grades (Abb. 9.5)

$$\text{ef}\, I_y = \text{ef}\,(EI_y)/E \tag{9.19}$$

mit

$$\text{ef}\,(EI_y) = \sum_{i=1}^{3} (E_i I_{iy} + \gamma_i E_i A_i a_i^2) \tag{9.20}$$

$$\gamma_2 = 1 \tag{9.21}$$

$$\gamma_i = [1 + \pi^2 E_i A_i s_i / K_i l^2]^{-1} \text{ für } i = 1 \text{ und } 3 \tag{9.22}$$

$$a_2 = \frac{\gamma_1 E_1 A_1 (h_1 + h_2) - \gamma_3 E_3 A_3 (h_2 + h_3)}{2 \sum_{i=1}^{3} \gamma_i E_i A_i} \tag{9.23}$$

$$s_{1,3} = e'_{1,3} \text{ DIN 1052 (1988)}$$

$$K_{1,3} \triangleq C_{1,3}$$

Schlankheitsgrad ef λ_y

$$\text{ef}\, \lambda_y = l \cdot \sqrt{A_{tot}/\text{ef}\, I_y} \tag{9.24}$$

mit

$$l = s_{ky}$$

$$A_{tot} = A$$

Tafel 9.6. Rechenwerte für K_{ser} für stiftförmige VM; ϱ_k in kg/m³, d in mm

Typ des Verbindungsmittels[c]	Verschiebungsmodul[a] – *Anhang G* [1] – K_{ser} N/mm
Stabdübel, PB, Bo[b], Gwst[b] Holzschrauben und Nägel mit Vorbohrung	$\varrho_k^{1,5} \cdot d/20$
Nägel u. Holzschrauben ohne Vorbohrung	$\varrho_k^{1,5} \cdot d^{0,8}/25$
Klammern	$\varrho_k^{1,5} \cdot d^{0,8}/60$

[a] Verbindungen Holz/Holz, Holz/Holzwerkstoffe und Stahl/Holz. [b] ohne Übermaß gebohrt.
[c] Dübel besonderer Bauart s. Anhang G in [1].

Verschiebungsmodul K_i

$$K_i = K_u \tag{9.25}$$

mit

$$K_{u,\text{mean}} = \frac{2}{3} K_{ser} \tag{9.26}$$

Es bedeuten:

K_{ser} anfänglicher Verschiebungsmodul für den Gebrauchstauglichkeitsnachweis (Tafel 9.6)

K_u anfänglicher Verschiebungsmodul für den Tragfähigkeitsnachweis je Scherfläche

$$\varrho_k = \sqrt{\varrho_{k,1} \cdot \varrho_{k,2}} \tag{9.27}$$

für verbundene Teile mit unterschiedlichen Rohdichten.

Berechnung der Verbindungsmittel

$$F_{i,d} = \gamma_i E_i A_i a_i s_i V_d / \text{ef}(EI_y) \quad i = 1 \text{ und } 3 \tag{9.28}$$

mit

$F_{i,d}$ Belastung je VM

$$V_d = \begin{cases} F_{c,d}/(120\,k_c) & \text{für} \quad \text{ef}\lambda_y \leqq 30 & (9.29) \\ F_{c,d} \cdot \text{ef}\lambda_y/(3600\,k_c) & \text{für } 30 < \text{ef}\lambda_y < 60 & (9.30) \\ F_{c,d}/(60\,k_c) & \text{für } 60 \leqq \text{ef}\lambda_y & (9.31) \end{cases}$$

Beispiel: Dreiteiliger nicht gespreizter Druckstab (Abb. 9.8)

$S_k = 93$ kN, kurze LED, Nkl 1

$s_{ky} = s_{kz} = 4{,}20$ m, C24

Bemessungswert $S_d = (1{,}35 \cdot 0{,}45 + 1{,}5 \cdot 0{,}55)\, S_k = 1{,}43 \cdot S_k$

$S_d = 133$ kN – *8.3 (3)* [1] –

1.1 „Starre" Achse z–z
Wie 1. Beispiel Abschn. 9.3.1.3

$$A = 296 \cdot 10^2 \text{ mm}^2$$
$$I_z = 6955 \cdot 10^4 \text{ mm}^4$$
$$i_z = 48{,}5 \text{ mm}$$
$$\lambda_z = 86{,}6$$

1.2 „Nachgiebige" Achse y–y
Geschätzter Nagelabstand $e_1 = 55$ mm einreihig,

$$e_1' = 55 \text{ mm}$$

$E_1 = 11\,000$ N/mm²; $A_1 = 50 \cdot 200 = 100 \cdot 10^2$ mm²

Verschiebungsmodul K_1

Tafel 9.6: $K_{ser} = 350^{1,5} \cdot 4{,}6^{0,8}/25 = 888$ N/mm ohne Vorbohrung

Gl. (9.26): $K_{1,\text{mean}} = \dfrac{2}{3} \cdot 888 = 592$ N/mm

$$\gamma_1 = [1 + \pi^2 \cdot 11\,000 \cdot 100 \cdot 10^2 \cdot 55/(592 \cdot 4200^2)]^{-1} = 0{,}149$$

$$\text{ef}\, I_y = 96 \cdot 10^2 \frac{160^2}{12} + 200 \cdot 10^2 \cdot \frac{50^2}{12} = 2465 \cdot 10^4 \text{ mm}^4$$
$$+ 0{,}149 \cdot 200 \cdot 10^2 \cdot 105^2 = \underline{3285 \cdot 10^4 \text{ mm}^4}$$
$$5750 \cdot 10^4 \text{ mm}^4$$

$$\text{ef}\,\lambda_y = 4200 \cdot \sqrt{296 \cdot 10^2/(5750 \cdot 10^4)} = 95{,}3 > 86{,}6 = \lambda_z$$

Gl. (8.29): $\text{rel}\,\lambda_{c,y} = \dfrac{95{,}3}{\pi} \sqrt{\dfrac{21}{(2/3) \cdot 11\,000}} = 1{,}62$

Gl. (8.31): $k_y = 0{,}5\,[1 + 0{,}2\,(1{,}62 - 0{,}3) + 1{,}62^2] = 1{,}94$

Gl. (8.30): $k_{c,y} = \dfrac{1}{1{,}94 + \sqrt{1{,}94^2 - 1{,}62^2}} = 0{,}333$

$$f_{c,0,d} = \frac{0{,}9}{1{,}3} \cdot 21 = 14{,}5 \text{ N/mm}^2 \quad \text{s. Gl. (2.5)}$$

Gl. (8.28): $\dfrac{133 \cdot 10^3/(296 \cdot 10^2)}{0{,}333 \cdot 14{,}5} = 0{,}93 < 1$

Berechnung der Verbindungsmittel

$\text{ef}\,\lambda_y = 95{,}3 > 60$, $\text{rel}\,\lambda_{c,y} = 1{,}62$, $k_y = 1{,}94$

Gl. (9.31): $V_d = S_d/(60\,k_{c,y}) = \dfrac{133}{60 \cdot 0{,}333} = 6{,}66$ kN

Gl. (9.28): $F_{1,d} = 0{,}149 \cdot 100 \cdot 10^2 \cdot 105 \cdot 55 \cdot 6{,}66 \cdot 10^3/(5750 \cdot 10^4)$

$F_{1,d} = 997$ N

Gl. (6.12a): $R_k = \sqrt{2 \cdot 9516 \cdot 18{,}2 \cdot 4{,}6} = 1262$ N

$R_d = (0{,}9 \cdot 1262)/1{,}1 = 1033 \text{ N} > 997 \text{ N} = F_{1,d}$

9.4.3 Mehrteilige Druckstäbe mit Spreizung

9.4.3.1 Rahmenstäbe

Spreizungen für Rahmenstäbe s. Tafel 9.2 und *– 10.5.3 (6)* [1] –

Länge l_2 der

Zwischenhölzer $\geqq 1{,}5 \cdot a$ (Abb. 9.9)

Bindehölzer $\geqq 2{,}0 \cdot a$

Knickung um die nachgiebige Achse *y–y*
(Abb. 9.9a–9.9e)

$$\text{ef}\,\lambda_y = \sqrt{\lambda_y^2 + \eta \frac{n}{2} \lambda_1^2} \quad \text{(ungerade Felderzahl} \geqq 3) \qquad (9.32)$$

mit

$$\lambda_y = l \cdot \sqrt{A_{tot}/I_{tot}} \qquad (9.33)$$

$$\lambda_1 = \sqrt{12} \cdot l_1/h \quad (\geqq 30) \qquad (9.34)$$

$I_{tot} = I_{y\,starr}$ DIN 1052 (1988)

$l_1 = s_1$

$h = h_1$

$n = m$

Mindestanzahl der VM s. Tafel 9.5 und *– 10.5.3 (6)* [1] –

Berechnung der VM mit V_d entsprechend (9.29–9.31)

Tafel 9.7. Faktor η für Rahmenstäbe

Art der Querverbindung	Zwischenhölzer			Bindehölzer	
Verbindungsmittel	Kleber	Nägel	Dübel	Kleber	Nägel
ständige/lang andauernde Belastung	1	4	3,5	3	6
mittellange/kurz andauernde Belastung	1	3	2,5	2	4,5

Beispiel: Zweiteiliger gespreizter Druckstab mit verdübelten Zwischenhölzern (Abb. 9.11/12)

$S_k = 130$ kN, mittlere LED, Nkl 1

Spreizung $\frac{a}{h_1} = \frac{120}{80} = 1{,}5 \leqq 3$

$s_{ky} = s_{kz} = 4{,}20$ m, C24

Bemessungswert $S_d = (1{,}35 \cdot 0{,}45 + 1{,}5 \cdot 0{,}55) \cdot S_k = 1{,}43 \cdot S_k$

$S_d = 186$ kN

1. „Starre" Achse $z\text{–}z$

$$A = A_{tot} = 2 \cdot 80 \cdot 200 = 320 \cdot 10^2 \text{ mm}^2$$

$$i_z = 0{,}289 \cdot 200 = 57{,}8 \text{ mm}$$

$$\lambda_z = 4200/57{,}8 = 72{,}7$$

2. „Nachgiebige" Achse $y\text{–}y$

Gewählt 5 Felder > 3

$$s_1 = l_1 \approx \frac{4200 - 350}{5} = 770 \text{ mm}$$

Gl. (9.34): $\lambda_1 = \sqrt{12} \cdot 770/80 = 33{,}3 < 60$
> 30

$$I_{y\,starr} = I_{tot} = 320 \cdot 10^2 \cdot \frac{80^2}{12} = 1\,707 \cdot 10^4 \text{ mm}^4$$

$$+ 320 \cdot 10^2 \cdot 100^2 = 32\,000 \cdot 10^4 \text{ mm}^4$$

$$33\,707 \cdot 10^4 \text{ mm}^4$$

Gl. (9.33): $\lambda_y = 4200\sqrt{320 \cdot 10^2/33\,707 \cdot 10^4} = 40{,}9$

Tafel 9.7: $\eta = 0{,}45 \cdot 3{,}5 + 0{,}55 \cdot 2{,}5 = 2{,}95$ Zwischenholz und Dübel

Gl. (9.32): $\text{ef}\,\lambda_y = \sqrt{40{,}9^2 + 2{,}95 \cdot \frac{2}{2} \cdot 33{,}3^2} = 70{,}3 < 72{,}7 = \lambda_z$

$n = m = 2$ Einzelstäbe

Gl. (8.29): $\text{rel}\,\lambda_{c,z} = \frac{72{,}7}{\pi}\sqrt{\frac{21}{(2/3) \cdot 11\,000}} = 1{,}24$

Gl. (8.31): $k_z = 0{,}5\,[1 + 0{,}2\,(1{,}24 - 0{,}3) + 1{,}24^2] = 1{,}36$

Gl. (8.30): $k_{c,z} = \dfrac{1}{1{,}36 + \sqrt{1{,}36^2 - 1{,}24^2}} = 0{,}521$

$$f_{c,0,d} = \frac{0{,}8}{1{,}3} \cdot 21 = 12{,}9 \text{ N/mm}^2$$

Gl. (8.28): $\dfrac{186 \cdot 10^3/(320 \cdot 10^2)}{0{,}521 \cdot 12{,}9} = 0{,}86 < 1$

Berechnung der Verbindungsmittel

ef $\lambda_y = 70{,}3 > 60$; rel $\lambda_{c,y} = 1{,}20$; $k_y = 1{,}31$

Gl. (9.31): $V_d = S_d/(60\, k_{c,y}) = \dfrac{186}{60 \cdot 0{,}545} = 5{,}69$ kN

Abb. 9.12: $T_d = \dfrac{V_d \cdot s_1}{2 \cdot a_1} = \dfrac{5{,}69 \cdot 0{,}770}{2 \cdot 0{,}100} = 21{,}9$ kN

Abminderung:

$$\text{ef}\, T_d = \frac{V_d \cdot s_1}{2 \cdot a_1} \cdot \psi \quad \text{siehe Gl. (9.16)}$$

$$k_1 = \frac{4200}{70{,}3 \cdot 80} = 0{,}747$$

$$\psi = \frac{12 \cdot 0{,}747^2 - 1}{12 \cdot 0{,}747^2} = 0{,}851 \qquad \text{ef}\, T_d = 18{,}6 \text{ kN}$$

Zur Aufnahme der Schubkraft ef T_d werden gewählt: 2 Dü ∅ 50-C10

(6.2d): $R_{c,k} = 25 \cdot 50^{1,5} = 8839$ N

vorh t_1, t_2, $a_{2,c}$ sind größer als erforderlich

$R_{c,d} = (0{,}8 \cdot 8{,}84)/1{,}3 = 5{,}44$ kN

(6.7a): $f_{h,1,k} = 0{,}082\,(1 - 0{,}01 \cdot 16) \cdot 350 = 24{,}1$ N/mm²

$M_{y,k} = 0{,}3 \cdot 300 \cdot 16^{2,6} = 121\,606$ Nmm

$t_{1,req} = 69{,}7$ mm; $t_{2,req} = 57{,}8$ mm < vorh t_i

$R_{b,0,k} = \sqrt{2 \cdot 121\,606 \cdot 24{,}1 \cdot 16} = 9684$ N; $\beta = 1$

$R_{b,0,d} = (0{,}8 \cdot 9{,}68)/1{,}1 = 7{,}04$ kN

(6.2f): $R_{j,0,d} = 5{,}44 + 7{,}04 = 12{,}48$ kN

ef $T_d = 18{,}6$ kN $< 2 \cdot 12{,}5 = 25{,}0$ kN ($T_d = 21{,}9$ kN $< 25{,}0$ kN)

Scherspannung im Zwischenholz:

$$\tau_{v,d} \approx 1{,}5 \cdot \frac{18{,}6 \cdot 10^3}{200 \cdot 360} = 0{,}39 \text{ N/mm}^2$$

$$f_{v,d} = \frac{0{,}8 \cdot 2{,}7}{1{,}3} = 1{,}7 \text{ N/mm}^2 \quad \text{s. Gl. (2.5)}$$

$$0{,}39/1{,}7 = 0{,}23 < 1$$

Nachweis des Biegemomentes kann entfallen, da $a/h_1 = 1{,}5 < 2{,}0$.

9.4.3.2 Gitterstäbe

Anzahl der Nägel in den Pfosten $> n \cdot \sin\theta$ (N-Vergitterung)

$n \geqq 4$ Anzahl der Nägel je Strebe, unabhängig von den Scherflächen in den Streben

$\theta = \alpha$ (Abb. 9.9f und g)

Knickung um die nachgiebige Achse y–y
(Abb. 9.9f und 9.9g)

$$\text{ef}\,\lambda_y = \max \begin{cases} \lambda_{tot}\sqrt{1+\mu} & (9.35) \\ 1{,}05\,\lambda_{tot} & (9.36) \end{cases}$$

mit

$$\lambda_{tot} = \frac{2l}{h}; \quad \lambda_1 = l_1/i_{min} \leqq 60$$

$$l = s_{ky} \quad \text{DIN 1052 (1988)}$$

$$h = 2a_1$$

$$A = A$$

$$A_f = A_1$$

$$I_f = I_{1y}$$

Tafel 9.8. Faktor μ für Gitterstäbe

Art der Querverbindung	Streben		Streben und Pfosten	
Verbindungsmittel	Kleber	Nägel	Kleber	Nägel
μ	$4\mu_1$	$25\mu_2$	μ_1	$50\mu_2$

$$\mu_1 = \frac{e^2 A_f}{I_f}\left(\frac{h}{l}\right)^2; \quad \mu_2 = \frac{h \cdot E_{mean} \cdot A_f}{l^2 \cdot n \cdot K_{u,mean} \cdot \sin 2\theta}$$

e Ausmitte der Verbindung (s. Bild 28 [1])

Berechnung der VM mit V_d entsprechend (9.31–9.35)

Beispiel: Gitterstab mit genagelten Streben (Abb. 9.18)

$S_k = 130$ kN, kurze LED, Nkl 1

$$\text{Spreizung } \frac{a}{h_1} = \frac{420}{80} = 5{,}25$$

$s_{ky} = s_{kz} = 4{,}20$ m, C24

$$\text{Bemessungswert } S_d = (1{,}35 \cdot 0{,}45 + 1{,}5 \cdot 0{,}55) \cdot S_k = 1{,}43 \cdot S_k$$

$$S_d = 186 \text{ kN}$$

1. „Starre" Achse z–z

wie Rahmenstab Beispiel

$A = 320 \cdot 10^2$ mm^2

$\lambda_z = 72{,}7 < 150$ DIN 1052 (1988)

2. „Nachgiebige" Achse y–y

$$s_1 = l_1 \approx \frac{4200 - 240}{4} = 990 \text{ mm}$$

$$\lambda_1 = \frac{\sqrt{12} \cdot 990}{80} = 42{,}9 \begin{array}{l} < 60 \\ > 30 \end{array}$$

$A_1 = A_f = 80 \cdot 200 = 160 \cdot 10^2$ mm^2

$n_D = n = 2 \times 6 = 12$ Nägel (geschätzt)

$$\text{Tafel 9.8: } \mu = \frac{25 \cdot h \cdot E_{mean} \cdot A_f}{l^2 \cdot n \cdot K_{u,mean} \cdot \sin 2\theta}$$

Tafel 9.6: $K_{ser} = 350^{1,5} \cdot 3{,}1^{0,8}/25 = 648$ N/mm (ohne Vorbohrung)

$$K_{u,mean} = \frac{2}{3} \cdot 648 = 432 \text{ N/mm}$$

$$\mu = \frac{25 \cdot 500 \cdot 11000 \cdot 160 \cdot 10^2}{4200^2 \cdot 12 \cdot 432 \cdot 0{,}946} = 25{,}4 \quad \text{ohne Vorbohrung}$$

$$\lambda_{tot} = \frac{2l}{h} = \frac{2 \cdot 4200}{500} = 16{,}8$$

$$\text{ef}\,\lambda_y = \max \begin{cases} 16{,}8 \cdot \sqrt{1 + 25{,}4} = 86{,}3 \\ 1{,}05 \cdot 16{,}8 = 17{,}6 \end{cases}$$

$$\text{ef}\,\lambda_y = 86{,}3 > 72{,}7 = \lambda_z$$

Knicknachweis

Gl. (8.29): $\text{rel}\,\lambda_{c,y} = \dfrac{86{,}3}{\pi}\sqrt{\dfrac{21}{(2/3)\cdot 11\,000}} = 1{,}47$

Gl. (8.31): $k_y = 0{,}5\,[1 + 0{,}2\,(1{,}47 - 0{,}3) + 1{,}47^2] = 1{,}70$

Gl. (8.30): $k_{c,y} = \dfrac{1}{1{,}70 + \sqrt{1{,}70^2 - 1{,}47^2}} = 0{,}392$

$f_{c,0,d} = \dfrac{0{,}9\cdot 21}{1{,}3} = 14{,}5\ \text{N/mm}^2$ s. Tafel 2.9

Gl. (8.28): $\dfrac{186\cdot 10^3/(320\cdot 10^2)}{0{,}392\cdot 14{,}5} = 1{,}02 \approx 1$

Nachweis der Verbindungsmittel
$\text{ef}\,\lambda_y = 86{,}3 > 60$; $\text{rel}\,\lambda_{c,y} = 1{,}47$; $k_y = 1{,}70$

Gl. (9.31): $V_d = S_d/(60\,k_{c,y}) = \dfrac{186}{60\cdot 0{,}392} = 7{,}91\ \text{kN}$

$D = \dfrac{V_d}{\sin\theta} = \dfrac{7{,}91}{0{,}814} = 9{,}72\ \text{kN}$

Strebe 24/80 KI: $s_{kz} = 615\ \text{mm}$ (Abb. 9.18)

Gl. (9.34): $\lambda_z = \dfrac{\sqrt{12}\cdot 615}{24} = 88{,}8$

$\text{rel}\,\lambda_z = \dfrac{88{,}8}{\pi}\cdot\sqrt{\dfrac{21}{(2/3)\cdot 11\,000}} = 1{,}51$

$k_z = 0{,}5\,[1 + 0{,}2\,(1{,}51 - 0{,}3) + 1{,}51^2] = 1{,}76$

$k_{c,z} = \dfrac{1}{1{,}76 + \sqrt{1{,}76^2 - 1{,}51^2}} = 0{,}375$

Gl. (8.28): $\dfrac{9{,}72\cdot 10^3/(2\cdot 24\cdot 80)}{0{,}375\cdot 14{,}5} = 0{,}47 < 1$

Strebenanschluß mit 2 × 6 Nä 31/80; $M_{y,k} = 3410\ \text{Nmm}$, $f_{u,k} = 600\ \text{N/mm}^2$

Gl. (6.7a): $R_d = (24/27{,}9)\cdot(0{,}9\cdot 657/1{,}1) = 463\ \text{N}$

erf $n = 9{,}72/0{,}463 = 21{,}0$; 2 × 6 Nä 31/80 für ein Strebenpaar ist nach DIN 1052 neu (EC 5) mit $E_{mean}/K_{u,mean}$ [262] nicht mehr zu erreichen.

10 Gerade Biegeträger

10.1 Allgemeines

Gerade Biegeträger können als ein- oder mehrteilige Querschnitte verwendet werden. Als einteilige Querschnitte sollen hier *rechteckige* Querschnitte z. B. aus Vollholz, BSH, BAH oder FSH verstanden werden. Mehrteilige Querschnitte können zusammengesetzt werden z. B. aus Vollholz, BSH und FSH sowie für Stege auch aus Bau-Furniersperrholz und Flachpreßplatten.

Die *Stützweite* l wird nach *–8.1.1–* festgelegt. Für Trägerlagerung nach Abb. 10.1a werden die Abstände der Auflagermitten als Stützweite l in Rechnung gestellt.

Bei Deckenbalken auf Mauerwerk oder Beton (Sperrschicht gegen aufsteigende Feuchtigkeit) ist die Stützweite

$$l = 1{,}05 \cdot w \text{ nach b} \qquad l = 1{,}025 \cdot w \text{ nach c} \tag{10.1}$$

Belastung $q = g + p$ kann vereinfacht auf die Stützweite l bezogen werden. Durchlaufende Bretter und Bohlen nach d sind i. d. R. zu berechnen als Träger auf 2 Stützen für

$$l = w + 10 \text{ cm, wenn } b \geqq 10 \text{ cm} \qquad l = w + b, \text{ wenn } b < 10 \text{ cm} \tag{10.2}$$

Bei genauer Berechnung, Konstruktion und Verankerung in Verbindung mit kontrollierter Bauausführung dürfen sie auch als Durchlaufträger bemessen werden.

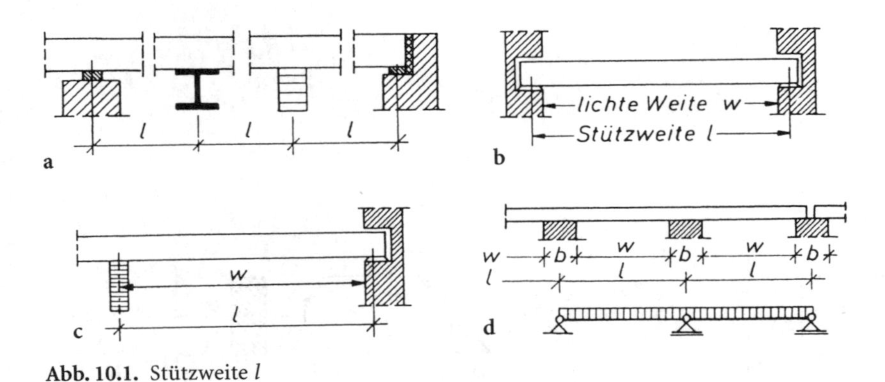

Abb. 10.1. Stützweite l

10.2 Einteiliger Rechteckquerschnitt nach DIN 1052 (1988)

10.2.1 Querschnittsabmessungen

Mit Rücksicht auf wirtschaftliche Ausbeute des Rundholzes sowie auf Schwindrisse wird gemäß [11] empfohlen

Kantholz: $h(b) \leqq 260$ mm s. Abb. 10.2 a

Mit Rücksicht auf die Durchgangsöffnungen der gebräuchlichen Hobelmaschinen wird empfohlen

BSH: $h \leqq 2400$ mm s. Abb. 10.2 b

$b \leqq 300$ mm

Die größten bisher gebauten BSH-Querschnitte haben nach [112] die Abmessungen

$\max h \approx 3000$ mm

$\max b \approx 500$ mm

10.2.2 Biegespannung (einachsig)

$$\sigma_B = \frac{M}{W_n}; \qquad \frac{\sigma_B}{\text{zul}\,\sigma_B} \leqq 1 \qquad \text{s. Abb. 10.3} \tag{10.3}$$

zul σ_B nach Tafel 2.4 Zeile 1

Einheiten: M [kNm], σ_B [N/mm²]

W_n [mm³]

W_n darf bezogen werden auf die Schwerachse des *ungeschwächten* Querschnitts.

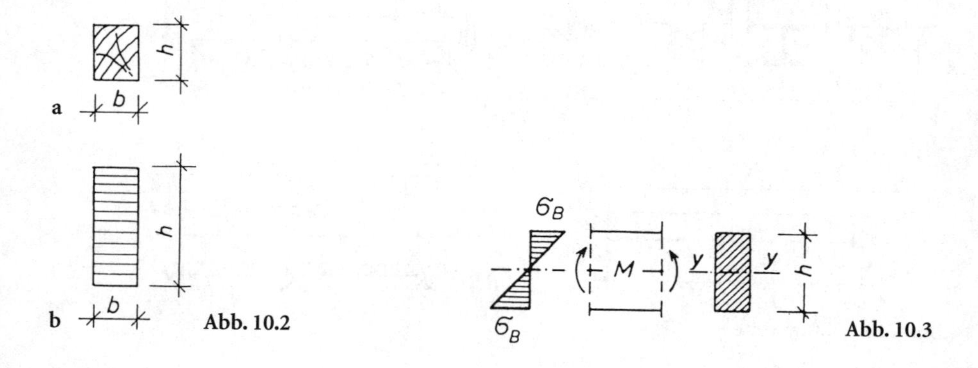

Abb. 10.2

Abb. 10.3

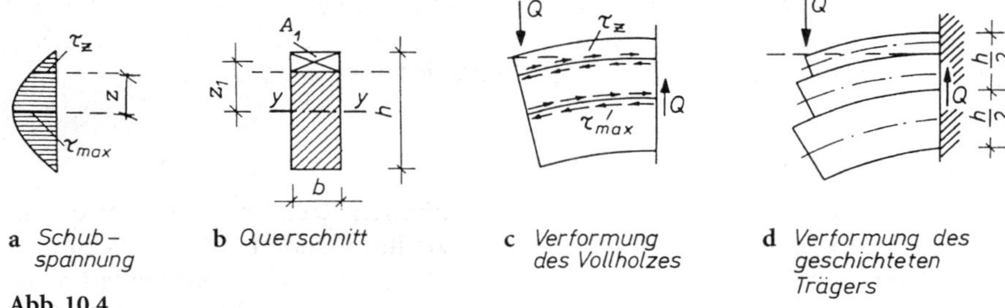

a *Schub-spannung* **b** *Querschnitt* **c** *Verformung des Vollholzes* **d** *Verformung des geschichteten Trägers*

Abb. 10.4

10.2.3 Schubspannung

10.2.3.1 Schubspannung infolge Querkraft

Ein aus mehreren Teilen reibungsfrei geschichteter Träger erleidet infolge Q Verformungen nach Abb. 10.4d. Der einteilige Vollholzbalken nach c läßt gegenseitige Verschiebungen in den den Berührungsfugen nach d zugeordneten Holzfasern nicht zu.

Die Unverschieblichkeit erzwingt Schubspannungen $\tau_{(z)}$ nach a, die man berechnet nach (10.4) mit (10.5).

$$\tau_{(z)} = \frac{Q \cdot S_{(z)}}{I_y \cdot b}; \qquad \frac{\max \tau_{(z)}}{\text{zul}\,\tau_Q} \leqq 1 \tag{10.4}$$

zul τ_Q nach Tafel 2.4 Zeile 6

$$S_{(z)} = A_1 \cdot z_1 \quad \text{(Flächenmoment 1. Grades)} \tag{10.5}$$

Die größte Schubspannung tritt in der Schwerachse auf und ergibt für Rechteckquerschnitte mit $\max S_{(z)} = b \cdot \frac{h}{2} \cdot \frac{h}{4}$

$$\max \tau_Q = 1{,}5 \cdot \frac{Q}{b \cdot h} \tag{10.6}$$

Einheiten: Q[kN], τ[N/mm²], I_y[mm⁴], $S_{(z)}$[mm³], A_1[mm²], b, h, z_1 [mm]

Tafel 10.1. Wirksame Querkraft im Auflagerbereich nach *–8.2.1.2–*

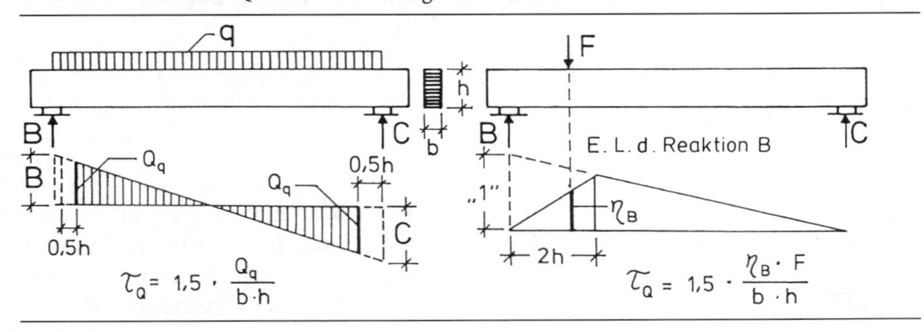

Nach *-8.2.1.2-* darf für Biegeträger mit Auflagerung am unteren und Lastangriff am oberen Trägerrand in (10.6) im Auflagerbereich die wirksame Querkraft Q_q bzw. $\eta_B \cdot F$ nach Tafel 10.1 eingesetzt werden.

10.2.3.2 Schubspannung infolge Torsion

Nach Versuchen von Möhler/Hemmer [93] können Rechteckquerschnitte aus VH und BSH Gkl I und II näherungsweise wie homogene Bauteile aus isotropem Material berechnet werden. Mit dem Beiwert η in Abhängigkeit vom Seitenverhältnis h/b nach Tafel 10.1 T ergibt sich die größte Torsionsspannung nach (10.7).

$$\max \tau_T = \frac{3 \cdot \max M_T}{h \cdot b^2} \cdot \eta \leqq \text{zul}\, \tau_T \quad \text{nach Tafel 2.4 Zeile 7} \tag{10.7}$$

Tafel 10.1 T. Beiwerte η zur Gl. (10.7) nach [93]

h/b	1	2	3	4	5	6	7	8	9	10	12
η	1,61	1,36	1,25	1,18	1,14	1,12	1,10	1,09	1,08	1,07	1,06

Zwischenwerte können geradlinig eingeschaltet werden.

Bei gleichzeitiger Wirkung einer Schubspannung τ_Q infolge Querkraft ist die Bedingung nach Gl. (10.7 a) einzuhalten.

$$\frac{\tau_T}{\text{zul}\, \tau_T} + \left(\frac{\tau_Q}{\text{zul}\, \tau_Q}\right)^m \leqq 1 \tag{10.7 a}$$

$m = 2$ für NH
$m = 1$ für LH *-E46-*

zul τ_T und zul τ_Q sind Tafel 2.4 Zeile 7 und 6 zu entnehmen.
Biegespannungen dürfen beim Torsionsnachweis unberücksichtigt bleiben. Ein Berechnungsbeispiel kann Milbrandt [23, 58] im Abschnitt „Balkenschuhe“ entnommen werden.

Einen Vergleich der Torsionsspannung und Verdrillung zwischen prismatischen Stäben aus isotropem Material und dem anisotropen Baustoff Holz hat Heimeshoff - Beitrag in [113] - durchgeführt.

10.2.4 Ausklinkungen

10.2.4.1 Allgemeines

Bei ausgeklinkten Trägern treten in der einspringenden Ecke Schub- und Querzugspannungen auf, s. Abb. 10.5a und 10.5b [112, 114–116]. Sie können ermäßigt werden durch voutenförmige Abschrägung der Trägerunterkante nach c [112]. Der Bolzen nach f stellt keine befriedigende Lösung dar, weil er

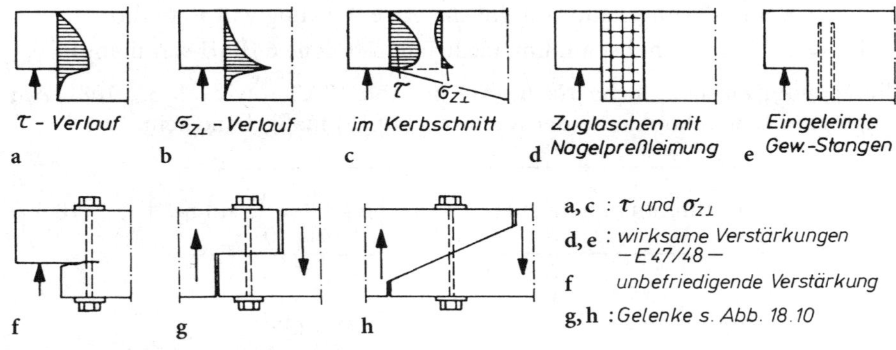

Abb. 10.5. Ausklinkungen

die Rißbildung – insbesondere bei hohen Trägern und möglichen Feuchteschwankungen – nicht verhindern kann. Für Gelenkausbildungen ist deshalb eine Aufhängung nach g und h bzw. Abb. 18.10 zu empfehlen, die an der Kerbstelle Querdruckspannungen erzeugt.

Nach Versuchen von Möhler/Mistler [114] an VH- und BSH-Trägern können Verstärkungen gemäß d und e das Queraufreißen wirksam verhindern. Ergebnisse dieser Untersuchungen sind in *-8.2.2-* enthalten und werden im folgenden Abschnitt dargestellt.

10.2.4.2 Berechnung der zulässigen Querkraft

Anwendungsbereich für die Bemessungsformeln:

- Die Ausklinkung darf der Witterung nicht ausgesetzt sein.
- Das Trägerauflager muß momentenfrei sein (kein Kragarm).
- Im Ausklinkungsbereich sind unten angehängte Lasten unzulässig. Solche Lasten sind in geeigneter Weise in die obere Trägerhälfte einzuleiten.

$$\text{Ausklinkung unten: } \text{zul}\, Q = \frac{2}{3} \cdot b \cdot h_1 \cdot k_A \cdot \text{zul}\, \tau_Q \qquad (10.8)$$

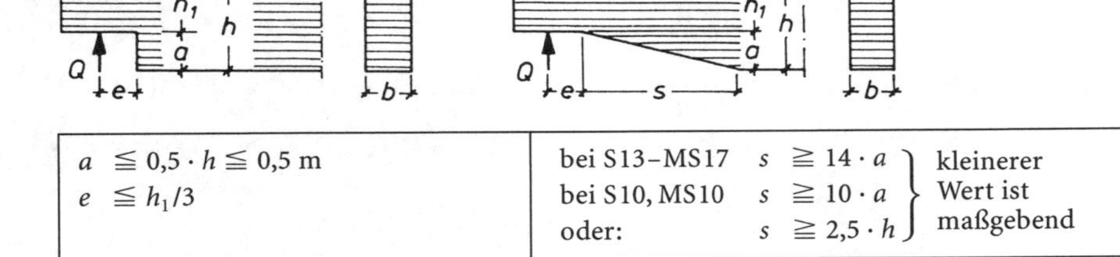

$a \leqq 0{,}5 \cdot h \leqq 0{,}5$ m $e \leqq h_1/3$	bei S13–MS17 $s \geqq 14 \cdot a$ bei S10, MS10 $s \geqq 10 \cdot a$ oder: $s \geqq 2{,}5 \cdot h$ } kleinerer Wert ist maßgebend
$k_A = 1 - 2{,}8 \cdot a/h \geqq 0{,}3$	$k_A = 1{,}0$

$k_A \triangleq$ Abminderungsfaktor für gleichzeitige Wirkung von τ_Q und $\sigma_{Z\perp}$
zul $\tau_Q \triangleq$ zulässige Schubspannung nach Tafel 2.4 Zeile 6 (BSH s. Anhang)

Berechnungsbeispiel siehe Nachweise zu Abb. 10.12 sowie [2, 33, 108]. Am angeschnittenen Rand kann der Nachweis (19.18) maßgebend sein.

$$\text{Ausklinkung oben: zul}\, Q = \frac{2}{3} \cdot b \cdot \left(h - \frac{a}{h_1} \cdot e\right) \cdot \text{zul}\, \tau_Q \tag{10.8a}$$

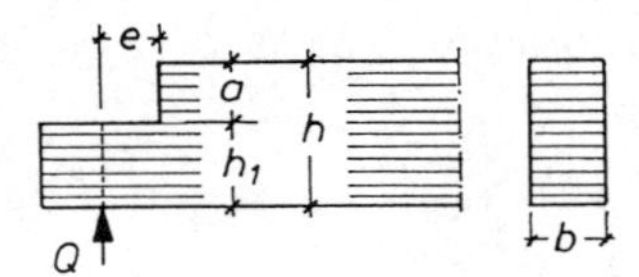

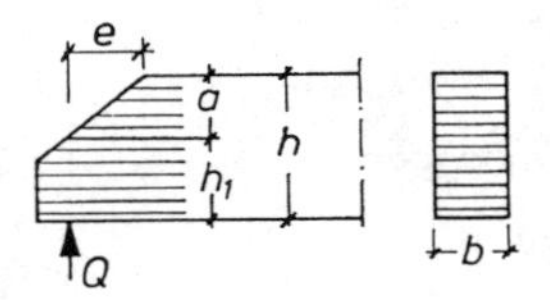

Voraussetzung: $a \leqq 0{,}5 \cdot h$ und $e \leqq h_1$ für $h > 300$ mm
$a \leqq 0{,}7 \cdot h$ und $e \leqq h_1$ für $h \leqq 300$ mm

$$\text{Ausklinkung mit Verstärkung: zul}\, Q = \frac{2}{3} \cdot b \cdot h_1 \cdot \text{zul}\, \tau_Q \tag{10.8b}$$

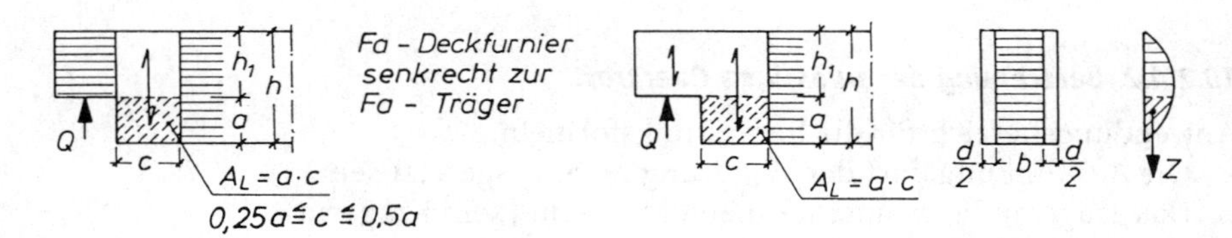

Die Anwendung von (10.8b) bei BSH setzt beidseitig aufgeleimte Streifen oder Winkelstücke aus BFU-BU 100 nach DIN 68705 T5 voraus. Die Verstärkungen ($A_z = 2 \cdot c \cdot d/2$) sind vereinfacht zu bemessen für:

Zugkraft: $$Z = 1{,}3 \cdot Q \cdot \left[3 \cdot \left(\frac{a}{h}\right)^2 - 2 \cdot \left(\frac{a}{h}\right)^3\right] \tag{10.9}$$

$\sigma_{Z\parallel}$ in Verstärkungen: $$\sigma_{Z\parallel} = \frac{Z}{c \cdot d} \leqq 4{,}0 \text{ N/mm}^2\, * \tag{10.9a}$$

τ_a in Leimfugen A_L: $$\tau_a = \frac{Z}{2 \cdot a \cdot c} \leqq 0{,}25 \text{ N/mm}^2\, * \tag{10.9b}$$

---

* Die abgeminderten Spannungen sind einzusetzen, weil die Spannungsverteilung über A_Z bzw. A_L ungleichmäßig ist.

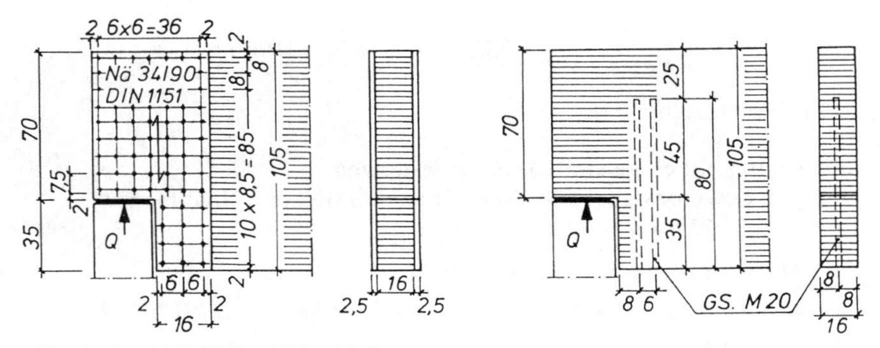

Abb. 10.5 A. Ausgeklinkter Träger [7]

Ausführung
Verleimung mit Resorzinharzleim, Preßdruck etwa 0,6 N/mm², erzeugt durch Preßvorrichtung oder Nagelpreßleimung nach *–12.5–* (in BFU vorgebohrt mit $\approx 0{,}85 \cdot d_n$, wenn Plattendicke > 20 mm), Einflußfläche je Nagel $\leqq 65\,\text{cm}^2$; Feuchtegehalt des BFU soll bei der Verleimung der zu erwartenden Ausgleichsfeuchte entsprechen.

Weitere Versuche haben gezeigt, daß die volle Tragfähigkeit des Restquerschnittes $b \cdot h_1$ nach Gl. (10.8 b) auch bei Verstärkung durch eingeleimte Gewindestangen nach Abb. 10.5 e, 10.5 A und 6.1 A b und c erreicht werden kann, vgl. [62].

10.2.4.3 Beispiele

Ausgeklinkter Träger 16/105 aus BS 14, Lastfall H, $Q = 76$ kN nach Abb. 10.5 A mit Verstärkung durch BFU-BU bzw. eingeleimte Gewindestangen.

a) Verstärkung mit Winkelstücken aus BFU-BU
Nagelpreßleimung mit Resorzinharzleim, in Platte vorgebohrt mit ∅ 3,0 mm, Nägel 34/90, Einflußfläche/Na: $60 \cdot 85 = 51 \cdot 10^2\ \text{mm}^2 < 65 \cdot 10^2\ \text{mm}^2$

$$a = 350\ \text{mm} < 0{,}5 \cdot 1050 = 525\ \text{mm}$$
$$< 500\ \text{mm}$$
$$c = 160\ \text{mm} > 0{,}25 \cdot 350 = 87{,}5\ \text{mm}$$
$$< 0{,}5 \cdot 350 = 175\ \text{mm}$$

Gl. (10.8 b): $\text{zul}\,Q = \frac{2}{3} \cdot 160 \cdot 700 \cdot 1{,}2 = 89600\ \text{N} = 89{,}6\ \text{kN} > 76\ \text{kN}$

Gl. (10.9): $Z = 1{,}3 \cdot 76{,}0 \cdot \left[3 \cdot \left(\frac{35}{105}\right)^2 - 2 \cdot \left(\frac{35}{105}\right)^3\right] = 25{,}6\ \text{kN}$

Gl. (10.9 a): $\sigma_{Z\parallel} = \frac{25{,}6 \cdot 10^3}{2 \cdot 25 \cdot 160} = 3{,}2\ \text{N/mm}^2 < 4{,}0\ \text{N/mm}^2$

Gl. (10.9 b): $\tau_a = \dfrac{25{,}6 \cdot 10^3}{2 \cdot 160 \cdot 350} = 0{,}23\ \text{N/mm}^2 < 0{,}25\ \text{N/mm}^2$

Weitere Beispiele siehe [33].

b) Verstärkung mit eingeleimten Gewindestangen

Gewählt: 2 Gewindestangen M 20 aus St 37, da 1 GS zur Aufnahme von $Z_\perp = 25{,}6$ kN nicht ausreicht

Für 2 GS M 20 mit vorh $l_E = 350$ mm $< 20 \cdot d_{GS} = 400$ mm:

Gl. (6.0 e): zul $Z_\perp = 2 \cdot 0{,}5 \cdot \pi \cdot 20 \cdot 350 \cdot 1{,}2 = 26\,389\ \text{N} = 26{,}4\ \text{kN} > 25{,}6$

Die Mindesteinleimlänge in den oberen Restquerschnitt muß zur Vermeidung von Querzugrissen nach Abschn. 6.1.5, 2. Fall sein:

$$l_E \geqq 0{,}5 \cdot h_1 = 0{,}5 \cdot 700 = 350\ \text{mm} \rightarrow 450\ \text{mm}$$

Beachte: Nicht mehr als 2 GS hintereinander einbauen!

10.2.5 Auflagerpressung

Die Auflagerkräfte von Durchlaufträgern dürfen nach *–8.1.2–* im allgemeinen wie für Träger auf 2 Stützen berechnet werden. Ausgenommen davon sind Durchlaufträger

a) auf 3 Stützen
b) mit Spannweitenverhältnis benachbarter Felder

$$3/2 < l_i / l_{i+1} < 2/3$$

Nachweis der Auflagerpressung (Abb. 10.6):

$$\left.\begin{array}{l} a < 100\ \text{mm} \\ \text{bei } h > 60\ \text{mm} \\ a < 75\ \text{mm} \\ \text{bei } h \leqq 60\ \text{mm} \end{array}\right\} \rightarrow \sigma_{D\perp} = \frac{C}{A}; \quad \frac{\sigma_{D\perp}}{0{,}8 \cdot \text{zul}\,\sigma_{D\perp}{}^{1}} \leqq 1 \qquad (10.10)$$

$$\left.\begin{array}{l} a \geqq 100\ \text{mm} \\ \text{bei } h > 60\ \text{mm} \\ a \geqq 75\ \text{mm} \\ \text{bei } h \leqq 60\ \text{mm} \end{array}\right\} \rightarrow \sigma_{D\perp} = \frac{C}{A}; \quad \frac{\sigma_{D\perp}}{\text{zul}\,\sigma_{D\perp}{}^{1}} \leqq 1 \qquad (10.10\text{a})$$

Bei Druckflächen mit einer Auflagerlänge $l_A < 150$ mm gilt für zul $\sigma_{D\perp}$ nach Tafel 2.4, Zeile 4 a:

$$k_{D\perp} \cdot \text{zul}\,\sigma_{D\perp} \quad \text{mit} \quad k_{D\perp} = \sqrt[4]{\frac{150}{l_A}} \leqq 1{,}8 \quad \textit{–5.1.11–}$$

---

[1] Bei geneigter Trägerachse ist zul $\sigma_{D\perp}$ durch zul $\sigma_{D\sphericalangle\alpha}$ zu ersetzen.

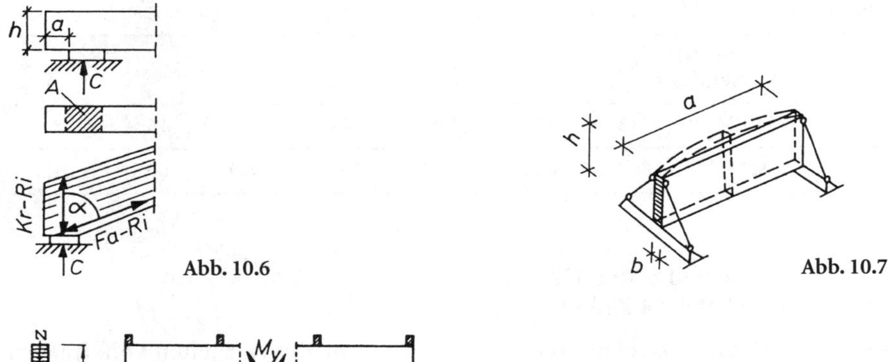

Abb. 10.6

Abb. 10.7

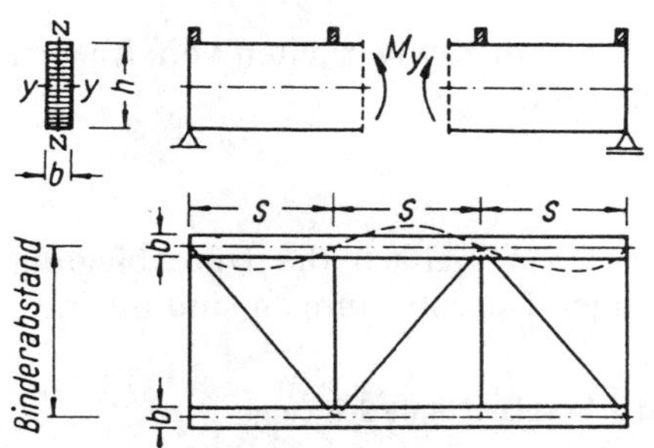

Abb. 10.8

10.2.6 Kippuntersuchung

Kippen ist das seitliche Ausweichen des Druckgurtes vollwandiger Biegeträger bei gleichzeitigem Verdrillen (Abb. 10.7).

Die Kippgefahr wächst mit steigendem Verhältnis h/b.

Konstruktive Maßnahmen gegen das Kippen sind z.B. Aussteifungsverbände (Abb. 10.8).

Für Träger mit Rechteckquerschnitt ist die Kippsicherheit gewährleistet, wenn nach *-8.6.1-* folgender Kippnachweis erfüllt ist:

$$\frac{M_y/W}{k_B \cdot 1{,}1 \cdot \text{zul}\,\sigma_B} \leqq 1 \qquad (10.11)$$

mit

$$k_B = \begin{cases} 1 & \text{für} \quad \lambda_B \leqq 0{,}75 \\ 1{,}56 - 0{,}75 \cdot \lambda_B & \text{für } 0{,}75 < \lambda_B \leqq 1{,}4 \\ 1/\lambda_B^2 & \text{für} \quad \lambda_B > 1{,}4 \end{cases}$$

λ_B Kippschlankheitsgrad

$$\lambda_B = \sqrt{\frac{s \cdot h \cdot \gamma_1 \cdot \text{zul}\,\sigma_B}{\pi \cdot b^2 \cdot \sqrt{E_\parallel \cdot G_T}}} = \kappa_B \sqrt{s \frac{h}{b^2}} \qquad (10.12)$$

Tafel 10.1 K. $\kappa_B \cdot 10^3$ für Lastfall H[a]

	VH aus NH Sortierklasse				BSH BS			
	S10/MS10	S13	MS13	MS17	11	14	16	18
$\kappa_B \cdot 10^3$	59,1	66,5	68,2	96,6	53,4	58,9	60,4	61,6

[a] HZ: 1,12 κ_B.

$\gamma_1 = 2{,}0$ für Lastfall H und HZ
zul σ_B nach Tafel 2.4 Zeile 1

Genauere Nachweise sowie weitere Hinweise zum Kippverhalten von Trägern mit Rechteckquerschnitt s. [44, 83, 117, 120, 121].

10.2.7 Durchbiegung

Wegen des geringen *E*-Moduls ist im Holzbau vielfach die Durchbiegung maßgebend für die Bemessung. Die zulässigen Durchbiegungen sind in *–8.5–* festgelegt, vgl. Tafel 10.2.

p: Verkehrslast (einschließlich Wind- und Schneelast; ohne Schwing- und Stoßbeiwert)
$g + p$: ständige Last + Verkehrslast = Gesamtlast [7]

Für die Durchbiegungsberechnung ist der *ungeschwächte* Querschnitt einzusetzen. Bei zusammengesetzten Querschnitten ist das wirksame Flächenmoment 2. Grades ef I nach (9.4) maßgebend.

Die Durchbiegung kann für beliebige Systeme und Belastungen nach den Gesetzen der Festigkeitslehre berechnet werden, z. B. [118]. Für viele praktische Fälle stehen Formelsammlungen zur Verfügung z. B. [36, 44, 89].

Für zur Biegeachse symmetrische Querschnitte empfiehlt sich der *vereinfachte* Durchbiegungsnachweis für *Kantholz* ($E_\parallel = 10^4$ N/mm^2)

$$f = \frac{100 \cdot \sigma_B \cdot l^2}{c \cdot h} \leqq \text{zul}\, f \tag{10.13}$$

mit σ_B [N/mm^2]; h, f [mm]; l [m]

c für Einfeldträger nach [111] S. 4.39

Durchbiegungsnachweis für Sparrenpfetten s. „Holzbau, Teil 2“

Für den Einfeldträger mit $q = \text{const}$ ist z. B.

$$f = \frac{5}{384} \cdot \frac{q \cdot l^4}{E_\parallel \cdot I} = \frac{5}{48 E_\parallel} \cdot \frac{M \cdot l^2}{I} = \frac{5}{48 E_\parallel} \cdot \frac{2 \cdot \sigma \cdot l^2}{h}$$

$$= \frac{100 \cdot \sigma_B \cdot l^2}{c \cdot h} \quad \text{s. (10.13)}$$

mit dem Beiwert $c = \frac{48}{10} \cdot E_\parallel \cdot 10^{-4} = 4{,}80$ vgl. [111]

Tafel 10.2. Zulässige Durchbiegungen

	Trägerart		mit Überhöhung (Ü.H.)		ohne Ü.H.
			p	$g+p$	$g+p$
1	Vollwandträger		$l/300$	$l/200$ [1]	$l/300$
2	Fachwerkträger [2]	Näherung (Gurtdehnung allein berücksichtigt)	$l/600$	$l/400$	$l/600$
3		Genauer (alle Stabdehnungen + Nachgiebigkeit der Verbindungen)	$l/300$	$l/200$ [1]	$l/300$
4	Deckenträger außer Stalldecken; Pfetten, Sparren, Balken im Bereich des oberen Raumabschlusses von Wohn-, Büro- u. ähnl. Räumen			$l/300$	
5	Pfetten, Sparren, Balken in Ställen und Scheunen			$l/200$	
6	Verbände			$l/600$	

[1] Diese Werte gelten im landwirtschaftlichen Bauwesen auch ohne Ü.H.
[2] Einschließlich einsinnig verbretterter Vollwandträger.
Bei Kragträgern darf die rechnerische Durchbiegung der Kragenden die Werte dieser Tafel, bezogen auf die Kraglänge, um 100% überschreiten *–8.5.6–*.

Die Beiwerte c für die verschiedenen Belastungsarten nach [111] weichen nur geringfügig voneinander ab: $c_i \approx 4{,}8$, ausgenommen für Einzellast in der Mitte $c_P = 6{,}0$.

Für *gemischte Belastungen* aus Strecken- und Einzellasten empfiehlt sich zur Vereinfachung nach (10.13) zu rechnen mit

$$\sigma_B = \frac{\max M}{W} \quad \text{und} \quad c = 4{,}8$$

Für zur Biegeachse symmetrische *BSH-Querschnitte* ($E_{\parallel} = 1{,}1 \cdot 10^4$ N/mm²) ist

Biegeverformung $$f_\sigma = \frac{100 \cdot \sigma_B \cdot l^2}{1{,}1 \cdot c \cdot h} \qquad (10.14)$$

Schubverformung (wenn $l/h < 10$) $$f_\tau = \frac{q \cdot l^2}{8 \cdot G \cdot A_{St}} = \frac{M}{G \cdot A_{St}} \qquad (10.15)^1$$

Gesamtverformung $$f = f_\sigma + f_\tau \leqq \text{zul}\, f \qquad (10.16)$$

[1] (10.15) gilt für gleichmäßig verteilte Belastung. Sie ist anwendbar für beliebige Querschnitte und Holzarten. G ist der Schubmodul nach Tafel 2.3. A_{St} ist der wirksame Stegquerschnitt nach Tafel 10.3, vgl. –*E63*– und [119].

Tafel 10.3. Wirksamer Stegquerschnitt A_{St}

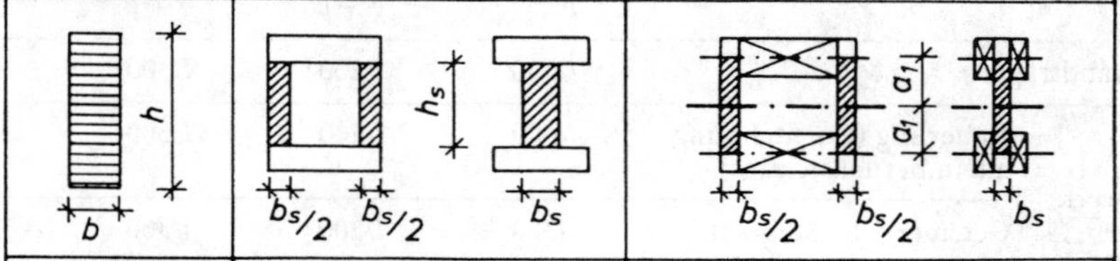

Einteiliger Rechteckquers.	Zusammengesetzte Querschnitte Vollholzstege	Vollholz- oder Plattenstege
h, b	h_s, $b_s/2$, $b_s/2$, b_s	a_1, a_1, $b_s/2$, $b_s/2$, b_s
$A_{St} = \frac{b \cdot h}{1{,}2}$ [1]	$A_{St} = b_s \cdot h_s$	$A_{St} = 2 \cdot a_1 \cdot b_s$

[1] 1,2 ist die Schubverteilungszahl für Rechteckquerschnitte

Einheiten: f_σ s. (10.13);
f_τ [mm]

Die rechnerischen Durchbiegungen erhöhen sich u. a.:

a) Bei Konstruktionen, die der Witterung allseitig ausgesetzt sind oder bei denen mit einer vorübergehenden Durchfeuchtung zu rechnen ist *–4.1.2–*, um 20%
b) um $(1 + {}^g/_q\,\varphi)$ infolge Berücksichtigung der Kriechverformungen *–4.3 und E12–*. Kriechzahl φ s. Abschn. 2.10.

Bei BSH-Trägern, zusammengesetzten Biegebauteilen und bei Fachwerkträgern ist in der Regel das Gesamtsystem parabelförmig zu überhöhen *–8.5.5–*.

Für die Bemessung können entsprechend (10.13) und (10.14) die vereinfachten Gln. (10.17) und (10.18) verwendet werden.

Kantholz $(E_{\|} = 10^4\ \mathrm{N/mm^2})$:

$$\mathrm{erf}\, I = a \cdot \max M \cdot l \cdot 10^4 \tag{10.17}$$

BSH $(E_{\|} = 1{,}1 \cdot 10^4\ \mathrm{N/mm^2})$:

$$\mathrm{erf}\, I = \frac{a}{1{,}1} \cdot \max M \cdot l \cdot 10^4 \tag{10.18}$$

Einheiten: M [kNm], l [m], I [mm^4]
a in Abhängigkeit von zul f s. [111, S. 4.39]

10.2.8 Beispiele

1. Beispiel: Deckenbalken S10/MS10 Lastfall H
Lichtweite $w = 4{,}0$ m (Abb. 10.9)

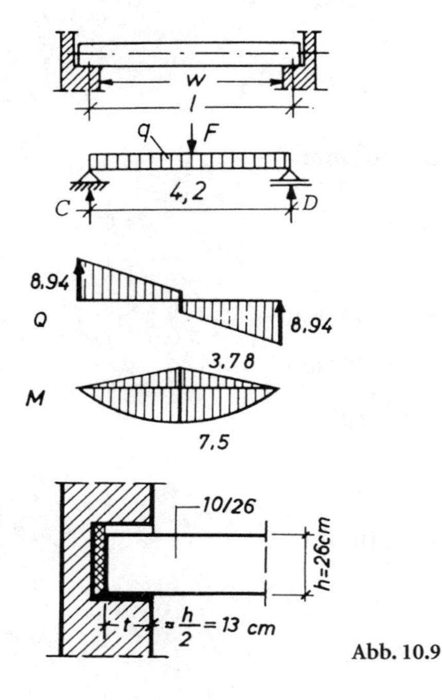

Abb. 10.9

Belastung eines Balkens:

$g = 1{,}80$ kN/m
$p = 1{,}60$ kN/m

$q = 3{,}40$ kN/m
$F = 3{,}6$ kN

Stützweite:

$l = 1{,}05 \cdot w = 1{,}05 \cdot 4{,}0 = 4{,}2$ m

Lagerreaktionen und Schnittgrößen:

$$C = D = 3{,}4 \cdot \frac{4{,}2}{2} + \frac{3{,}6}{2} = 8{,}94 \text{ kN}$$

$$\max Q = 8{,}94 \text{ kN}$$

könnte nach Tafel 10.1 geringfügig abgemindert werden (nur q-Einfluß)

$$\max M = 3{,}4 \cdot \frac{4{,}2^2}{8} = 7{,}5 \text{ kNm}$$

$$+3{,}6 \cdot \frac{4{,}2}{4} = 3{,}78 \text{ kNm}$$

$$11{,}28 \text{ kNm}$$

Bemessung nach [111]

$$\text{zul}\,\sigma_B = 10\ \text{N/mm}^2$$

$$\text{erf}\,W_y = \frac{M}{\text{zul}\,\sigma_B} = \frac{11280 \cdot 10^3}{10} = 1128 \cdot 10^3\ \text{mm}^3$$

$$\text{zul}\,f = l/300$$

$$\text{erf}\,I_y = (a_q \cdot M_q \cdot l + a_p \cdot M_p \cdot l) \cdot 10^4$$

$$= 10^4 \cdot 313 \cdot 7{,}5 \cdot 4{,}2 = 9860 \cdot 10^4\ \text{mm}^4$$

$$+10^4 \cdot 250 \cdot 3{,}78 \cdot 4{,}2 = 3970 \cdot 10^4\ \text{mm}^4$$

$$13830 \cdot 10^4\ \text{mm}^4$$

Mögliche Querschnitte 10/26 oder 12/24

Gewählt 10/26 $A = 260 \cdot 10^2\ \text{mm}^2$, $W_y = 1127 \cdot 10^3\ \text{mm}^3$

Auflagerfläche

$$A_C = t \cdot b \approx \frac{h}{2} \cdot b = 130 \cdot 100 = 130 \cdot 10^2\ \text{mm}^2$$

Spannungsnachweise

$$\sigma_B = \frac{M}{W} = \frac{11280 \cdot 10^3}{1127 \cdot 10^3} = 10\ \text{N/mm}^2 = \text{zul}\,\sigma_B$$

$$\tau_Q = 1{,}5 \cdot \frac{Q}{A} = 1{,}5 \cdot \frac{8{,}94 \cdot 10^3}{260 \cdot 10^2} = 0{,}5\ \text{N/mm}^2$$

$$0{,}5/0{,}9 = 0{,}56 < 1$$

$$\sigma_\perp = \frac{C}{A_C} = \frac{8{,}94 \cdot 10^3}{130 \cdot 10^2} = 0{,}7\ \text{N/mm}^2$$

$$\text{zul}\,\sigma_{D\perp} = 0{,}8 \cdot 2{,}0 = 1{,}6\ \text{N/mm}^2 \quad (\text{Gl. } (10.10))$$

$$\rightarrow 0{,}7/1{,}6 = 0{,}44 < 1$$

Mauerwerk

$$\text{zul}\,\sigma = 0{,}9\ \text{N/mm}^2\ (\text{Mz } 6/\text{II})$$

$$\rightarrow 0{,}7/0{,}9 = 0{,}78 < 1$$

Kippnachweis entfällt nach Tafel 9.17 a in [36], da

$$s_0 = 216 \cdot \frac{100^2}{260} = 8308\ \text{mm} > 4200\ \text{mm}$$

Durchbiegungsnachweis

Die Anteile infolge q und F werden getrennt berechnet nach (10.13)

mit $c_q = 4{,}80$, $c_p = 6{,}0$ nach [111]

$$f = \left(\frac{\sigma_q \cdot l^2}{c_q \cdot h} + \frac{\sigma_p \cdot l^2}{c_p \cdot h}\right) \cdot 100 = \left(\frac{\sigma_q}{c_q} + \frac{\sigma_p}{c_p}\right) \cdot \frac{l^2}{h} \cdot 100$$

$$= \left(\frac{7500}{1127 \cdot 4{,}8} + \frac{3780}{1127 \cdot 6{,}0}\right) \cdot \frac{4{,}2^2}{260} \cdot 100$$

$$= 13{,}2 \text{ mm} < \frac{4200}{300} = 14 \text{ mm}$$

2. Beispiel: Dachbinder aus BS14 (Abb. 10.10)

Lichtweite 17,3 m

Binderabstand 6,0 m

Dachneigung $\alpha = 12°$, $\sin\alpha = 0{,}208$, $\cos\alpha = 0{,}978$

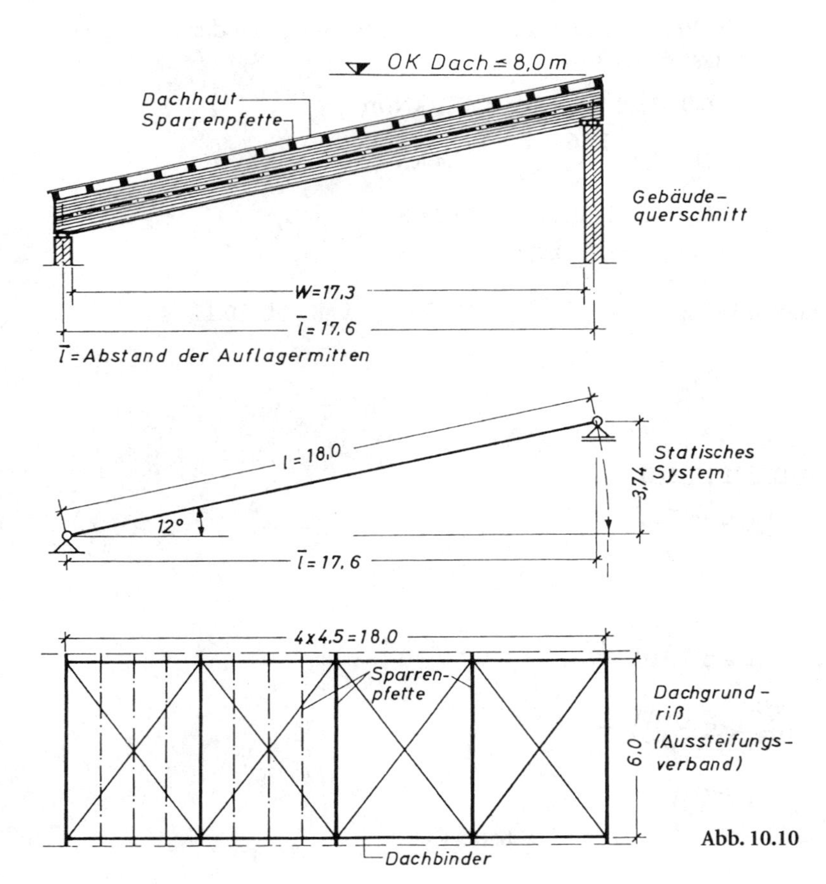

Abb. 10.10

Lastannahmen

Eigenlast	Wellplatten	0,20 kN/m² DFl
	Sparrenpfetten	0,10 kN/m² DFl
	Dachbinder	0,14 kN/m² DFl
		$g = 0{,}44$ kN/m² DFl
Auf Grundriß bezogen:	$\dfrac{g}{\cos\alpha} = \dfrac{0{,}44}{0{,}978} =$	$\bar{g} = 0{,}45$ kN/m² GFl
Schnee		$\bar{s} = 0{,}75$ kN/m² GFl
Σ Hauptlast		$\bar{q} = 1{,}20$ kN/m²/GFl
Wind	Staudruck	$q = 0{,}50$ kN/m² DFl

Nach *Teil 2, Abb. 14.25c und d* wirkt für $\alpha = 12° < 25°$ die Windlast auf der Luv- und Leeseite als Soglast, also entlastend.

$$w_S = -0{,}6 \cdot 0{,}5 = -0{,}30 \text{ kN/m}^2 \text{ DFl}$$

Maßgebend für die Bemessung des Dachbinders ist demnach der Lastfall H.
Gleichstreckenlast $\bar{q}$ [kN/m]

$$\bar{q} = 6{,}0 \cdot 1{,}20 \quad = \quad 7{,}2 \text{ kN/m}$$

$$C = D = 7{,}2 \cdot \frac{17{,}6}{2} \quad = 63{,}4 \text{ kN}$$

$$-N_C = N_D = 63{,}4 \cdot 0{,}208 \quad = 13{,}2 \text{ kN}$$

$$Q_C = -Q_D = 63{,}4 \cdot 0{,}978 = 62{,}0 \text{ kN}$$

$$\max M = 7{,}2 \cdot \frac{17{,}6^2}{8} \quad = 279 \text{ kNm} \quad \text{vgl. Abb. 10.11}$$

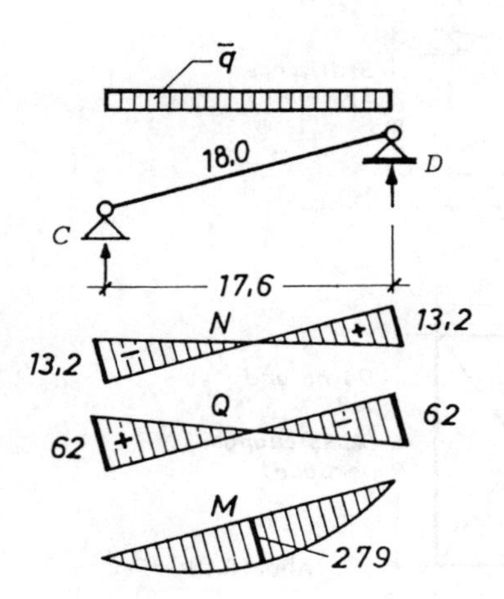

Abb. 10.11

Bemessung

Für die Bemessung wird die Längskraft vernachlässigt, da sie an der Stelle von max M Null ist.

$$\text{zul}\,\sigma_B = 14{,}0\ \text{MN/m}^2; \quad \text{zul}\,f = \frac{l}{200}\ \text{mit Ü.H.}$$

$$\text{erf}\,W_y = \frac{\max M}{\text{zul}\,\sigma_B} = \frac{279 \cdot 10^6}{14} = 19930 \cdot 10^3\ \text{mm}^3$$

$$\text{erf}\,I_y = \frac{a}{1{,}1} \cdot \max M \cdot l = \frac{208}{1{,}1} \cdot 279 \cdot 18 \cdot 10^4 = 949600 \cdot 10^4\ \text{mm}^4$$

Gewählt nach [36] BSH-Querschnitt 16/91

$$A = 160 \cdot 910 = 1456 \cdot 10^2\ \text{mm}^2$$

$$W_y = \frac{160 \cdot 910^2}{6} = 22080 \cdot 10^3\ \text{mm}^3 > 19930 \cdot 10^3\ \text{mm}^3$$

$$I_y = \frac{160 \cdot 910^3}{12} = 1004800 \cdot 10^4\ \text{mm}^4 > 949600 \cdot 10^4\ \text{mm}^4$$

Spannungsnachweise

Biegespannung

$$\sigma_B = \frac{M_y}{W_y} = \frac{279 \cdot 10^6}{22080 \cdot 10^3} = 12{,}6\ \text{N/mm}^2$$

$$12{,}6/14{,}0 = 0{,}9 < 1$$

Spannung am Auflager aus Längskraft

$$\sigma_N = \pm\frac{N}{A} = \pm\frac{13{,}2 \cdot 10^3}{1456 \cdot 10^2} = 0{,}09\ \text{N/mm}^2\ \text{gering}$$

Schubspannung:

Maßgebend ist der Querschnitt im ausgeklinkten Bereich am Auflager D. Berechnung nach (10.8) und Abb. 10.5a:

$$a = 50\ \text{mm} < 0{,}5 \cdot 910 < 500\ \text{mm} \quad \text{vgl. Abb. 10.12}$$

$$k_A = 1 - 2{,}8 \cdot 5{,}0/91 = 0{,}846$$

Aus (10.8) folgt:

$$\tau_Q = \frac{3}{2} \cdot \frac{Q}{b \cdot h_1} \cdot \frac{1}{k_A} = 1{,}5 \cdot \frac{62 \cdot 10^3}{160 \cdot 860} \cdot \frac{1}{0{,}846} = 0{,}8\ \text{N/mm}^2$$

$$0{,}8/1{,}2 = 0{,}67 < 1$$

Auflagerpressung:

$$\sigma_{D\sphericalangle} = \frac{C}{A_C} = \frac{63{,}4 \cdot 10^3}{160 \cdot 200} = 1{,}98\ \text{MN/m}^2$$

$$< 2{,}7\ \text{MN/m}^2 = \text{zul}\,\sigma_{D\sphericalangle 78^\circ} \quad -E20-$$

$$< 3{,}0\ \text{MN/m}^2 = \text{zul}\,\sigma_{D\perp}\ \text{LHA}$$

$$< \text{zulässige Betonpressung}$$

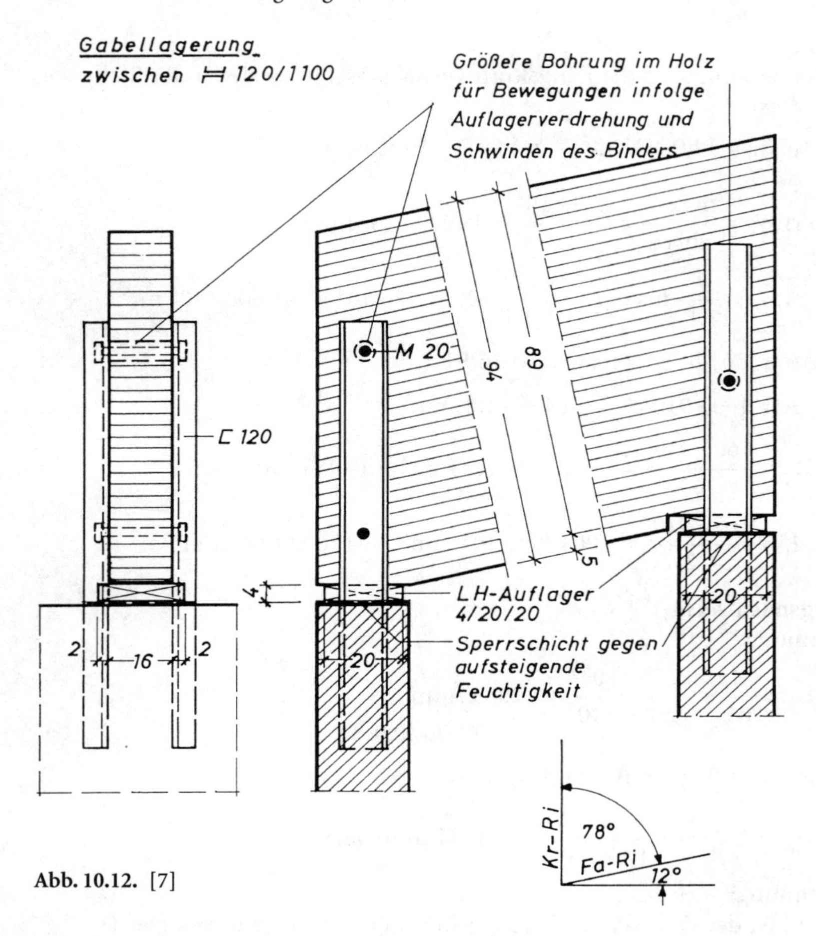

Abb. 10.12. [7]

Kippuntersuchung
Knotenabstand $s = 4{,}5$ m (Abb. 10.10)
Kippnachweis nach (10.11/10.12)

Die Gln. (10.11/10.12) können auch bei Trägern mit Gabellagerung an den Enden und seitlichen Halterungen am Obergurt (s. Abb. 10.13) angewendet werden –*E66*–.

Tafel 10.1 K: $\varkappa_B = 58{,}9 \cdot 10^{-3}$

$$\lambda_B = 58{,}9 \cdot 10^{-3} \sqrt{4{,}5 \cdot \frac{0{,}91}{0{,}16^2}} = 0{,}75$$

$$k_B = 1$$

Für $k_B > \dfrac{1}{1{,}1} = 0{,}91$ ist der Biegespannungsnachweis maßgebend.

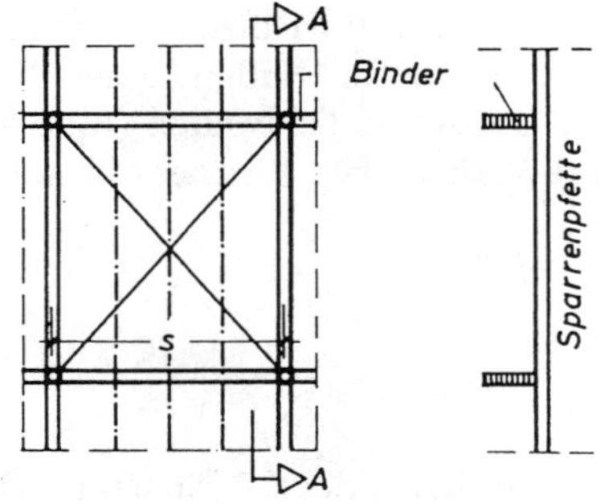

Abb. 10.13

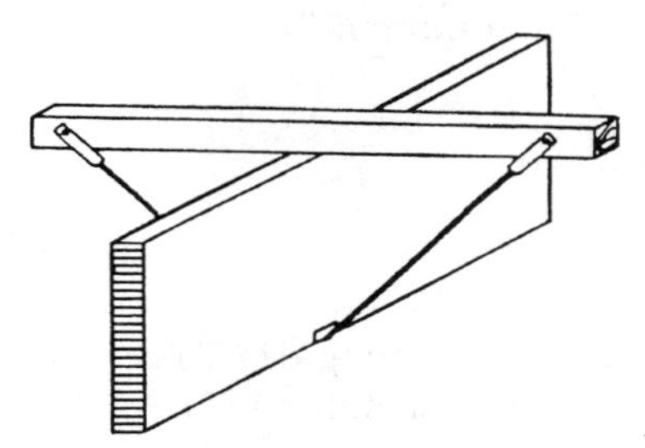

Abb. 10.14

Die Kippsicherheit ist gewährleistet.

Die Torsionssteifigkeit der einzelnen Träger kann durch Kopfbänder (s. Abb. 10.14) erhöht werden [117]. Kopfbänder können Windverbände aber nicht ersetzen.

Durchbiegungsnachweis

Der Schubeinfluß soll, obwohl nach *-8.5.4-* und *-E62-* nicht vorgeschrieben, in diesem Beispiel berücksichtigt werden.

Biegeverformung:

$$f_\sigma = \frac{100 \cdot \sigma_B \cdot l^2}{1{,}1 \cdot c \cdot h} = \frac{10^2 \cdot 12{,}6 \cdot 18^2}{1{,}1 \cdot 4{,}8 \cdot 910} = 85 \text{ mm}$$

Schubverformung:

$$f_\tau = \frac{1{,}2 \cdot M}{G \cdot A} = \frac{1{,}2 \cdot 279 \cdot 10^6}{600 \cdot 1456 \cdot 10^2} = 3{,}8 \text{ mm}$$

$$f = 85 + 3{,}8 = 88{,}8 \text{ mm} < \frac{18000}{200} = 90 \text{ mm}$$

Die Überhöhung wird parabelförmig ausgeführt mit max $f = 90$ mm.

Durchlaufträger können als *Gelenkträger* (statisch bestimmt) oder als *biegesteife Träger* (statisch unbestimmt) ausgeführt werden. Im Holzbau kommen diese beiden Systeme häufig vor als *Sparrenpfetten* für Hallendächer. Die Berechnung ist relativ einfach, da in der Regel konstante Feldweiten (Binderabstände) vorliegen und gleichmäßig verteilte Verkehrslast (Schnee) in allen Feldern angenommen werden darf.

Konstruktion und Berechnung s. Holzbau, Teil 2.

10.2.9 Doppelbiegung

Bauteile, die auf Doppelbiegung beansprucht werden, sind z.B. Sparrenpfetten geneigter Dächer, Mittelpfetten abgestrebter Pfettendächer, Wandriegel u.a.m.

Die Stützweiten l_y und l_z können für einen bestimmten Trägerabschnitt verschieden groß sein, vgl. Abb. 10.16.

Spannungsnachweis

$$\sigma_B = \pm \frac{M_y}{W_y} \pm \frac{M_z}{W_z}; \quad \sigma_B/\text{zul}\,\sigma_B \leqq 1 \tag{10.19}$$

Die Spannungen infolge M_y und M_z wirken in Längsrichtung des Trägers. In zwei Kanten addieren sich die Beträge der Spannungen (s. Abb. 10.15).

Durch Probieren [111] ermittelt man das erforderliche Widerstandsmoment

$$W_y = \frac{M_y + K \cdot M_z}{\text{zul}\,\sigma_B} \tag{10.20}$$

mit einem Schätzwert $K = \dfrac{h}{b}$ für $\approx 1 < K < 2$

Durchbiegungsnachweis

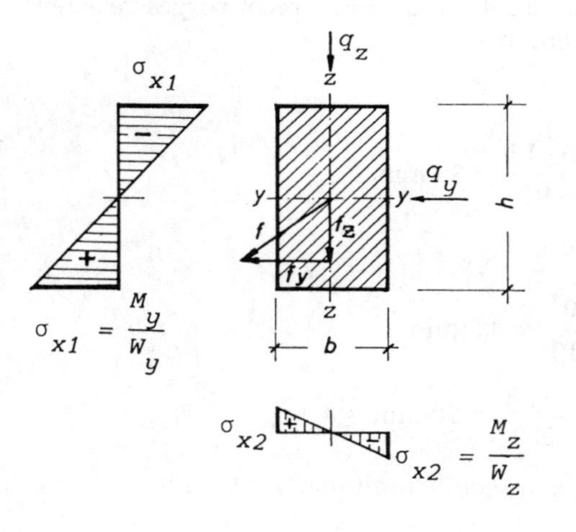

Abb. 10.15

Aus f_z infolge q_z und f_y infolge q_y folgt nach Abb. 10.15

$$f = \sqrt{f_z^2 + f_y^2} \leqq \text{zul}\, f \text{ nach Tafel 10.2} \tag{10.21}$$

Beispiel: Mittelpfette eines abgestrebten Pfettendaches

S10/MS10 Lastfall HZ

Kraftfluß und Stützweiten nach Abb. 10.16

Die lotrechten Lasten q_z werden durch die Stütze A aufgenommen. Die horizontalen Lasten q_y (Wind) werden durch die Zangen in die rechten Stützböcke BC geleitet, vgl. Abb. 10.16.

Die Stützweite $l_y = 4{,}3$ m ist festgelegt durch die Stützenabstände A_1A_2 bzw. B_1B_2.

Die Stützweite l_z darf für Kopfbandbalken nach *–8.2.4–* reduziert werden, wenn die benachbarten Stützenabstände um nicht mehr als 1/5 voneinander abweichen. Danach wird für Biegung um die y-Achse die Pfette vereinfacht als frei aufliegender Träger der Stützweite $l_z = 2{,}5$ m nach Abb. 10.16 berechnet.

Die durch die Sparren in die Mittelpfette eingeleiteten Lasten sollen im Lastfall HZ betragen (Abb. 10.17)

$$q_z = 6{,}0 \text{ kN/m}$$

$$q_y = 1{,}2 \text{ kN/m}$$

Biegemomente

$$M_y = \frac{q_z \cdot l_z^2}{8} = \frac{6{,}0 \cdot 2{,}5^2}{8} = 4{,}69 \text{ kNm}$$

$$M_z = \frac{q_y \cdot l_y^2}{8} = \frac{1{,}2 \cdot 4{,}3^2}{8} = 2{,}77 \text{ kNm}$$

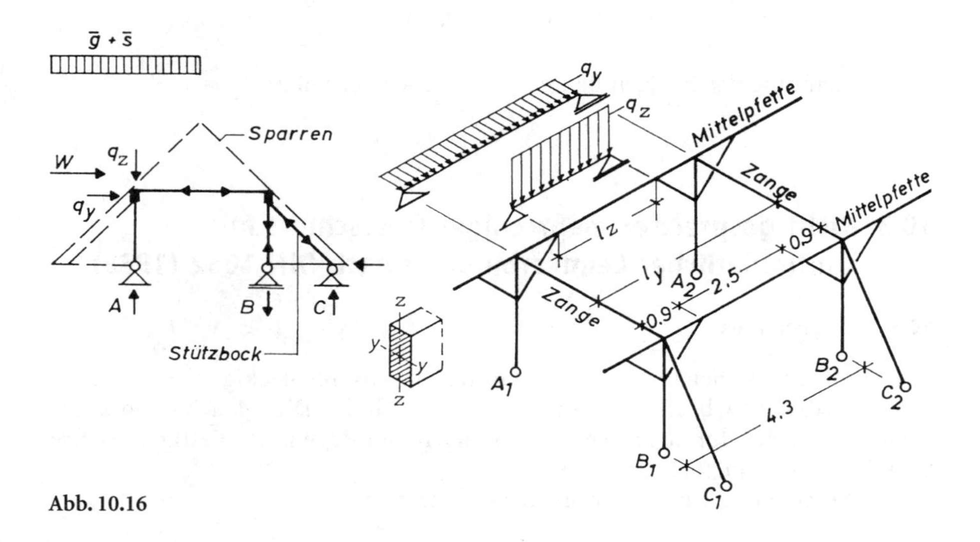

Abb. 10.16

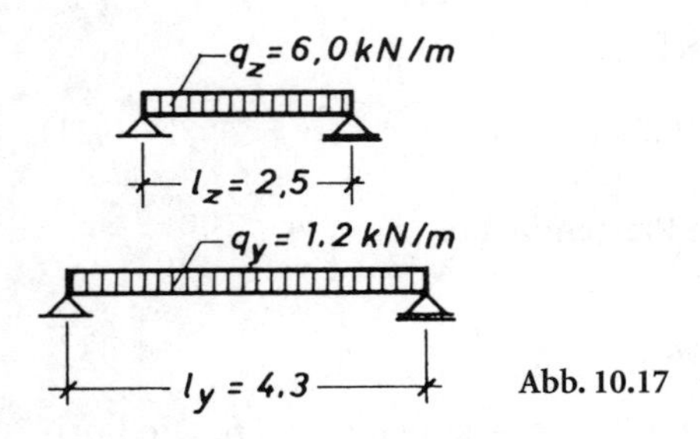

Abb. 10.17

Bemessung nach (10.20) mit zul $\sigma_B = 1,25 \cdot 10$ N/mm² $= 12,5$ N/mm² und Schätzwert $K = 1,5$

$$\text{erf } W_y = \frac{M_y + K \cdot M_z}{\text{zul } \sigma_B} \approx \frac{(4,69 + 1,5 \cdot 2,77) \cdot 10^6}{12,5} = 708 \cdot 10^3 \text{ mm}^3$$

Gewählt 12/20 $W_y = 800 \cdot 10^3$ mm³, $W_z = 480 \cdot 10^3$ mm³

$$\sigma_B = \frac{M_y}{W_y} + \frac{M_z}{W_z} = \frac{4690}{800} + \frac{2770}{480} = 5,86 + 5,77 = 11,6 \text{ N/mm}^2$$

$$11,6/12,5 = 0,93 < 1$$

Durchbiegung

$$f_z = \frac{100 \cdot \sigma_{x1} \cdot l_z^2}{c \cdot h} = \frac{5,86 \cdot 10^2 \cdot 2,5^2}{4,8 \cdot 200} = 3,8 \text{ mm}$$

$$f_y = \frac{100 \cdot \sigma_{x2} \cdot l_y^2}{c \cdot b} = \frac{5,77 \cdot 10^2 \cdot 4,3^2}{4,8 \cdot 120} = 18,5 \text{ mm}$$

$$f = \sqrt{f_z^2 + f_y^2} = \sqrt{3,8^2 + 18,5^2} = 18,9 \text{ mm} < \frac{4300}{200} = 21,5 \text{ mm}$$

Zur Berechnung der übrigen Bauteile siehe Holzbau, Teil 2.

10.3 Nicht gespreizter mehrteiliger Querschnitt mit kontinuierlicher Leimverbindung nach DIN 1052 (1988)

10.3.1 Allgemeines

Dieser Abschnitt behandelt Querschnitte, die aus rechteckigen Einzelteilen gemäß Abb. 9.1 a, b, c, d zusammengesetzt sind. Die Flächenmomente 2. Grades werden für starre Verbindung nach den Regeln der Festigkeitslehre berechnet, vgl. Gln. (9.2) und (9.3).

Die Berechnung wird an Beispielen erläutert.

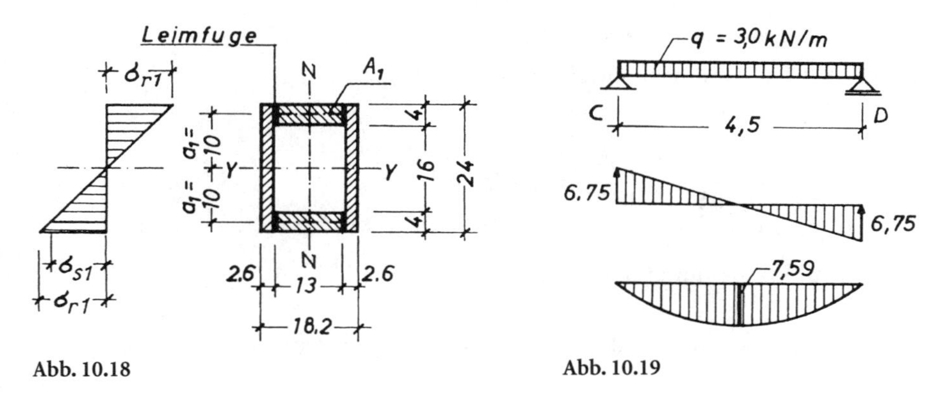

Abb. 10.18

Abb. 10.19

10.3.2 Hohlkastenträger aus Vollhölzern S10/MS10 (Abb. 10.18)

Deckenträger Lastfall H

Biegeachse y–y

10.3.2.1 Querschnittswerte

$$A = 2 \cdot 40 \cdot 130 = 104 \cdot 10^2\ \text{mm}^2$$
$$+\ 2 \cdot 26 \cdot 240 = 124{,}8 \cdot 10^2\ \text{mm}^2$$
$$228{,}8 \cdot 10^2\ \text{mm}^2$$

$$I_y = 104 \cdot 10^2 \cdot \frac{40^2}{12} = 139 \cdot 10^4\ \text{mm}^4$$
$$+\ 124{,}8 \cdot 10^2 \cdot \frac{240^2}{12} = 5990 \cdot 10^4\ \text{mm}^4$$
$$+\ 104 \cdot 10^2 \cdot 10^4 = 10400 \cdot 10^4\ \text{mm}^4$$
$$16529 \cdot 10^4\ \text{mm}^4$$

$$W_y = \frac{16529 \cdot 10^4}{120} = 1377 \cdot 10^3\ \text{mm}^3$$

10.3.2.2 Schnittgrößen (Abb. 10.19)

$$C = D = 3{,}0 \cdot \frac{4{,}5}{2} = 6{,}75\ \text{kN}$$
$$\max Q = 6{,}75\ \text{kN}$$
$$\max M = 3{,}0 \cdot \frac{4{,}5^2}{8} = 7{,}59\ \text{kNm}$$

10.3.2.3 Spannungsnachweise

Nach *–8.2.1.1–* sind nachzuweisen (Abb. 10.18):

Biegerandspannung

$$\sigma_{r1} = \frac{\max M_y}{W_y} = \frac{7590}{1377} = 5{,}5 \text{ N/mm}^2$$

$$5{,}5/10{,}0 = 0{,}55 < 1$$

Schwerpunktsspannung in den gezogenen Gurtteilen

$$\sigma_{s1} = \frac{M}{I_y} \cdot a_1 \,; \quad \text{zul}\,\sigma_{Z\parallel} \text{ (Tafel 2.4 Zeile 2) } \sigma_{s1}/\text{zul}\,\sigma_{Z\parallel} \leqq 1 \tag{10.22}$$

$$\sigma_{s1} = \frac{\max M_y}{I_y} \cdot a_1 = \frac{7590 \cdot 10^3}{16\,529 \cdot 10^4} \cdot 10^2 = 4{,}6 \text{ N/mm}^2$$

$$4{,}6/7 = 0{,}66 < 1$$

Größte Schubspannung in der Schwerachse

$$\max \tau_Q = \frac{\max Q \cdot \max S_y}{I_y \cdot \Sigma b} \tag{10.23}$$

$$\max S_y = 40 \cdot 130 \cdot 100 + 2 \cdot 26 \cdot 120 \cdot \frac{120}{2} = 894 \cdot 10^3 \text{ mm}^3$$

$$\max \tau_Q = \frac{6{,}75 \cdot 10^3 \cdot 894 \cdot 10^3}{16\,529 \cdot 10^4 \cdot 2 \cdot 26} = 0{,}7 \text{ N/mm}^2$$

$$0{,}7/0{,}9 = 0{,}78 < 1$$

Schubspannung in der Leimfuge (zul $\tau_{\text{Leim}} \geqq$ zul τ_{Holz})

$$S_1 = 40 \cdot 130 \cdot 100 = 520 \cdot 10^3 \text{ mm}^3$$

$$\tau_L = \frac{6{,}75 \cdot 10^3 \cdot 520 \cdot 10^3}{16\,529 \cdot 10^4 \cdot 2 \cdot 40} = 0{,}3 \text{ N/mm}^2$$

$$0{,}3/0{,}9 = 0{,}33 < 1$$

10.3.2.4 Kippuntersuchung

Vereinfachter Nachweis gemäß *–8.6.1–*
Dieser Nachweis führt bei Kastenquerschnitten infolge der Vernachlässigung der Torsionssteifigkeit zu stabilen, in der Regel aber unwirtschaftlicheren Konstruktionen *–E67–*.

Bei geleimten Trägern darf die gesamte Gurtbreite b_g einschließlich Steganteilen gleicher Höhe in Rechnung gestellt werden.

$$b_g = 130 + 2 \cdot 26 = 182 \text{ mm}$$

$$i_z = 0{,}289 \cdot 182 = 52{,}6 \text{ mm}$$

Ohne Scheibenwirkung der Decke ist $s = l = 4{,}50$ m

$$i_z = 52{,}6 \text{ mm} < \frac{s}{40} = \frac{4500}{40} = 112{,}5 \text{ mm}$$

$$\lambda_z = \frac{4500}{52{,}6} = 85{,}6 \rightarrow \omega_z = 2{,}41$$

Beim vereinfachten Nachweis darf die Schwerpunktspannung σ_{s1} des gedrückten Querschnittsteiles den Wert $k_s \cdot \text{zul}\,\sigma_k$ nicht überschreiten.

$$\sigma_{s1} = \frac{M}{I} \cdot a_1 \leqq \frac{k_s \cdot \text{zul}\,\sigma_{D\parallel}}{\omega_z}$$

$$k_s = \omega(\lambda_z = 40) = 1{,}26 \text{ für NH} \quad \textit{-8.6.1-}$$

$$\frac{1{,}26 \cdot 8{,}5}{2{,}41} = 4{,}44 \text{ MN/m}^2\,; \quad 4{,}6/4{,}44 = 1{,}04 \approx 1$$

Zum Vergleich soll der genauere Nachweis für den Hohlkastenträger geführt werden, um seine hohe Kippsteifigkeit zu zeigen.

Genauerer Kippsicherheitsnachweis [7]
Der genauere Nachweis kann nach [117] geführt werden. Danach ergibt sich für den gabelgelagerten Einfeldträger mit $M = \text{const}$ und $N = 0$ (Abb. 10.20):

$$\text{kritisches Moment crit}\,M = \sqrt{\frac{N_{eu,z} \cdot G \cdot I_T}{\alpha}} \tag{10.24}$$

$$\text{Torsionsflächenmoment 2. Grades } I_T = 2 \cdot \sum_{i=1}^{2} I_{Ti} + \frac{2 \cdot b_m^2 \cdot h_m^2}{\frac{b_m}{d_2} + \frac{h_m}{d_1}} \tag{10.25}$$

Die Torsionsflächenmomente 2. Grades I_{Ti} [117] der Einzelquerschnitte können im Holzbau für Kastenträger in vielen Fällen gegenüber dem sich nach der 2. Bredt'schen Formel ergebenden Anteil vernachlässigt werden.

$$I_T \approx (2 \cdot b_m^2 \cdot h_m^2) / \left(\frac{b_m}{d_2} + \frac{h_m}{d_1}\right) \qquad \text{vgl. (Abb. 10.21)}$$

$$\alpha = 1 - \frac{EI_z}{EI_y}$$

$$N_{eu,z} = \frac{\pi^2}{l^2} \cdot E \cdot I_z \tag{10.26}$$

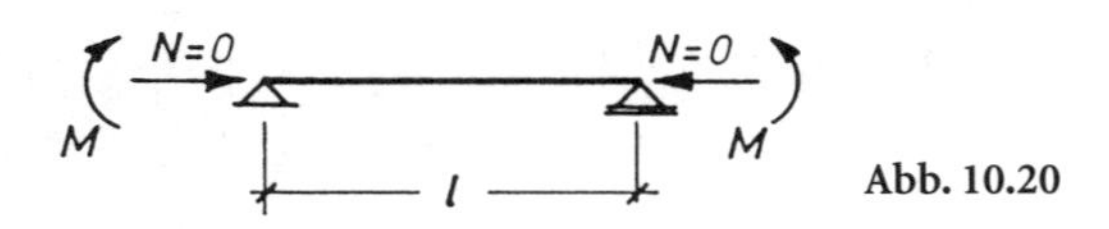

Abb. 10.20

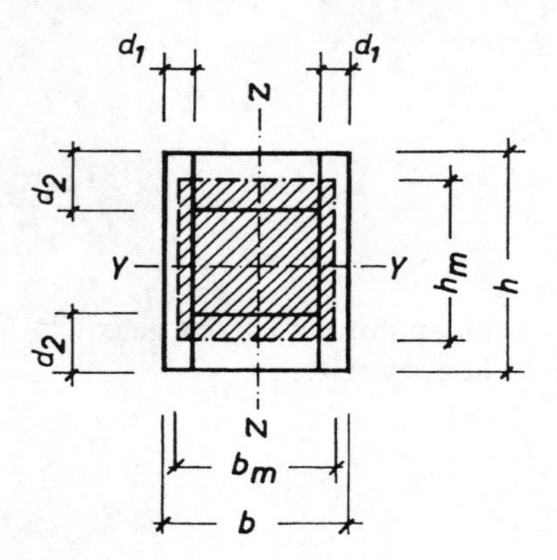

Abb. 10.21

Für $M_y(x) \neq$ const ist die Angriffshöhe e_z der Belastung q bei der Ermittlung von M_z^{II} zu berücksichtigen.

Das Moment um die z-Achse nach Theorie II. Ordnung beträgt [117]:

$$M_z^{II} = \frac{\dfrac{N_{eu,z}}{\alpha}\left(\dfrac{M_y^I}{\text{crit}\,M}\right)^2}{1 - \dfrac{e_z \cdot M_y^I}{G \cdot I_T} - \left(\dfrac{M_y^I}{\text{crit}\,M}\right)^2} \cdot e \tag{10.27}$$

mit

$$e_z = 0{,}5 \cdot h = 0{,}5 \cdot 240 = 120 \text{ mm}$$

$$e = \eta \cdot k \cdot \frac{l}{i} \quad \text{nach } \mathit{-9.6.3-}$$

$$M_y^I = \gamma_1 \cdot M_y = 2{,}0 \cdot 7{,}59 = 15{,}18 \text{ kNm} = M_y^{II}$$

$$\gamma_1 = 2{,}0 \qquad \text{nach } \mathit{-9.6.2-}$$

Für den geleimten Querschnitt nach Abb. 10.18 ergibt sich somit:

$$I_y = 2 \cdot \frac{26 \cdot 240^3}{12} + 2 \cdot \frac{130 \cdot 40^3}{12} + 2 \cdot 52 \cdot 10^2 \cdot 100^2$$
$$= 16530 \cdot 10^4 \text{ mm}^4$$

$$I_z = 2 \cdot \frac{240 \cdot 26^3}{12} + 2 \cdot \frac{40 \cdot 130^3}{12} + 2 \cdot 62{,}4 \cdot 10^2 \cdot 78^2$$
$$= 9130 \cdot 10^4 \text{ mm}^4$$

$$W_y = 1378 \cdot 10^3 \text{ mm}^3\,; \quad W_z = 1003 \cdot 10^3 \text{ mm}^3$$

$$I_T \approx \frac{2 \cdot 156^2 \cdot 200^2}{\dfrac{156}{40} + \dfrac{200}{26}} = 16795 \cdot 10^4 \text{ mm}^4$$

$$\alpha = 1 - \frac{E \cdot 9130}{E \cdot 16530} = 0{,}448$$

$$N_{\mathrm{eu,z}} = \frac{\pi^2}{4500^2} \cdot 10^4 \cdot 9130 \cdot 10^4 = 445 \cdot 10^3\ \mathrm{N} = 445\ \mathrm{kN}$$

Damit wird

$$\operatorname{crit} M = \sqrt{\frac{0{,}445 \cdot 500 \cdot 1{,}679 \cdot 10^{-4}}{0{,}448}} = 0{,}289\ \mathrm{MNm} = 289\ \mathrm{kNm}$$

Vorkrümmung $e = 0{,}006 \cdot k \cdot \frac{l}{i} = 0{,}006 \cdot 43{,}8 \cdot \frac{4500}{63{,}2} = 18{,}7\ \mathrm{mm}$

$$k = \frac{W_{\mathrm{z}}}{A} = \frac{1003 \cdot 10^3}{2 \cdot (52{,}0 + 62{,}4) \cdot 10^2} = 43{,}8\ \mathrm{mm}$$

$$i_{\mathrm{z}} = \sqrt{\frac{9130 \cdot 10^4}{228{,}8 \cdot 10^2}} = 63{,}2\ \mathrm{mm}$$

$$\frac{M_{\mathrm{y}}^{\mathrm{I}}}{\operatorname{crit} M} = \frac{15{,}18}{289} = 0{,}0525$$

$$M_{\mathrm{z}}^{\mathrm{II}} = \frac{\frac{445}{0{,}448} \cdot 0{,}0525^2}{1 - \frac{0{,}12 \cdot 15{,}18}{500 \cdot 10^3 \cdot 1{,}679 \cdot 10^{-4}} - 0{,}0525^2} \cdot 0{,}0187 = 0{,}052\ \mathrm{kNm}$$

Spannungsnachweis nach Theorie II. Ordnung *–9.6 und 8.6.2–*:

$$\frac{\frac{15{,}18 \cdot 10^3}{1378}}{2{,}0 \cdot 1{,}1 \cdot 10} + \frac{\frac{0{,}052 \cdot 10^3}{1003}}{2{,}0 \cdot 1{,}1 \cdot 10} = 0{,}501 + 0{,}002 = 0{,}503 < 1$$

Wenn der Spannungsnachweis nach Theorie II. Ordnung benutzt wird, ist zusätzlich der Nachweis nach Theorie I. Ordnung für die einfache Biegung zu führen *–9.4–*.

10.3.2.5 Durchbiegung

Biegeverformung bei symmetrischem Querschnitt nach (10.13), Schubverformung nach (10.15) mit A_{St} nach Tafel 10.3.

$$f_\sigma = \frac{100 \cdot \sigma_{\mathrm{r1}} \cdot l^2}{c \cdot h} = \frac{5{,}5 \cdot 4{,}5^2 \cdot 10^2}{4{,}8 \cdot 240} = 9{,}7\ \mathrm{mm}$$

$$f_\tau = \frac{M}{G \cdot A_{\mathrm{St}}} = \frac{7{,}59 \cdot 10^6}{500 \cdot 200 \cdot 2 \cdot 26} = 1{,}5\ \mathrm{mm}$$

$$f = f_\sigma + f_\tau = 9{,}7 + 1{,}5 = 11{,}2\ \mathrm{mm} < \frac{4500}{300} = 15\ \mathrm{mm}$$

10.3.3 Hohlkastenträger mit BFU-Stegen nach Abb. 10.22 [7]

Gurte S10/MS10 wie 10.3.2
Deckenträger Lastfall H
Fa-Ri der Deckfurniere ‖ Trägerachse
Spannweite, Belastung, Schnittgrößen wie 10.3.2

10.3.3.1 Besonderheiten des Verbundquerschnittes

$$E_{BFU} = 4500\ \mathrm{MN/m^2} \quad \| \text{Fa der Deckfurniere}$$
$$E_{NH} = 10000\ \mathrm{MN/m^2} \quad \| \text{Fa}$$
$$n = \frac{E_{BFU}}{E_{NH}} = \frac{4500}{10000} = 0{,}45 \tag{10.28}$$

Wegen gleicher Dehnungen des Gurtholzes und der Plattenstege in jeder gemeinsamen Faser verhalten sich die Spannungen wie die E-Moduln.

$$\varepsilon_{BFU} = \varepsilon_{NH} \rightarrow \sigma_{BFU} = \frac{E_{BFU}}{E_{NH}} \cdot \sigma_{NH} = n \cdot \sigma_{NH} \tag{10.29}$$

Die Biegesteifigkeit des Verbundquerschnittes ist

$$EI = E_{NH} \cdot I_{NH} + E_{BFU} \cdot I_{BFU} = E_{NH}(I_{NH} + n \cdot I_{BFU}) \tag{10.30}$$

Bezogen auf das Vollholz, sind Flächenmoment 2. und 1. Grades für die y-Achse

$$I_y = I_{NH} + n \cdot I_{BFU} \tag{10.31}$$
$$S_y = S_{NH} + n \cdot S_{BFU} \tag{10.32}$$

10.3.3.2 Querschnittswerte

Stegdicke $t = 12$ mm > 6 mm nach *–6.3.3–*

$$A_{NH} = 2 \cdot 40 \cdot 130 = 104 \cdot 10^2\ \mathrm{mm^2}$$
$$A_{BFU} = 2 \cdot 12 \cdot 240 = 57{,}6 \cdot 10^2\ \mathrm{mm^2}$$
$$I_y = I_{NH} + n \cdot I_{BFU} = \left(104 \cdot \frac{40^2}{12} + 104 \cdot 100^2 + 0{,}45 \cdot 57{,}6 \cdot \frac{240^2}{12}\right) \cdot 10^2$$
$$= (139 + 10400 + 1245) \cdot 10^4 = 11780 \cdot 10^4\ \mathrm{mm^4}$$

$$\max S_y = S_{NH} + n \cdot S_{BFU} = 5200 \cdot 10^2 + 0{,}45 \cdot 24 \cdot 120 \cdot \frac{120}{2}$$
$$= (520 + 78) \cdot 10^3 = 598 \cdot 10^3\ \mathrm{mm^3}$$

Gurt

$$S_1 = A_1 \cdot a_1 = 52 \cdot 10^2 \cdot 100 = 520 \cdot 10^3\ \mathrm{mm^3}$$

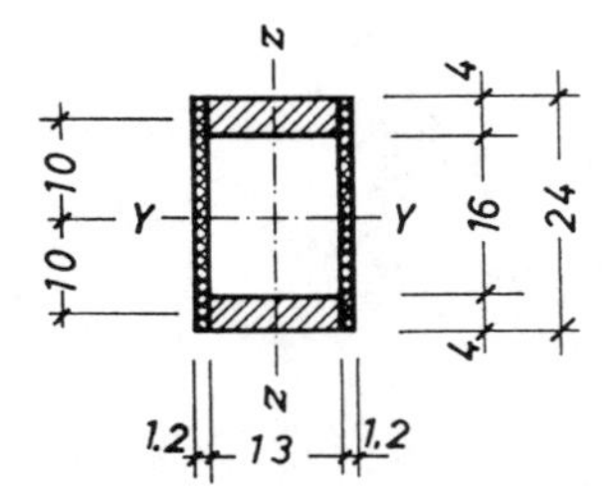

Abb. 10.22

10.3.3.3 Spannungsnachweis

Gurte aus S10/MS10 (vgl. Abb. 10.18)

$$\sigma_{r1} = \frac{M_y}{I_y} \cdot \frac{h}{2} = \frac{7{,}59 \cdot 10^6}{11780 \cdot 10^4} \cdot \frac{240}{2} = 7{,}7 \text{ N/mm}^2$$

$$\text{zul}\, \sigma_B = 10{,}0 \text{ MN/m}^2 \text{ (Tafel 2.4 Zeile 1)}$$

$$7{,}7/10{,}0 = 0{,}77 < 1$$

$$\sigma_{s1} = \frac{M_y}{I_y} \cdot a_1 = \frac{7{,}59 \cdot 10^6 \cdot 100}{11780 \cdot 10^4} = 6{,}4 \text{ N/mm}^2$$

$$\text{zul}\, \sigma_{Z\parallel} = 7 \text{ MN/m}^2 \quad \text{(Tafel 2.4 Zeile 2)}$$

$$6{,}4/7 = 0{,}91 < 1$$

Stege aus BFU

$$\sigma_{r2} = n \cdot \sigma_{r1} = 0{,}45 \cdot 7{,}7 = 3{,}5 \text{ N/mm}^2$$

$$\text{zul}\, \sigma_B = 9{,}0 \text{ MN/m}^2 \text{ [36]}$$

$$3{,}5/9{,}0 = 0{,}39 < 1$$

$$\max \tau_Q = \frac{\max Q \cdot \max S_y}{I_y \cdot \Sigma t} = \frac{6{,}75 \cdot 10^3 \cdot 598 \cdot 10^3}{11780 \cdot 10^4 \cdot 2 \cdot 12} = 1{,}43 \text{ N/mm}^2$$

$$\text{zul}\, \tau_Q = 1{,}8 \text{ MN/m}^2 \text{ [36]}$$

$$1{,}4/1{,}8 = 0{,}78 < 1$$

In der Leimfuge

$$\tau_L = \frac{\max Q \cdot S_1}{I_y \cdot 2 \cdot h_1} = \frac{6{,}75 \cdot 10^3 \cdot 520 \cdot 10^3}{11780 \cdot 10^4 \cdot 2 \cdot 40} = 0{,}37 \text{ N/mm}^2$$

$$\text{zul}\, \tau_Q = \text{zul}\, \tau_a = 0{,}9 \text{ N/mm}^2 \leqq \text{zul}\, \tau_L \quad \text{(Tafel 2.4)}$$

$$0{,}37/0{,}9 = 0{,}41 < 1$$

10.3.3.4 Kippen und Beulen

Vereinfachter Kippnachweis sinngemäß wie Abschn. 10.3.2.4 unter Berücksichtigung des Quotienten aus (10.28)

$$n = \frac{E_{BFU}}{E_{NH}} = 0{,}45$$

mit

$$b_g = 130 + 0{,}45 \cdot 2 \cdot 12 = 141 \text{ mm}$$

$$i_z = 0{,}289 \cdot 141 = 41 \text{ mm}$$

Gleiches gilt sinngemäß auch für den genaueren Nachweis.

Beulnachweis für die Stege nach *–8.4.1–*:

$$\frac{h_{sl}}{b_s} = \frac{160}{12} = 13{,}3 < 35$$

Berechnungsbeispiel siehe auch [33].

10.3.3.5 Durchbiegung nach (10.13, 10.15)

$$f_\sigma = \frac{100 \cdot \sigma_{r1} \cdot l^2}{c \cdot h} = \frac{100 \cdot 7{,}7 \cdot 4{,}5^2}{4{,}8 \cdot 240} = 13{,}5 \text{ mm}$$

$$f_\tau = \frac{M}{G \cdot A_{St}} = \frac{7{,}59 \cdot 10^6}{500 \cdot 200 \cdot 2 \cdot 12} = 3{,}2 \text{ mm}$$

$$f = f_\sigma + f_\tau = 13{,}5 + 3{,}2 = 16{,}7 \text{ mm} \approx \frac{4500}{300}$$

10.4 Nicht gespreizter mehrteiliger Querschnitt mit kontinuierlicher nachgiebiger Verbindung nach DIN 1052 (1988)

Es handelt sich um Querschnittstypen nach Tafel 9.1.

10.4.1 Biegung um die „starre" Achse

Berechnung wie einteilige Stäbe. Das Flächenmoment 2. Grades I_z wird gemäß (9.1) nach den Regeln der Festigkeitslehre berechnet.

10.4.2 Biegung um die „nachgiebige" Achse [7]

Wegen der Nachgiebigkeit in den Verbindungsfugen wird das wirksame Flächenmoment 2. Grades ef I nach (9.4) berechnet.

$$\text{ef}\, I = \sum_{i=1}^{n} I_i + \sum_{i=1}^{n} (\gamma_i \cdot A_i \cdot a_i^2)$$

γ_i nach (9.6, 9.7); k_i nach (9.8);

a_2 nach (9.8a/9.8b)

In der Formel (9.8) bedeutet abweichend von Abschn. 9.3.1.2

l die maßgebende Stützweite *–8.3.2–*

bei frei aufliegenden Trägern	l = Stützweite
bei Durchlaufträgern	$l = 4/5 \cdot$ Stützweite
bei Kragträgern	$l = 2 \cdot$ Kraglänge

Der Spannungsverlauf für Biegung um die „nachgiebige" Achse (hier y-Achse), der mit den in *–8.3.1–* enthaltenen Gln. (33) und (34) bestimmt werden kann, ist in der Abb. 10.23 dargestellt.

Biegespannungen um die *y*-Achse
Träger mit doppeltsymmetrischen Querschnitten

Typ 1 bis 3 (s. Tafel 9.1 und Abb. 10.23 a, b):

$\gamma_1 = \gamma_3 = \gamma; \ a_2 = 0$

E_v = beliebiger Vergleichs-E-Modul

$n_i = E_i / E_v$

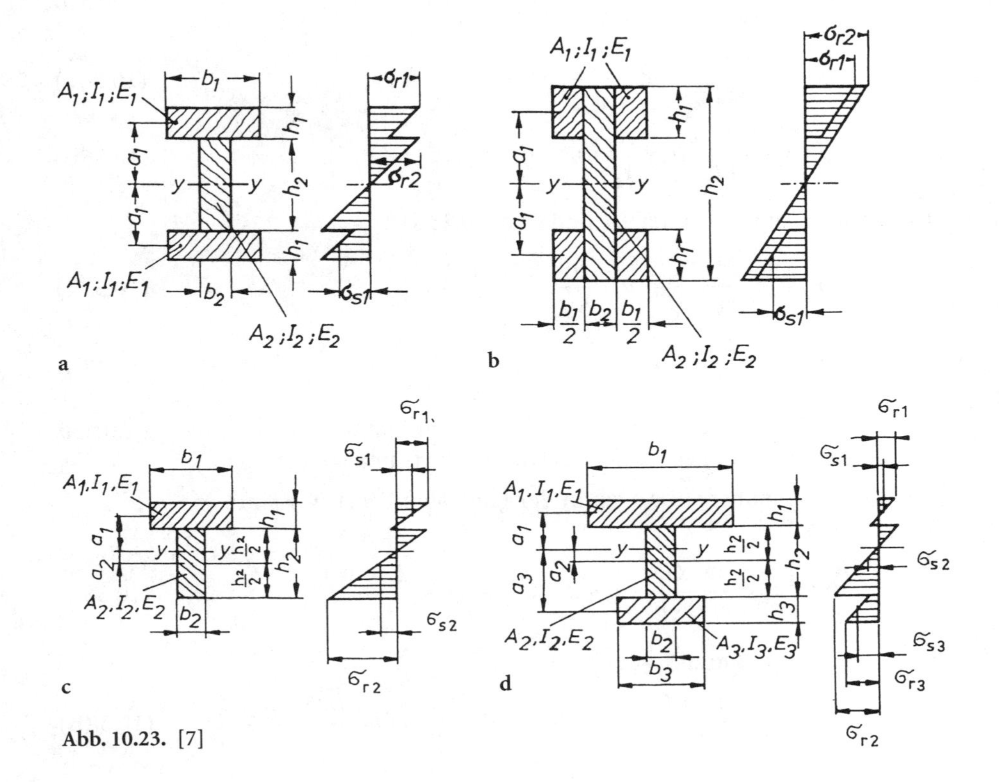

Abb. 10.23. [7]

am Gurtrand

$$\sigma_{r1} = \pm \frac{M}{\mathrm{ef}\,I_y} \cdot \left(\gamma \cdot a_1 \cdot \frac{A_1}{A_{1n}} + \frac{h_1}{2} \cdot \frac{I_1}{I_{1n}} \right) \cdot n_1 \tag{10.33a}$$

am Stegrand

$$\sigma_{r2} = \pm \frac{M}{\mathrm{ef}\,I_y} \cdot \frac{h_2}{2} \cdot \frac{I_2}{I_{2n}} \cdot n_2 \tag{10.33b}$$

im Gurtschwerpunkt

$$\sigma_{s1} = \pm \frac{M}{\mathrm{ef}\,I_y} \cdot \gamma \cdot a_1 \cdot \frac{A_1}{A_{1n}} \cdot n_1 \tag{10.34}$$

Träger mit einfachsymmetrischen Querschnitten **Typ 4 und 5:**
Es wird vorausgesetzt: $0 \leqq a_2 \leqq h_2/2$

Träger nach Typ 4 (Tafel 9.1 und Abb. 10.23c)
$A_3 = 0$; $\gamma_1 = \gamma$; $\gamma_2 = 1$

$$\sigma_{r1} = -\frac{M}{\mathrm{ef}\,I_y} \cdot \left(\gamma \cdot a_1 \cdot \frac{A_1}{A_{1n}} + \frac{h_1}{2} \cdot \frac{I_1}{I_{1n}} \right) \cdot n_1 \tag{10.35a}$$

$$\sigma_{r2} = +\frac{M}{\mathrm{ef}\,I_y} \cdot \left(a_2 \cdot \frac{A_2}{A_{2n}} + \frac{h_2}{2} \cdot \frac{I_2}{I_{2n}} \right) \cdot n_2 \tag{10.35b}$$

$$\sigma_{s1} = -\frac{M}{\mathrm{ef}\,I_y} \cdot \gamma \cdot a_1 \cdot \frac{A_1}{A_{1n}} \cdot n_1 \tag{10.36a}$$

$$\sigma_{s2} = +\frac{M}{\mathrm{ef}\,I_y} \cdot a_2 \cdot \frac{A_2}{A_{2n}} \cdot n_2 \tag{10.36b}$$

Träger nach Typ 5 (s. Tafel 9.1 und Abb. 10.23d)

$$\sigma_{ri} = \pm \frac{M}{\mathrm{ef}\,I_y} \cdot \left(\gamma_i \cdot a_i \cdot \frac{A_i}{A_{in}} + \frac{h_i}{2} \cdot \frac{I_i}{I_{in}} \right) \cdot n_i \tag{10.37a}$$

$$\sigma_{si} = \pm \frac{M}{\mathrm{ef}\,I_y} \cdot \gamma_i \cdot a_i \cdot \frac{A_i}{A_{in}} \cdot n_i \tag{10.37b}$$

Die Flächenmomente 2. Grades I_{in} der geschwächten Querschnitte A_{in} dürfen auf die Achse des ungeschwächten Querschnitts bezogen werden.

Die größten Schubspannungen in der neutralen Faser y–y sind:
Träger nach Typ 1–3

$$\max \tau_Q = \frac{\max Q}{\mathrm{ef}\,I_y \cdot b_2} \cdot \left(\gamma \cdot n_1 \cdot a_1 \cdot A_1 + n_2 \frac{b_2 \cdot h_2^2}{8} \right) \tag{10.38a}$$

Träger nach Typ 4 und 5 *–8.3.3–*

$$\max \tau_Q = \frac{\max Q}{\mathrm{ef}\,I_y \cdot b_2} \cdot \left(\gamma_1 \cdot n_1 \cdot a_1 \cdot A_1 + n_2 \cdot b_2 \frac{(h_2/2 - a_2)^2}{2} \right) \tag{10.38b}$$

$S_2 = b_2 \cdot (h_2/2 - a_2)^2/2$ ist das auf y–y bezogene Flächenmoment 1. Grades der oberhalb der maßgebenden Spannungsnullebene y–y liegenden Stegfläche.

Berechnung der Verbindungsmittel

Der größte Schubfluß in der Fuge ergibt sich aus der größten Querkraft sinngemäß wie (9.10)

$$\text{ef}\,t_{1,3} = \frac{\max Q \cdot \gamma_{1,3} \cdot S_{1,3}}{\text{ef}\,I_y} = \frac{\max Q \cdot \gamma_{1,3} \cdot n_{1,3} \cdot a_{1,3} \cdot A_{1,3}}{\text{ef}\,I_y} \tag{10.39}$$

Der Abstand der Verbindungsmittel wird nach Gl. (9.11) für $\text{ef}\,t_{1,3}$ ermittelt und in der Regel unabhängig vom Querkraftverlauf konstant über die ganze Trägerlänge ausgeführt.

Nach *–8.3.3–* darf der Verbindungsmittelabstand linear entsprechend dem Q-Verlauf abgestuft werden

$$\text{von } \min e \text{ bis } \max e = 4 \cdot \min e$$

Zur Berechnung der k-Werte nach Gl. (9.8) wird dann anstelle von e' der wirksame VM-Abstand $\bar{e}'$ eingesetzt:

$$\bar{e}' = \frac{1}{m} \cdot (0{,}75 \min e + 0{,}25 \max e)$$

$m \triangleq$ Anzahl der VM-Reihen nach Abb. 9.6.

Durchbiegungsnachweis am Beispiel des Einfeldträgers

Biegeverformung

$$f_\sigma = \frac{5}{384} \cdot \frac{q \cdot l^4}{E_\| \cdot \text{ef}\,I} = \frac{5}{48} \cdot \frac{M \cdot l^2}{E_\| \cdot \text{ef}\,I} \tag{10.40}$$

Schubverformung

$$f_\tau = \frac{q \cdot l^2}{8 \cdot G \cdot A_{\text{St}}} = \frac{M}{G \cdot A_{\text{St}}} \qquad \text{wie (10.15)}$$

Gesamtverformung

$$f = f_\sigma + f_\tau \leqq \text{zul}\,f \qquad \text{wie (10.16)}$$

A_{St} nach Tafel 10.3

Der Spannungsverlauf gemäß Abb. 10.23b nach (10.33a, b) und (10.34) wird mit Hilfe der Abb. 10.24 noch einmal für die obere Trägerhälfte übersichtlich dargestellt.

Zur Vereinfachung wird ein genagelter Träger mit $d_n \leqq 4{,}2$ mm (nicht vorgebohrt) gewählt. Dann gilt

$$\frac{A_1}{A_{1n}} = 1 \quad \text{und} \quad \frac{I_1}{I_{1n}} = \frac{I_2}{I_{2n}} = 1$$

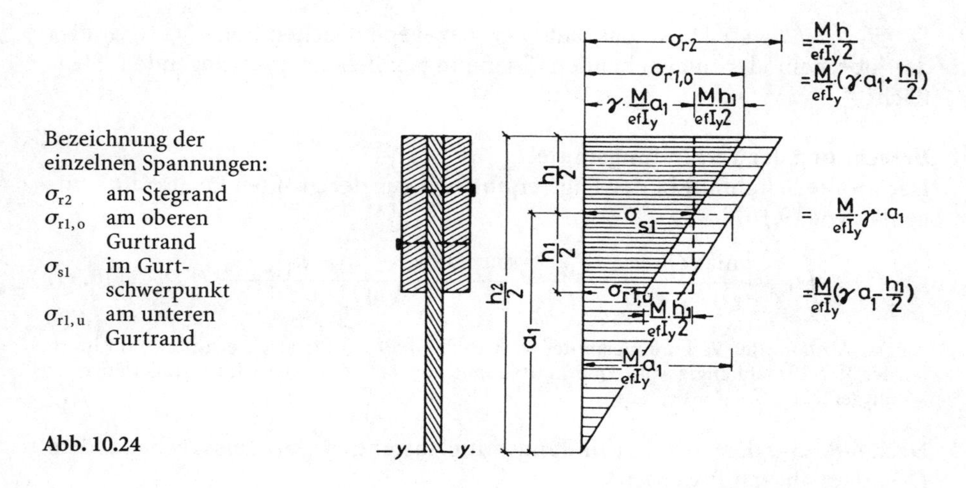

Abb. 10.24

In der Fuge zwischen Gurt und Steg tritt wegen der durch die nachgiebigen Verbindungsmittel entstehenden Verschiebung ein Spannungssprung auf den γ-fachen Betrag auf (Abminderung, da $\gamma < 1$).

$$E_1 = E_2 = E_v$$

Spannungen im Abstand a_1 von der y-Achse nach Abb. 10.24:

Steg: $\sigma_{a1} = \dfrac{M}{\text{ef}\,I_y} \cdot a_1$ (starr)

Gurt: $\sigma_{s1} = \gamma \cdot \dfrac{M}{\text{ef}\,I_y} \cdot a_1$ (Nachgiebigkeit in der Fuge)

1. Beispiel: Deckenträger, genagelt, S10/MS10, Lastfall H
Biegung um „nachgiebige" Achse y–y
vgl. Abschn. 10.3.2, Abb. 10.18 und 10.19

Der Querschnitt entspricht Typ 2 nach Tafel 9.1 für die z-Achse mit einschnittigen Nägeln.

Nach (9.8): $$k_1 = k = \frac{\pi^2 \cdot E_1 \cdot A_1 \cdot e'}{l^2 \cdot C}$$

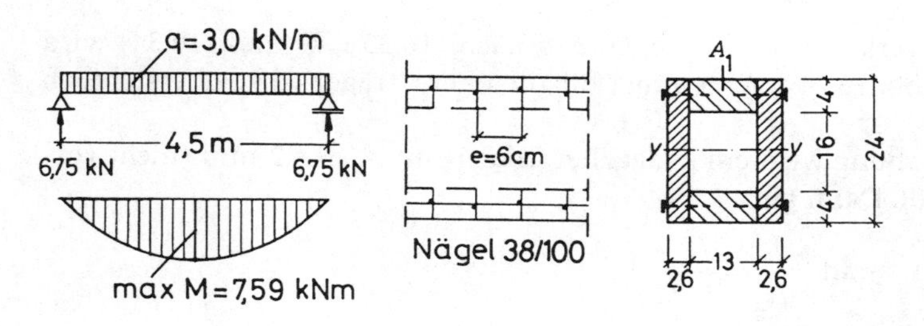

Abb. 10.25

Da ein Gurtquerschnitt A_1 mit zwei gegenüberliegenden Nagelreihen an die Stege angeschlossen wird, ist $\quad e' = \frac{1}{2} \cdot e$

Nagelabstand geschätzt [122] $\quad e' = \frac{1}{2} \cdot e = 30$ mm

Stützweite $\quad l = 4{,}5$ m

Gurtquerschnitt $\quad A_1 = 40 \cdot 130 = 52 \cdot 10^2$ mm²

Verschiebungsmodul (Tafel 9.1) $\quad C = 900$ N/mm

Elastizitätsmodul $\quad E_1 = 10^4$ N/mm²

$$k = \frac{\pi^2 \cdot 10^4 \cdot 52 \cdot 10^2 \cdot 30}{4{,}5^2 \cdot 10^6 \cdot 900} = 0{,}845 \qquad \gamma = \frac{1}{1+k} = \frac{1}{1{,}845} = 0{,}542$$

Wirksames Flächenmoment 2. Grades um die y-Achse

$$\begin{aligned} \mathrm{ef}\,I_y &= 2 \cdot A_1 \cdot \frac{h_1^2}{12} + 2 \cdot A_2 \cdot \frac{h_2^2}{12} + \gamma \cdot 2 \cdot A_1 \cdot a_1^2 \\ &= \left(2 \cdot 52 \cdot \frac{40^2}{12} + 2 \cdot 62{,}4 \cdot \frac{240^2}{12} + 0{,}542 \cdot 2 \cdot 52 \cdot 100^2\right) \cdot 10^2 \\ &= (139 + 5990 + 5637) \cdot 10^4\ \mathrm{mm}^4 \approx 11770 \cdot 10^4\ \mathrm{mm}^4 \end{aligned}$$

Schubfluß in den Fugen nach Gl. (10.39)

$$\mathrm{ef}\,t_1 = \frac{\max Q \cdot \gamma \cdot S_1}{\mathrm{ef}\,I_y} = \frac{6{,}75 \cdot 10^3 \cdot 0{,}542 \cdot 52 \cdot 10^4}{11770 \cdot 10^4} = 16{,}2\ \mathrm{N/mm}$$

Erforderlicher Nagelabstand für Nä 38/100 nach (9.11)

$$\mathrm{erf}\,e_1 = \frac{m_1 \cdot \mathrm{zul}\,N_1}{\mathrm{ef}\,t_1} = \frac{2 \cdot 523}{16{,}2} = 64{,}6\ \mathrm{mm} > 60\ \mathrm{mm} = e$$

Spannungsnachweise für S10/MS10, Lastfall H

Kein Querschnittsabzug, da $d_n = 3{,}8$ mm < 4,2 mm.

$$\frac{A_1}{A_{1n}} = 1; \quad \frac{I_1}{I_{1n}} = 1$$

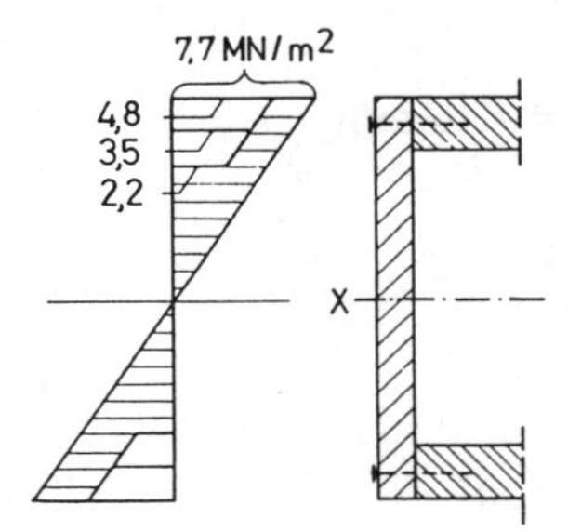

Abb. 10.26

Stegrandspannung (Abb. 10.24):

$$\sigma_{r2} = \frac{M}{\text{ef}\,I_y} \cdot \frac{h_2}{2} = \frac{759 \cdot 10^4 \cdot 240}{11770 \cdot 10^4 \cdot 2} = 7{,}74\ \text{N/mm}^2$$

$$7{,}7/10{,}0 = 0{,}77 < 1$$

Schwerpunktsspannung im Gurt (Abb. 10.24):

$$\sigma_{s1} = \frac{M}{\text{ef}\,I_y} \cdot a_1 \cdot \gamma = \frac{759 \cdot 10^4 \cdot 100 \cdot 0{,}542}{11770 \cdot 10^4} = 3{,}50\ \text{N/mm}^2$$

$$3{,}5/7 = 0{,}5 < 1$$

Gurtrandspannungen (Abb. 10.24):

$$\sigma_{r1,o} = \frac{M}{\text{ef}\,I_y} \cdot \left(\gamma \cdot a_1 + \frac{h_1}{2}\right)$$

$$= \frac{759 \cdot 10^4}{11770 \cdot 10^4}\left(0{,}542 \cdot 100 + \frac{40}{2}\right) = 4{,}78\ \text{N/mm}^2$$

$$4{,}8/10 = 0{,}48 < 1$$

$$\sigma_{r1,u} = \frac{759 \cdot 10^4}{11770 \cdot 10^4}\left(0{,}542 \cdot 100 - \frac{40}{2}\right) = 2{,}21\ \text{N/mm}^2$$

Größte Schubspannung im Doppelsteg $\left(2 \cdot \frac{b_2}{2}\right)$

$$S = \frac{b_2 \cdot h_2^2}{8} + \gamma \cdot a_1 \cdot A_1$$

$$= 2 \cdot 26 \cdot \frac{240^2}{8} + 0{,}542 \cdot 10^2 \cdot 52 \cdot 10^2 = 656 \cdot 10^3\ \text{mm}^3$$

$$\max \tau_Q = \frac{\max Q \cdot S}{\text{ef}\,I_y \cdot b_2}$$

$$= \frac{6{,}75 \cdot 10^3 \cdot 656 \cdot 10^3}{11770 \cdot 10^4 \cdot 2 \cdot 26} = 0{,}72\ \text{N/mm}^2$$

$$0{,}72/0{,}9 = 0{,}8 < 1$$

Kippnachweis s. [117]

Durchbiegungsnachweis

Biege- und Schubverformung sind zu berücksichtigen.

Für f_τ gilt: $A_{St} = 2 \cdot 26 \cdot 200 = 104 \cdot 10^2\ \text{mm}^2$ vgl. Tafel 10.3

Gl. (10.40): $$f_\sigma = \frac{5}{48} \cdot \frac{M \cdot l^2}{E_{\parallel} \cdot \text{ef}\,I_y} = \frac{5 \cdot 759 \cdot 10^4 \cdot 4500^2}{48 \cdot 10^4 \cdot 11770 \cdot 10^4} = 13{,}6\ \text{mm}$$

Gl. (10.15): $$f_\tau = \frac{M}{G \cdot A_{St}} = \frac{759 \cdot 10^4}{500 \cdot 104 \cdot 10^2} = \underline{1{,}5\ \text{mm}}$$

$$f = 15{,}1\ \text{mm}$$

$$\approx 15\ \text{mm} = \frac{4500}{300}$$

2. Beispiel: Dachbinder als zweiteiliger Balken, verdübelt, S10/MS10, Lastfall H

Lastannahmen

Dachhaut	0,20 kN/m²
Sp.-Pfetten	0,10 kN/m²
Binder	0,15 kN/m²
	$g = 0{,}45$ kN/m²
Schnee	$s = 0{,}75$ kN/m²
	$q_{\text{Fl}} = 1{,}20$ kN/m²

Binderabstand $b = 5{,}0$ m

$$q = 1{,}2 \cdot 5{,}0 = 6{,}0 \text{ kN/m}$$

$$C = D = 6{,}0 \cdot 8{,}4/2 = 25{,}2 \text{ kN} \quad \text{(s. Abb. 10.27)}$$

$$\max M = 6{,}0 \cdot 8{,}4^2/8 = 52{,}9 \text{ kNm}$$

Querschnittswerte

Dü ∅165–C, zul $N = 30$ kN:

$$C = 22\,500 \text{ N/mm}$$

$$E_1 = E_2 = E_{\|} = 10^4 \text{ N/mm}^2$$

$$n_1 = n_2 = 1$$

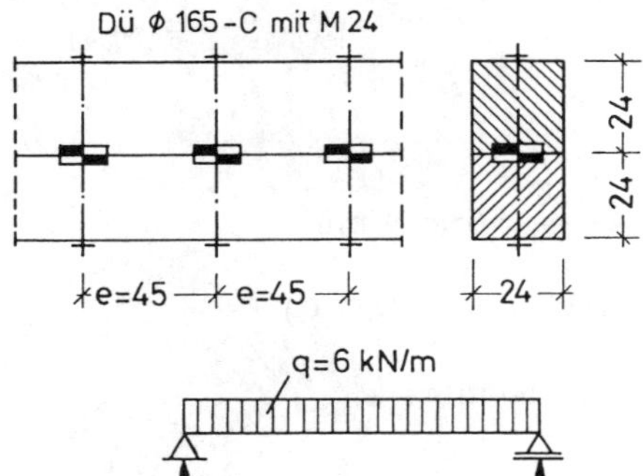

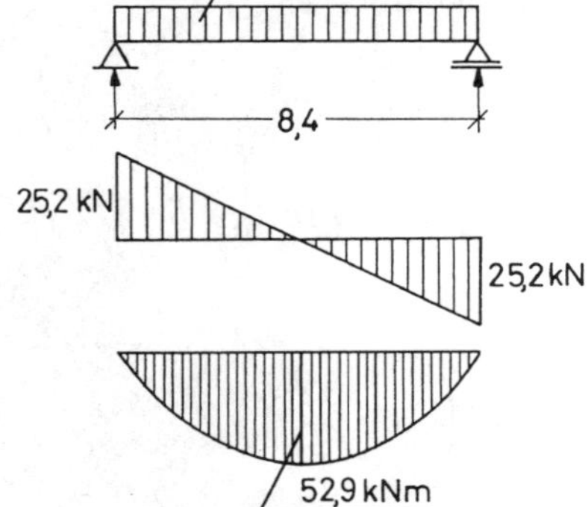

Abb. 10.27

$$A_1 = A_2 = A = 240^2 = 576 \cdot 10^2 \text{ mm}^2$$

$$e_1' = e' = e = 450 \text{ mm} \quad \text{geschätzt [122]}$$

$$l = 8400 \text{ mm}$$

Die näherungsweise Berechnung mit den Abminderungswerten η und ζ nach Abb. 9.7 mit (9.12a) und (9.12b) ist hier nicht angebracht, da die Bedingung:

$$A_1 \cdot e'/C \leqq 800$$

nicht erfüllt ist.

$$A_1 \cdot e'/C = 576 \cdot 10^2 \cdot 450/22\,500 = 1152 > 800$$

Sonderfall: Doppelt symmetrischer zweiteiliger Querschnitt

$$\text{ef}\, I_y = 2A_1 \cdot \frac{h_1^2}{12} + \gamma \cdot 2A_1 \cdot a_1^2$$

mit

$$k_1 = \frac{\pi^2 \cdot 10^4 \cdot 576 \cdot 450}{8{,}4^2 \cdot 10^4 \cdot 22\,500} = 1{,}611$$

$$\gamma = \frac{1}{1 + k_1/2} = \frac{1}{1 + 0{,}806} = 0{,}554 \quad \text{(folgt aus (9.5a))}$$

$$\text{ef}\, I_y = 2 \cdot 576 \cdot 10^2 \cdot \frac{240^2}{12} + 0{,}554 \cdot 2 \cdot 576 \cdot 10^2 \cdot 120^2 = 147\,200 \cdot 10^4 \text{ mm}^4$$

Eine Berechnung des ef I_y mit (9.5) oder (9.5 a) und (9.6) ist möglich [7], aber für diesen Sonderfall nicht sinnvoll.

Berechnung der Verbindungsmittel

Schubfluß in der Fuge nach (10.39)

$$\text{ef}\, t = \frac{\max Q \cdot \gamma \cdot S_1}{\text{ef}\, I_y}$$

$$= \frac{25{,}2 \cdot 10^3 \cdot 0{,}554 \cdot 576 \cdot 10^2 \cdot 120}{147\,200 \cdot 10^4} = 65{,}6 \text{ N/mm}$$

Erforderlicher Dübelabstand für zul N = 30 kN (DÜ ⌀165–C)

$$\text{erf}\, e = \frac{\text{zul}\, N}{\text{ef}\, t} = \frac{30 \cdot 10^3}{65{,}6} = 457 \text{ mm} > 450 \text{ mm} = e$$

Spannungsnachweis

$$A_1 = 240 \cdot 240 = 576 \cdot 10^2 \text{ mm}^2$$

$$A_{1n} = 576 \cdot 10^2 - 25 \cdot 240 - 11{,}0 \cdot 10^2 = 505 \cdot 10^2 \text{ mm}^2$$

$$I_1 = 576 \cdot 10^2 \cdot \frac{240^2}{12} = 27\,650 \cdot 10^4 \text{ mm}^4$$

$$I_{1n} = 27\,650 \cdot 10^4 - 25 \cdot \frac{240^3}{12} - 11 \cdot 10^2 \left(120 - \frac{32}{4}\right)^2$$

$$= 23\,390 \cdot 10^4 \text{ mm}^4$$

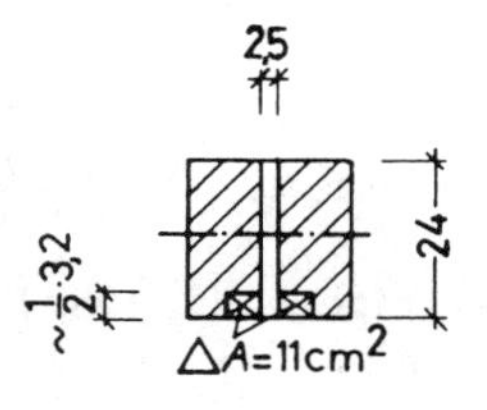

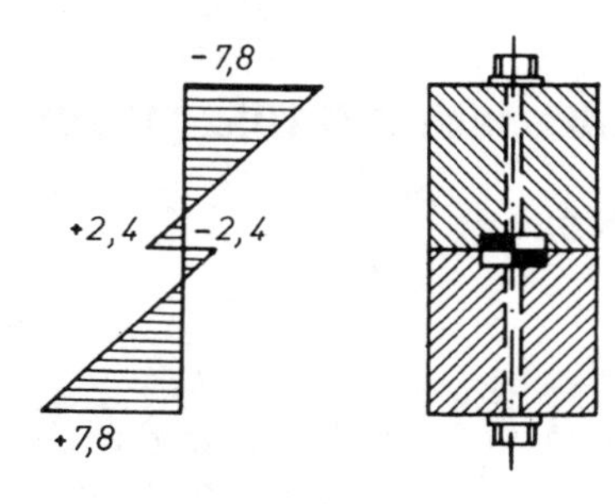

Abb. 10.28. σ_B-Verteilung

Gurtrandspannungen im oberen Querschnitt:

$$\sigma_{r1} = -\frac{M}{\text{ef}\,I_y} \cdot \left(\gamma \cdot a_1 \cdot \frac{A_1}{A_{1n}} \pm \frac{h_1}{2} \cdot \frac{I_1}{I_{1n}}\right)$$

$$= -\frac{5290 \cdot 10^4}{147\,200 \cdot 10^4}\left(0{,}554 \cdot 120 \cdot \frac{576}{505} \pm \frac{240}{2} \cdot \frac{27\,650}{23\,390}\right)$$

$$= -0{,}0359\ (75{,}8 \pm 141{,}8)$$

$$\sigma_{r1,o} = -0{,}0359\ (+217{,}6) = -7{,}81\ \text{N/mm}^2$$

$$\sigma_{r1,u} = -0{,}0359\ (-66{,}0) = 2{,}37\ \text{N/mm}^2$$

Nachweis: $7{,}8/10{,}0 = 0{,}78 < 1$

Schwerpunktspannung

$$\sigma_{s1} = 0{,}0359 \cdot 75{,}8 = 2{,}72\ \text{N/mm}^2$$

$$2{,}7/7 = 0{,}39 < 1$$

Die größte Schubspannung tritt in den neutralen Fasern, die in den Einzelquerschnitten liegen, auf.

Das auf die neutrale Faser bezogene Flächenmoment 1. Grades beträgt:

$$S = \frac{b}{2} \cdot \left(\gamma \cdot a_1 + \frac{h_1}{2}\right)^2$$

$$= \frac{240}{2}\left(0{,}554 \cdot 120 + \frac{240}{2}\right)^2 = 4173 \cdot 10^3\ \text{mm}^3$$

und damit

$$\max \tau_Q = \frac{\max Q \cdot S}{\text{ef}\,I_y \cdot b} = \frac{25{,}2 \cdot 10^3 \cdot 4173 \cdot 10^3}{147\,200 \cdot 10^4 \cdot 240} = 0{,}30\ \text{N/mm}^2$$

$$0{,}3/0{,}9 = 0{,}33 < 1$$

Durchbiegungsnachweis nach Gl. (10.40)

$$f = \frac{5}{48} \cdot \frac{M \cdot l^2}{E_{\|} \cdot \mathrm{ef}\, I_y} = \frac{5 \cdot 5290 \cdot 10^4 \cdot 8400^2}{48 \cdot 10^4 \cdot 147200 \cdot 10^4} = 26{,}4\ \mathrm{mm} < \frac{8400}{300} = 28\ \mathrm{mm}$$

Weitere Beispiele verdübelter oder genagelter Träger s. [2, 108, 123]. Kreuzweise verbretterte Träger gemäß Abb. 6.46 und 6.60 s. [89].

10.5 Gespreizter mehrteiliger Querschnitt nach DIN 1052 (1988)

Es handelt sich um Querschnittstypen nach Abb. 9.9.

10.5.1 Biegung um die „starre" Achse

Berechnung wie einteilige Stäbe. Das Flächenmoment 2. Grades I_z kann nach (9.1) bestimmt werden. Da Rahmen- bzw. Gitterstäbe im allgemeinen aus mehreren gleich großen Kanthölzern bestehen, kann man auch das Widerstandsmoment

$$W_z = \frac{\Sigma b \cdot h^2}{6}$$

nach den Regeln der Festigkeitslehre berechnen.

10.5.2 Biegung um die „nachgiebige" Achse

Nach *–9.4–* dürfen Rahmen- und Gitterstäbe auf Biegung um die „nachgiebige" Achse *nur durch Zusatzlasten (z.B. Wind)* beansprucht werden.

In Anlehnung an die Berechnung *nicht gespreizter Stäbe* kann der Nachweis gemäß *–E88–* folgendermaßen durchgeführt werden.

Bekannt sind:

Knicklänge s_{ky}
wirksamer Schlankheitsgrad ef λ_y

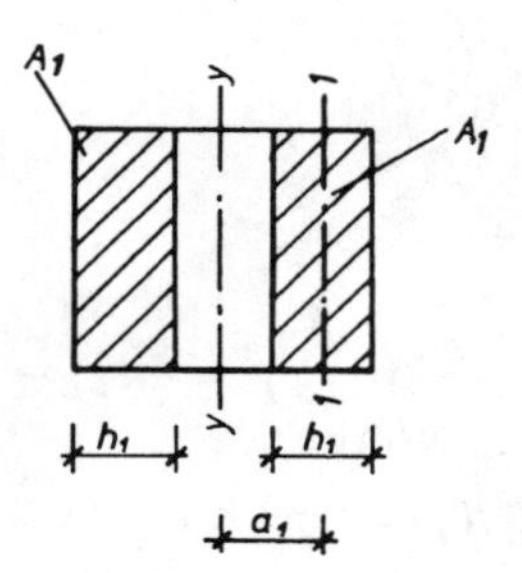

Abb. 10.29

aus (9.14) $\rightarrow \mathrm{ef}\, i_y = \dfrac{s_{ky}}{\mathrm{ef}\, \lambda_y}$

$$\mathrm{ef}\, I_y = 2 \cdot A_1 \cdot \mathrm{ef}\, i_y^2 \tag{10.41}$$

Setzt man ef I_y in (9.4) ein, dann kann man für doppeltsymmetrische Querschnitte den Abminderungswert $\gamma = \gamma_1 = \gamma_3$ berechnen.

$$\mathrm{ef}\, I_y = 2 \cdot I_1 + \gamma \cdot 2 \cdot A_1 \cdot a_1^2$$

$$2 \cdot A_1 \cdot \mathrm{ef}\, i_y^2 = 2 \cdot A_1 \cdot \frac{h_1^2}{12} + 2 \cdot A_1 \cdot \gamma \cdot a_1^2$$

$$\gamma = \frac{12 \cdot \mathrm{ef}\, i_y^2 - h_1^2}{12 \cdot a_1^2} \tag{10.42}$$

Die Biegespannungen infolge Zusatzlasten dürfen dann nach (10.33a) berechnet werden.

Beispiel: Stütze nach Abb. 10.30 (vgl. Abb. 9.11)

Windlast $w = 1{,}5$ kN/m

$$A = B = 1{,}5 \cdot \frac{4{,}2}{2} = 3{,}15 \text{ kN}$$

$$\max M = 1{,}5 \cdot \frac{4{,}2^2}{8} = 3{,}31 \text{ kNm}$$

Querschnittswerte:

$$\mathrm{ef}\, \lambda_y = 66{,}6 \quad \text{vgl. Abb. 9.11}$$

$$\mathrm{ef}\, i_y = \frac{s_{ky}}{\mathrm{ef}\, \lambda_y} = \frac{4200}{66{,}6} = 63{,}1 \text{ mm}$$

$$\mathrm{ef}\, I_y = 2 \cdot A_1 \cdot \mathrm{ef}\, i_y^2 = 2 \cdot 160 \cdot 10^2 \cdot 63{,}1^2 = 12740 \cdot 10^4 \text{ mm}^4$$

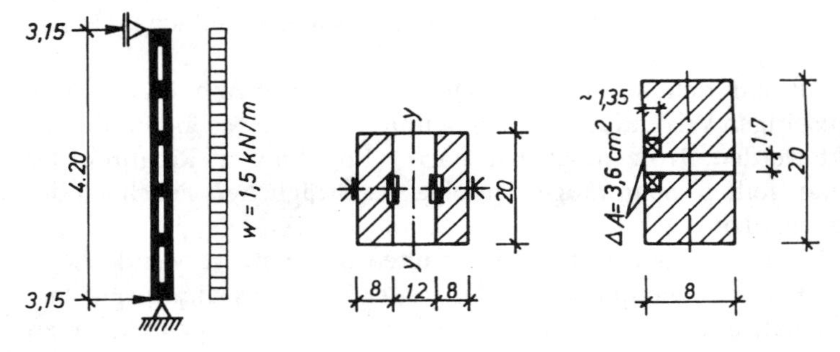

Abb. 10.30

Abminderungswert nach Gl. (10.42)

$$\gamma = \frac{12 \cdot \mathrm{ef}\, i_y^2 - h_1^2}{12 \cdot a_1^2} = \frac{12 \cdot 63{,}1^2 - 80^2}{12 \cdot 100^2} = 0{,}345$$

Gewählt: Dü ∅65–D mit Bolzen M16

$$\Delta A = 3{,}6 \cdot 10^2\ \mathrm{mm}^2\,, \quad t_\mathrm{d} = \frac{27}{2} = 13{,}5\ \mathrm{mm}$$

$$A_1 = 80 \cdot 200 = 160 \cdot 10^2\ \mathrm{mm}^2$$

$$A_{1\mathrm{n}} = 160 \cdot 10^2 - 17 \cdot 80 - 3{,}6 \cdot 10^2 = 143 \cdot 10^2\ \mathrm{mm}^2$$

$$I_1 = 160 \cdot 10^2 \cdot \frac{80^2}{12} = 853 \cdot 10^4\ \mathrm{mm}^4$$

$$I_{1\mathrm{n}} = 853 \cdot 10^4 - 17 \cdot \frac{80^3}{12} - 3{,}6 \cdot 10^2 \cdot \left(40 - \frac{13{,}5}{2}\right)^2 = 741 \cdot 10^4\ \mathrm{mm}^4$$

Spannungsnachweis für Biegung um die „nachgiebige“ Achse y–y infolge Windlast

$$\sigma_{\mathrm{r}1} = \frac{M}{\mathrm{ef}\, I_y} \cdot \left(\gamma \cdot a_1 \cdot \frac{A_1}{A_{1\mathrm{n}}} + \frac{h_1}{2} \cdot \frac{I_1}{I_{1\mathrm{n}}}\right)$$

$$= \frac{331 \cdot 10^4}{12740 \cdot 10^4} \left(0{,}345 \cdot 100 \cdot \frac{160}{143} + \frac{80}{2} \cdot \frac{853}{741}\right)$$

$$= 0{,}026 \cdot (38{,}6 + 46{,}0) = 2{,}2\ \mathrm{N/mm}^2$$

$$2{,}2/10{,}0 = 0{,}22 < 1$$

Dieselbe Stütze mit Druckkraft und Biegung s. Abb. 11.5.

10.6 Zusammengesetzte Stahl-Holz-Träger nach DIN 1052 (1988)

Bisweilen werden Holzbalken durch Stahlprofile verstärkt. Das kann bei Um- und Ausbauten geschehen. Es kommt auch bei Neubauten vor, insbesondere für mehrfeldrige Träger konstanter Bauhöhe mit unterschiedlichen Stützweiten.

Meistens wählt man den kombinierten Querschnitt nach Abb. 10.31. Dabei sollte der gegenseitigen Verbindung der Holz- und Stahlteile besondere Beachtung geschenkt werden. Trotz möglichst starrer Kopplung in Richtung der Biegeverformung sollten Spannungen infolge nachträglicher Feuchteänderung vermieden werden.

Nach *–T2, 5.2–* dürfen Bolzen für Dauerbauten nur dann verwendet werden, wenn das Holz zum Zeitpunkt des Ein- oder Umbaues die Ausgleichsfeuchte erreicht hat, mit einem weiteren Nachtrocknen also nicht mehr zu rechnen ist.

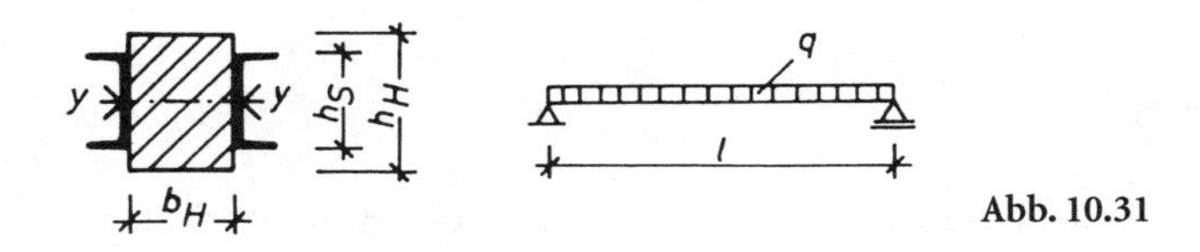

Abb. 10.31

Dübelverbindungen sind wegen des größeren Arbeitsaufwandes relativ teuer.

Bei Neubauten sollte deshalb vor der Verwendung einer Stahl-Holz-Kombination immer geprüft werden, ob ein Träger aus BSH oder Stahl nicht vorteilhafter wäre.

Berechnung eines Stahl-Holz-Trägers nach Abb. 10.31

Holz: $I_H = \frac{b_H \cdot h_H^3}{12}$

Stahl: $I_S = 2 \cdot I_y$ [36]

Die Lastverteilung auf Holz- und Stahlteile ergibt sich aus der gemeinsamen Verformung.

$$f_H = \frac{5}{384} \cdot \frac{q_H \cdot l^4}{E_H \cdot I_H} = \frac{5}{384} \cdot \frac{q_S \cdot l^4}{E_S \cdot I_S} = f_S$$

$$\frac{q_S}{q_H} = \frac{E_S \cdot I_S}{E_H \cdot I_H} = 21 \frac{I_S}{I_H} = j \text{ für VH aus S10/MS10} \qquad (10.43)$$

$$q = q_H + q_S = q_H \cdot (1 + j)$$

$$q_H = \frac{1}{1+j} \cdot q \qquad (10.44)$$

$$q_S = \frac{j}{1+j} \cdot q \qquad (10.45)$$

Die Biegespannungen sind den Belastungen proportional.

$$\sigma_H = \frac{1}{1+j} \cdot \frac{M}{W_H} \qquad (10.46)$$

$$\sigma_S = \frac{j}{1+j} \cdot \frac{M}{W_S} \qquad (10.47)$$

Der Gesamtquerschnitt ist optimal gewählt, wenn die zulässigen Spannungen für Holz und Stahl ausgenutzt sind.

Aus (10.46) und (10.47) folgt mit (10.43)

$$\frac{\text{zul}\,\sigma_S}{\text{zul}\,\sigma_H} = j \cdot \frac{W_H}{W_S} = 21 \cdot \frac{I_S}{I_H} \cdot \frac{W_H}{W_S} = 21 \cdot \frac{h_S}{h_H}$$

Mit

$$\frac{\text{zul}\,\sigma_S}{\text{zul}\,\sigma_H} = \frac{140}{10} = 14$$

ergibt sich nach Gleichsetzen die günstigste Ausnutzung für Holz- und Stahlteile, wenn

$$h_H = 1{,}5 \cdot h_S \tag{10.48}$$

Beispiel: Kombinierter Stahl-Holz-Träger (Pfette)

aus 18/24 S10/MS10
und][160 St 37

$l = 5{,}0$ m; $q = 16$ kN/m

$$\frac{h_H}{h_S} = \frac{24}{16} = 1{,}5$$

Querschnittswerte nach [36]

$$I_H = 20740 \cdot 10^4\ \text{mm}^4\,; \quad W_H = 1730 \cdot 10^3\ \text{mm}^3\,; \quad A_H = 432 \cdot 10^2\ \text{mm}^2$$

$$I_S = 2 \cdot 925 \cdot 10^4 = 1850 \cdot 10^4\ \text{mm}^4$$

$$W_S = 2 \cdot 116 \cdot 10^3 = 232 \cdot 10^3\ \text{mm}^3$$

$$A_S = 2 \cdot 24 \cdot 10^2 = 48 \cdot 10^2\ \text{mm}^2$$

$$j = 21 \cdot \frac{I_S}{I_H} = 21 \cdot \frac{1850}{20740} = 1{,}875$$

Anteilige Belastungen

$$q_H = \frac{1}{1+j} \cdot q = \frac{1}{2{,}875} \cdot 16 = 5{,}6\ \text{kN/m}$$

$$q_S = \frac{j}{1+j} \cdot q = \frac{1{,}875}{2{,}875} \cdot 16 = 10{,}4\ \text{kN/m}$$

Anteilige Spannungen

$$M = \frac{q \cdot l^2}{8} = \frac{16 \cdot 5^2}{8} = 50\ \text{kNm}$$

$$\sigma_H = \frac{1}{1+j} \cdot \frac{M}{W_H} = \frac{1 \cdot 5000 \cdot 10^4}{2{,}875 \cdot 1730 \cdot 10^3} = 10\ \text{N/mm}^2 = \text{zul}\,\sigma_H$$

$$\sigma_S = \frac{j}{1+j} \cdot \frac{M}{W_S} = \frac{1{,}875 \cdot 5000 \cdot 10^4}{2{,}875 \cdot 232 \cdot 10^3} = 140\ \text{N/mm}^2 = \text{zul}\,\sigma_S$$

Durchbiegung

Nach Voraussetzung müssen wegen der starren Verbindungen die Durchbiegungen der Holz- und Stahlteile gleich groß sein.

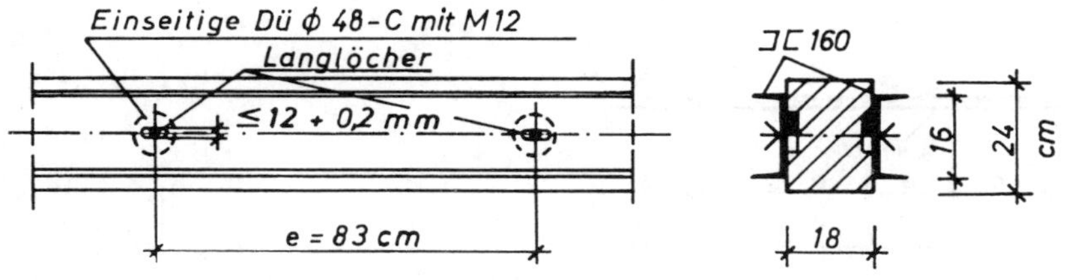

Abb. 10.32. Kombinierter Stahl-Holz-Träger

$$f_H = \frac{100 \cdot \sigma_H \cdot l^2}{c_H \cdot h_H} = \frac{10 \cdot 5^2 \cdot 10^2}{4{,}8 \cdot 240} = 21{,}7 \text{ mm}$$

$$f_S = \frac{100 \cdot \sigma_S \cdot l^2}{c_S \cdot h_S} = \frac{140 \cdot 5^2 \cdot 10^2}{101 \cdot 160} = 21{,}7 \text{ mm}$$

$$< \frac{5000}{200} = 25 \text{ mm}$$

(nicht ausgebautes Dach)

Verbindungsmittel

Diesem Beispiel soll der ungünstige Fall zugrunde gelegt werden, daß der Feuchtegehalt ω des Holzes beim Einbau des kombinierten Trägers größer ist als die im fertigen Bauwerk zu erwartende Ausgleichsfeuchte.

Gewählt werden einseitige Dübel vom Typ C nach Abb. 10.32.

Die Einzellasten aus den Sparren werden als Gleichlast q auf den Holzbalken verteilt. Die Dübelkräfte werden näherungsweise für die anteilige Belastung der Stahlprofile q_S bemessen.

Feldbereich: je ein Dübelpaar auf $e = 0{,}83$ m
anteilige Kraft $q_S = 10{,}4$ kN/m

Je Dübel: $N = \frac{1}{2} \cdot 10{,}4 \cdot 0{,}83 = 4{,}32$ kN
$< 4{,}50 \text{ kN} = \text{zul} N_\perp$
–T2, Tab. 6, Sp. 15–

Auflagerkraft je Stahlprofil: $B_S = 6 \cdot 4{,}32 \cdot 1/2 = 13{,}0$ kN
(6 Dübelpaare)

Kontrolle: $B_S = \frac{10{,}4 \cdot 5{,}0}{2 \cdot 2} = 13{,}0$ kN

In den Stahlprofilen werden Langlöcher vorgesehen, um Spannungen aus Feuchteänderungen zu vermeiden.

Normalspannungen durch Feuchteänderungen

Für den Fall, daß in den Stahlprofilen keine Langlöcher vorgesehen würden, wären Normalspannungen infolge $\Delta\omega$ zu erwarten, deren Größe abgeschätzt werden kann.

Dazu sei folgendes Zahlenbeispiel gewählt:

im Einbauzustand $\omega = 24\,\%$ (halbtrocken nach DIN 4074)
im fertigen Bauwerk $\omega = 10\,\%$ (s. *–4.2.1–*)

$\Delta\omega = 14\,\%$

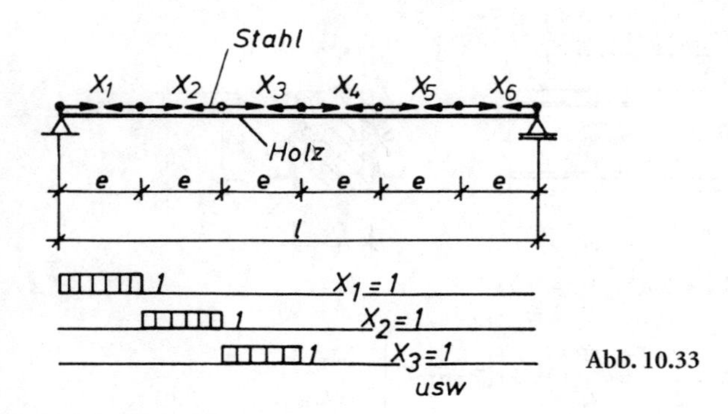

Abb. 10.33

Das Schwindmaß ‖ Fa nach *–4.2.4–* darf bei behinderter Schwindung mit dem halben Wert der Tafel 2.2 in Rechnung gestellt werden *–4.2.5–*.

$$\alpha_{\parallel} = \frac{1}{2} \cdot 0{,}01 = 0{,}005$$

Der Träger ist für diesen Lastfall 6fach statisch unbestimmt.

a) Die Nachgiebigkeit der Dübel wird nicht berücksichtigt:
Da sich die 6 statisch überzähligen Kräfte (Abb. 10.33) nicht gegenseitig beeinflussen ($\delta_{iK} = 0$), läßt sich die Aufgabe auf ein einfach statisch unbestimmtes Problem zurückführen.

$$X_i \cdot \delta_{ii} + \delta_{i\Delta\omega} = 0$$

$$\delta_{i\Delta\omega} = \alpha_{\parallel} \cdot \Delta\omega \cdot e \quad \text{bei Schwinden}$$

$$\delta_{ii} = \frac{1^2 \cdot e}{E_H \cdot A_H} + \frac{1^2 \cdot e}{E_S \cdot A_S} = \frac{e}{E_H \cdot A_H} \cdot \left(1 + \frac{E_H \cdot A_H}{E_S \cdot A_S}\right)$$

$$X_i = -\frac{\delta_{i\Delta\omega}}{\delta_{ii}} = -\frac{\alpha_{\parallel} \cdot \Delta\omega \cdot E_H \cdot A_H}{1 + \dfrac{E_H \cdot A_H}{E_S \cdot A_S}} \tag{10.49}$$

Mit $E_H = 10^4$ N/mm² und $E_S = 21 \cdot 10^4$ N/mm² wird $\dfrac{E_S}{E_H} = 21$.

Normalspannung im Holz infolge $\Delta\omega = 14\,\%$ (Schwinden):

$$\sigma_H = -\frac{X_i}{A_H} = \frac{\alpha_{\parallel} \cdot \Delta\omega \cdot E_H}{1 + \dfrac{A_H}{21 \cdot A_S}} = \frac{5 \cdot 10^{-5} \cdot 14 \cdot 10^4}{1 + \dfrac{432}{21 \cdot 48}} = 4{,}9 \text{ N/mm}^2$$

Normalspannung im Stahl infolge $\Delta\omega = 14\,\%$

$$\sigma_S = \frac{X_i}{A_S} = -\sigma_H \cdot \frac{A_H}{A_S} = -4{,}9 \cdot \frac{432}{48} = -44{,}1 \text{ N/mm}^2$$

Berücksichtigt man die Nachgiebigkeit der Dübel, dann werden diese Spannungen erheblich reduziert.

b) Die Nachgiebigkeit der Dübel wird berücksichtigt:

$$\delta_{i\Delta\omega} = \alpha_{\|} \cdot \Delta\omega \cdot e = 5 \cdot 10^{-5} \cdot 14 \cdot 830 = 58{,}1 \cdot 10^{-2}\ \text{mm}$$

$$\delta_{ii} = \sum \frac{\overline{N}_i^2 \cdot s_i}{E_i \cdot A_i} + \Sigma \overline{N}_i \cdot \Delta_i \qquad \text{vgl. -}E60\text{-}$$

Infolge $\bar{X}_i = 1$ werden mit dem Verschiebungsmodul C nach *-T2, Tab. 13-* die Längskraft in Stahl- und Holzteilen $\bar{N}_i = \pm 1$ die Verschiebung *eines* Dübelpaares $\Delta_i = 1/2\,C$

$$\delta_{ii} = \left(\frac{e}{E_H \cdot A_H} + \frac{e}{E_S \cdot A_S}\right) + 2 \cdot \frac{1}{2C}$$

$$= \left(\frac{830}{10 \cdot 432 \cdot 10^2} + \frac{830}{21 \cdot 10 \cdot 48 \cdot 10^2}\right) + 2 \cdot \frac{1}{2 \cdot 5}$$

$$= 0{,}274 \cdot 10^{-2} + 20{,}0 \cdot 10^{-2} = 20{,}274 \cdot 10^{-2}\ \text{mm/kN}$$

mit $\quad C = 1 \cdot \text{zul}\,N_d = 5000\ \text{N/mm} = 5\ \text{kN/mm}$

Die Nachgiebigkeit der Dübel beeinflußt die unmittelbaren Nachbarfelder:

$$\delta_{i,i-1} = \delta_{i,i+1} = -\frac{1}{2C} = -\frac{1}{2 \cdot 5} = -10 \cdot 10^{-2}\ \text{mm/kN}$$

Alle anderen Koeffizienten δ_{ik} sind Null.

Wegen der Symmetrie des Systems ($X_6 = X_1$, $X_5 = X_2$, $X_4 = X_3$) kann sofort die reduzierte Matrix angeschrieben werden.

X_1	X_2	X_3		
20,27	-10,0	0	-58,1	
-10,0	20,27	-10,0	-58,1	
0	-10,0	10,27 [a]	-58,1	[a] 10,27 = 20,27 - 10,0 wegen $X_4 = X_3$

$$\Delta N = 20{,}27^2 \cdot 10{,}27 - 10^2\,(20{,}27 + 10{,}27) = 1165{,}7\ \text{mm}^3/\text{kN}^3$$

$$\Delta X_3 = -58{,}1\,(20{,}27^2 + 10^2 - 10^2)$$
$$-58{,}1 \cdot 20{,}27 \cdot 10 = -35\,648{,}6\ \text{mm}^3/\text{kN}^2$$

$$\max X = X_3 = \frac{\Delta X_3}{\Delta N} = \frac{-35\,648{,}6}{1165{,}7} = -30{,}6\ \text{kN}$$

$$\sigma_H = \frac{30{,}6 \cdot 10^3}{432 \cdot 10^2} = 0{,}71\ \text{N/mm}^2$$

$$\sigma_S = -\frac{30{,}6 \cdot 10^3}{48 \cdot 10^2} = -6{,}4\ \text{N/mm}^2$$

10.7 Einteiliger Rechteckquerschnitt nach DIN 1052 neu (EC 5)

10.7.1 Biegespannung (einachsig)

$$\sigma_{m,d} = M_d / W_n \quad \text{(s. Abb. 10.3)} \tag{10.50}$$

$$\frac{\sigma_{m,d}}{f_{m,d}} \leqq 1 \tag{10.51}$$

10.7.2 Schubspannung

Schubspannung infolge Querkraft

$$\max \tau_d = 1{,}5 \cdot \frac{V_d}{b \cdot h} \quad \text{(Rechteckquerschnitt, s. Abb. 10.4)} \tag{10.52}$$

$$\frac{\tau_d}{f_{v,d}} \leqq 1\,; \quad \left(\frac{\tau_{y,d}}{f_{v,d}}\right)^2 + \left(\frac{\tau_{z,d}}{f_{v,d}}\right)^2 \leqq 1 \tag{10.53}$$

Maßgebende Querkraft im Auflagerbereich für Einfeldträger mit Streckenlast – *10.2.9* [1] –: $V_d = 0{,}5\,q_d \cdot (l - 2h - l_A)$
h Trägerhöhe über Auflagermitte; l_A Auflagerlänge.

Für auflagernahe ($e \leqq 2{,}5\,h$) Einzellasten F_d gilt:

$$V_{d,red} = V_d \cdot e/(2{,}5\,h);\; V_{d,red} = \left(1 - \frac{e}{l}\right) F_d \cdot e/(2{,}5\,h) \quad \text{(Einfeldträger)}$$

Für $\geqq$ 1,5 m vom Hirnholzende gilt für Nadelschnittholz:
Bemessungswerte der Schubfestigkeit = $1{,}3 \cdot f_{v,d}$.

Schubspannung infolge Torsion

Rechteckquerschnitte: $$\max \tau_{tor,d} = \frac{3 \cdot \max M_{tor,d}}{h\,b^2} \cdot \eta \tag{10.54}$$

Beiwert η nach Tafel 10.1 T [93]. $$\frac{\tau_{tor,d}}{f_{v,d}} \leqq 1 \tag{10.55}$$

Schub aus Querkraft und Torsion:

$$\tau_{tor,d}/f_{v,d} + (\tau_d/f_{v,d})^2 \leqq 1$$

Die charakteristischen Festigkeiten für Schub und Torsion sind nach DIN 1052 neu (EC 5) gleich.

10.7.3 Ausklinkungen

Bemessungsformel: $$\tau_d = 1{,}5\,\frac{V_d}{b \cdot h_e} \leqq k_v \cdot f_{v,d} \tag{10.56}$$

mit $k_v = 1$ für oben ausgeklinkte Träger

$$k_v = \min \begin{cases} 1 \\ \dfrac{k_n\left(1 + \dfrac{1{,}1 \cdot i^{1,5}}{\sqrt{h}}\right)}{\sqrt{h}\left(\sqrt{\alpha(1-\alpha)} + 0{,}8\,\dfrac{x}{h}\sqrt{\dfrac{1}{\alpha} - \alpha^2}\right)} \end{cases} \quad (10.57)$$

für unten ausgeklinkte Träger

$\alpha = h_e/h \geqq 0{,}5$; $x/h \leqq 0{,}4$. Diese Einschränkungen gelten nicht für kurze LED und nicht für verstärkte Ausklinkungen

	VH, BAH	BSH	FSH
k_n	5,0	6,5	4,5

vgl. Abb. 10.34

Unverstärkte Ausklinkungen dürfen nur in Nkl 1 und 2 verwendet werden.

Beispiel: (s. Abb. 10.5 A)
Ausgeklinkter Träger aus BSH der Fkl GL28 h, kurze LED, Nkl 1, $V_k = 78$ kN
Verstärkung mit eingeklebten Gewindestangen
Bemessungswert $V_d = 1{,}43 \cdot 78 = 112$ kN s. z. B. Abschn. 9.4.3.2
Aufnehmbare Querkraft bei Verstärkungen:

$$V_d = \frac{2}{3} \cdot b \cdot h_e \cdot k_v \cdot f_{v,d}$$

mit $k_v = 1$ bei Verstärkung

$$f_{v,d} = \frac{0{,}9}{1{,}3} \cdot 3{,}5 = 2{,}42 \text{ N/mm}^2 \quad \text{s. Gl. (2.5)}$$

$$V_d = \frac{2}{3} \cdot 160 \cdot 700 \cdot 1 \cdot 2{,}42 = 180693 \text{ N} = 181 \text{ kN} > 112 \text{ kN}$$

Die Verstärkung kann näherungsweise für die Zugkraft

$$F_{t,90,d} = 1{,}3 \cdot V_d \cdot \left[3 \cdot \left(\frac{h - h_e}{h}\right)^2 - 2 \cdot \left(\frac{h - h_e}{h}\right)^3\right] \quad (10.58)$$

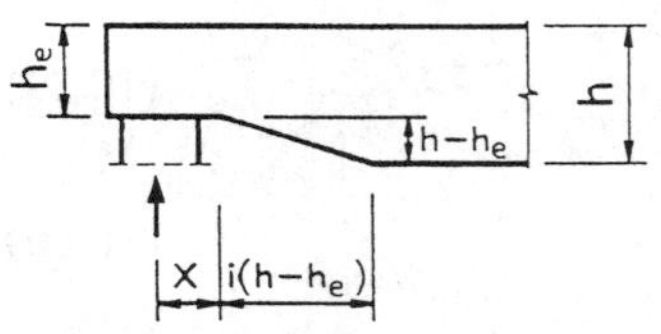
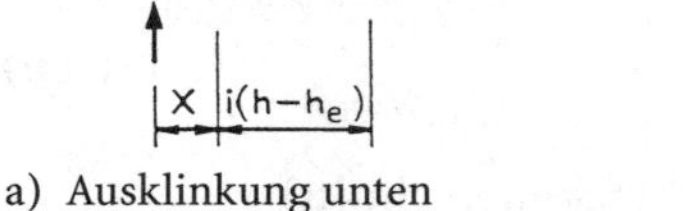

a) Ausklinkung unten b) Ausklinkung oben

Abb. 10.34

bemessen werden – *11.4.3* [1] –.

$$F_{t,90,d} = 1{,}3 \cdot 112 \cdot \left[3 \left(\frac{350}{1050} \right)^2 - 2 \left(\frac{350}{1050} \right)^3 \right] = 37{,}7 \text{ kN}$$

Gewählt: 2 Gewindestangen M20, Fkl 4.8, s. Abb. 10.5 A

Für 2 GS M20 mit vorh $l_{ad} = 350$ mm ist:

Gl. (6.0f): $Z_{\perp,d} = 1 \cdot \pi \cdot d_{GS} \cdot l_{ad} \cdot f_{k1,d}$

$= 1 \cdot \pi \cdot 20 \cdot 350 \cdot 2{,}42 = 53219 \text{ N } (< N_{R,d} \text{ [36]})$

$= 53{,}2 \text{ kN} > 37{,}7 \text{ kN}$

mit $f_{k1,k} = 5{,}25 - 0{,}005 \cdot 350 = 3{,}5 \text{ N/mm}^2; f_{k1,d} = \frac{0{,}9 \cdot 3{,}5}{1{,}3} = 2{,}42 \frac{\text{N}}{\text{mm}^2}$

In Trägerlängsrichtung darf nur eine Gewindestange in Rechnung gestellt werden.

min $l_{GS} \geqq 2l_{ad}$, vorh $l_{GS} = 800$ mm, $l_{ad,1} = 350$ mm, $l_{ad,2} = 450 \text{ mm} > l_{ad,1}$.

Aufnehmbare Querkraft – ohne Verstärkung – in Abhängigkeit von dem Faktor i der Geometrie der Ausklinkung (mit $x = 120$ mm, $i = 1/\tan \varepsilon$):

i	0 (90°)	5 (11,3°)	10 (5,7°)	14 (4,1°)
k_v	0,355	0,490	0,736	1
V_d [kN]	64	88	133	181

ε Steigungswinkel des Anschnitts – *11.2* [1] –.

Für die gewählte Ausklinkung folgt für

$i \geqq 14 \rightarrow k_v = 1$

10.7.4 Kippuntersuchung

Kippnachweis:

$$\sigma_{m,d} \leqq k_m \cdot f_{m,d} \tag{10.59}$$

mit

$$\text{rel}\,\lambda_m = \sqrt{f_{m,k}/\text{crit}\,\sigma_m} \tag{10.60}$$

$$\text{crit}\,\sigma_m = \frac{\pi \cdot b^2 \cdot E_{0,05}}{l_{ef} \cdot h} \cdot \sqrt{\frac{G_{mean}}{E_{0,mean}}} \quad \text{(Rechteckquerschnitt)}$$

rel λ_m	k_m
$\leqq 0{,}75$	1
$0{,}75 < \text{rel}\,\lambda_m \leqq 1{,}4$	$1{,}56 - 0{,}75\,\text{rel}\,\lambda_m$
$> 1{,}4$	$1/\text{rel}\,\lambda_m^2$

rel λ_m relativer Kippschlankheitsgrad = λ_B nach DIN 1052 (1988)
l_{ef} wirksame Trägerlänge (= s, Abschn. 10.2.6), abhängig von Lagerungsbedingungen und Belastung [36]

10.7.5 Grenzwerte der Durchbiegung

Die Durchbiegung w_{net} infolge der Gesamtbelastung und mit Überhöhung ist (s. Abb. 10.35)

$$w_{net} = f_g + f_p - w_0 = f_q - w_0 \qquad (10.61\,a)$$

w_0 Überhöhung
$f_g = w_G$ Durchbiegung infolge ständiger Einwirkungen
$f_p = w_Q$ Durchbiegung infolge veränderlicher Einwirkungen

Wird überhöht, so steht der Grenzwert der Durchbiegung zum größten Teil für den Durchbiegungsanteil aus veränderlicher Last zur Verfügung. Die Durchbiegung aus ständiger Last kann teilweise durch die Überhöhung ausgeglichen werden.

Ohne Überhöhung: $w_{net} = f_q = f_g + f_p$

Beim Nachweis der Verformungen nach DIN 1052 neu (EC 5) sind stets die Einflüsse des Kriechens und der Holzfeuchte über den Deformationsfaktor k_{def} (s. Tafel 2.12) zu berücksichtigen.

$$f_{fin} = f_{g,fin} + f_{p,fin} \quad \text{s. (2.7)} \qquad (10.61\,b)$$

Grenzwerte der Durchbiegung in der charakteristischen (seltenen) Bemessungssituation:

$$f_{p,inst} = w_{Q,inst} \leqq l/300 \qquad \text{Kragträger: } l_k/150 \qquad (10.61\,c)$$

$$f_{fin} - f_{g,inst} \leqq l/200 \qquad \text{Kragträger: } l_k/100 \qquad (10.61\,d)$$

Grenzwerte der Durchbiegung in der quasi-ständigen Bemessungssituation:

$$f_{fin} - w_0 \leqq l/200 \qquad \text{Kragträger: } l_k/100 \qquad (10.61\,e)$$

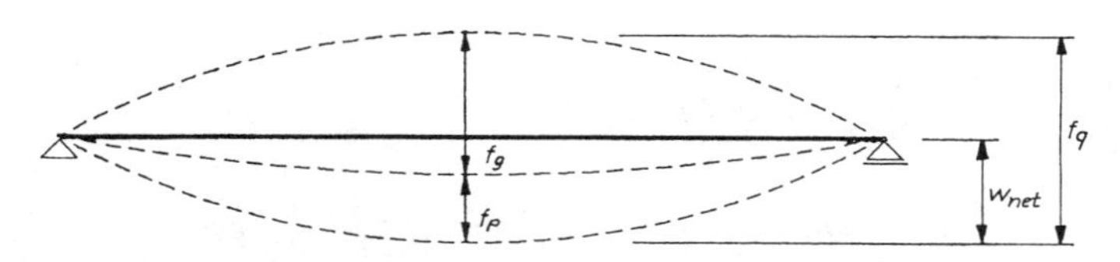

Abb. 10.35. Durchbiegungskomponenten

Außer der elastischen Durchbiegung – auch Anfangsdurchbiegung f_{inst} genannt – unter der veränderlichen Last werden nach DIN 1052 neu (EC 5) die Durchbiegung unter Gesamtlast (vermindert um die elastische Durchbiegung unter der ständigen Last oder um die Überhöhung) mit Berücksichtigung des Kriechens und der Feuchtigkeit nachgewiesen (2 Bemessungssituationen).

Obige Grenzwerte gelten auch für Fachwerkträger, sowohl für die gesamte Spannweite als auch für die Stäbe zwischen den Knotenpunkten.

Im weiteren wird mit der im Holzbau gebräuchlichen Bezeichnung f statt w gerechnet.

10.7.6 Beispiel: Deckenbalken

VH der Festigkeitsklasse C24, mittlere LED, Nkl 1

Lichte Weite $w = 4{,}0$ m (Abb. 10.9)

Belastung eines Balkens:

ständige Einwirkungen $g = g_k = 1{,}8$ kN/m

veränderliche Einwirkungen p[1] $= p_k = 1{,}6$ kN/m

$F = F_k = 3{,}6$ kN

Stützweite:

$$l = 1{,}05 \cdot w = 1{,}05 \cdot 4{,}0 = 4{,}2 \text{ m}$$

Bemessungswert der Einwirkungen:

(2.3): $q_d = 1{,}35 \cdot 1{,}8 + 1{,}5 \cdot 1{,}6 = 4{,}83$ kN/m

$F_d = 1{,}5 \cdot 3{,}6 = 5{,}4$ kN

Lagerreaktionen und Schnittgrößen:

$$C = D = 4{,}83 \cdot \frac{4{,}2}{2} + \frac{5{,}4}{2} = 12{,}8 \text{ kN}$$

$$\max V_d = 12{,}8 \text{ kN}$$

$$\max M_d{}^{2)} = 4{,}83 \cdot \frac{4{,}2^2}{8} + 5{,}4\,\frac{4{,}2}{4} = 16{,}3 \text{ kNm [236]}$$

Querschnitt: gewählt 10/26

$$A = 260 \cdot 10^2 \text{ mm}^2\,;\; W_y = 1127 \cdot 10^3 \text{ mm}^3\,;\; I_y = 14647 \cdot 10^4 \text{ mm}^4$$

Spannungsnachweise

$$\sigma_{m,d} = \frac{M_d}{W_n} = \frac{16{,}3 \cdot 10^6}{1127 \cdot 10^3} = 14{,}5 \text{ N/mm}^2$$

---

[1] p und F werden als eine veränderliche Einwirkung betrachtet.

[2] Mit (2.4) und 2 veränd. Einwirkungen $\rightarrow M_d = 15{,}2$ kNm.
Mit (2.2) und $\psi_0 = 0{,}7 \rightarrow M_d = 14{,}7$ kNm.

$$f_{m,d} = 24 \cdot \frac{0{,}8}{1{,}3} = 14{,}8 \text{ N/mm}^2 \quad \text{(s. Tafel 2.10)}$$

$$14{,}5/14{,}8 = 0{,}98 < 1$$

$$\tau_d = 1{,}5 \cdot \frac{V_d}{A} = 1{,}5 \cdot \frac{12{,}8 \cdot 10^3}{260 \cdot 10^2} = 0{,}74 \text{ N/mm}^2$$

$$f_{v,d} = 2{,}7 \cdot \frac{0{,}8}{1{,}3} = 1{,}66 \text{ N/mm}^2$$

$$0{,}74/1{,}66 = 0{,}45 < 1$$

$$\sigma_{c,90,d} = \frac{C}{A_{C,ef}} = \frac{12{,}8 \cdot 10^3}{160 \cdot 10^2} = 0{,}8 \text{ N/mm}^2$$

mit $A_{C,ef} = (130 + 30) \cdot 100 = 160 \cdot 10^2 \text{ mm}^2$ (s. Abb. 10.9)

Gl. (5.13): $\sigma_{c,90,d} \leqq k_{c,90} \cdot f_{c,90,d}$

Tafel 5.5: $k_{c,90} = 1$

$$f_{c,90,d} = 2{,}5 \cdot \frac{0{,}8}{1{,}3} = 1{,}54 \text{ N/mm}^2$$

$$0{,}8/1{,}54 = 0{,}52 < 1$$

Die Auflagerpressung infolge $\sigma_{c,90,d}$ muß auch vom Mauerwerk aufgenommen werden.

Kippnachweis entfällt, da gilt:

Gl. (10.60): $\text{rel}\,\lambda_m = \sqrt{24/52{,}8} = 0{,}67 \leqq 0{,}75 \rightarrow k_m = 1$

mit

$$\text{crit}\,\sigma_m = \frac{\pi \cdot 100^2 \cdot 7333}{4200 \cdot 260}\sqrt{690/11000} = 52{,}8 \text{ N/mm}^2$$

Durchbiegungsnachweise:

(10.61c): $f_{p,\text{inst}} = f_p + f_F = \dfrac{5 \cdot p \cdot l^4}{384 \cdot E_{0,\text{mean}} I} + \dfrac{F \cdot l^3}{48 \cdot E_{0,\text{mean}} I}$

$$= \frac{10^{-4}}{11000 \cdot 14647}\left(\frac{5 \cdot 1{,}6 \cdot 10^3 \cdot 4200^4}{384 \cdot 10^3} + \frac{3{,}6 \cdot 10^3 \cdot 4200^3}{48}\right)$$

$$= 4{,}02 + 3{,}45 = 7{,}5 \text{ mm} < l/300 = 14 \text{ mm}$$

(10.61b): $f_{\text{fin}} = (1{,}8/1{,}6) \cdot 4{,}02\,(1 + 0{,}6) + 7{,}47\,(1 + 0{,}3 \cdot 0{,}6) = 16{,}1 \text{ mm}$

(10.61d): $f_{\text{fin}} - f_{g,\text{inst}} = 16{,}1 - 4{,}5 = 11{,}6 \text{ mm} < l/200 = 21 \text{ mm}$

(2.6b): $f_{\text{fin}} = (1{,}8/1{,}6) \cdot 4{,}02\,(1 + 0{,}6) + 7{,}47 \cdot 0{,}3\,(1 + 0{,}6) = 10{,}8 \text{ mm}$

Gl. (10.61e): $f_{\text{fin}} - w_0 = 10{,}8 \text{ mm} < l/200 = 21 \text{ mm}$

mit $w_0 = 0$ (ohne Überhöhung), $\psi_2 = 0{,}3$ (Wohnräume)

10.7.7 Doppelbiegung

Spannungsnachweise

$$k_{red} \cdot \frac{\sigma_{m,y,d}}{f_{m,y,d}} + \frac{\sigma_{m,z,d}}{f_{m,z,d}} \leqq 1 \tag{10.62}$$

$$\frac{\sigma_{m,y,d}}{f_{m,y,d}} + k_{red} \cdot \frac{\sigma_{m,z,d}}{f_{m,z,d}} \leqq 1 \tag{10.63}$$

$k_{red} = 0{,}7$ für Rechteckquerschnitte, mit $h/b \leqq 4$ aus VH, BSH u. BAH
$k_{red} = 1{,}0$ für andere Querschnittsformen

Durchbiegungsnachweis

$$f = \sqrt{f_z^2 + f_y^2} \leqq f_{GW} \quad \text{(GW Grenzwert)} \tag{10.64}$$

Beispiel: Mittelpfette eines abgestrebten Pfettendaches
VH C24, kurze LED, Nkl 2

Kraftfluß und Stützweiten nach Abb. 10.16

$$q_{z,k} = g + s = 3{,}2 + 2{,}8 = 6 \text{ kN/m}$$
$$q_{y,k} = w = 1{,}2 \text{ kN/m}$$

Lastfall $g + w + s$ maßgebend; $\psi_{0,s} = 0{,}5$ s. Abschn. 2.11.3

Bemessungswert der Einwirkungen:

$$q_{z,d} = 1{,}35 \cdot 3{,}2 + 1{,}5 \cdot 0{,}5 \cdot 2{,}8 = 6{,}42 \text{ kN/m} \quad \text{vgl. (2.2)}$$
$$q_{y,d} = 1{,}5 \cdot 1{,}2 = 1{,}8 \text{ kN/m}$$

Biegemomente (s. Abb. 10.17)

$$M_{y,d} = \frac{q_{z,d} \cdot l_z^2}{8} = \frac{6{,}42 \cdot 2{,}5^2}{8} = 5{,}02 \text{ kNm}$$

$$M_{z,d} = \frac{q_{y,d} \cdot l_y^2}{8} = \frac{1{,}8 \cdot 4{,}3^2}{8} = 4{,}16 \text{ kNm}$$

Querschnitt: gewählt 12/20

$$W_y = 800 \cdot 10^3 \text{ mm}^3 ; \; W_z = 480 \cdot 10^3 \text{ mm}^3$$
$$I_y = 8000 \cdot 10^4 \text{ mm}^4 ; \; I_z = 2880 \cdot 10^4 \text{ mm}^4$$

Spannungsnachweise

$$f_{m,y,d} = f_{m,z,d} = 24 \cdot \frac{0{,}9}{1{,}3} = 16{,}6 \text{ N/mm}^2$$

Gl. (10.62): $0{,}7 \cdot \frac{5{,}02 \cdot 10^6/(800 \cdot 10^3)}{16{,}6} + \frac{4{,}16 \cdot 10^6/(480 \cdot 10^3)}{16{,}6} = 0{,}787 < 1$

Gl. (10.63): $0{,}378 + 0{,}7 \cdot 0{,}522 = 0{,}743 < 1$

Durchbiegungsnachweise

$$q_{z,d} = 3{,}2 + 0{,}5 \cdot 2{,}8 = 4{,}6 \text{ kN/m}$$

$$q_{y,d} = 1{,}2 \text{ kN/m} \quad \text{vgl. (2.6a)}$$

elastische Durchbiegung infolge veränderlicher Einwirkung (10.61c):

$$f_z = \frac{5 \cdot p_z \cdot l_z^4}{384 \cdot E_{0,\text{mean}} \cdot I_y} = \frac{5 \cdot 1{,}4 \cdot 2500^4}{384 \cdot 11000 \cdot 8000 \cdot 10^4} = 0{,}809 \text{ mm}$$

$$f_y = \frac{5 \cdot p_y \cdot l_y^4}{384 \cdot E_{0,\text{mean}} \cdot I_z} = \frac{5 \cdot 1{,}2 \cdot 4300^4}{384 \cdot 11000 \cdot 2880 \cdot 10^4} = 16{,}9 \text{ mm}$$

$$f_{p,\text{inst}} = f = \sqrt{f_z^2 + f_y^2} = \sqrt{0{,}809^2 + 16{,}9^2} = 16{,}9 \text{ mm} > \frac{4300}{300} = 14{,}3 \text{ mm}$$

(für Pfetten in nicht ausgebauten Dachräumen zulässig)

Enddurchbiegung:

$$\psi_{2,s} = \psi_{2,w} = 0 \text{ (Abschn. 2.11.7); } k_{\text{def}} = 0{,}8 \text{ (Taf. 2.12)}$$

(10.61b): $f_{z,\text{fin}} = \frac{3{,}2}{1{,}4} \cdot 0{,}809\,(1 + 0{,}8) + 1{,}62\,(0{,}5 + 0 \cdot 0{,}8) = 4{,}14 \text{ mm}$

$$f_{y,\text{fin}} = 16{,}9\,(1 + 0 \cdot 0{,}8) = 16{,}9 \text{ mm}$$

$$f_{\text{fin}} = \sqrt{4{,}14^2 + 16{,}9^2} = 17{,}4 \text{ mm}$$

(10.61d): $f_{\text{fin}} - f_{g,\text{inst}} = 17{,}4 - 1{,}8 = 15{,}6 \text{ mm} < \frac{4300}{200} = 21{,}5 \text{ mm}$

(2.6b u. 10.61e): $f_{z,\text{fin}} = 3{,}33 \text{ mm} < \frac{2500}{200} = 12{,}5 \text{ mm}$

Zur Berechnung der übrigen Bauteile s. Holzbau, Teil 2.

10.8 Nicht gespreizter mehrteiliger Querschnitt nach DIN 1052 neu (EC 5)

Es handelt sich um Querschnittstypen nach Tafel 9.1.

10.8.1 Biegung um die „starre" Achse

Berechnung wie einteilige Stäbe. Das Flächenmoment 2. Grades I_z wird nach (9.1) bestimmt.

10.8.2 Biegung um die „nachgiebige" Achse

Wegen der Nachgiebigkeit in den Verbindungsfugen wird die effektive Biegesteifigkeit (s. Abb. 9.5) nach (9.20) berechnet.

$$\text{ef}(EI_y) = \sum_{i=1}^{3} (E_i I_{iy} + \gamma_i E_i A_i a_i^2) \quad \text{–}\mathit{8.6.2}\ [1]\text{–}$$

γ_i nach (9.21, 9.22); a_2 nach (9.23)

Hinweise zur Festlegung der maßgebenden Stützweite l in (9.22) s. Abschn. 10.4.2.

Normalspannungen

$$\sigma_{i,d} = \gamma_i E_i a_i M_d / \text{ef}(EI_y) \quad (10.65)$$

$$\sigma_{m,i,d} = 0{,}5 E_i h_i M_d / \text{ef}(EI_y) \quad (10.66)$$

$\sigma_{i,d} \triangleq \sigma_{si}$ DIN 1052 (1988)

$\sigma_{i,d} + \sigma_{m,i,d} \triangleq \sigma_{ri}$

Maximale Schubspannung (Typ 5)
Die maximalen Schubspannungen treten in der neutralen Faser auf und sind unter Berücksichtigung von $\text{ef}(EI_y)$ nachzuweisen.

Für Träger nach Typ 5 ist die größte Schubspannung

$$\max \tau_d = \frac{\max V_d}{b_2 \text{ef}(EI_y)} \sum_{i=1}^{2} \gamma_i E_i S_i \quad (10.67)$$

mit

$$S_i = b_i h_i a_i \qquad i = 1 \text{ und } 3 \quad (10.68)$$

$$S_2 = b_2 (h_2/2 - a_2)^2/2 \quad (10.69)$$

Berechnung der Verbindungsmittel

$$F_{i,d} = \gamma_i E_i A_i a_i s_i V_d / \text{ef}(EI_y) \quad (10.70)$$

mit

$i = 1$ und 3

$s_i = s_i(x)$ und $V_d = V_d(x)$

$F_{i,d}$ Belastung je VM

Die VM werden in der Regel unabhängig vom Verlauf der Querkraftlinie gleichmäßig über die Trägerlänge angeordnet. Eine Abstufung der VM-Abstände ist auch nach EC5 möglich (s. Abschn. 10.4).

Beispiel: Deckenträger, genagelt (s. Abb. 10.25)

VH C24, FI, kurze LED, Nkl1

Bemessungswert der Einwirkungen

$$q_d = 1{,}43 \cdot 3{,}0 = 4{,}29 \text{ kN/m}$$

$$\max M_d = 1{,}43 \cdot 7{,}59 = 10{,}9 \text{ kNm}$$

$$\max V_d = 1{,}43 \cdot 6{,}75 = 9{,}65 \text{ kN}$$

Gl. (9.20): $\text{ef}\,I_y = \sum_{i=1}^{3} (I_{iy} + \gamma_i A_i a_i^2)$

Gl. (9.22): $\gamma_1 = [1 + \pi^2 E_1 A_1 s_1/(K_1 \cdot l^2)]^{-1}$

$s_1 = e' = \frac{1}{2} e$

Nagelabstand geschätzt $e' = \frac{60}{2} = 30$ mm (s. Abb. 10.25)

$E_1 = E_{0,\text{mean}}/\gamma_M$ und $K_1 = K_{u,\text{mean}}/\gamma_M$ mit $K_{u,\text{mean}} = (2/3) \cdot K_{\text{ser}}$

Verschiebungsmodul $K_{u,\text{mean}}$

Tafel 9.6: $K_{\text{ser}} = 350^{1,5} \cdot 3{,}8^{0,8}/25 = 762$ N/mm, ohne Vorbohrung

Gl. (9.25): $K_{u,\text{mean}} = \frac{2}{3} \cdot 762 = 508$ N/mm

$\gamma_1 = [1 + \pi^2 \cdot 11\,000 \cdot 52 \cdot 10^2 \cdot 30/(508 \cdot 4500^2)]^{-1} = 0{,}378$

Wirksames Flächenmoment 2. Grades um die y-Achse

$\text{ef}\,I_y = 2 \cdot A_1 \cdot h_1^2/12 + 2 \cdot A_2 \cdot h_2^2/12 + \gamma_1 \cdot 2 \cdot A_1 \cdot a_1^2$

$= 2 \cdot 52 \cdot 10^2 \cdot \frac{40^2}{12} + 2 \cdot 26 \cdot 240 \cdot \frac{240^2}{12} + 0{,}378 \cdot 2 \cdot 52 \cdot 10^2 \cdot 100^2$

$= 139 \cdot 10^4 + 5990 \cdot 10^4 + 3931 \cdot 10^4 = 10\,060 \cdot 10^4 \text{ mm}^4$

Berechnung der Verbindungsmittel

Gl. (9.28): $F_{1,d} = \gamma_1 \cdot A_1 \cdot a_1 \cdot s_1 \cdot V_d/\text{ef}\,I_y$

$= 0{,}378 \cdot 52 \cdot 10^2 \cdot 100 \cdot 30 \cdot 9{,}65 \cdot 10^3/(10\,060 \cdot 10^4) = 566$ N

Gl. (6.12 a): $R_k = \sqrt{2 \cdot 5790 \cdot 19{,}23 \cdot 3{,}8} = 920$ N, $f_{u,k} = 600$ N/mm²

$R_{1,d} = (26/34{,}2) \cdot (0{,}9/1{,}1) \cdot 920 = 572 > F_{1,d} = 566$ N

mit $t_{\text{req}} = 9 \cdot 3{,}8 = 34{,}2$ mm $> t_{\text{vorh}} = 26$ mm.

Keine Spaltgefahr: $t = \max\{7d; (13d - 30\,\varrho_k/400)\}$

$= \max\{26{,}6; 17{,}0 \text{ mm}\}$

Spannungsnachweise

Stegrandspannung:

$$\sigma_{r2} = \frac{M_d}{\text{ef}\,I_y} \cdot \frac{h_2}{2} = \frac{1090 \cdot 10^4 \cdot 240}{10060 \cdot 10^4 \cdot 2} = 13{,}0 \text{ N/mm}^2$$

$$f_{m,d} = \frac{24 \cdot 0{,}9}{1{,}3} = 16{,}6 \text{ N/mm}^2$$

$13{,}0/16{,}6 = 0{,}78 < 1$

Schwerpunktspannung im Gurt:

$$\sigma_{s1} = \frac{M_d}{\text{ef}\,I_y} \cdot \gamma_1 \cdot a_1 = \sigma_{f,t,d}\,;\ \sigma_{f,t,d}/f_{t,0,d} \leqq 1$$

$$= \frac{1090 \cdot 10^4 \cdot 0{,}378 \cdot 100}{10\,060 \cdot 10^4} = 4{,}10\ \text{N/mm}^2$$

$$f_{t,0,d} = \frac{14 \cdot 0{,}9}{1{,}3} = 9{,}69\ \text{N/mm}^2$$

$$4{,}10/9{,}69 = 0{,}42 < 1$$

Größte Schubspannung im Doppelsteg:

$$S = 2 \cdot 26 \cdot \frac{240^2}{8} + 0{,}378 \cdot 100 \cdot 52 \cdot 10^2 = 571 \cdot 10^3\ \text{mm}^3$$

$$\max \tau_d = \frac{\max V_d \cdot S}{\text{ef}\,I_y \cdot b_2} = \frac{9{,}65 \cdot 10^3 \cdot 571 \cdot 10^3}{10\,060 \cdot 10^4 \cdot 2 \cdot 26} = 1{,}05\ \text{N/mm}^2$$

$$f_{v,d} = \frac{2{,}7 \cdot 0{,}9}{1{,}3} = 1{,}87\ \text{N/mm}^2$$

$$1{,}05/1{,}87 = 0{,}56 < 1$$

Kippnachweis für Kastenquerschnitt mit nachgiebigem Verbund s. [117].

Durchbiegungsnachweise
ständige Einwirkungen:

$$g = 1{,}6\ \text{kN/m}$$

veränderliche Einwirkungen:

$$p = 1{,}4\ \text{kN/m}$$

Nachweis mit der charakteristischen Kombination:

Gl. (2.6 a) und Gl. (10.61 c): $f_{p,\text{inst}} = w_{Q,\text{inst}} \leqq l/300$

$$f_{p,\text{inst}} = \frac{5 \cdot M \cdot l^2}{48 \cdot E_{0,\text{mean}} \cdot \text{ef}\,I_y} + \frac{M}{G_{\text{mean}} \cdot A_{St}}$$

$$M = pl^2/8 = 1{,}4 \cdot 4{,}5^2/8 = 3{,}54\ \text{kNm}$$

$$f_{p,\text{inst}} = \frac{5 \cdot 3{,}54 \cdot 10^6 \cdot 4500^2}{48 \cdot 11000 \cdot 10\,060 \cdot 10^4} + \frac{3{,}54 \cdot 10^6}{690 \cdot 104 \cdot 10^2}$$

mit $A_{St} = 2 \cdot 26 \cdot 200 = 104 \cdot 10^2\ \text{mm}^2$ vgl. Tafel 10.3

$$f_{p,\text{inst}} = 6{,}75 + 0{,}49 = 7{,}24\ \text{mm} < 4500/300 = 15\ \text{mm}$$

Enddurchbiegung: $k_{def} = 0{,}6$ (Taf. 2.12); $\psi_2 = 0{,}3$ (Wohnräume)

Gl. (10.61 b): $$f_{fin} = \frac{1{,}6}{1{,}4} \cdot 7{,}24\ (1 + 0{,}6) + 7{,}24\ (1 + 0{,}3 \cdot 0{,}6) = 21{,}8 \text{ mm}$$

Gl. (10.61 d): $$f_{fin} - f_{g,inst} = 21{,}8 - 8{,}3 = 13{,}5 \text{ mm} < \frac{4500}{200} = 22{,}5 \text{ mm}$$

Nachweis mit der quasi-ständigen Kombination:

Gl. (2.6 b): $F_d = G_k + \psi_2 \cdot Q_{k,1}$

Gl. (10.61 e): $f_{fin} = 13{,}2 + 3{,}5 = 16{,}7 \text{ mm} < 22{,}5 \text{ mm}$ ($w_0 = 0$)

10.9 Gespreizter mehrteiliger Querschnitt nach DIN 1052 neu (EC 5)

Es handelt sich um Querschnittstypen nach Abb. 9.9.

10.9.1 Biegung um die „starre" Achse

Berechnung wie einteilige Stäbe.

10.9.2 Biegung um die „nachgiebige" Achse

Rahmen- und Gitterstäbe auf Biegung um die „nachgiebige" Achse sollten nur durch Zusatzlasten (z. B. Wind) beansprucht werden *–9.4–*.

Der Nachweis kann folgendermaßen durchgeführt werden (s. Abschn. 10.5.2).

Bekannt sind:

Knicklänge s_{ky}

wirksamer Schlankheitsgrad $\text{ef}\,\lambda_y \rightarrow$

$$\text{ef}\,i_y = s_{ky} / \text{ef}\,\lambda_y$$

$$\text{ef}\,I_y = 2 \cdot A_1 \cdot \text{ef}\,i_y^2 \quad \text{(s. Abb. 10.29)} \tag{10.71}$$

Mit Gl. (10.71) kann für doppeltsymmetrische Querschnitte der Abminderungswert γ berechnet werden.

Gl. (9.20): $\text{ef}\,I_y = 2 \cdot I_{1y} + \gamma \cdot 2 \cdot A_1 \cdot a_1^2$

$$2 \cdot A_1 \cdot \text{ef}\,i_y^2 = 2 \cdot A_1 \cdot \frac{h_1^2}{12} + \gamma \cdot 2 \cdot A_1 \cdot a_1^2$$

$$\gamma = \frac{12 \cdot \text{ef}\,i_y^2 - h_1^2}{12 \cdot a_1^2} \tag{10.72}$$

Die Biegespannungen infolge Zusatzlasten können dann mit (10.65) und (10.66) berechnet werden.

Beispiel: Stütze nach Abb. 10.30 (vgl. Abb. 9.11)
VH C24, kurze LED, Nkl 1

Windlast $w = 1{,}5$ kN/m

Bemessungswert $w_d = 1{,}5 \cdot w = 2{,}25$ kN/m

$$A_d = B_d = 2{,}25 \cdot \frac{4{,}2}{2} = 4{,}73 \text{ kN}$$

$$\max M_d = 2{,}25 \cdot \frac{4{,}2^2}{8} = 4{,}96 \text{ kNm}$$

Querschnittswerte:

$$\text{ef}\,\lambda_y = 70{,}3 \text{ (s. Abschn. 9.4.3.1, Beispiel)}$$

$$\text{ef}\,i_y = \frac{s_{ky}}{\text{ef}\,\lambda_y} = \frac{4200}{70{,}3} = 59{,}7 \text{ mm}$$

$$\text{ef}\,I_y = 2 \cdot A_1 \cdot \text{ef}\,i_y^2 = 2 \cdot 80 \cdot 200 \cdot 59{,}7^2 = 11405 \cdot 10^4 \text{ mm}^4$$

Abminderungswert nach (10.72)

$$\gamma = \frac{12 \cdot 59{,}7^2 - 80^2}{12 \cdot 100^2} = 0{,}303$$

Gewählt: Dü ∅65–C10 mit $d_b = 16$ mm

$$\Delta A = 5{,}9 \cdot 10^2 \text{ mm}^2, \qquad \frac{h_c}{2} = \frac{27}{2} = 13{,}5 \text{ mm}$$

$$A_1 = 160 \cdot 10^2 \text{ mm}^2, \quad A_{1n} = 143 \cdot 10^2 \text{ mm}^2$$

$$I_1 = 853 \cdot 10^4 \text{ mm}^4, \quad I_{1n} = 741 \cdot 10^4 \text{ mm}^4$$

(s. Abb. 10.30 $\Delta A_{neu} = 3{,}6 \cdot 10^2 + 17 \cdot 27/2 = 5{,}90 \cdot 10^2 \text{ mm}^2$)

Spannungsnachweis für Biegung um die „nachgiebige“ Achse y–y infolge Windlast

$$\sigma_{r1} = \frac{M_d}{\text{ef}\,I_y}\left(\gamma \cdot a_1 \cdot \frac{A_1}{A_{1n}} + 0{,}5 \cdot h_1 \cdot \frac{I_1}{I_{1n}}\right) = \sigma_{f,m,d}$$

$$\sigma_{r1} = \frac{496 \cdot 10^4}{11405 \cdot 10^4}\left(0{,}303 \cdot 100 \cdot \frac{160}{143} + 0{,}5 \cdot 80 \cdot \frac{853}{741}\right)$$

$$= 0{,}0435\,(33{,}9 + 46{,}0) = 3{,}48 \text{ N/mm}^2$$

$$f_{m,d} = 24 \cdot \frac{0{,}9}{1{,}3} = 16{,}6 \text{ N/mm}^2$$

$$3{,}48/16{,}6 = 0{,}21 < 1$$

Die gleiche Stütze mit Druckkraft und Biegung s. Abb. 11.5.

11 Biegung mit Längskraft

11.1 Allgemeines nach DIN 1052 (1988)

Dieser Abschnitt behandelt Stäbe, deren Längskraft planmäßig ausmittig angreift oder die gleichzeitig senkrecht und parallel zur Stabachse beansprucht werden.

Da die zulässigen Spannungen für Biegung und Zug oder Biegung und Druck nicht gleich sind, geht man von der Summe der Spannungsverhältnisse aus, die nicht größer als 1 werden darf. Für diese kombinierten Spannungen ist die lineare Interaktionsbeziehung

$$\frac{\text{vorh}\,\sigma_N}{\text{zul}\,\sigma_N} + \frac{\text{vorh}\,\sigma_B}{\text{zul}\,\sigma_B} \leqq 1 \tag{11.1}$$

einzuhalten.

11.2 Biegung mit Zug (nach *-7.2-*)

Für ein- und mehrteilige Querschnitte gilt

$$\frac{N/A_n}{\text{zul}\,\sigma_{Z\,\|}} + \frac{M/W_n}{\text{zul}\,\sigma_B} \leqq 1 \tag{11.2}$$

$A_n \triangleq$ Nettoquerschnitt vgl. Abschn. 7.3.

Ausmittig beanspruchte Bauteile in Zugstößen und -anschlüssen vgl. Abschn. 5.1.

11.3 Biegung mit Druck (nach *-9.4-*)

11.3.1 Einteiliger Rechteckquerschnitt und mehrteiliger symmetrischer geleimter Querschnitt

Es sind zwei Nachweise zu führen:

a) Spannungsnachweis

$$\frac{N/A_n}{\text{zul}\,\sigma_{D\,\|}} + \frac{M/W_n}{\text{zul}\,\sigma_B} \leqq 1 \tag{11.3}$$

Tafel 11.1. In (11.3–11.5) einzusetzende Werte A_n und W_n nach *-E87-* [7]

Belastungsart	N, h, h_n, N	N, F, N, satt ausgefüllt		N, F, N, satt ausgefüllt
		$\lvert\sigma_{D\parallel}\rvert \geqq \lvert\sigma_B\rvert$	$\lvert\sigma_{D\parallel}\rvert < \lvert\sigma_B\rvert$	
A_n, W_n =	A_n, W_n	A, W	A_n, W_n	A, W

Darin sind nach *-E87-* A_n und W_n abhängig von der Belastungsart gemäß Tafel 11.1.

b) Stabilitätsnachweis (nach *-9.4-*)

$$\frac{N/A_n}{\text{zul}\,\sigma_k} + \frac{M/W_n}{k_B \cdot 1{,}1 \cdot \text{zul}\,\sigma_B} \leqq 1 \tag{11.4}$$

wenn $1{,}1 \cdot k_B > 1$ (z.B. für $\lambda_B \leqq 0{,}75$ der Fall, da $k_B = 1$), dann folgt:

$$\frac{N/A_n}{\text{zul}\,\sigma_k} + \frac{M/W_n}{\text{zul}\,\sigma_B} \leqq 1 \tag{11.5}$$

Bei zul σ_k ist für ω in Gl. (8.4) stets der größte Wert ohne Rücksicht auf die Richtung der Biegebeanspruchung einzusetzen.

Beispiel: Pendelstütze nach Abb. 11.1 [7]

S10/MS10, Lastfall H für $g + \frac{s}{2} + w$

Vorbemerkung zum Lastfall, vgl. Teil 2, Abschn. 14.1:

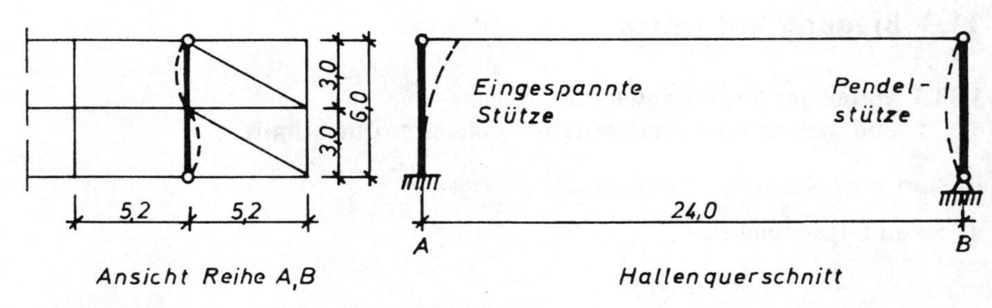

Abb. 11.1. Übersichtszeichnung (Hallenlänge $L = 52$ m)

Nach DIN 1055 T5 (6/75) dürfen die Lastkombinationen

$$s + \frac{w}{2} \quad \text{bzw.} \quad w + \frac{s}{2}$$

in Rechnung gestellt werden.

Bei Anwendung dieser Überlagerungsregeln gelten nach DIN 1055 T4 (8/1986) *Schnee- und Windlast als Hauptlasten.*

Daneben darf nach *-6.2.2-* mit den vollen Regelwerten $g + s + w$ als Lastfall HZ gerechnet werden.

Lastannahmen:	Eigenlast	Dachhaut	0,20 kN/m²
		Sp.-Pfetten	0,10 kN/m²
		Binder	0,15 kN/m²
			$g = 0{,}45$ kN/m²
	Schnee		$s = 0{,}75$ kN/m²
			$g + s = 1{,}20$ kN/m²
			$g + \frac{s}{2} = 0{,}83$ kN/m²

Wind: Die Pendelstütze gilt als *einzelnes Tragglied,* vgl. Teil 2, Abschn. 14.5.4. Nach DIN 1055 T4, 5.2.2 ist hierfür die Winddruckkraft um 25% zu erhöhen.

$$w = 1{,}25 \cdot 0{,}8 \cdot 0{,}50 = 0{,}5 \text{ kN/m}^2$$

$$\frac{w}{2} = 0{,}25 \text{ kN/m}^2$$

Maßgebend für die Bemessung ist der Lastfall „$g + \frac{s}{2} + w$". Windsog auf das Dach wird vernachlässigt.

$$F = 0{,}83 \cdot \frac{24}{2} \cdot 5{,}2 = 51{,}8 \text{ kN}$$

Eigenlast Stütze $= 1{,}5$ kN

$53{,}3$ kN

$$W = 0{,}50 \cdot 3{,}0 \cdot 5{,}2 = 7{,}8 \text{ kN}$$

$$M_y = 7{,}8 \cdot 6{,}0/4 = 11{,}7 \text{ kNm}$$

Knicklängen: $s_{ky} = 6{,}0$ m

$s_{kz} = 3{,}0$ m

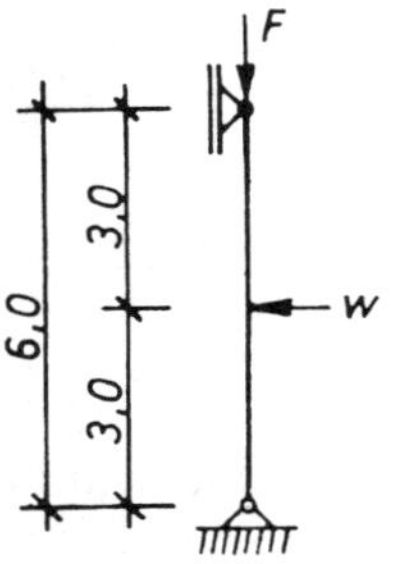

Abb. 11.2

Gewählt 16/26: $A = 416 \cdot 10^2 \text{ mm}^2$, $W_y = 1803 \cdot 10^3 \text{ mm}^3$

$$\lambda_z = \frac{3000}{0{,}289 \cdot 160} = 65$$

$$\lambda_y = \frac{6000}{0{,}289 \cdot 260} = 80 \rightarrow \omega = 2{,}2 \rightarrow \text{zul}\,\sigma_k = 8{,}5/2{,}2 = 3{,}86\ \text{MN/m}^2$$

$$\sigma_{D\|} = \frac{53{,}3 \cdot 10^3}{416 \cdot 10^2} = 1{,}3\ \text{N/mm}^2$$

$$\sigma_B = \frac{1170 \cdot 10^4}{1803 \cdot 10^3} = 6{,}5\ \text{N/mm}^2$$

$$\frac{1{,}3}{3{,}86} + \frac{6{,}5}{10{,}0} = 0{,}99 < 1$$

Durchbiegung

$$\sigma_B = 6{,}5\ \text{MN/m}^2$$

$$f = \frac{100 \cdot \sigma \cdot l^2}{c \cdot h} = \frac{100 \cdot 6{,}5 \cdot 6^2}{4{,}8 \cdot 260} = 19\ \text{mm} < \frac{6000}{200} = 30\ \text{mm} \quad \textit{-8.5.9-}$$

11.3.2 Mehrteiliger, nachgiebig verbundener Querschnitt

11.3.2.1 Nicht gespreizt (Abb. 9.1 a–9.1 d)

Es sind zwei Nachweise zu führen:

a) Spannungsnachweis für Biegung um die „nachgiebige" Achse und Druck (nach *–8.3.1–* und *–9.4–*) [7]

$$\frac{\dfrac{N}{\bar{A}_n} \cdot n_i}{\text{zul}\,\sigma_{D\|}} \pm \frac{\dfrac{M}{\text{ef}\,I_y} \cdot \left(\gamma_i \cdot a_i \cdot \dfrac{A_i}{A_{in}} + \dfrac{h_i}{2} \cdot \dfrac{I_i}{I_{in}}\right) \cdot n_i}{\text{zul}\,\sigma_B} \leqq 1 \tag{11.6}$$

und

$$\frac{\dfrac{N}{\bar{A}_n} \cdot n_i \pm \dfrac{M}{\text{ef}\,I_y} \cdot \gamma_i \cdot a_i \cdot \dfrac{A_i}{A_{in}} \cdot n_i}{\text{zul}\,\sigma_{D,Z\|}} \leqq 1 \tag{11.7}$$

Bei Querschnittsteilen mit unterschiedlichem E-Modul sind zur Berechnung von $\bar{A}_n$ und ef I_y die Werte $n_i = E_i/E_v$ zu berücksichtigen *–Gl. (62)* und *(35)–*.

Der Index Z muß deshalb berücksichtigt werden, weil bei unsymmetrischen Querschnitten (Abb. 9.1 b) z. B. die Schwerpunktsspannung auf der Biegezugseite maßgebend sein kann.

b) Knicknachweis für Biegung um die „nachgiebige“ Achse und Druck (nach -*8.3*- und -*9.4*-) [7]

$$\frac{\frac{N}{\bar{A}_n} \cdot n_i}{\text{zul}\,\sigma_k} \pm \frac{\frac{M}{\text{ef}\,I_y} \cdot \left(\gamma_i \cdot a_i + \frac{h_i}{2}\right) \cdot n_i}{\text{zul}\,\sigma_B} \leqq 1 \tag{11.8}$$

Stets max ω einsetzen wie in Gl. (11.4) bzw. (11.5).

Für die Bemessung der Verbindungsmittel solcher Stäbe ist der ideellen Querkraft Q_i nach (9.9) bzw. (9.9 a) die größte Querkraft aus der Querbelastung hinzuzufügen.

Beispiel: Eingespannte Stütze nach Abb. 11.1 [7]

S10/MS10, Lastfall H für $g + \frac{s}{2} + w$ (vgl. Pendelstütze)

Die Winddruckkraft ist nach DIN 1055 T4, 5.2.2 um 25% zu erhöhen (Einzugsfläche der Stütze ist < 15% der Fläche, über die der Druckbeiwert gemittelt wurde).

$g + \frac{s}{2}$: $\quad F = F_2 + F_{\text{Stütze}} = 51{,}8 + 4{,}2 = 56{,}0$ kN

Wind nach Abb. 14.25 a (Teil 2) mit Abb. 11.3:

$$w_D = 1{,}25 \cdot 0{,}8 \cdot 0{,}5 \cdot 5{,}2 = 2{,}60 \text{ kN/m}$$
$$w_{SH} = 0{,}5 \cdot 0{,}5 \cdot 5{,}2 = 1{,}30 \text{ kN/m}$$
$$w_{SV} = 0{,}6 \cdot 0{,}5 \cdot 5{,}2 = 1{,}56 \text{ kN/m}$$

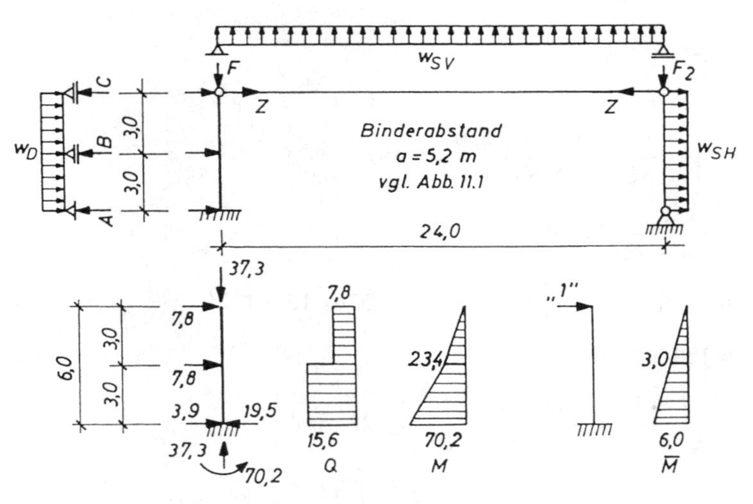

Abb. 11.3. Belastung und Schnittgrößen der eingespannten Stütze

Daraus: $F = F_2 = -1{,}56 \cdot 24{,}0/2 = -18{,}7$ kN

$Z = 1{,}30 \cdot 6{,}0/2 = 3{,}90$ kN

$A = C = 2{,}60 \cdot 3{,}0/2 = 3{,}90$ kN

$B = 2{,}60 \cdot 3{,}0 = 7{,}80$ kN

Insgesamt: $F = 56{,}0 - 18{,}7 = 37{,}3$ kN

$F_2 = 53{,}3 - 18{,}7 = 34{,}6$ kN

$W_1 = 3{,}9 + 3{,}9 = 7{,}8$ kN

$W_2 = B = 7{,}8$ kN

$\max M = 7{,}8 \cdot 6 + 7{,}8 \cdot 3 = 70{,}2$ kNm

Knicklängen: $s_{kz} = 3{,}0$ m nach Abb. 11.1

[1] $s_{ky} = 2 \cdot h \cdot \sqrt{1 + 0{,}96 \cdot n}$ nach (8.18)

mit $n = \dfrac{F_2}{F} = 1$ (Stützenlasten ohne Stützeneigengewicht)

$s_{ky} = 2{,}8 \cdot h$

$s_{ky} = 2{,}8 \cdot 6 = 16{,}8$ m

Gewählt: zweiteiliger verdübelter Balken nach Abb. 11.4

Querschnittswerte und Berechnung von ef I_y:

vgl. Beispiel zu Abb. 10.27

geschätzt: $e' = e = 550$ mm

Sonderfall: Doppelt symmetrischer zweiteiliger Querschnitt

$$\mathrm{ef}\, I_y = 2\, A_1 \cdot \frac{h_1^2}{12} + \gamma \cdot 2\, A_1 \cdot a_1^2$$

mit

$$k_1 = \frac{\pi^2 \cdot E_{\parallel} \cdot A_1 \cdot e'}{s_{ky}^2 \cdot C}$$

$$= \frac{\pi^2 \cdot 10^4 \cdot 576 \cdot 10^2 \cdot 550}{16800^2 \cdot 22500} = 0{,}492$$

$$\gamma = \frac{1}{1 + k_1/2} = 0{,}803$$

$$\mathrm{ef}\, I_y = 2 \cdot 576 \cdot 10^2 \cdot \frac{240^2}{12} + 0{,}803 \cdot 2 \cdot 576 \cdot 10^2 \cdot 120^2$$

$$= 188500 \cdot 10^4 \text{ mm}^4$$

$$\mathrm{ef}\, i_y = \sqrt{\frac{\mathrm{ef}\, I_y}{2 \cdot A_1}} = \sqrt{\frac{188500 \cdot 10^4}{2 \cdot 576 \cdot 10^2}} = 128 \text{ mm}$$

[1] Bei elastischer Einspannung s. [101].

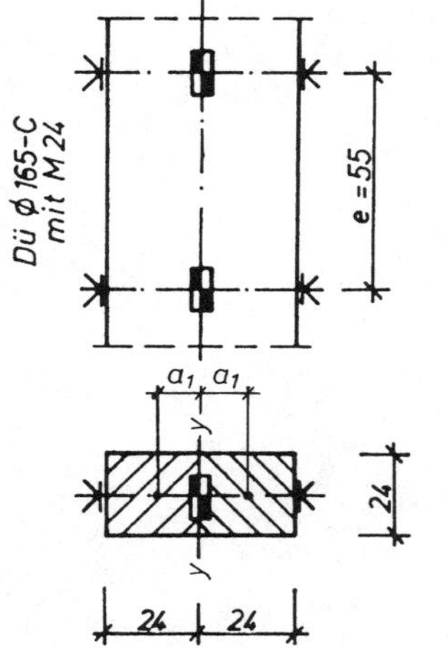

Abb. 11.4

$$\text{ef}\,\lambda_y = \frac{s_{ky}}{\text{ef}\,i_y} = \frac{16\,800}{128} = 131 < 175$$

$$\rightarrow \text{ef}\,\omega_y = 5{,}15 \rightarrow \text{zul}\,\sigma_k = 8{,}5/5{,}15 = 1{,}65\ \text{MN/m}^2$$

$$\lambda_z = \frac{3000}{0{,}289 \cdot 240} = 43 < 131$$

Nachweis der Verbindungsmittel nach (10.39)

Dü ∅ 165–C mit M 24: $\text{zul}\,N = 30$ kN

$$Q = \max Q + \frac{\text{ef}\,\omega_y \cdot N}{60} = 15{,}6 + \frac{5{,}15 \cdot 37{,}3}{60} = 18{,}8\ \text{kN}$$

$$\text{ef}\,t = \frac{18{,}8 \cdot 10^3 \cdot 0{,}803 \cdot 120 \cdot 576 \cdot 10^2}{188\,500 \cdot 10^4} = 55{,}4\ \text{N/mm}$$

$$\text{erf}\,e = \frac{\text{zul}\,N}{\text{ef}\,t} = \frac{30 \cdot 10^3}{55{,}4} = 542\ \text{mm} \approx 550\ \text{mm} = \text{vorh}\,e$$

Spannungsnachweise nach (11.6, 11.7) Lastfall H

$$A_n = 2 \cdot 576 \cdot 10^2 = 1152 \cdot 10^2\ \text{mm}^2 \quad \text{(Fehlflächen vernachlässigt)}$$

$$\left.\begin{aligned} \frac{A_1}{A_{1n}} &= \frac{576}{505} = 1{,}14 \\ \frac{I_1}{I_{1n}} &= \frac{27\,650}{23\,390} = 1{,}18 \end{aligned}\right\} \quad \text{s. Beispiel zu Abb. 10.28}$$

$$\sigma_{D\parallel} = \frac{37{,}3 \cdot 10^3}{2 \cdot 576 \cdot 10^2} = 0{,}3\ \text{N/mm}^2$$

$$\sigma_{r1,0} = \frac{7020 \cdot 10^4}{188\,500 \cdot 10^4} \cdot \left(0{,}803 \cdot 120 \cdot 1{,}14 + \frac{240}{2} \cdot 1{,}18\right)$$

$$= 0{,}0372 \cdot (109{,}8 + 141{,}6) = 9{,}4\ \text{N/mm}^2$$

$$\frac{0{,}3}{8{,}5} + \frac{9{,}4}{10{,}0} = 0{,}98 < 1$$

$$\sigma_{s1} = 0{,}0372 \cdot 0{,}803 \cdot 120 \cdot 1{,}14 = 4{,}1\ \text{N/mm}^2$$

$$\frac{-0{,}3 + 4{,}1}{7} = 0{,}54 < 1$$

Knicknachweis nach (11.8) Lastfall H

$$\sigma_{D\parallel} = 0{,}3\ \text{N/mm}^2$$

$$\sigma_{r1,0} = 0{,}0372 \cdot \left(0{,}803 \cdot 120 + \frac{240}{2}\right) = 8{,}1\ \text{N/mm}^2$$

$$\frac{0{,}3}{1{,}65} + \frac{8{,}1}{10{,}0} = 0{,}99 < 1$$

Schubspannungsnachweis Lastfall H

Das auf die neutrale Faser bezogene Flächenmoment 1. Grades beträgt (s. Abb. 11.4):

$$S = \frac{b}{2}\left(\gamma \cdot a_1 + \frac{h_1}{2}\right)^2$$

$$= \frac{240}{2}\left(0{,}803 \cdot 120 + \frac{240}{2}\right)^2 = 5617 \cdot 10^3\ \text{mm}^3$$

$$\max \tau_Q = \frac{\max Q \cdot S}{\text{ef}\, I_y \cdot b} = \frac{18{,}8 \cdot 10^3 \cdot 5617 \cdot 10^3}{188\,500 \cdot 10^4 \cdot 240} = 0{,}23\ \text{N/mm}^2$$

$$0{,}23/0{,}9 = 0{,}26 < 1$$

Durchbiegungsnachweis nach den Regeln der Festigkeitslehre

$$E_\parallel \cdot \text{ef}\, I_y \cdot \delta = \int M \cdot \overline{M} \cdot \text{d}x \qquad M, \overline{M} \text{ nach Abb. 11.3}$$

$$E_\parallel \cdot \text{ef}\, I_y \cdot \delta = \frac{3{,}0}{3} \cdot 23{,}4 \cdot 3{,}0 + \frac{3{,}0}{6}\,[3{,}0 \cdot (2 \cdot 23{,}4 + 70{,}2)$$

$$+ 6{,}0 \cdot (2 \cdot 70{,}2 + 23{,}4)]$$

$$= 70{,}2 + 666{,}9 = 737\ \text{kNm}^3$$

$$\delta = \frac{737 \cdot 10^{12}}{10^4 \cdot 18{,}85 \cdot 10^8} = 39\ \text{mm} < \frac{6000}{150} = 40\ \text{mm}$$

Konstruktion des Stützenfußes vgl. z. B. Abb. 6.24

11.3.2.2 Gespreizt (nach Abb. 9.9) [7]

Rahmen- und Gitterstäbe dürfen rechtwinklig zur „nachgiebigen“ Achse *nur durch Zusatzlasten* beansprucht werden, vgl. Abschn. 10.5.2. Für Rahmenstäbe sind zwei Nachweise zu führen:

a) Spannungsnachweis für Biegung und Druck

$$\frac{\frac{N}{A_\text{n}}}{\text{zul}\,\sigma_{\text{D}\parallel}} + \frac{\frac{M}{\text{ef}\,I_\text{y}} \cdot \left(\gamma \cdot a_1 \cdot \frac{A_1}{A_{1\text{n}}} + \frac{h_1}{2} \cdot \frac{I_1}{I_{1\text{n}}}\right)}{\text{zul}\,\sigma_\text{B}} \leqq 1 \tag{11.9}$$

ef I_y nach (10.41), γ nach (10.42)

b) Knicknachweis für Biegung und Druck

$$\frac{\frac{N}{A}}{\text{zul}\,\sigma_\text{k}} + \frac{\frac{M}{\text{ef}\,I_\text{y}} \cdot \left(\gamma \cdot a_1 + \frac{h_1}{2}\right)}{\text{zul}\,\sigma_\text{B}} \leqq 1 \tag{11.10}$$

Zur Berechnung von zul σ_k ist stets max ω einzusetzen gemäß Erläuterung zu (11.5).

Bei Gitterstäben ist zusätzlich zu a und b erforderlich:

c) der Knicknachweis für den Einzelstab

$$\frac{\frac{N}{A} + \frac{M}{\text{ef}\,I_\text{y}} \cdot \gamma \cdot a_1}{\text{zul}\,\sigma_\text{k}} \leqq 1 \tag{11.11}$$

Die zur Berechnung von zul σ_k erforderliche Knickzahl ω ergibt sich aus

$$\lambda_1 = \frac{s_1}{i_1}$$

Beispiel: Stütze nach Abb. 11.5

vgl. Abb. 9.11 und 10.30

$S = 110$ kN, $w = 1{,}5$ kN/m, S10/MS10, Lastfall HZ

Folgende Werte werden übernommen:

aus dem Beispiel zu Abb. 9.11	aus dem Beispiel zu Abb. 10.30
$A = 320 \cdot 10^2\ \text{mm}^2$ $a_1 = 100$ mm $h_1 = 80$ mm $s_1 = 770$ mm ef $\omega_\text{y} = 1{,}79$ $\omega_\text{z} = 1{,}97$	ef $I_\text{y} = 12740 \cdot 10^4\ \text{mm}^4$ $\gamma = 0{,}345$ $M_\text{y} = 3{,}31$ kNm max $Q = 3{,}15$ kN $\sigma_\text{r1} = 2{,}2\ \text{N/mm}^2$

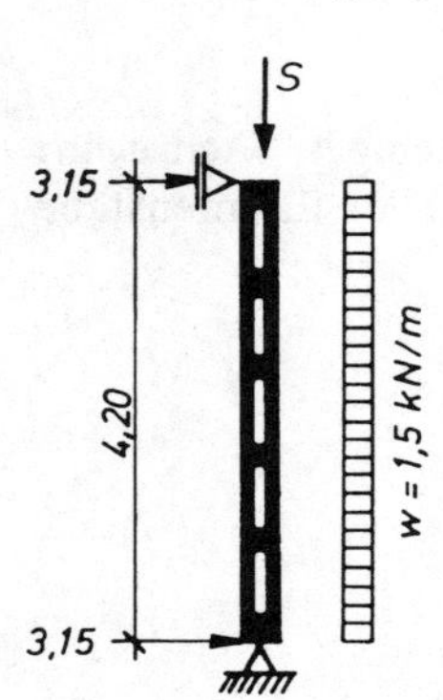

Abb. 11.5
vgl. Abb. 10.30

a) Spannungsnachweis

$$\sigma_{D\parallel} = \frac{N}{A_n} = \frac{110 \cdot 10^3}{320 \cdot 10^2} = 3{,}4\ \text{N/mm}^2$$

$$\sigma_{r1} = \frac{M_y}{\text{ef}\, I_y} \cdot \left(\gamma \cdot a_1 \cdot \frac{A_1}{A_{1n}} + \frac{h_1}{2} \cdot \frac{I_1}{I_{1n}} \right) = 2{,}2\ \text{N/mm}^2$$

$$\frac{3{,}4}{1{,}25 \cdot 8{,}5} + \frac{2{,}2}{1{,}25 \cdot 10{,}0} = 0{,}5 < 1$$

b) Knicknachweis

$$\text{zul}\,\sigma_k = 1{,}25 \cdot 8{,}5/1{,}97 = 5{,}4\ \text{N/mm}^2$$

$$\sigma_{D\parallel} = 3{,}4\ \text{N/mm}^2$$

$$\sigma_{r1} = \frac{3{,}31 \cdot 10^6}{12740 \cdot 10^4} \cdot \left(0{,}345 \cdot 100 + \frac{80}{2} \right) = 1{,}9\ \text{N/mm}^2$$

$$\frac{3{,}4}{5{,}4} + \frac{1{,}9}{1{,}25 \cdot 10{,}0} = 0{,}78 < 1$$

Verbindungsmittel

$$Q = 3{,}15 + \frac{1{,}79 \cdot 110}{60} = 6{,}43\ \text{kN}$$

$$T = \frac{Q \cdot s_1}{2 \cdot a_1} = \frac{6{,}43 \cdot 770}{2 \cdot 100} = 24{,}8\ \text{kN}$$

$$\text{ef}\, T = \psi \cdot T = 0{,}866 \cdot 24{,}8 = 21{,}5\ \text{kN}$$ nach (9.16) und Beispiel zu Abb. 9.11

Gewählt:

2 Dü ∅ 65–D zul $N = 1{,}25 \cdot 11{,}5 = 14{,}4$ kN
zul $T = 2 \cdot 14{,}4 = 28{,}8\ \text{kN} > 21{,}5\ \text{kN}$

11.4 Biegung mit Zug nach DIN 1052 neu (EC 5)

Es ist folgender Nachweis zu führen:

$$\frac{\sigma_{t,0,d}}{f_{t,0,d}} + \frac{\sigma_{m,d}}{f_{m,d}} \leqq 1 \qquad (11.12)$$

Die Erfassung der Interaktion der Spannungen entspricht dem Verfahren nach DIN 1052 (1988).

11.5 Biegung mit Druck nach DIN 1052 neu (EC 5)

Es sind zwei Nachweise zu führen:

a) Spannungsnachweis

$$\left(\frac{\sigma_{c,0,d}}{f_{c,0,d}}\right)^2 + \frac{\sigma_{m,d}}{f_{m,d}} \leqq 1 \quad -\mathit{10.2.8}\,[1]- \qquad (11.13)$$

Wegen des Plastifizierungsvermögens des Holzes ist die Erfassung der Interaktion der Spannungen nach DIN 1052 neu (EC 5) günstiger.

b) Stabilitätsnachweis

$$\frac{\sigma_{c,0,d}}{k_{c,y} \cdot f_{c,0,d}} + \frac{\sigma_{m,d}}{k_m \cdot f_{m,d}} \leqq 1 \quad -\mathit{10.3.3}\,[1]- \qquad (11.14)$$

mit $k_m \leqq 1$ s. (10.59)

Falls $k_{c,z} < k_{c,y}$, ist darauf zu achten, daß die Bedingung

$$\frac{\sigma_{c,0,d}}{k_{c,z} \cdot f_{c,0,d}} \leqq 1 \qquad (11.15)$$

ebenfalls erfüllt ist.

DIN 1052 neu (EC5) verwendet die Festlegung der DIN 1052 (1988) nicht, daß für ω stets der größte Wert ohne Rücksicht auf die Richtung der Ausbiegung einzusetzen ist.

Beispiel: Pendelstütze nach Abb. 11.1

VH C24, kurze LED, Nkl 1

Folgende Werte wurden übernommen:

Ständige Einwirkungen ($g = 0{,}45$ kN/m²)	28,1 kN
Veränderliche Einwirkungen	
Schnee ($s = 0{,}75$ kN/m²)	46,8 kN
Wind ($w = 0{,}5$ kN/m²)	7,8 kN

$A = 416 \cdot 10^2$ mm²; $I_y = 23435 \cdot 10^4$ mm⁴; $W_y = 1803 \cdot 10^3$ mm³

$\lambda_y = 80$; $\lambda_z = 65$

Bemessungswert der Einwirkungen [127]

Gl. (2.2): $F_{\rm d}^{1} = \gamma_{\rm G} \cdot G_{\rm k} + \gamma_{\rm Q} \cdot Q_{\rm k,1} + \gamma_{\rm Q} \cdot \sum_{i>1} \psi_{0,\rm i} \cdot Q_{\rm k,i}$

Tafel 2.5: $\gamma_{\rm G} = 1{,}35$ für ständige

Gl. (2.3): $\gamma_{\rm Q} = 1{,}5$ für veränderliche Einwirkungen

Kombinationsbeiwerte:

Abschn. 2.11.3: $\psi_{0,1} = 0{,}70$ für Schnee (über NN > 1000 m)

$\psi_{0,2} = 0{,}60$ für Wind

Kombination 1 (Eigengewicht + Schnee + Wind):

$$F_{\rm d} = 1{,}35 \cdot 28{,}1 + 1{,}5 \cdot 46{,}8 = 108 \text{ kN}$$

$$W_{\rm d} = 1{,}5 \cdot 0{,}6 \cdot 7{,}8 = 7{,}0 \text{ kN}$$

Kombination 2 (Eigengewicht + Wind + Schnee):

$$F_{\rm d} = 1{,}35 \cdot 28{,}1 + 1{,}5 \cdot 0{,}7 \cdot 46{,}8 = 87 \text{ kN}$$

$$W_{\rm d} = 1{,}5 \cdot 7{,}8 = 11{,}7 \text{ kN}$$

Kombination 3 (Eigengewicht + Schnee):

$$F_{\rm d} = 1{,}35 \cdot 28{,}1 + 1{,}5 \cdot 46{,}8 = 108 \text{ kN}$$

Kombination 4 (Eigengewicht + Wind):

$$F_{\rm d} = 1{,}35 \cdot 28{,}1 = 37{,}9 \text{ kN}$$

$$W_{\rm d} = 1{,}5 \cdot 7{,}8 = 11{,}7 \text{ kN}$$

Aus der Zusammenstellung der Lastkombinationen ist zu erkennen, daß die Kombinationen 3 und 4 für die Stütze nicht maßgebend werden.

Bemessungswert der Beanspruchungen (Schnittgrößen)
Kombination 1:

$$F_{\rm d} = 108 \text{ kN}$$

$$M_{\rm y,d} = \frac{7{,}0 \cdot 6{,}0}{4} = 10{,}5 \text{ kNm}$$ s. Abb. 11.2

Kombination 2:

$$F_{\rm d} = 87 \text{ kN}$$

$$M_{\rm y,d} = \frac{11{,}7 \cdot 6{,}0}{4} = 17{,}6 \text{ kNm}$$

---

[1] Windsog auf das Dach wird vernachlässigt, vgl. Abb. 11.2. Bei Hallenstützen u. (2.2) sollte Windsog berücksichtigt werden.

Knicknachweis:

Gl. (8.29): $$\text{rel}\,\lambda_{c,y} = \frac{80}{\pi}\sqrt{\frac{21}{7333}} = 1{,}36$$

$$\text{rel}\,\lambda_{c,z} = \frac{65}{\pi}\sqrt{\frac{21}{7333}} = 1{,}11$$

Gl. (8.31): $$k_y = 0{,}5\,[1 + 0{,}2\,(1{,}36 - 0{,}3) + 1{,}36^2] = 1{,}53$$
$$k_z = 0{,}5\,[1 + 0{,}2\,(1{,}11 - 0{,}3) + 1{,}11^2] = 1{,}20$$

Gl. (8.30): $$k_{c,y} = \frac{1}{1{,}53 + \sqrt{1{,}53^2 - 1{,}36^2}} = 0{,}448$$

$$k_{c,z} = \frac{1}{1{,}20 + \sqrt{1{,}20^2 - 1{,}11^2}} = 0{,}604$$

$$k_{c,z} > k_{c,y}$$

Gl. (10.60): $$\text{crit}\,\sigma_m = \frac{\pi \cdot 160^2 \cdot 7333}{3000 \cdot 260} \cdot \sqrt{\frac{690}{11\,000}} = 189\ \text{N/mm}^2$$

$$\text{rel}\,\lambda_m = \sqrt{24/189} = 0{,}356 \rightarrow k_m = 1$$

Gl. (11.14): $$\frac{F_d/A}{k_{c,y} \cdot f_{c,0,d}} + \frac{M_{y,d}/W_y}{f_{m,d}} \leqq 1$$

$$f_{c,0,d} = 21 \cdot \frac{0{,}9}{1{,}3} = 14{,}5\ \text{N/mm}^2$$

$$f_{m,d} = 24 \cdot \frac{0{,}9}{1{,}3} = 16{,}6\ \text{N/mm}^2$$

mit $k_{mod} = 0{,}9$ und $\gamma_M = 1{,}3$

Kombination 1:

$$\frac{108 \cdot 10^3/(416 \cdot 10^2)}{0{,}448 \cdot 14{,}5} + \frac{10{,}5 \cdot 10^6/(1803 \cdot 10^3)}{16{,}6} = 0{,}75 < 1$$

Kombination 2:

$$\frac{87 \cdot 10^3/(416 \cdot 10^2)}{0{,}448 \cdot 14{,}5} + \frac{17{,}6 \cdot 10^6/(1803 \cdot 10^3)}{16{,}6} = 0{,}91 < 1$$

Gebrauchstauglichkeitsnachweis
Charakteristische Kombination:

Gl. (2.6a): $$F = G_k + Q_{k,1} + \sum_{i>1} \psi_{0,i} \cdot Q_{k,i}$$

mit den Kombinationsbeiwerten

$$\psi_{0,1} = 0{,}7 \text{ für Schnee} \quad \text{s. Abschnitt 2.11.3}$$

$$\psi_{0,2} = 0{,}6 \text{ für Wind}$$

Kombination 1:

$$F = 28{,}1 + 46{,}8 = 74{,}9 \text{ kN}$$

$$W = 7{,}8 \cdot 0{,}6 = 4{,}68 \text{ kN}$$

Kombination 2:

$$F = 28{,}1 + 0{,}7 \cdot 46{,}8 = 60{,}9 \text{ kN}$$

$$W = 7{,}8 \text{ kN} \quad \text{(maßgebend)}$$

Schnittgrößen

$$M = \frac{7{,}8 \cdot 6}{4} = 11{,}7 \text{ kNm}$$

Durchbiegungsnachweis infolge veränderlicher Einwirkungen

Elastische Durchbiegung $f_{p,\text{inst}} = f_p$:

$$f_p = \frac{5 \cdot M \cdot l^2}{48 \cdot E_{0,\text{mean}} \cdot I_y} \quad \text{(s. Abb. 11.2)}$$

$$f_p = \frac{5 \cdot 11{,}7 \cdot 10^6 \cdot 6000^2}{48 \cdot 11\,000 \cdot 23\,435 \cdot 10^4} = 17{,}0 \text{ mm} < \frac{6000}{300} = 20 \text{ mm}$$

Grenzwerte für f_p s. Abschn. 10.7.5

Enddurchbiegung $f_{p,\text{fin}}$:

$$f_{p,\text{fin}} = f_{p,\text{inst}}\,(1 + \psi_2 \cdot k_{\text{def}})$$

$$\text{mit } k_{\text{def}} = 0{,}6;\ \psi_{2,w} = 0$$

$$f_{p,\text{fin}} = f_{p,\text{inst}} \cdot$$

$$f_{\text{fin}} - f_{g,\text{inst}} \leqq l/200$$

Nachweis ist erfüllt, da $f_{g,\text{inst}} = 0$.

Der Durchbiegungsnachweis mit der quasi-ständigen Kombination ist für $g = 0$ (in Durchbiegungsrichtung) und $\psi_{2,w} = 0$ ebenfalls erfüllt.

Anhang

Zulässige Belastung einteiliger Holzstützen aus S10/MS10, Lastfall H

Quadratholz zul $\sigma_{D\parallel} = 8{,}5$ MN/m²; zul σ_k = zul $\sigma_{D\parallel}/\omega$

Trägheitsradius $i = 0{,}289 \cdot a$; max $N = A \cdot$ zul σ_k

a	A	max N in kN bei einer Knicklänge in m von:										
cm	cm²	2,00	2,50	3,00	3,50	4,00	4,50	5,00	5,50	6,00	6,50	7,00
10	100	45,7	34,8	26,2	19,3	14,8	11,7	9,44	7,80	6,55	5,58	4,81
12	144	78,0	62,8	50,0	39,9	30,6	24,1	19,6	16,2	13,6	11,6	9,97
14	196	118	100	83,0	68,3	56,5	44,7	36,2	30,0	25,2	21,4	18,5
16	256	167	145	125	106	89,2	75,3	62,2	51,2	43,0	36,7	31,6
18	324	222	200	175	152	131	113	97,3	82,0	68,8	58,7	50,5
20	400	284	260	233	209	184	160	139	122	105	89,4	77,0
22	484	353	329	302	270	243	216	192	168	149	131	113
24	576	429	405	377	342	312	281	252	226	201	179	160
26	676	510	487	460	422	388	355	321	292	262	235	212
28	784	600	575	546	513	473	436	401	366	333	301	273
30	900	695	671	638	607	567	524	484	448	411	376	343
		——— $\lambda > 150$								-----$\lambda > 200$		

Knickzahlen ω VH S7 bis MS17

λ	0	1	2	3	4	5	6	7	8	9
0	1,00	1,00	1,01	1,01	1,02	1,02	1,02	1,03	1,03	1,04
10	1,04	1,04	1,05	1,05	1,06	1,06	1,06	1,07	1,07	1,08
20	1,08	1,09	1,09	1,10	1,11	1,11	1,12	1,13	1,13	1,14
30	1,15	1,16	1,17	1,18	1,19	1,20	1,21	1,22	1,24	1,25
40	1,26	1,27	1,29	1,30	1,32	1,33	1,35	1,36	1,38	1,40
50	1,42	1,44	1,46	1,48	1,50	1,52	1,54	1,56	1,58	1,60
60	1,62	1,64	1,67	1,69	1,72	1,74	1,77	1,80	1,82	1,85
70	1,88	1,91	1,94	1,97	2,00	2,03	2,06	2,10	2,13	2,16
80	2,20	2,23	2,27	2,31	2,35	2,38	2,42	2,46	2,50	2,54
90	2,58	2,62	2,66	2,70	2,74	2,78	2,82	2,87	2,91	2,95
100	3,00	3,06	3,12	3,18	3,24	3,31	3,37	3,44	3,50	3,57
110	3,63	3,70	3,76	3,83	3,90	3,97	4,04	4,11	4,18	4,25
120	4,32	4,39	4,46	4,54	4,61	4,68	4,76	4,84	4,92	4,99
130	5,07	5,15	5,23	5,31	5,39	5,47	5,55	5,63	5,71	5,80
140	5,88	5,96	6,05	6,13	6,22	6,31	6,39	6,48	6,57	6,66
150	6,75	6,84	6,93	7,02	7,11	7,21	7,30	7,39	7,49	7,58
160	7,68	7,78	7,87	7,97	8,07	8,17	8,27	8,37	8,47	8,57
170	8,67	8,77	8,88	8,98	9,08	9,19	9,29	9,40	9,51	9,61
180	9,72	9,83	9,94	10,05	10,16	10,27	10,38	10,49	10,60	10,72
190	10,83	10,94	11,06	11,17	11,29	11,41	11,52	11,64	11,76	11,88
200	12,00	12,12	12,24	12,36	12,48	12,61	12,73	12,85	12,98	13,10
210	13,23	13,36	13,48	13,61	13,74	13,87	14,00	14,13	14,26	14,39
220	14,52	14,65	14,79	14,92	15,05	15,19	15,32	15,46	15,60	15,73
230	15,87	16,01	16,15	16,29	16,43	16,57	16,71	16,85	16,99	17,14
240	17,28	17,42	17,57	17,71	17,86	18,01	18,15	18,30	18,45	18,60
250	18,75	–	–	–	–	–	–	–	–	–

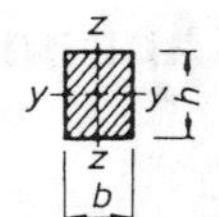

Querschnittswerte und Eigenlasten für Rechteckquerschnitte

Rechenwert für Eigenlast: 6,0 kN/m³

Kanthölzer nach DIN 4070 T2

b/h cm/cm	A cm²	g kN/m	W_y cm³	I_y cm⁴	W_z cm³	I_z cm⁴	i_y cm	i_z cm
6/6[a]	36	0,022	36	108	36	108	1,73	1,73
6/7	42	0,025	49	171	42	126	2,02	1,73
6/8[a]	48	0,029	64	256	48	144	2,31	1,73
6/9	54	0,032	81	364	54	162	2,60	1,73
6/10	60	0,036	100	500	60	180	2,89	1,73
6/12[a]	72	0,043	144	864	72	216	3,46	1,73
6/14	84	0,050	196	1372	84	252	4,04	1,73
6/16	96	0,058	256	2044	96	288	4,62	1,73
6/18	108	0,065	324	2916	108	324	5,20	1,73
6/20	120	0,072	400	4000	120	360	5,77	1,73
6/22	132	0,079	484	5324	132	396	6,36	1,73
6/24	144	0,086	576	6910	144	432	6,94	1,73
6/26	156	0,094	676	8790	156	468	7,51	1,73
8/8[a]	64	0,038	85	341	85	341	2,31	2,31
8/9	72	0,043	108	486	96	384	2,60	2,31
8/10[a]	80	0,048	133	667	107	427	2,89	2,31
8/12[a]	96	0,058	192	1152	128	512	3,46	2,31
8/14	112	0,067	261	1829	149	597	4,04	2,31
8/16[a]	128	0,077	341	2731	171	683	4,62	2,31
8/18	144	0,086	432	3888	192	768	5,20	2,31
8/20	160	0,096	533	5333	213	853	5,77	2,31
8/22	176	0,106	645	7099	235	939	6,35	2,31
8/24	192	0,115	768	9216	256	1024	6,94	2,31
8/26	208	0,125	901	11715	277	1109	7,51	2,31
10/10[a]	100	0,060	167	833	167	833	2,89	2,89
10/12[a]	120	0,072	240	1440	200	1000	3,46	2,89
10/14	140	0,084	327	2287	233	1167	4,04	2,89
10/16	160	0,096	427	3413	267	1333	4,62	2,89
10/18	180	0,108	540	4860	300	1500	5,20	2,89
10/20[a]	200	0,120	667	6667	333	1667	5,77	2,89
10/22[a]	220	0,132	807	8873	367	1833	6,35	2,89
10/24	240	0,144	960	11520	400	2000	6,93	2,89
10/26	260	0,156	1127	14647	433	2167	7,51	2,89
12/12[a]	144	0,086	288	1728	288	1728	3,46	3,46
12/14[a]	168	0,101	392	2744	336	2016	4,04	3,46
12/16[a]	192	0,115	512	4096	384	2304	4,62	3,46
12/18	216	0,130	648	5832	432	2592	5,20	3,46
12/20[a]	240	0,144	800	8000	480	2880	5,77	3,46
12/22	264	0,158	968	10648	528	3168	6,35	3,46
12/24	288	0,173	1152	13824	576	3456	6,93	3,46
12/26	312	0,187	1352	17576	624	3744	7,51	3,46

[a] Vorratskanthölzer und -dachlatten.
Kursivdruck: Querschnitte mit günstiger Rundholzausnutzung.

Zahlenwerte gelten im Zeitpunkt des Einschnitts ($\omega \approx 30\%$). Sie dürfen auch im Zeitpunkt des Einbaues zugrunde gelegt werden.

b/h cm/cm	A cm^2	g kN/m	W_y cm^3	I_y cm^4	W_z cm^3	I_z cm^4	i_y cm	i_z cm
14/14[a]	196	0,118	457	3201	457	3201	4,04	4,04
14/16[a]	224	0,134	597	4779	523	3659	4,62	4,04
14/18	252	0,151	756	6801	588	4116	5,20	4,04
14/20	280	0,168	933	9333	652	4573	5,77	4,04
14/22	308	0,185	1129	12422	719	5031	6,35	4,04
14/24	336	0,202	1344	16128	784	5488	6,93	4,04
14/26	364	0,218	1577	20505	849	5945	7,51	4,04
14/28	392	0,235	1829	25611	915	6403	8,08	4,04
16/16[a]	256	0,154	683	5461	683	5461	4,62	4,62
16/18[a]	288	0,173	864	7776	768	6144	5,20	4,62
16/20[a]	320	0,192	1067	10667	853	6827	5,77	4,62
16/22	352	0,211	1291	14197	939	7509	6,35	4,62
16/24	384	0,230	1536	18432	1024	8192	6,93	4,62
16/26	416	0,250	1803	23435	1109	8875	7,51	4,62
16/28	448	0,269	2091	29269	1185	9557	8,08	4,62
16/30	480	0,288	2400	36000	1280	10240	8,66	4,62
18/18	324	0,194	972	8748	972	8748	5,20	5,20
18/20	360	0,216	1200	12000	1080	9720	5,78	5,20
18/22[a]	396	0,238	1452	15972	1188	10692	6,35	5,20
18/24	432	0,259	1728	20736	1296	11664	6,93	5,20
18/26	468	0,281	2028	26364	1404	12636	7,51	5,20
18/28	504	0,302	2352	32928	1512	13608	8,08	5,20
18/30	540	0,324	2700	40500	1620	14580	8,66	5,20
20/20[a]	400	0,240	1333	13333	1333	13333	5,77	5,77
20/22	440	0,264	1613	17747	1467	14667	6,35	5,77
20/24[a]	480	0,288	1920	23040	1600	16000	6,93	5,77
20/26	520	0,312	2253	29293	1733	17333	7,51	5,77
20/28	560	0,336	2613	36587	1867	18667	8,08	5,77
20/30	600	0,360	3000	45000	2000	20000	8,66	5,77
22/22	484	0,290	1775	19520	1775	19520	6,35	6,35
22/24	528	0,317	2110	25340	1936	21296	6,93	6,35
22/26	572	0,343	2480	32223	2097	23071	7,51	6,35
22/28	616	0,370	2875	40245	2259	24845	8,08	6,35
22/30	660	0,396	3300	49500	2420	26620	8,66	6,35
24/24	576	0,346	2304	27648	2304	27648	6,93	6,93
24/26	624	0,374	2704	35152	2496	29952	7,51	6,93
24/28	672	0,403	3136	43904	2688	32256	8,08	6,93
24/30	720	0,432	3600	54000	2880	34560	8,66	6,93
26/26	676	0,406	2929	38081	2929	38081	7,51	7,51
26/28	728	0,437	3397	47563	3155	41011	8,08	7,51
26/30	780	0,468	3900	58500	3380	43940	8,66	7,51

[a] Vorratskanthölzer und -dachlatten.
Kursivdruck: Querschnitte mit günstiger Rundholzausnutzung.

Dachlatten nach DIN 4070 T 1

b/*h* mm/mm	*A* cm²	*g* kN/m	W_y cm³	I_y cm⁴	W_z cm³	I_z cm⁴	i_y cm	i_z cm
24/48[a]	11,5	0,0069	9,2	22,1	4,57	5,5	1,39	0,69
30/50[a]	15,0	0,0090	12,5	31,3	7,50	11,3	1,45	0,87
40/60[a]	24,0	0,0144	24,0	72,0	16,0	32,0	1,73	1,16

Verleimte Rechteckquerschnitte (BSH) gerundete Zahlen

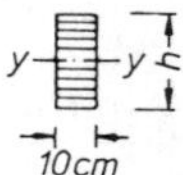

$b = 10$ cm

Rechenwert für Eigenlast: 5,0 kN/m³

h cm	*A* cm²	*g* kN/m	W_y cm³	I_y cm⁴	i_y cm
30	300	0,15	1 500	22 500	8,66
32	320	0,16	1 710	27 300	9,24
34	340	0,17	1 930	32 800	9,81
36	360	0,18	2 160	38 900	10,4
38	380	0,19	2 410	45 700	11,0
40	400	0,20	2 670	53 300	11,6
42	420	0,21	2 940	61 700	12,1
44	440	0,22	3 230	71 000	12,7
46	460	0,23	3 530	81 100	13,3
48	480	0,24	3 840	92 200	13,9
50	500	0,25	4 170	104 200	14,4
52	520	0,26	4 510	117 200	15,0
54	540	0,27	4 860	131 200	15,6
56	560	0,28	5 230	146 300	16,2
58	580	0,29	5 610	162 600	16,7
60	600	0,30	6 000	180 000	17,3
62	620	0,31	6 410	198 600	17,9
64	640	0,32	6 830	218 500	18,5
66	660	0,33	7 260	239 600	19,1
68	680	0,34	7 710	262 000	19,6
70	700	0,35	8 170	285 800	20,2
72	720	0,36	8 640	311 000	20,8
74	740	0,37	9 130	337 700	21,4
76	760	0,38	9 630	365 800	21,9
78	780	0,39	10 140	395 500	22,5
80	800	0,40	10 670	426 700	23,1
82	820	0,41	11 210	459 500	23,7
84	840	0,42	11 760	493 900	24,3
86	860	0,43	12 330	530 000	24,8
88	880	0,44	12 910	567 900	25,4
90	900	0,45	13 500	607 500	26,0
92	920	0,46	14 110	648 900	26,6
94	940	0,47	14 730	692 200	27,1
96	960	0,48	15 360	737 300	27,7
98	980	0,49	16 010	784 300	28,3

h cm	*A* cm²	*g* kN/m	W_y cm³	I_y cm⁴	i_y cm
100	1 000	0,50	16 670	833 300	28,9
102	1 020	0,51	17 340	884 300	29,4
104	1 040	0,52	18 030	937 400	30,0
106	1 060	0,53	18 730	992 500	30,6
108	1 080	0,54	19 440	1 050 000	31,2
110	1 100	0,55	20 170	1 109 000	31,8
112	1 120	0,56	20 910	1 171 000	32,3
114	1 140	0,57	21 660	1 235 000	32,9
116	1 160	0,58	22 430	1 301 000	33,5
118	1 180	0,59	23 210	1 369 000	34,1
120	1 200	0,60	24 000	1 440 000	34,6
122	1 220	0,61	24 810	1 513 000	35,2
124	1 240	0,62	25 630	1 589 000	35,8
126	1 260	0,63	26 460	1 667 000	36,4
128	1 280	0,64	27 310	1 748 000	37,0
130	1 300	0,65	28 170	1 831 000	37,5
132	1 320	0,66	29 040	1 917 000	38,1
134	1 340	0,67	29 930	2 005 000	38,7
136	1 360	0,68	30 830	2 096 000	39,3
138	1 380	0,69	31 740	2 190 000	39,8
140	1 400	0,70	32 670	2 287 000	40,4
142	1 420	0,71	33 610	2 386 000	41,0
144	1 440	0,72	34 560	2 488 000	41,6
146	1 460	0,73	35 530	2 593 000	42,1
148	1 480	0,74	36 510	2 701 000	42,7
150	1 500	0,75	37 500	2 813 000	43,3
152	1 520	0,76	38 510	2 927 000	43,9
154	1 540	0,77	39 530	3 044 000	44,5
156	1 560	0,78	40 560	3 164 000	45,0
158	1 580	0,79	41 610	3 287 000	45,6
160	1 600	0,80	42 670	3 413 000	46,2
162	1 620	0,81	43 740	3 543 000	46,8
164	1 640	0,82	44 830	3 676 000	47,3
166	1 660	0,83	45 930	3 812 000	47,9
168	1 680	0,84	47 040	3 951 000	48,5

Konstruktionsvollholz

Bauholz für moderne Holzbauwerke hat Anforderungen in bezug auf Festigkeit, Trockenheit, Maßhaltigkeit, Formbeständigkeit, Oberflächenbeschaffenheit und Dauerhaftigkeit zu erfüllen [245].

Konstruktionsvollholz (KVH) für sichtbare (KVH-Si) und nicht sichtbare (KVH-NSi) Konstruktionen erfüllt die in DIN 4074-1 für die Sortierklasse S10 festgelegten sowie weitere Anforderungen und zusätzliche Sortierkriterien wie
- $\omega = 15\% \pm 3\%$
- Einschnittart herzfrei und herzgetrennt (Abb. 1 A)
- Maßhaltigkeit des Querschnitts ± 1 mm
- Harzgallenbreite ≤ 5 mm bei KVH-Si
- Rindeneinschluß bei KVH-Si nicht zulässig
- Enden rechtwinklig gekappt
- Oberflächen bei KVH-Si gehobelt und gefast

Für KVH-Si ist bei Querschnitten b ≤ 100 mm herzfreier Einschnitt durch das Heraustrennen einer mindestens 40 mm dicken Herzbohle vorgeschrieben.
KVH-Si: b ≤ 100 mm : herzfrei
b > 100 mm : herzgetrennt

KVH-NSi: herzgetrennt

Konstruktionsvollholz wird in Standardquerschnitten produziert (Tafel 1. A).

Mit den Querschnitten in Tafel 1. A können die meisten Konstruktionen im modernen Holzhausbau hergestellt werden.

Tafel 1. A. Standardquerschnitte für KVH

b mm	h mm					
	120	140	160	180	200	240
60	□	□	□	□	□	□
80	□	□	□		□	□
100	□				□	
120	□				□	□

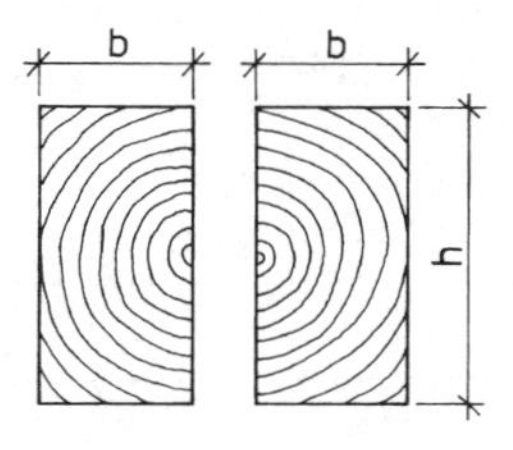

herzgetrennt

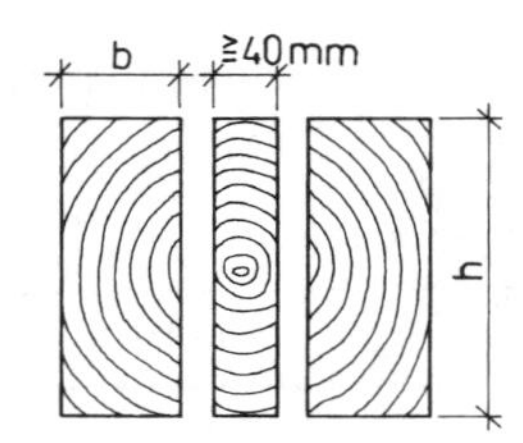

herzfrei

Abb. 1 A. Einschnittart

Besondere Vorteile standardisierter Querschnitte im Holzbau sind:
- Wirtschaftliche Herstellung
- Vorhaltung als Lagerware
- Kurze Lieferzeiten
- Möglichkeit zur Vereinfachung der Planung und Ausführung von Holzkonstruktionen durch Standardisierung von Anschlüssen und Verbindungen

Keilzinkenverbindungen sind bei beiden KVH-Sortimenten zulässig. Wenn sie aus optischen Gründen nicht erwünscht sind, ist dies im Einzelfall zu vereinbaren.

KVH (S10) wird in den heimischen Holzarten FI, TA, KI und LA angeboten.

Durch die Wahl der Einschnittart (Abb. 1A) wird die Rißbildung und zum großen Teil auch die Verdrehung des trocknenden Holzes verringert.

DIN 1052 (1988)-1/A1 – Holzbauwerke, Berechnung und Ausführung, Änderung A1 (Auszug)

Die Qualität des Bauholzes wird nach bestimmten Gütebedingungen bewertet und bezüglich der Tragfähigkeit klassifiziert, vgl. Abschn. 2.4. Nach der „alten" DIN 4074 (12/58) wurde das Nadelholz in die Güteklassen I, II und III eingeteilt, denen in DIN 1052 (4/88) bestimmte zulässige Beanspruchungen und E-Moduln zugeordnet worden sind.

Nach der „neuen" DIN 4074 T1 1(9/89) wird das Nadelschnittholz in Sortierklassen nach der Tragfähigkeit eingeteilt. War bisher nur visuelle Sortierung – S7, S10 und S13 – möglich, erlaubt die neueste technische Entwicklung jetzt auch maschinelle Sortierung – MS7, MS10, MS13 und MS17 –. Die maschinelle Sortierung darf z.Z. nur von den wenigen Betrieben vorgenommen werden, die bereits über geprüfte Sortiermaschinen nach DIN 4074 T3 verfügen und Eignungsbescheinigungen nach DIN 4074 T4 besitzen, vgl. bmh 4/94 „ZUSAMMENGESCHRIEBEN".

Da die Sortierklassen nach DIN 4074 (9/89) die in DIN 1052 (4/88) verwendeten Güteklassen als Klassifizierungsmerkmale ablösen, mußte die Zuordnung zu den Festigkeitswerten neu geregelt werden, insbesondere für die neu aufgenommenen höherwertigen Sortierklassen MS13 und MS17.

Inzwischen ist in einem Merkblatt des Instituts des Zimmerer- und Holzbaugewerbes – siehe bmh 4/93 – eine Zuordnung der visuellen Sortier- und Güteklassen gemäß Tafel 1 bekannt gegeben worden.

DIN 1052 (1988), Änderung A1, enthält die Rechenwerte der Tafel 2 (E- und G-Moduln) sowie der Tafeln 3 bzw. 4. (Zulässige Spannungen) für VH bzw. BSH aus NH für alle Sortierklassen. Tafel 2A wurde neu in die DIN 1052 (1988) aufgenommen.

Tafel 1. Zuordnung der Sortier- und Güteklassen

Güteklasse	Gkl III	Gkl II	Gkl I
Sortierklasse	S7	S10	S13
Biegung zul σ_B	7 MN/m^2	10 MN/m^2	13 MN/m^2

Auf folgende Abweichungen gegenüber DIN 1052 (4/88) sei hingewiesen:

- **Tafel 2:** a) $E_{\|}$-Werte dürfen für Durchbiegungsberechnungen um 10% erhöht werden, wenn VH (NH) mit einer Feuchte $\leqq$ 15% eingebaut wird.
- **Tafel 3:** Die zul $\sigma_{Z\|}$-Werte nach Zeile 2 für S10/MS10 und S13 werden nach neuen Forschungsergebnissen gegenüber DIN 1052 (4/88) reduziert von 8,5 auf 7,0 bzw. 10,5 auf 9,0 MN/m². [Glos, P.: Qualitätsbauschnittholz als unternehmerische Notwendigkeit, bmh 6/95.]

Tafel 2. Elastizitäts- und Schubmoduln in MN/m² für VH (LH) und BSH Holzfeuchte $\leqq$ 20% nach DIN 1052 (1988) A1

Holzart			Sortierklasse	$E_{\|}$	$E_{\perp}$	G
BSH (NH)	Lamellen aus Holzarten wie VH (NH)		S10/MS10	11000	350	550
			S13	12000	400	600
			MS13	13000		650
			MS17	14000	450	700
VH[c] (LH)	A	EI, BU, TEK, YAN	mittlere Güte[a]	12500	600	1000
	B	AFZ, MEB, AGQ		13000	800	
	C	AZO, GRE		17000[b]	1200[b]	1000[b]

[a] Mindestens S10 im Sinne von DIN 4074-1 bzw. Gkl II im Sinne von DIN 4074-2.
[b] Unabhängig von der Holzfeuchte.
[c] VH (NH) s. Abschn. 2.8.

Tafel 2A. Elastizitäts- und Schubmoduln in MN/m² für Bauteile aus BSH nach DIN 1052 (1988) A1

		BS11	BS14	BS16	BS18
		S10/MS10	S13	MS13	MS17
Biegung	$E_{\|}$	11000	11000[a]	12000[a]	13000[a]
Zug und Druck	$E_{\|}$	11000	12000	13000	14000
Zug und Druck	$E_{\perp}$	350	400	400	450
Schubmodul	G	550	600	650	700

[a] Wenn abweichend von *–5.1.2–* zweiter Absatz bei Biegeträgern die Lamellen in den äußeren Sechsteln der Zug- und Druckzone die zugehörige Sortierklasse, im übrigen Bereich mindestens die nächstniedrigere Sortierklasse verwendet wird, darf ein um 1000 MN/m² erhöhter E-Modul für den Träger insgesamt in Rechnung gestellt werden.

Tafel 3. Zulässige Spannungen in MN/m^2 für VH im Lastfall H nach DIN 1052 (1988) A 1

Beanspruchungsart		VH (NH) Holzarten wie Tafel 2					VH (LH) wie Tafel 2 mittlere Güte[a]		
		S7 MS7	S10 MS10	S13	MS13	MS17	A	B	C
Biegung	zul σ_B	7	10	13	15	17	11	17	25
Zug ‖ Fa	zul $\sigma_{Z\parallel}$	0[b]	7	9	10	12	10		15
Zug ⊥ Fa	zul $\sigma_{Z\perp}$		0,05				0,05		
Druck ‖ Fa	zul $\sigma_{D\parallel}$	6	8,5	11	11	12	10	13	20
Druck ⊥ Fa	zul $\sigma_{D\perp}$	2 (2,5)[c]			2,5 (3)[c]		3 (4)[c]	4	8
Abscheren	zul τ_a	0,9			1		1	1,4	2
Schub aus Q	zul τ_Q								
Torsion[d]	zul τ_T	0	1				1,6		2

[a] Mindestens S10 im Sinne von DIN 4074-1 bzw Gkl II im Sinne von DIN 4074-2.
[b] Für MS7 gilt: zul $\sigma_{Z\parallel} = 4\ MN/m^2$, zul $\sigma_{Z\perp} = 0{,}05\ MN/m^2$.
[c] (...)-Werte nur, wenn größere Eindrückungen konstruktiv vertretbar sind, bei Anschlüssen mit verschiedenen Verbindungsmitteln nicht zulässig!
[d] Für Kastenquerschnitte gelten zul τ_Q-Werte.

Tafel 4. Zulässige Spannungen in MN/m^2 für BSH im Lastfall H nach DIN 1052 (1988) A 1

Beanspruchungsart		BSH (NH) aus Lamellen der Sortierklasse			
		S10/MS10	S13	MS13	MS17
		BS11[a]	BS14[a]	BS16[a]	BS18[a]
Biegung	zul σ_B	11	14	16	18
Zug ‖ Fa	zul $\sigma_{Z\parallel}$	8,5	10,5	11	13
Zug ⊥ Fa	zul $\sigma_{Z\perp}$	0,2			
Druck ‖ Fa	zul $\sigma_{D\parallel}$	8,5	11	11,5	13
Druck ⊥ Fa	zul $\sigma_{D\perp}$	2,5 (3)[b]			
Abscheren	zul τ_a	0,9		1	
Schub aus Q	zul τ_Q	1,2		1,3	1,3
Torsion[c]	zul τ_T	1,6			

[a] Die dazugehörige Sortierklasse muß bei Biegeträgern mindestens in den äußeren Sechsteln der Trägerhöhe, mindestens jedoch in 2 Lamellen, vorhanden sein. Für die inneren Lamellen genügt die nächst niedrigere Sortierklasse.
[b] wie Tafel 3, Anmerkung [c].
[c] wie Tafel 3, Anmerkung [d].

Normenverzeichnis

DIN	Teil	Ausg.	Titel
96		12/86	Halbrund-Holzschrauben mit Schlitz
97		12/86	Senk-Holzschrauben mit Schlitz
571		12/86	Sechskant-Holzschrauben
EN ISO 898			Mechanische Eigenschaften von Verbindungselementen aus Kohlenstoffstahl u. legiertem Stahl
	1	11/99	Schrauben
976	1	12/02	Gewindebolzen. Metrisches Gewinde
1052			Holzbauwerke
	1	4/88	Berechnung und Ausführung
	1/A1	10/96	Berechnung und Ausführung; Änderung 1
	2	4/88	Mechanische Verbindungen
	2/A1	10/96	Mechanische Verbindungen; Änderung 1
	3	4/88	Holzhäuser in Tafelbauart, Berechnung und Ausführung
	3/A1	10/96	Holzhäuser in Tafelbauart; Änderung 1
1055			Einwirkungen auf Tragwerke
	1	6/02	Wichten und Flächenlasten von Baustoffen, Bauteilen und Lagerstoffen
	3	10/02	Eigen- und Nutzlasten für Hochbauten
	4	8/86 [a]	Verkehrslasten, Windlasten bei nicht schwingungsanfälligen Bauwerken (s. a. Entwurf 4/02)
	5	6/75 [a]	Verkehrslasten, Schneelasten und Eislast (s. a. Entwurf 4/01)
	100	3/01	Grundlagen der Tragwerksplanung, Sicherheitskonzept und Bemessungsregeln
1074		5/91	Holzbrücken
1143	1	8/82	Maschinenstifte, rund, lose
EN 10230	1	1/00	Nägel aus Stahldraht. Lose Nägel für allgemeine Verwendungszwecke
4070	1	1/58	Querschnittsmaße und statische Werte für Schnittholz, Vorratskantholz und Dachlatten
4070	2	10/63	Querschnittsmaße und statische Werte, Dimensions- und Listenware
4071	1	4/77	Ungehobelte Bretter und Bohlen aus Nadelholz, Maße
4072		8/77	Gespundete Bretter aus Nadelholz
4073	1	4/77	Gehobelte Bretter und Bohlen aus Nadelholz, Maße
4074	1	6/03	Sortierung von Holz nach der Tragfähigkeit; Nadelschnittholz
4074	2	12/58	Gütebedingungen für Baurundholz (Nadelholz)
EN 336		9/03	Bauholz für tragende Zwecke; Maße, zulässige Abweichungen
EN 338		9/03	Bauholz für tragende Zwecke; Festigkeitsklassen
EN 384		7/96	Bauholz für tragende Zwecke; Bestimmung charakteristischer Festigkeits-, Steifigkeits- und Rohdichtewerte (s. a. Entwurf 2/01)
EN 385		3/02	Keilzinkenverbindungen in Bauholz; Leistungs- und Mindestanforderungen an die Herstellung
EN 386		4/02	Brettschichtholz; Leistungs- und Mindestanforderungen an die Herstellung
EN 387		4/02	Brettschichtholz; Universal-Keilzinkenverbindungen; Leistungs- und Mindestanforderungen an die Herstellung
EN 390		3/95	Brettschichtholz; Maße, Grenzabmaße
EN 518 [b]		7/96	Bauholz für tragende Zwecke; Sortierung – Anforderungen an Normen über visuelle Sortierung nach der Festigkeit

(Fortsetzung)

DIN	Teil	Ausg.	Titel
EN 519[b]		7/96	Bauholz für tragende Zwecke; Sortierung – Anforderungen an maschinell nach der Festigkeit sortiertes Holz und an Sortiermaschinen
4102			Brandverhalten von Baustoffen und Bauteilen
	1	5/98	Baustoffe; Begriffe, Anforderungen und Prüfungen
	4	3/94	Zusammenstellung und Anwendung klassifizierter Baustoffe, Bauteile und Sonderbauteile
		5/95	Berichtigungen zu DIN 4102-4
		4/96	Berichtigungen zu DIN 4102-4
	4/A1	11/03	Änderung A1
	22	11/03	Anwendungsnorm zur DIN 4102-4
4112		2/83	Fliegende Bauten, Richtlinien für Bemessung und Ausführung
7961		2/90	Bauklammern
7996		12/86	Halbrund-Holzschrauben mit Kreuzschlitz
7997		12/84	Senk-Holzschrauben mit Kreuzschlitz
7998		2/75	Gewinde und Schraubenenden für Holzschrauben
EN 10025		3/94	Warmgewalzte Erzeugnisse aus unlegierten Baustählen. Technische Lieferbedingungen
18800			Stahlbauten
	1	11/90	Bemessung und Konstruktion
	1/A1	2/96	Bemessung und Konstruktion; Änderung
55928			Korrosionsschutz von Stahlbauten durch Beschichtungen und Überzüge
	8	7/94	Korrosionsschutz von tragenden dünnwandigen Bauteilen (Stahlleichtbau)
68140	1	2/98	Keilzinkenverbindungen von Nadelholz für tragende Bauteile. Berichtigung 1 (10/99)
68141		8/95	Holzklebstoffe; Prüfung der Gebrauchseigenschaften von Klebstoffen für tragende Holzbauteile
EN 301		8/92	Klebstoffe für tragende Holzbauteile; Phenoplaste und Aminoplaste; Klassifizierung und Leistungsanforderungen (s. a. Entwurf 11/01)
EN 302	1	8/92	Klebstoffe für tragende Holzbauteile; Prüfverfahren. Bestimmung der Klebefestigkeit durch Längszugscherprüfung (s. a. Entwurf 4/01)
68705			Sperrholz
	3	12/81	Bau-Furniersperrholz
	5	10/80	Bau-Furniersperrholz aus Buche
	Bbl. 1	10/80	Zusammenhänge zwischen Plattenaufbau, elastischen Eigenschaften und Festigkeiten
V 20000	1	1/04	Anwendung von Bauprodukten in Bauwerken: Holzwerkstoffe
EN 13986		9/02	Holzwerkstoffe zur Verwendung im Bauwesen – Eigenschaften, Bewertung der Konformität u. Kennzeichnung
EN 312		11/03	Spanplatten, Anforderungen
			Anforderungen an Platten für tragende Zwecke zur Verwendung im Trockenbereich (Typ P4)
			Anforderungen an Platten für tragende Zwecke zur Verwendung im Feuchtbereich (Typ P5)
			Anforderungen an hochbelastbare Platten für tragende Zwecke zur Verwendung im Trockenbereich (Typ P6)
			Anforderungen an hochbelastbare Platten für tragende Zwecke zur Verwendung im Feuchtbereich (Typ P7)
EN 622	1	9/03	Faserplatten; Anforderungen
	2	8/97	Anforderungen an harte Platten
	3	8/97	Anforderungen an mittelharte Platten

(Fortsetzung)

DIN	Teil	Ausg.	Titel
EN 636		11/03	Sperrholz; Anforderungen Anforderungen an Sperrholz zur Verwendung im Trockenbereich Anforderungen an Sperrholz zur Verwendung im Feuchtbereich Anforderungen an Sperrholz zur Verwendung im Außenbereich
68800			Holzschutz
	2	5/96	Vorbeugende bauliche Maßnahmen im Hochbau
	3[c]	4/90	Vorbeugender chemischer Schutz
	4	11/92	Bekämpfungsmaßnahmen gegen holzzerstörende Pilze und Insekten
EN 335			Dauerhaftigkeit von Holz und Holzprodukten; Definition der Gefährdungsklassen für einen biologischen Befall
	1	9/92	Allgemeines
	2	10/92	Anwendung bei Vollholz
EN 350			Dauerhaftigkeit von Holz und Holzprodukten; Natürliche Dauerhaftigkeit von Vollholz
	1	10/94	Grundsätze für die Prüfung und Klassifikation der natürlichen Dauerhaftigkeit von Holz
	2	10/94	Leitfaden für die natürliche Dauerhaftigkeit und Tränkbarkeit von ausgewählten Holzarten von besonderer Bedeutung in Europa
EN 351			Dauerhaftigkeit von Holz und Holzprodukten; Mit Holzschutzmitteln behandeltes Vollholz
	1	8/95	Klassifizierung der Schutzmitteleindringung und -aufnahme
EN 460		10/94	Dauerhaftigkeit von Holz und Holzprodukten; Natürliche Dauerhaftigkeit von Vollholz; Leitfaden für die Anforderungen an die Dauerhaftigkeit von Holz für die Anwendung in den Gefährdungsklassen
EN 912		2/01	Holzverbindungsmittel; Spezifikationen für Dübel besonderer Bauart für Holz
EN 1058		4/96	Holzwerkstoffe; Bestimmung der charakteristischen Werte der mechanischen Eigenschaften und der Rohdichte
EN 1059		1/00	Holzbauwerke-Produktanforderungen an vorgefertigte Fachwerkträger mit Nagelplatten
EN 1194		5/99	Holzbauwerke, Brettschichtholz, Festigkeitsklassen und Bestimmung charakteristischer Werte
EN 1912		8/98	Bauholz für tragende Zwecke; Festigkeitsklassen; Zuordnung von visuellen Sortierklassen und Holzarten
EN 13183	1	7/02	Feuchtegehalt eines Stückes Schnittholz; Bestimmung durch Darrverfahren

[a] Ergänzungsblatt A1 beachten.
[b] Hat den Status einer deutschen Norm; bedeutet aber nicht, daß sie ins deutsche Baurecht übernommen worden ist.
[c] Teilweise ersetzt durch DIN EN 335, 350 u. 460.

Literaturverzeichnis

Die in der Literatur aufgeführten Forschungsberichte können bezogen werden von:

Informationszentrum Raum und Bau der Fraunhofer-Gesellschaft, Nobelstr. 12, 70569 Stuttgart 80, Tel.: (0711) 970-2500; FAX: (0711) 970-2507.

Abkürzungen

BAZ	Bauaufsichtliche Zulassungen
bmh	Zeitschrift „Bauen mit Holz", Bruderverlag, Karlsruhe
EGH	Entwicklungsgemeinschaft Holzbau in der Deutschen Gesellschaft für Holzforschung (DGfH), München
HSA	Holzbau – Statik – Aktuell, Informationen zur Berechnung von Holzkonstruktionen. Arbeitsgemeinschaft Holz e.V. (Hrsg.)
DIBt	Deutsches Institut für Bautechnik, Berlin (früher: IfBt)
Arge Holz	Arbeitsgemeinschaft Holz e.V.
Info Holz	Informationsdienst Holz der Arbeitsgemeinschaft Holz e.V., Füllenbachstr. 6. 40474 Düsseldorf

1. DIN 1052. Entwurf, Berechnung und Bemessung von Holzbauwerken. Allgemeine Bemessungsregeln und Bemessungsregeln für den Hochbau, Beuth Verlag, Berlin 2004
2. Brüninghoff, H., u.a.: Beuth-Kommentare: Holzbauwerke. Eine ausführliche Erläuterung zu DIN 1052 Teil 1 bis 3, Ausgabe April 1988, Beuth Verlag/Bauverlag, 1989
3. Grosser, D.: Einheimische Nutzhölzer und ihre Verwendungsmöglichkeiten. Info Holz/EGH-Bericht, 1989
4. Nürnberger, W.: Landwirtschaftliche Betriebsgebäude in Holz. Info Holz/EGH-Bericht, 2001
5. Rug, W.: 100 Jahre Holzbau und Holzbauforschung. In: 100 Jahre Bund Deutscher Zimmermeister, Berlin, 2003
6. Herzog, I.: Einführung des europäischen Klassifizierungssystems für den Brandschutz in das deutsche Baurecht. DIBt Mitteilungen 4/2002
7. Werner, G., Zimmer, K.: Holzbau. Teil 1, Grundlagen. 1. Auflage, Springer-Verlag, Berlin, 1996
8. Info Holz: Mehrzweckhallen. Info Holz/EGH-Bericht, 1988
9. Cyron, G., Sengler, D.: Holzleimbau, Bauen mit Brettschichtholz. Info Holz, 1988
10. Seidel, A., u.a.: Holzbauhandbuch, Reihe 1, Entwurf und Konstruktion; Teil 2: Sport- und Freizeitbauten, Folge 2: Sport- und Freizeitbauten. Info Holz/EGH, 2001
11. Götz, K.-H., u.a.: Holzbauatlas. Studienausgabe. Centrale marketing Gesellschaft der deutschen Agrarwirtschaft mbH, München, 1980
12. Natterer, J., u.a.: Holzbau Atlas Zwei. Holzwirtschaftlicher Verlag der Arbeitsgemeinschaft Holz, Düsseldorf 1990
13. Brüninghoff, H.: Holzbauhandbuch, Reihe 1, Entwurf und Konstruktion; Teil 7: Hallen, Folge 1: Standardhallen aus Brettschichtholz. Info Holz/EGH, 1992
14. Schwaner, K., Seidel, A.: Bauen mit BS-Holz. Info Holz, 1996
15. Zulassungsübersicht[a] Teile 1 bis 18. bmh 4/1999 bis 6/2001
16. Milbrandt, E.: Holzbauhandbuch, Reihe 2, Tragwerksplanung; Teil 2: Verbindungsmittel, Folge 2: Genauere Nachweise, Sonderbauarten. Info Holz/EGH, 1991
17. Ruske, W.: Holzbauhandbuch, Reihe 1, Entwurf und Konstruktion; Teil 17: Bauteile, Folge 4: Nagelplatten-Konstruktionen. Info Holz/EGH, 1992

[a] Für statische Bemessungen stets die neuesten BAZ verwenden!

18. Egle, J.: Dauerhafte Holzbauten bei chemisch-aggressiver Beanspruchung. Holzbauhandbuch, Reihe 1, Teil 8, Folge 2. München, 2002
19. Dokumentation des Info Holz: Beispiele moderner Holzarchitektur. Holzwirtschaftlicher Verlag der Arge Holz, 1990
20. Kordina, K., Meyer-Ottens, C.: Holz-Brandschutz-Handbuch. Deutsche Gesellschaft für Holzforschung e.V., München 1994
21. Dittrich, W., Göhl, J.: Überdachungen mit großen Spannweiten. Info Holz/EGH, 1988
22. Heimeshoff, B., Schelling, W., Reyer, E.: Zimmermannsmäßige Holzverbindungen. Info Holz/EGH-Bericht, 1988
23. Milbrandt, E.: Holzbauhandbuch, Reihe 2, Tragwerksplanung; Teil 2: Verbindungsmittel (1). Info Holz/EGH. 1990
24. Mönck, W.: Zimmererarbeiten. 3. Aufl, VEB Verlag für Bauwesen, Berlin, 1984
25. Dittrich, W., Göhl, J.: Anschlüsse im Ingenieurholzbau. Info Holz/EGH-Bericht, 1987
26. Schelling, W.: Bemessungshilfen, Knoten, Anschlüsse Teil 1. Info Holz/EGH-Bericht, 1987
27. Brüninghoff, H., u. a.: Holzbauhandbuch, Reihe 1, Entwurf und Konstruktion; Teil 7: Hallen, Folge 2: Konstruktion von Anschlüssen im Hallenbau. Info Holz/EGH, 2000
28. Milbrandt, E.: Konstruktionsbeispiele, Berechnungsverfahren, Teil 2. Info Holz/EGH-Bericht, 1986
29. Scholz, W.: Baustoffkenntnis. 12. Auflage. Werner-Verlag, Düsseldorf, 1991
30. Kuhweide, P., u. a.: Holzbauhandbuch, Reihe 4, Baustoffe; Teil 2: Vollholz, Folge 3: Konstruktive Vollholzprodukte. Info Holz/EGH, 2000
31. EN 1995-1-1: Eurocode Nr. 5 – Bemessung und Konstruktion von Holzbauten. Teil 1-1: Allgemeine Bemessungsregeln und Regeln für den Hochbau. 2003 (englisch)
32. Zulassungsbescheid[a] Nr. Z-9.1-100: Furnierschichtholz „Kerto-Schichtholz". IfBt, Berlin, 1997
33. Steck, G.: Bau-Furniersperrholz aus Buche. Info Holz/EGH-Bericht, 1988
34. Zulassungsbescheid[a] Nr. Z-9.1-241: Furnierstreifenholz „Parallam PSL". IfBt, Berlin, 1998
35. Glos, P.: Aktuelle Entwicklungen im Bereich der Holzsortierung – Anforderungen der Praxis und Stand der Normung. Tagungsband der 15. Dreiländer-Holztagung. Garmisch-Partenkirchen, 1993
36. Schneider, K.-J. (Hrsg.): Bautabellen mit Berechnungshinweisen und Beispielen. 15. Aufl. Werner-Verlag, Düsseldorf, 2002
37. Ehlbeck, J., Larsen, H.J.: Grundlagen der Bemessung von Verbindungen im Holzbau. bmh 10/1993
38. Blaß, H.J., Ehlbeck, J., Werner, H.: Grundlagen der Bemessung von Holzbauwerken nach dem EC 5 Teil 1-Vergleich mit DIN 1052. Sonderdruck aus dem Beton-Kalender 1992. Verlag Ernst & Sohn, Berlin, 1992
39. Zimmer, K.: Zur Bemessung von Holzkonstruktionen nach Grenzzuständen. 12. IVBH-Kongreß, Vancouver, 1984
40. Görlacher, R.: Grundlagen der Bemessung nach Entwurf Eurocode 5. Ingenieurtagung „Der Holzbau und die europäische Normung". Friedrichshafen/Bodensee, 1992
41. Brüninghoff, H.: Das neue Bemessungskonzept. Ingenieurtagung „Der Holzbau und die europäische Normung". Friedrichshafen Bodensee, 1992
42. Lißner, K., Rug, W.: E DIN 1052 – Die Berechnung der stiftförmigen Verbindungen, sonstigen mechanischen Verbindungsmittel und der geklebten Verbindungen. 17. Holzbauseminar in Dresden-Hellerau, 2002
43. Lißner, K.: Ein Beitrag zur Bemessung von Holzkonstruktionen nach der Methode der Grenzzustände. Dissertation der TU Dresden, 1989
44. v. Halász, R. (Hrsg.), Scheer, C. (Hrsg.): Holzbau-Taschenbuch. Bd. 1: Grundlagen, Entwurf und Konstruktionen. 8. Aufl. Verlag Ernst & Sohn, Berlin, 1986

[a] Für statische Bemessungen stets die neuesten BAZ verwenden!

45. Schulze, H.: Holzbauhandbuch, Reihe 3, Bauphysik. 5. Teil: Holzschutz, Folge 2: Baulicher Holzschutz. Info Holz EGH, 1997
46. Brüninghoff, H.: Heimisches Holz im Wasserbau. Info Holz/EGH, 1990
47. Meyer-Ottens, C.: Holzbauhandbuch, Reihe 3, Bauphysik; Teil 4: Brandschutz, Folge 2: Feuerhemmende Holzbauteile (F30-B). Info Holz/EGH, 1994
48. Schmidt, H.: Holzbauhandbuch, Reihe 1, Entwurf und Konstruktion; Teil 18: Sonstige Konstruktionsarten, Folge 2: Holz im Außenbereich. Info Holz/EGH, 2000
49. Widmann, S.: Anleitung zum Entwerfen von Skelettbaudetails, Heft 2. Info Holz/EGH-Bericht, 1987
50. Institut für Bautechnik (Hrsg.): Verzeichnis der Holzschutzmittel mit allgemeiner bauaufsichtlicher Zulassung. E. Schmidt Verlag, Berlin
51. Merkblatt für den sicheren Betrieb von Nichtdruckanlagen mit wasserlöslichen Holzschutzmitteln, DGfH, München, 1993
52. Marutzky, R., Peek, R.-D., Willeitner, H.: Entsorgung von schutzmittelhaltigen Hölzern und Reststoffen. Info Holz, DGfH, München, 1993
53. Arndt, W.: Zweigeschossige Hotelbauten in Holzrahmenbauweise. Tagungsband der 7. Brandschutz-Tagung. Würzburg, 1996
54. Moser, K.: Brandschutztechnische Problemfälle aus der Praxis. Tagungsband der 6. Brandschutz-Tagung. Würzburg, 1993
55. Winter, S., Löwe, P.: Holzbauhandbuch, Reihe 3, Bauphysik. Teil 4: Brandschutz, Folge 1: Brandschutz im Holzbau – gebaute Beispiele. Info/EGH, 2001
56. Scheer, C.: Stand der nationalen und internationalen Normung im Brandbereich (DIN, EC, ISO). 9. Brandschutz-Tagung. Würzburg, 2001
57. Scheer, C.: Brandschutz im Holzbau und die Musterbauordnung-MBO. Baulicher Brandschutz mehrgeschossiger Gebäude. 3. Hochschultag in Nürnberg, 2002
58. Milbrandt, E.: Konstruktionsbeispiele, Berechnungsverfahren, Teil 5. Info Holz/EGH-Bericht, 1986
59. Kessel, M. H., Willemsen, T.: Zur Berechnung biegesteifer Anschlüsse. bmh 5/91
60. Zimmer, K.: Anpassungsfaktoren für die Bemessung nach Grenzzuständen im Holzbau, Intern. Holzbautagung, Dresden 1986. In: Bauforschung-Baupraxis Nr. 205, Berlin 1987
61. Moers, F.: Anschluß mit eingeleimten Gewindestäben. bmh 4/1981
62. Möhler, K., Hemmer, K.: Eingeleimte Gewindestangen. In: HSA, Folge 6, 5/1981
63. Möhler, K., Siebert, W.: Ausbildung und Bemessung von Queranschlüssen bei BSH-Trägern oder VH-Balken. In: HSA, Folge 6, 5/1981
64. Ehlbeck, J., Göhrlacher, R., Werner, H.: Empfehlung zum einheitlichen, genaueren Querzugnachweis für Anschlüsse mit mechanischen Verbindungsmitteln. In: HSA, Ausgabe 5, 7/1992
65. Dröge, G., Stoy, K.-H.: Grundzüge des neuzeitlichen Holzbaues. Bd. 1: Konstruktionselemente. Verlag Ernst & Sohn, Berlin 1981
66. Mönck, W., Rug, W.: Holzbau. 13. Auflage, Verlag für Bauwesen, Berlin, 1998
67. Blaß, H.J.: Zum Einfluß der Nagelanzahl auf die Tragfähigkeit von Nagelverbindungen. bmh 1/1991
68. Süffert, E. Ch.: Entwicklung der Verleimtechnik bei Bauholz, Schweizer Holzbau 10/1991
69. Glos, P., Henrici, D., Horstmann, H.: Festigkeitsverhalten großflächig geleimter Knotenverbindungen mit variablem Anschlußwinkel der Stäbe. Forschungsbericht des Institutes für Holzforschung der Uni München, 1986
70. Radovic, B., Goth, H.: Entwicklung und Stand eines Verfahrens zur Sanierung von Fugen im Brettschichtholz. bmh 9/1992
71. Kolb, H.: Geschichte des Holzleimbaus in Deutschland. bmh 2/2002
72. Aicher, S. Klöck, W.: Spannungsberechnungen zur Optimierung von Keilzinkenprofilen für Brettschichtholz-Lamellen. bmh 5/1990
73. Colling, F., Ehlbeck, J.: Tragfähigkeit von Keilzinkenverbindungen im Holzleimbau. bmh 7/1992
74. Radovic, B., Rohlfing, H.: Über die Festigkeit von Keilzinkenverbindungen mit unterschiedlichem Verschwächungsgrad. bmh 3/1993

75. Ehlbeck, J., Siebert, W.: Praktikable Einleimmethoden und Wirkungsweise von eingeleimten Gewindestangen unter Axialbelastung bei Übertragung von großen Kräften und bei Aufnahme von Querzugkräften in Biegeträgern. Teil 1 Einleimmethoden, Meßverfahren, Haftspannungsverlauf. Forschungsbericht Versuchsanstalt für Stahl, Holz und Steine, Abt. Ingenieurholzbau, Universität Karlsruhe, 1987
76. Brüninghoft H., Schmidt, K., Wiegand, T.: Praxisnahe Empfehlungen zur Reduzierung von Querzugrissen bei geleimten Satteldachbindern aus Brettschichtholz. bmh 11/1993
77. Möhler, K., Siebert, W.: Untersuchungen zur Erhöhung der Querzugfestigkeit in gefährdeten Bereichen. In: HSA, Folge 8, 2/1987
78. Werner, G.: Holzbau. Teil 1, Grundlagen. 3. Aufl. Werner-Verlag, Düsseldorf; 1984
79. Radovic, B., Goth, H.: Einkomponenten-Po1yurethan-Klebstoffe für die Herstellung von tragenden Holzbauteilen. bmh 1/1994
80. Möhler, K., Hemmer, K.: Hirnholzdübelverbindungen bei Brettschichtholz. In: HSA, Folge 5, 4/1980
81. Ehlbeck, K., Schlager, M,: Hirnholzdübelverbindungen bei Brettschichtholz und Nadelvollholz. bmh 6/1992
82. Hempel, G., Wienecke, N.: Hallen. 3. Info Holz/EGH-Bericht
83. Brüninghoff, H.: Verbände und Abstützungen. Info Holz/EGH-Bericht, 1988
84. Kolb, H., Radovic, B.: Tragverhalten von Stabdübelanschlüssen, bei denen die Herstellung von DIN 1052 (alt) abweicht. In: HSA, Folge 6, 5/1981
85. Ehlbeck, J., Werner, H.: Tragende Holzverbindungen mit Stabdübeln. bmh 6/1991
86. Wienecke, N.: Hallentragwerke. Info Holz
87. Johansen, K.W.: Theory of Timber Connections. IABSE, Publ. Nr. 9, 1949
88. Zulassungsbescheid[a] Nr. Z-9.1-212: Stahlblech-Holz-Nagelverbindung mit Stahlblechdicken von 2,0 mm bis 3,0 mm ohne Vorbohren. IfBt, Berlin, 1996
89. Hempel, G.: Freigespannte Holzbinder, 10. Auflage, Bruderverlag Karlsruhe. 1973
90. Ehlbeck, J., Hättich, R.: Ingenieur-Holzverbindungen mit mechanischen Verbindungsmitteln. In: [44]
91. Brüninghoff, H., Mittelstedt, Ch.: Zum Stand der Normung bei der Modellierung und Berechnung von fachwerkartigen Strukturen in Holzbauweise mit flächenhaften Knotenverbindungen bei besonderer Berücksichtigung von Nagelplattenverbindungen. bmh 12/01 und 1/02
92. Gränzer, M., Ruhm, D.: Berechnung von Sparrenpfettenankern. bmh 1/1978
93. Möhler, K., Hemmer, K.: Rechnerischer Nachweis von Spannungen und Verformungen aus Torsion bei einteiligen VH- und BSH-Bauteilen. In: HSA, Folge 2, 11/1977
94. Ehlbeck, J., Göhrlacher, R.: Tragfähigkeit von Balkenschuhen unter zweiachsiger Beanspruchung. HSA, Folge 8, 2/1987
95. Anrig, A.: Gang-Nail System. Info Holz
96. Gränzer, M., Riemann, H.: Anschlüsse mit Nagelplatten. bmh 7/1978
97. Zulassungsbescheid[a] Nr. Z-9.1-230: Nagelplatten M 200 als Holzverbindungsmittel (1997 geändert). IfBt, Berlin, 1994
98. Ehlbeck, J., Göhrlacher, R.: Querzuggefährdete Anschlüsse mit Nagelplatten. HSA, Folge 8, 2/1987
99. Milbrandt, E.: Konstruktionsbeispiele, Berechnungsverfahren Teil 3. Info Holz/EGH-Bericht, 1978
100. Fonrobert, F.: Versuche mit Bau- und Gerüstklammern. Bauplanung-Bautechnik 1/1947
101. Heimeshoff, B.: Probleme der Stabilitätstheorie und Spannungstheorie II. Ordnung im Holzbau. In: HSA, Folge 9, 3/1987
102. Möhler, K., Scheer, C., Muszala, W.: Knickzahlen ω für Voll-, Brettschichtholz und Holzwerkstoffe. In: HSA, Folge 7, 7/1983
103. Möhler, K.: Die wirksame Knicklänge der Sparren von Kehlbalkendächern. Berichte aus der Bauforschung, Heft 33, Verlag Ernst & Sohn, Berlin 1963

[a] Für statische Bemessungen stets die neuesten BAZ verwenden!

104. Heimeshoff, B.: Hausdächer. In [44]
105. Heimeshoff, B.: Bemessung von Holzstützen mit nachgiebigem Fußanschluß. In: HSA, Folge 3, 5/1979
106. Möhler, K., Freiseis, R.: Untersuchungen zur Bemessung von Holzstützen mit nachgiebigem Fußanschluß. In: HSA, Folge 7, 7/1983
107. Möhler, K., Herröder, W.: Holzschrauben oder Schraubnägel bei Dübelverbindungen. In: HSA, Folge 5, 4/1980
108. v. Halasz, R. (Hrsg.), Scheer, C. (Hrsg.): Holzbau-Taschenbuch. Bd. 2: DIN 1052 und Erläuterungen, Formeln, Tabellen, Nomogramme, 8. Aufl. Verlag Ernst & Sohn, Berlin 1989
109. Möhler, K.: Über das Tragverhalten von Biegeträgern und Druckstäben mit zusammengesetztem Querschnitt und nachgiebigen Verbindungsmitteln. Habilitationsschrift TH Karlsruhe, 1956
110. Ehlbeck, J., Köster, P., Schelling, W.: Praktische Berechnung und Bemessung nachgiebig zusammengesetzter Holzbauteile. bmh 6/1967
111. Schneider, K.-J. (Hrsg.): Bautabellen mit Berechnungshinweisen und Beispielen. 9. Aufl. Werner-Verlag, Düsseldorf, 1990
112. Möhler, K.: Zur Berechnung von BSH-Konstruktionen. In: HSA, Folge 1, 5/1976
113. Ehlbeck, J. (Hrsg.), Steck, G. (Hrsg.): Ingenieurholzbau in Forschung und Praxis. Bruderverlag, Karlsruhe, 1982
114. Möhler, K., Mistler, L.: Ausklinkungen am Endauflager von Biegeträgern. In: HSA, Folge 4, 11/1979
115. Henrici, D.: Beitrag zur Spannungsermittlung in ausgeklinkten Biegeträgern aus Holz. Dissertation TU München, 1984
116. Hempel, G.: Der ausgeklinkte Balken. bmh 8/1970
117. Brüninghoff, H.: Verbände und Abstützungen: genauere Nachweise. Info Holz/EGH-Bericht, 1989
118. Schneider, K.-J.: Baustatik, Statisch unbestimmte Systeme. 2. Aufl., Werner-Verlag, Düsseldorf, 1988
119. Ehlbeck, J.: Durchbiegungen und Spannungen von Biegeträgern aus Holz unter Berücksichtigung der Schubverformung. Dissertation TH Karlsruhe, 1967
120. Scheer, C., Laschinski, Ch., Szu, F.S.: Vorschlag eines lastabhängigen k_B-Wertes. In: HSA, Ausgabe 4, 7/1992
121. Reyer. E., Stojic, D.: Zum genaueren Nachweis der Kippstabilität biegebeanspruchter parallelgurtiger BSH-Träger mit seitlichen Zwischenabstützungen des Obergurtes nach Theorie II. Ordnung. In: HSA, Ausgabe 4, 7/1992
122. Kröger, C.: Unmittelbare Bestimmung des Verbindungsmittelabstandes e' bei mehrteiligen, kontinuierlich verbundenen Holzquerschnitten. In: HSA, Folge 4, 11/1979
123. Cziesielski, E., Friedmann, M., Schelling, W.: Holzbau. Statische Berechnungen. Info Holz, 1988
124. Dittrich, W., Hauser, G., Otto, F.: Abriss nach acht Jahren? Feuchteschäden durch Tauwasserbildung an der Dachkonstruktion des Kurfürstenbades Amberg. bmh 7/98
125. Blaß, H.J.: Berechnung und Bemessung von Holztragwerken nach dem EC 5. In: Tagungsband zum Ingenieurtag, Nürnberg, 1994
126. Aicher, S., Radovic, B., Volland, G.: Untersuchungen zur Befallswahrscheinlichkeit von Brettschichtholz durch Hausbock. bmh 12/2001
127. Brüninghoff, H.: Vergleichende Betrachtungen zur Berechnung von Holzbauwerken nach DIN V ENV 1995-1-1 und DIN 1052. In: Tagungsband zum Ingenieurtag, Nürnberg, 1994
235[b]. Maier, F.-J.: Entwicklung eines „zugelassenen“ Holzverbinders ohne Zulassung?! bmh 9/96
236. Zimmer, K., Lißner, K.: Zum Stand der Anwendung des Eurocode 5 in Deutschland. Bauingenieur 10/1997

[b] [128 bis 234] s. Bd. 2.

237. Lewitzki, W., Schulze, H.: Holzbauhandbuch, Reihe 3, Bauphysik. Teil 5: Holzschutz, Folge 1: Bauliche Empfehlungen. Info Holz/EGH, 1997
238. Peter, M., Kubowitz, P.: Brandschutzbemessung von Holzbauteilen; Entwicklungen, Teil 1. bmh 9/2003
239. Werner, G., Steck, G.: Holzbau. Teil 1, Grundlagen. 4. Auflage, Werner-Verlag, Düsseldorf, 1991
240. Dröge, G., Ramm, W.: Zur Tragwirkung und Berechnung des Versatzes. bmh 6/1973
241. Zulassungsbescheid[a] Nr. Z-9.1-263: GH-Integralverbinder Typ 0 bis IV als Holzverbindungsmittel. DIBt, Berlin, 1998
242. Zulasungsbescheid[a] Nr. Z-9.1-244: GH-Balkenschuhe Typ GH 04 und GH-Balkenschuhe Typ GH 04/Kombi als Holzverbindungsmittel. DIBt, Berlin, 1997
243. Zulassungsbescheid[a] Nr. Z.-9.1-65: GH-Balkenschuhe Typ GH 04 und GH-Balkenschuhe Typ GH 05 als Holzverbindungsmittel. DIBt, Berlin, 1997
244. Radovic, B., Cheret, P., Heim, F.: Holzbauhandbuch, Reihe 4, Baustoffe. Teil 4: Holzwerkstoffe, Folge 1: Konstruktive Holzwerkstoffe. Info Holz/EGH, 1997
245. Glos, P., Petrik, H., Radovic, B.: Holzbauhandbuch, Reihe 4, Baustoffe. Teil 2: Vollholz, Folge 1: Konstruktionsvollholz. Info Holz/EGH, 1997
246. Charlier, H., Colling, F., Görlacher, R.: Holzbauwerke, Eurocode 5, Nationales Anwendungsdokument; STEP 4. Info Holz, 1995
247. Fritzen, K.: CNC-Abbundanlagen verlangen Umdenken beim Konstruieren und Gestalten. bmh 3/1998
248. Schulze, H.: Baulicher Holzschutz nach DIN 68 800 – 2. Tagungsband der 21. Holzschutz-Tagung. Rosenheim, 1998
249. Reifenstein, H., Giese, H.: Die gesundheits- und umweltbezogene Bewertung von Holzschutzmitteln vor dem Hintergrund der Biozidgesetzgebung. Tagungsband der 21. Holzschutz-Tagung. Rosenheim, 1998
250. Mayr, J.: Analyse von interessanten Brandschäden – Erkenntnisse für die Praxis. Tagungsband der 8. Brandschutz-Tagung. Nürnberg, 1998

[a] Für statische Bemessungen stets die neuesten BAZ verwenden!

Sachverzeichnis

Allgemeingültige und für eine Bemessung nach DIN 1052 (1988)

Abbrandgeschwindigkeit 40
Abholzigkeit 12
Abminderungswert 221 ff., 289
Abscheren 88, 96, 107
Ankernagel 171
Anobien 32
Appel 97
Auflagerkräfte 256
Auflagerpressung 256, 265
Ausgeklinkte Träger 252 ff., 265
Ausgleichsfeuchte 17, 290
Ausmittigkeit 49, 59, 67 ff., 98, 104, 177
Aussteifungsverband 162, 263
Ausziehwiderstand 148

Balken 12, 19, 20, 42, 249, 259, 260
Balkenauflager 34, 41, 249, 251
Balkenschuh 6, 8, 48, 173 ff.
Bast 12
Bau-Furniersperrholz 14, 21, 24, 150, 158 f., 235, 254 f., 276 ff.
Bauklammern 197
Baumkanten 13, 15, 202
Baurundholz 12, 15
Bauschnittholz 12, 16
Baustoffklassen 41
Beanspruchter Rand 152 ff.
Beanspruchungsgruppe 89
Beihölzer 59 f., 198 f.
Bekämpfungsmaßnahmen 37
Berechnungslast 20
Beulnachweis 278
Beulsicherheit 150
Biegespannung 250, 265, 272, 279, 282
Biegesteifer Stoß 73 ff., 154
Biegeträger 249 ff., 268, 270
Biegeverformung 258 ff., 281, 284
Bindehölzer 228 ff., 233
Blättlinge 32
Bläuepilze 32
Blechformteile 8, 171 ff.
Bohlen 12, 146, 249
Bolzen 7, 9, 46, 65, 97 ff., 118 ff., 126 ff., 290
Borkenkäfer 32
Branddauer 40
Brandschutz 48
Brandverhalten 4, 39 ff.
Braunfäule 32
Brennstempel 16
Brett 12, 146, 150, 249
Brettdicke 20, 149
Brettlamelle 20, 87
Brettschichtholz 2 ff., 13, 20 ff., 39 ff., 52, 82 ff., 117 ff., 124 f., 138, 252 ff.
Brettstege 3, 150
Brustzapfen 6
BSB-Verbindung 2
Buche 11
Bulldog 97

Dachbinder 137, 148, 178, 263
Dachlatten 12
Dachüberstand 33 f.
Darrmasse 17
Deckenbalken 22, 249, 259, 260, 282
Deckfurnier 35, 276
Diffusionstränkung 37
DIN 96 189
DIN 97 189
DIN 571 189
DIN 975 91
DIN 976 91
DIN 1052 2, 203, 208
DIN 1055 311, 313
DIN 1143 145
DIN 1151 7, 145
DIN 4070 13, 324, 326
DIN 4071 12
DIN 4072 12
DIN 4073 12
DIN 4074 12, 15, 202
DIN 4102 35 f., 39 ff.
DIN 4112 127, 208
DIN 7961 197
DIN 7996 189
DIN 7997 189
DIN 17100 92
DIN 18800 24, 92
DIN 68140 88, 203
DIN 68141 87
DIN 68705 15, 24, 150
DIN 68754 15

DIN 68763 24
DIN 68800 33ff.
Doppelbiegung 268ff.
Doppelter Versatz 65, 71
Drahtnägel 145
Dreigelenkbinder 3, 87, 123, 138
Dreigelenkbogen 3, 123, 211
Dreigelenkrahmen 1, 3, 211ff.
Druckanschlüsse 59ff., 179ff.
Druckspannung
–, zulässige 22f.
Druckstäbe 174ff.
–, einteilige 174ff.
–, gespreizte 218, 228ff.
–, mehrteilige 218ff.
–, nicht gespreizte 218ff.
Druckstöße 57f., 179
DSB-Träger 2, 86f.
Dübel 7, 43, 46, 50, 83f., 96ff.
Dübelabstand 100, 109ff., 286
Dübelanzahl 100, 111
Dübel besonderer Bauart 7, 46, 83f., 97ff., 108ff.
Dübelformen 108
Durchbiegung 258ff., 267f., 278, 281, 292f.
–, zulässige 259
Durchlaufträger 22, 256, 279

Eiche 11
Eigenlast 264, 311
Eignungsnachweise 87
Einbaufeuchte 17, 33
Einbindetiefe 184
Einfeldträger 1, 3
Eingeleimte Gewindestangen 51, 90ff., 253, 255
Einlaßdübel 97
Einpreßdübel 97
Einschlagtiefe 146, 153, 155ff., 170, 194ff.
Einschraubtiefe 190f.
Elastizitätsmodul 21, 40
Entlastungsnute 20
Entzündungstemperatur 40

Fachwerkbinder 2, 86, 122, 137, 160, 177, 185
Fachwerkknoten 86, 145, 189
Fachwerkrahmen 214
Fachwerkstäbe 210
Fachwerkträger-Sonderbauart 2
Fäulnispitze 32
Faltdach 4
Faltwerke 4
Faserrichtung 23, 61, 68, 100, 110
Fasersättigungsbereich 18
Fehlflächen 202f.
Fersenversatz 65, 70
Feuchteänderung 18, 293
Feuchtigkeitseinwirkung 21, 88, 190
Feuchtegehalt 17ff.
Feuerschutz 39ff.
Feuerwiderstand 4, 35, 39ff.
Feuerwiderstandsdauer 39ff.
Feuerwiderstandsklasse 41ff.
Fichte 11, 36
Flachpreßplatten 14, 24
Flachstahldübel 101, 104ff.
Flächenmoment
– 1. Grades 224, 251, 276
– 2. Grades 219 f., 258, 270, 276, 278, 280, 283, 288
Fliegende Bauten 22
Frischholzinsekten 32
Füllstäbe 210
Furnierschichtholz 13
Fußbodenbretter 19
Futter 71, 123

Gabellagerung 266
Gang-Nail-System 2, 177 ff.
Geka 97
Gekrümmter Träger 23
Geleimte Vollwandträger 3
Geleimte Zugstöße 51
Gelenkbolzen 9
Gelenke 9, 10
Gelenkige Lagerung 210
Genagelte Zugstöße 23, 49
Gerberverbinder 8
Gerüste 22
Gerüstklammer 197
Gerüststange 197
Gespreizte Stäbe 218, 228 ff., 288 ff.
Gespundete Bretter 12
Gewindekernquerschnitt 24
Gewindestangen 51, 90 ff., 253, 255
Greimbau 2, 150
Größtabstände 153
Güteklassen 22, 98
Gütesortierung 86
Gurtrandspannung 280, 282, 284, 287
Gurtschwerpunktspannung 280, 282, 284, 287
Gurtstäbe 210

Haftkraft 148
Haftlänge 148
Halbtrockenes Bauholz 17, 22
Harnstoffharzleim 88
Hartholz 96, 138
Hausbock 32
Hausschwamm 32
Heftnägel 60f.
Hirnholz 34, 84, 94, 117ff., 145, 190
Hirnholz-Dübelverbindung 117ff., 125

Hohlkastenträger 271
Holzabmessungen 12
Holzfaserplatten 14
Holzfeuchte 17ff., 194f.
Holzhäuser in Tafelbauart 14, 87
Holzlaschen 7, 58, 73, 98
Holzleimbau 17, 87
Holzleimbinder 48
Holzscheiben 45
Holzschraube 7, 98, 189ff.
Holzschutz 32ff.
Holzschutzmittel 35ff.
Holztrocknung
–, künstliche 18, 33, 86
Holzwerkstoffe 14, 41f.
Holzwespen 32

Imprägnierung 37
Insektenbefall 17, 32, 33

Jahrringe 18f.
Jahrringlage 19f., 87

Kantholz 12, 250
Kaseinleim 88
Kehlbalkendach 1, 210
Keilzinkenstoß 51, 82, 89f.
Keilzinkung 89f.
Kellerschwamm 32
Kernholz 19, 36
Kernquerschnitt 24
Kernseite 20
Kesseldrucktränkung 37
Kiefer 11, 36
Kippsicherheitsnachweis 273
Kippuntersuchung 257f., 266f., 272f.
Klammer 192ff.
Klemmbolzen 98f.
Knagge 8, 60
Knicklänge 207, 208ff., 221, 311, 314
Knicklast 67
Knicknachweis 207, 215f., 313, 317f.
Knickung
– um die „nachgiebige" Achse 219ff.
– um die „starre" Achse 219
Knickzahl 207, 224, 323
Knotenpunkt 57, 65, 86, 177ff., 183ff., 210
Konstruktionsvollholz 12, 327
Kontakt 179, 185
Kontaktstoß 57ff.
Kopfband 65, 214
Kopfbandbalken 269
Koppelpfetten 74, 148, 154
Korrosion 36, 98, 150
Kraft-Verschiebungslinien 198
Kragträger 259, 279
Kriechverformung 24, 260
Kübler 97
Künstliche Holztrocknung 18, 33, 86

Längsfuge 13
Längsnute 13, 90
Längsverbindung 89
Lärche 11
Lagenholz 13
Langlöcher 293
Langzeitbelastung 148
Laschen 45, 49, 61, 78, 158
Lastannahmen 264, 285, 311
Lastfall 21, 264, 311f.
Lastkombination 311
Lastverteilung 291
Laubholz 11, 22, 36
Leibungsdruck 97, 134
Leimarten 87
Leimbauweise 3
Leimbindefestigkeit 36
Leimfuge 20, 88, 199, 272, 277
Leimgenehmigung 87
Leimverbindung 17, 86, 270
Linke Seite 20
Lochplatte 7
Lufteuchtigkeit 87

Maschinenstift 7, 145
Mehrfachschutz 37
Mehrfeldträger 3
Mehrteilige Druckstäbe 218ff.
Meßbezugsfeuchte 12
Metallaschen 107, 127, 190
Mindestblechdicke 150
Mindestholzdicke 42ff., 149, 177
Mindestquerschnitt 14, 42ff.
Mittelpfette 269
Multi-Krallen-Dübel 2

Nabe 108
„Nachgiebige" Achse 218ff., 260f., 278, 288ff., 317
Nachgiebige Einspannung 210
Nadelholz 11, 21, 98
Nägel 7, 48, 50, 52, 73, 145, 282
Nagelabstände 75, 152ff., 283
Nagelanzahl 75, 151
Nagelplatten 177 ff.
Nagelpreßleimung 155, 255
Netzlänge 208
Neutrale Faser 280
Nicht gespreizte Stäbe 218ff.

Paßbolzen 127
Pendelstütze 212ff., 310
Perforation 36
Pfetten 16, 22, 148, 197, 209

Pfettendach 1, 269
Pfettennägel 149
Pilzbefall 17, 33, 35, 37
Porenschwamm 32
Preßdruck 87, 255
Prüfprädikate 36

Quadratholz 206
Quellen 18f.
Queraufreißen 52, 115, 173, 184, 253
Querkraft
–, ideelle 220, 227, 232
–, wirksame 251
Qnerschnittsschwächungen 202f.
Querverbindungen 229f.
Querzug 51ff., 54
– -beanspruchung 184, 189
– -last 52, 55, 173, 184
– -spannung 22, 51, 88, 252

Räumliche Tragwerke 4
Rahmen 211ff.
Rahmenecken 3, 85
Rahmenstäbe 228ff.
Rahmenstützen 212ff.
Rasterverschiebung 151f.
Rechteckdübel 96
Rechte Seite 20
Reibungskräfte 59, 68, 179
Resorzinharzleim 87, 91, 255
Rillennagel 7, 171f.
Rinde 12
Rippenschale 4
Rißlinien 151, 203
Rundholz 12, 14, 22, 147, 151

Saftverdrängung 37
Schäftung 89
Schalung 148
Schalungsnägel 149
Scharfkantiger Querschnitt 13, 202
Scheibe 98, 112, 113, 119
Scherfestigkeit 88, 180
Scherfläche 70
Scherfuge 66
Scherspannung 22, 51, 66, 183, 233
Schienenanker 8
Schlankheit 127
Schlankheitsgrad 208
–, wirksamer 229, 237
–, zulässiger 208
Schlupf 127
Schneelast 264, 311
Schraubenbolzen 98, 102
Schraubagel 7, 46, 98, 169ff.
Schubfluß 224, 281, 286
Schubkraft
–, wirksame 231
Schubmodul 21, 259
Schubspannung 251 f., 265, 272, 280, 284, 287
–, zulässige 22
Schubverformung 259, 267, 275, 284
Schubverteilungszahl 260
Schutzanstrich 21
Schwellenüberstand 23, 61
Schwerpunktspannung 272, 279f., 284, 287
Schwinden 18ff., 33, 71, 98
Schwindmaß 18f., 294
Schwindrisse 19, 33, 66, 114
Schwindverformung 18f., 69
Siemens-Bauunion 97
Sonderbauarten 2f., 87, 150
Sondernägel 7, 98, 169f.
Sortierklassen 15f.
Spaltgefahr 129, 149, 153
Sparren 16, 22, 148, 269
Sparrenfuß 8
Sparrennagel 149
Sparrenpfette 138, 263, 267
Sparrenpfettenanker 8, 172f.
Sperrholz 14
Sperrschicht 35, 65, 266
Splintholz 19, 32, 36
Splintholzkäfer 32
Splintseite 20
Spreizung 228, 231, 233, 238
Spritzen 37
Stabdübel 7, 9, 46f., 126ff.
Stahlblech-Holz-Nagelung 146, 150, 169ff.
Stahldollen 60
Stahl-Holz-Träger 290ff.
Stahllaschen 7, 82, 105ff., 123, 132ff.
Stahlteile 24, 170
„Starre“ Achse 218f.
Staudruck 264
Stegquerschnitt 260
Stegspannung 277, 280, 284
Stift 126
Stirnversatz 65, 199f.
Stoßdeckung 58
Strebenanschluß 239f.
Streichstange 197
Stütze 34, 42f., 113f., 122ff., 209, 213f., 310ff.
–, eingespannte 90, 122, 213, 310f.
–, Pendel- 212 ff., 289, 310
Stützweite 249, 264, 269, 279

Tanne 11
Tauchen 37
Temperatureinfluß 21
Termiten 33

Theorie II. Ordnung 206, 275
Tiefschutz 37
Torsions-
- beanspruchung 173
- flächenmoment 273f.
- modul 21
- spannung 22, 252
Tragfähigkeitsklasse 170
Treppenstufen 20
Trockenes Bauholz 17
Trogtränkung 37

Überhöhung 259, 267
Überkopplungslänge 74, 154
Unbeanspruchter Rand 109, 152
Universalverbinder 8

Vakuumtränkung 37
Verbindungsmittel 49f., 86ff.
Verbundquerschnitt 276
Versatz 64, 198ff.
–, doppelter 65
–, Fersen- 65
–, Stirn- 65
Verschiebungsmodul 184, 222f., 237, 283
Verschwächungsgrad 89
Verzinktes Blech 57, 70, 163, 177
Vollholz 1, 12, 42f., 177, 250
Vollwandrahmen 214
Vollwandträger 2, 86, 161
Vorholz 69
Vorholzlänge 66, 200

Wandschalung 35
Wandstützen 35
Wärmeausdehnung 21
Wärmedämmung 65
Wassernase 33, 35
Wellstegträger 3, 87
Winddruck 311
Windlast 264, 311
Windsog 194, 264, 311
Windsogkräfte 148
Windverband 125, 139, 162
Winkelverbinder 8
Wirksame Schubkraft 231
Wirksamer Nagelabstand 281
Wirksamer Schlankheitsgrad 229, 288
Wirksamer Stegquerschnitt 260
Wirksames Flächenmoment 220, 283

Zange 269
Zapfen 60
Zimmermannsmäßige Verbindungen 5
Zinkenlänge 89f.
Zinkenprofll 89f.
Zopfseite 14
Zuganschlüsse 23, 49ff., 179
Zugband 21, 123, 138
Zugglieder 24, 43
Zugspannung 22f., 49f., 309
Zugstäbe 202ff.
Zugstöße 23, 49ff., 179
Zulässige Durchbiegung 259
Zulässige Spannungen 21ff.
Zusatzlasten 289, 317
Zweigelenkbogen 211
Zweigelenkrahmen 1, 114, 123, 211ff.
Zwischenhölzer 228ff.

Für eine Bemessung nach DIN 1052 neu (EC5)

Anfangsverschiebungsmodul 241f., 306
Ausklinkung 296ff.
Ausnutzungsgrad 57
Ausziehparameter 167

Bauholz 13
Bemessungswert 55f.
Biegespannung 296
Biegesteifer Stoß 75ff., 79ff., 82ff.
Biegeträger 296
–, einteilige 296ff.
–, gespreizte 307
–, mehrteilige 303
–, nicht gespreizte 303ff.
Bindehölzer 243
Bolzen 140ff., 142
Brandschutzbemessung 39
Brettschichtholz 14

Charakteristische Kombination 30, 299

Doppelbiegung 302f.
Druckstäbe 216
–, einteilige 216f.
–, gespreizte 243ff.
Druckstäbe
–, mehrteilige 240ff.
–, nicht gespreizte 240ff.
Druckstöße 57f., 61ff.
Dübel besonderer Bauart 97, 117ff.
Dübelsicherung 98

Eingeleimte Gewindestangen 90ff.
Einschraubtiefe 191
Einwirkungen 26, 56
Enddurchbiegung 299, 303, 322
Endverformung 31

Festigkeitskennwerte 27, 29, 30
Festigkeitsklassen 16
Feuchtegehalt 28
Flachpreßplatten 15
Fließmoment 140f., 164, 191

Gebrauchstauglichkeit 25, 30
Gebrauchstauglichkeitsnachweis 321f.
Gitterstäbe 246ff.
Grenzabscherkraft 107
Grenzlochleibungskraft 107
Grenzschweißnahtspannung 106
Grenzwerte 299
Grenzzugkraft 103
Grenzzustände 25

Haftlänge 167
Hirnholz-Dübelverbindung 120f.
Holzfaserplatten 15
Holzschrauben 191f.
Holzschutz 37f.

Interaktion 319

Keilzinkung 89ff.
Kippnachweis 298f.
Klammern 196
Kombinationsbeiwerte 26
Kombinierte Beanspruchung 168
Kopfdurchmesser 166
Korrosionsschutz 98

Lasteinwirkungsdauer 28
Lastkombination 320
Leimbauweise 87
Lochleibungsfestigkeit 140, 142, 165f.

Mindestabstände 142, 165
Mindestholzdicke 166
Modifikationsbeiwert 27f.

Nägel 140ff., 164ff.
Nutzungsklassen 28

Pendelstütze 319ff.

Quasi-ständige Kombination 31, 299
Querschnittsschwächungen 51
Querzug 56
Querzugbeanspruchung 55

Rahmenstäbe 243ff.
Rechteckdübel 100ff.
Rillennägel 165, 167
Rohdichtewerte 29f.

Schraubnägel 165, 167
Schubspannung 296
Sortierklasse 29
Sortierung 13
Sperrholz 15
Stabdübel 140ff., 142ff.
Stabilitätsnachweis 319
Ständige Einwirkungen 26
Steifigkeitskennwerte 29f.
Summarischer Sicherheitsbeiwert 71, 104

Teilsicherheitsbeiwerte 27, 56
Tragfähigkeit 25ff.
Tragfähigkeitsklasse 167
Tragwiderstand 26f.

Überhöhung 299
Überlappung 165

Veränderliche Einwirkungen 26
Verformungsbeiwert 31
Versatz 64ff.
–, doppelter 65f., 70,72
–, Fersen- 65f., 70, 72
–, Stirn- 65f., 68f., 71, 200f.

Zugstäbe 205
Zugstöße 50, 102ff., 143ff., 168f.
Zwischenhölzer 243